QGIS 遥感应用丛书

第二册

# QGIS 农林业应用

Nicolas Baghdadi
〔法〕 Clément Mallet 编
Mehrez Zribi

陈长林 贾俊涛 邓跃进
陈换新 涂思仪 译

WILEY

科学出版社
北京

图字号：01-2020-5320

## 内 容 简 介

农林业是遥感和空间数据应用的重要领域。本书展示了遥感和QGIS在农林业领域的应用案例，包括农业地区土壤湿度反演、农用地块自动提取、土地覆盖分类与制图、皆伐检测与制图、特有植被分析、自然植被地貌制图等。这些应用案例阐明了不同空间分辨率、时间分辨率、光谱分辨率遥感数据在理解与模拟不同植被和土壤演化过程以及管理农林资源方面的应用价值。本书详细介绍了每个应用案例的数据来源、方法和QGIS操作步骤，为读者提供了使用QGIS解决实际应用问题的思路和方法。读者亦可在本书提供的网站获取相关数据和资料。

本书可作为地理信息工程专业的教材，也适合于需要使用QGIS软件开发空间和非空间应用的读者。

**图书在版编目（CIP）数据**

QGIS农林业应用/（法）尼古拉斯·巴格达迪等编；陈长林等译. —北京：科学出版社，2020.10

（QGIS遥感应用丛书. 第二册）

书名原文：QGIS and Applications in Agriculture and Forest

ISBN 978-7-03-066224-8

Ⅰ. ①Q… Ⅱ. ①尼… ②陈… Ⅲ. ①地理信息系统-应用-农业 ②地理信息系统-应用-林业 Ⅳ. ①S127 ②S717

中国版本图书馆CIP数据核字（2020）第180086号

责任编辑：杨明春 韩 鹏 柴良木 / 责任校对：王 瑞

责任印制：吴兆东 / 封面设计：图阅盛世

QGIS and Applications in Agriculture and Forest

Edited by Nicolas Baghdadi, Clément Mallet and Mehrez Zribi

ISBN 978-1-78630-188-8



科学出版社 出版

北京东黄城根北街16号

邮政编码：100717

http://www.sciencep.com

北京建宏印刷有限公司 印刷

科学出版社发行 各地新华书店经销

*

2020年10月第 一 版 开本：720×1000 B5

2020年12月第二次印刷 印张：18 3/4

字数：378 000

**定价：158.00元**

（如有印装质量问题，我社负责调换）

# 译 者 序

## “站在巨人的肩膀上”

认知世界是人类生存和发展的基本前提。过去，人们通过脚步丈量世界；现在，人们可以遥知世界。遥感卫星无疑扩展了人类的眼界，各类遥感信息的提取与应用不断丰富着人们对世界的认知。随着经济社会的飞速发展，山水林田湖与城市景观等自然和人文地理要素变化日新月异，通过遥感手段进行环境监测、分析与应用的需求越来越多。“工欲善其事，必先利其器”，说到遥感科学研究与应用，大多数业内人士想到的可能是 ENVI/IDL 和 ERDAS IMAGINE 等商业软件。这些商业软件虽然功能强大，但是运行环境要求高，售价不菲，在一定程度上限制了遥感科学研究的探索与试验，也不利于促进遥感应用向大众化和社会化方向发展。

我长期从事地理信息系统（GIS）平台研发工作，早在 2006 年就已开始密切关注并着手研究各类开源 GIS，一方面跟踪前沿技术动态，另一方面汲取 GIS 软件设计与开发的经验。早期的开源 GIS 无法与商业 GIS 较量，但是近些年来，随着开源文化的日益盛行，开源 GIS 领域不断涌现出一些先进成果，如 OpenLayers、Cesium、OSGEarth 等，这些优秀成果或多或少被当今各类商业 GIS 所采用、借鉴或兼容。QGIS 是目前国际上功能最强大的开源免费桌面型 GIS，具备跨平台、易扩展、使用简便、稳定性好等优点，在常规应用上可以替代 ArcGIS，已经得到越来越多用户的认可。

2019 年我正酝酿着编写《QGIS 桌面地理信息系统应用与开发指南》，旨在阐述 QGIS 设计架构和应用案例。当我查阅到 QGIS IN REMOTE SENSING SET 这套丛书时，意外地发现原来 QGIS 不仅仅可以作为通用 GIS 平台，还可以在遥感应用领域大显身手，更难得的是，这套书有机融合了案例、数据、数学模型、工具使用等多方面内容，正好契合我的想法。为了尽快推进 QGIS 在国内应用，我随即将编著计划延后，召集相关单位人员组成编译成员组，优先启动了译著出版计划。不过，好事多磨，从启动计划到翻译完成，足足花费了一年半时间，中间还出现过不少小插曲。幸好，团队成员齐心协力克服种种困难，终于让译著顺利面世。

本套译著共分四册，涵盖了众多应用案例，包括疫情分布制图、土壤湿度反演、热成像分解、植被地貌制图、城市气候模拟、风电场选址、生态系统评估、生物多样性影响、沿岸水深反演、水库水文监测、网络分析、灾害分析等。全书由海军研究院、火箭军研究院、战略支援部队信息工程大学、武汉大学、天津大学、厦门理工学院等六个单位共同完成。其中，我和贾俊涛高级工程师负责协调组织，完成部分翻译并对全书进行统稿审校，四册书参与人员如下。

（1）第一册《QGIS 和通用工具》：陈长林高级工程师、邓跃进副教授、满旺副教授、魏海平教授、刘旻喆同学、涂思仪同学。

（2）第二册《QGIS 农林业应用》：陈长林高级工程师、贾俊涛高级工程师、邓跃进副教授、陈换新工程师、涂思仪同学。

（3）第三册《QGIS 国土规划应用》：陈长林高级工程师、贾俊涛高级工程师、邓跃进副教授、张殿君讲师、刘呈理同学、刘旻喆同学。

（4）第四册《QGIS 水利和灾害应用》：陈长林高级工程师、贾俊涛高级工程师、邓跃进副教授、王星讲师、龚天昱同学。

战略支援部队信息工程大学的郭宏伟和于靖宇两位同学，武汉大学的龚婧、李颖、余佩玉、陈发、孟浩翔等同学，参与了文字规范和查缺补漏工作，在此表示感谢。

本书内容专业性较强，适合作为地理信息科学研究、应用开发与中高级教学的参考用书。翻译此书不但需要扎实的专业知识以准确理解原文，而且需要字斟句酌反复推敲才能准确用词。受网络环境影响，本书中所涉及的网络链接可能存在不稳定的情况。由于我们知识水平有限，译著中难免有疏漏或翻译欠妥之处，敬请读者不吝赐教。

陈长林

# 前　言

农林业是空间数据应用的重要领域，这些空间数据对监测和还原地表状态的时空变化至关重要。地表状态的时空变化是理解和模拟不同植物和土壤演化过程以及管理农业或森林资源的关键参数。因此，无论是从经济还是生态的角度看，良好地掌握这些环境知识都是深入研究的基础。得益于空间上（从精准农业到全球作物监测）、光谱上（主动和被动传感器）以及时间上（从快速制图到年度作物监测）分辨率的多样性，遥感已成为获取环境知识的重要支撑。正因如此，长期以来人们使用地理信息系统（geographic information system，GIS）工具时一直伴随着空间影像的开发。

本丛书第二册主要介绍量子地理信息系统（quantum geographic information system，QGIS）在农林业的不同应用。本书得到了专业领域内享有国际声誉的科学家的支持，将有助于更新专业知识和明确未来几年的研究和发展问题，适合地理信息研究团队、高年级学生（如硕士研究生和博士研究生）使用，也适合参与监测和管理农业或林业资源的工程师使用。除了本书各章节提供的文本外，读者还可以直观地看到获得数据、计算机工具和所有窗口屏幕截图，它们很好地说明了实现每个应用程序的步骤。

本书第 1 章介绍了通过协同使用雷达和光学卫星数据估计土壤湿度；第 2 章讨论了热成像分解问题；第 3 章探讨了使用卫星影像和法国地块识别系统 RPG 自动提取农用地块的方法；第 4 章分析了与土地覆盖制图相关的应用；其余 5 章（第 5～第 9 章）讨论了林业上的应用，涵盖了使用主动式和被动式传感器在不同的环境条件下进行林业制图和资源监测等内容。

本书各章的补充资料，包括数据源影像、训练和验证数据、辅助信息和说明各章实际应用的屏幕截图，可通过以下途径获取。

使用浏览器：ftp:193.49.41.230；

使用 FileZilla 客户端：193.49.41.230；

用户名：vol2_en；

密码：n34eVol@2。

我们感谢为本书出版做出贡献的科学家、作者和阅读委员会的专家。本书的出版得到法国环境与农业科技研究院（French National Research Institute of Science and Technology for the Environment and Agriculture，IRSTEA）、法国国家科研中心（French National Center for Scientific Research，CNRS）、法国国家地理和森林信息研究所（National Institute of Geographic and Forest Information，IGN）和法国国家空间研究中心（French National Center for Space Studies，CNES）的支持。

我们非常感谢空中客车防务与航天公司、CNES 和法国科学设备专项计划项目“法国领土卫星全覆盖”（Equipex Geosud）提供的 SPOT-5/6/7 影像。需要注意的是，这些影像只能用于科学研究和教学练习，任何基于本书数据进行商业活动都是严格禁止的。

我们也要感谢家人的支持，感谢 Andre Mariotti（皮埃尔和玛丽居里大学名誉教授）和 Pierrick Givone（IRSTEA 院长）的鼓励和支持，使本书得以出版。

Nicolas Baghdadi
Clément Mallet
Mehrez Zribi
尼古拉斯 · 巴格达迪
克莱芒特 · 马利特
迈赫雷兹 · 兹里布

# 目　录

# 1
# 雷达和光学数据耦合在农业地区土壤湿度反演中的应用

Mohammad El Hajj，Nicolas Baghdadi，Mehrez Zribi，Hassan Bazzi

## 1.1 概述

农业地区土壤湿度时空监测具有重要应用价值，特别是那些与陆地水循环相关的应用。使用传感器可以进行现场监测，但是这种技术费用高，且只能在小范围农业地区进行，因此，航空遥感是一种重要的手段，能够获得高时空分辨率影像，并进行大规模土壤湿度制图分析。

雷达数据可长期用于估计和绘制裸土表层土壤湿度[BAG 16b]。事实上，人们已经开发了物理的、经验的和半经验的雷达信号反演模型，用于监测不同空间尺度上（局部地块尺度，地块尺度，数百平方米到数千平方米不等的网格）的土壤湿度。在有植被覆盖的地表，常常需要融合雷达和光学数据估计地表土壤湿度。光学数据能够补充雷达数据，用来根据归一化植被指数（normalized difference vegetation index，NDVI）等卫星指数估计植被物理参数，如叶面积指数（leaf area index，LAI）。通过这些参数可以评价植被对雷达反向散射信号的作用，提取土壤信息并最终实现反演，从而估计地表土壤湿度。

为绘制植被覆盖情况下的土壤湿度，大多数研究使用的是 Attema 和 Ulaby [ATT 78]提出的半经验水云模型（water cloud model，WCM）。一般在该模型中，总的雷达反向散射信号被定义为两部分之和：①来自土壤的反向散射信号乘以双向衰减；②植被的直射信号。在大多数研究中，植被作用以植被的物理参数（生物量、叶面积指数、含水量、植被高度）表示。土壤作用通常被定义为土壤湿度和表面粗糙度的函数（给定仪器参数：入射角、波长和极化强度），可以用物理雷达反向散射模型，特别是积分方程模型（integral equation model，IEM）[FUN 94]，或半经验反向散射模型，如 Dubois 模型[DUB 95]或 Baghdadi 模型[BAG 16a]，进行模拟。

本章目标是展示如何使用免费开源软件 QGIS，通过耦合雷达[合成孔径雷达

（synthetic aperture radar，SAR）]影像和高空间分辨率（约 10m×10m）的光学影像，绘制农业地块（夏季和冬季作物）和草地的地表土壤湿度图。

## 1.2 研究区和卫星数据

研究区位于法国南部的蒙彼利埃（Montpellier）附近（图 1.1），是一个农业区（15km×15km）。图 1.1 展示了研究区 Sentinel-2A（S2A：哨兵 2A 卫星）卫星影像的 QGIS 布局。

QGIS 布局功能：
- Project → New Print Composer→…

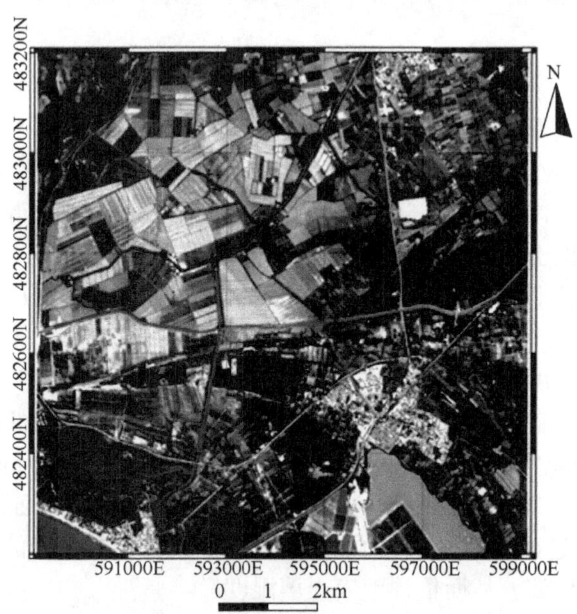


图 1.1 卫星 S2A 拍摄的位于蒙彼利埃以东 5km 处的研究区光学影像

地理坐标为通用横轴墨卡托投影（universal transverse mercator，UTM），投影区 31N。该图的彩色版本参见 www.iste.co.uk/baghdadi/qgis2.zip，2020.8.5

### 1.2.1 雷达影像

研究中使用了 2017 年 1 月 19 日和 2017 年 1 月 26 日获得的两幅 c 波段（雷达波长约 5.6cm）Sentinel-1A（S1A，哨兵 1A 卫星）雷达影像。2017 年 1 月 19 日，研究区土壤干燥（19 天无降水，在研究区地块测量的土壤湿度约为 11%），而 2017 年 1 月 26 日土壤非常湿润（在研究区地块测量的土壤湿度约为 30%），因为雷达影像采集前 4 天降雨量较大（累计达 23mm）。S1A 影像可以从哥白尼（Copernicus）网站[①]和谷歌地球引擎网站[②]上免费获得。哥白尼网站提供的原始影像需要进行辐射校正（将数字转换为反向散射系数）和几何校正，从谷歌地球引擎下载的影像已经进行了校准和正射校正（采用 WGS84 大地测量系统）。

本章使用的雷达影像已从谷歌地球引擎网站下载。每个影像包括三个波段：波段 1 对应垂直同向极化（VV）的反向散射系数（单位：dB），波段 2 对应异向（交叉）极化（VH）的反向散射系数（单位：dB），波段 3 包含相对于椭球的局部入射角（单位：°）。VV 和 VH 极化中反向散射系数对应的两个波段已经转化为线性尺度。图 1.2 的第 1 部分展示了雷达影像的处理过程。

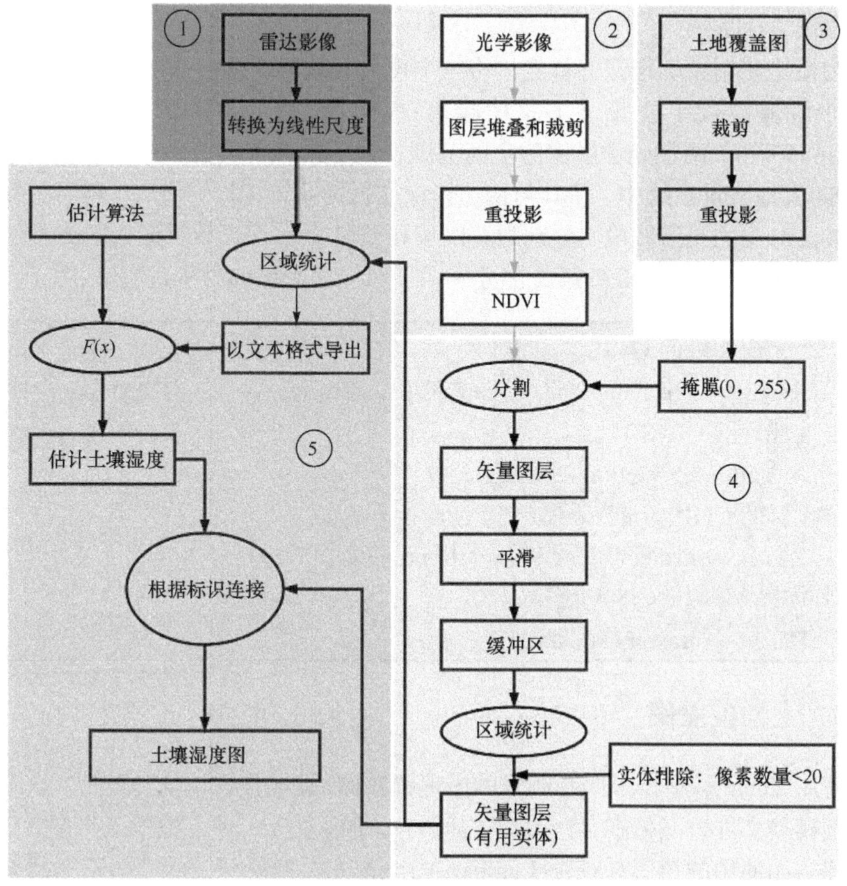


图 1.2　生成土壤湿度图的步骤

该图的彩色版本（英文）参见 www.iste.co.uk/baghdadi/qgis2.zip，2020.8.5

① https://scihub.copernicus.eu/dhus/#/home, 2020.8.5。

② https://earthengine.google.com。

QGIS 中转换雷达影像前两个波段为线性尺度的功能：

- Raster → Raster Calculator → …

### 1.2.2 光学影像

研究中使用的是 2016 年 10 月 15 日由卫星 S2A 获取的一幅光学影像。理想情况下，最好使用在接近每幅雷达影像采集日期的时间段采集的光学影像。这幅光学影像可在陆地数据中心 Theia 的网站[①]免费获取，覆盖面积为 110km×110km。Theia 网站提供了经过大气和地形校正的 S2A 数据（处理等级为 2A）。S2A 影像可从 Theia 网站中下载，格式为 13 个独立的光谱波段，投影系统也是通用横轴墨卡托投影（UTM）。

为便于使用光学影像，首先，将三个可见光波段（波段 2、波段 3 和波段 4）和一个红外波段（波段 8）叠加起来；然后，裁剪光学影像，根据研究区（15km×15km）调整光学影像的空间范围；接下来，将裁剪后的影像重新投影到 WGS84 大地测量系统中，使其与雷达影像的投影系统相同；最后，利用与红光和红外波段对应的光谱波段（分别为波段 4 和波段 8），根据重投影后的光学影像计算出 NDVI 影像。图 1.2 的第 2 部分展示了对光学影像的处理过程。

叠加四个光谱波段的 QGIS 功能：

- Raster → Miscellaneous → Build Virtual Raster → …

裁剪叠加波段的 QGIS 功能：

- Raster → Extraction → Clipper → …

影像重投影的 QGIS 功能：

- Raster → Projection → Warp（Reproject）→ …

计算 NDVI 影像的 QGIS 功能：

- Raster → Raster Calculator → …

### 1.2.3 土地覆盖图

使用 Theia 科学技术中心制作的土地覆盖图[②]提取作物地块和草地。该图是一个专题栅格文件，其值在 11～222 之间，每个值对应一种土地覆盖类型[③]。Theia 土地覆盖图使用的投影系统是 Lambert-93。首先根据研究区的空间范围裁剪土地

① https://theia.cnes.fr/atdistrib/rocket/#/search?collection=SENTINEL2，2020.8.5。

② http://osr-cesbio.ups-tlse.fr/echangeswww/TheiaOSO/OCS_2014_CESBIO_L8.tif，2020.8.5。

③ http://osr-cesbio.ups-tlse.fr/~oso/ui-ol/2009-2011-v1/layer.html。该链接已失效，参考 http://osr-cesbio.ups-tlse.fr/~oso/posts/2020-03-04-auto-context/#，2020.8.5（译者注）。

覆盖图，接下来在 WGS84 大地测量系统中重新投影裁剪后的地图，使其具有与雷达影像和光学影像相同的投影系统。图 1.2 的第 3 部分展示了土地覆盖图的处理过程。

# 1.3 方法

本节叙述了生成作物区域和草地土壤湿度图的步骤。首先，提出了一种基于神经网络的反演方法，该网络使用从水云模型（WCM）中获取的雷达反向散射系数模拟数据集进行训练。在 WCM 中，采用 Baghdadi 等[BAG 06]校准的积分方程模型（IEM）模拟土壤作用，将神经网络应用于真实的卫星数据需要识别作物和草地的区域，这些区域可从研究区的土地覆盖图中提取。然后，利用光学影像计算出的 NDVI 影像将这些区域划分为匀质的子区域（地块尺度）。最后，将基于神经网络的反演方法应用于各匀质子区域，得到土壤湿度图。

## 1.3.1 估计土壤湿度的雷达信号反演方法

农业区域的土壤一年中有很长一段时间被植被覆盖。因此，考虑植被对雷达反向散射信号的影响，对于准确估计土壤湿度是不可或缺的。

WCM 定义的线性尺度的雷达反向散射信号（$\sigma_{\text{tot}}^0$），是植被作用（$\sigma_{\text{veg}}^0$）、土壤作用（$\sigma_{\text{soil}}^0$）被植被减弱后的作用（$T^2\sigma_{\text{soil}}^0$）和多个土壤-植被散射作用（常被忽视）的总和：

$$\sigma_{\text{tot}}^0 = \sigma_{\text{veg}}^0 + T^2\sigma_{\text{soil}}^0 \tag{1.1}$$

$$\sigma_{\text{veg}}^0 = AV_1\cos\theta(1-T^2) \tag{1.2}$$

$$T^2 = \mathrm{e}^{-2BV_2\sec\theta} \tag{1.3}$$

式中，$V_1$、$V_2$ 是植被描述子：生物量、植被含水量、植被高度、叶面积指数（LAI）、归一化植被指数（NDVI）（本章中 $V_1=V_2=$NDVI）；$\theta$ 是雷达入射角（°）；$A$ 和 $B$ 是模型的拟合参数，它们依赖于选择的植被描述子和雷达配置。

土壤作用 $\sigma_{\text{soil}}^0$ 取决于土壤湿度和地表粗糙度（除了 SAR 仪器参数外），在本章中使用由 Baghdadi 等[BAG 06]校准的积分方程模型（IEM）进行模拟。

土壤湿度估计算法的设计步骤如下：

（1）使用在参考地块上获得的实验数据校准 WCM：雷达信号、NDVI（来自光学影像）和在雷达传感器过境期间现场测量的土壤湿度与地表粗糙度数据。模型校正阶段计算的是参数 $A$ 和 $B$。

（2）为覆盖在农业环境中所有可能的土壤和植被参数值，根据大范围的土壤湿度值（介于 2%～40%）、地表粗糙度（0.5～4.0cm）和 NDVI（0～1），使用校准的 WCM 和 IEM[BAG 06]生成雷达反向散射信号的合成数据。此外，WCM 中的雷达入射角随雷达传感器的入射角范围（20°～45°）而变化。

（3）在合成数据中加入噪声以更好地模拟雷达信号的实验数据集（加入零均值、标准差为 1dB[MIR 15]的高斯噪声）和 NDVI 值（NDVI 加入 15%的相对噪声[EL 09]）。

（4）使用合成数据集训练神经网络。在文献[EL 16]中对这一程序以及所使用的改进方法作了详细的说明。

本章展示了一个已经训练完成的神经网络。对于给定的雷达数据采集日期，神经网络的输入部分包括 VV 和 VH 极化中的雷达信号以及局部入射角和 NDVI 值（由光学影像计算）。神经网络的输出是土壤湿度估计值（单位：%）。

### 1.3.2 作物和草地区域的分割

本章试图估计每个匀质空间单元（子地块、地块或地块集合）的土壤湿度，这些单元由具有均匀 NDVI 值且变化为±0.1 的像素定义。为此，需要描绘出每个匀质空间单元（多边形）。首先根据土地覆盖图生成一个掩膜，用于提取作物和草地区域。然后利用 NDVI 影像将这些作物和草地区域分割成均匀的子区域（空间单元），使用的分割方法是“均值漂移”。这个功能可以在法国国家空间研究中心开发的 Orfeo 工具箱（Orfeo tool box，OTB）影像处理库①中找到，并在 QGIS 界面中执行。用“均值漂移”分割会输出由多个要素（多边形类型）组成的矢量文件，每个要素划分一个匀质空间单元。空间单元可能是具有相近 NDVI 值的子地块、地块或地块集合。

土壤湿度值主要根据实体范围内的雷达像素平均值来估计。在每个多边形内生成一个 10m 的缓冲区，以确保用于计算反向散射信号平均值的像素不包含边界像素（树篱、道路等）。应用缓冲区之前，为避免拓扑结构问题②，需要对多边形顶点进行一定程度的平滑处理。此外，为获得可靠的平均反向散射信号，计算中舍弃了范围小于 20 个雷达像素的要素。实际上，由于雷达影像上散斑的存在，小于 20 个像素的平均反向散射系数是可以忽略的。为消除范围小于 20 个像素的多边形，首先使用 QGIS 软件中的“区域统计”功能计算每个实体（空间单元）范围的雷达像素个数，每个要素的像素个数会自动记录在分割文件的属性表中。然后删除小于 20 个雷达像素的要素。图 1.2 的第 4 部分展示了分割作物和草地区域以及删除小于 20 个雷达像素的要素的流程。

① http://www.orfeo-toolbox.org，2020.8.5。

② http://docs.qgis.org/2.6/fr/docs/gentle_gis_introduction/topology.html，2020.8.5。

激活 OTB 的 QGIS 功能：

- Processing → Options → Providers → Orfeo Toolbox → ⋯

创建掩膜的 QGIS 功能：

- Raster → Raster Calculator →⋯

分割 NDVI 影像的 QGIS 功能：

- Processing → Toolbox → Orfeo Toolbox → Segmentation → Segmentation（meanshift）→⋯

多边形平滑处理的 QGIS 功能：

- Processing → Toolbox → QGIS geoalgorithms → vector geometry tools → smooth geometry → ⋯

创建缓冲距离的 QGIS 功能：

- Vector → Geoprocessing Tools → Fixed Distance Buffer →⋯

计算每个波段的像素数量的 QGIS 功能：

- Raster → Zonal statistics → Zonal statistics →⋯

根据属性值删除要素的 QGIS 功能：

- 右键单击矢量图层 → Open Attribute Table → Select features using an expression → Delete selected features → ⋯

### 1.3.3 制作土壤湿度图

制作土壤湿度图包括估计给定雷达影像的每个要素（空间单元）的土壤湿度。土壤湿度主要根据要素范围内雷达像素的平均值估算。

为绘制给定雷达日期的土壤湿度图，首先，对每个要素（使用分割文件）、三个雷达波段（VV、VH 和局部入射角）和 NDVI 影像进行区域统计（均值），每个要素的平均值自动记录在分割文件的属性表。然后，将每个要素的平均值导出并保存到文本文件中。在这个文本文件中，每一行代表一个要素，列的顺序依次是：①有效要素的标识（作物或草地）；②VV 极化的雷达反向散射信号平均值；③VH 极化的雷达反向散射信号平均值；④局部入射角的平均值；⑤NDVI 平均值。最后，可以利用该文本文件，根据雷达信号反演算法估计每个有效要素（范围大于 20 个雷达像素的要素）的土壤湿度。

为应用土壤湿度估计算法（使用 Python 启动），需要安装最新版本的免费 Python 软件[①]和相关的库[②]（SciPy、numpy+mkl 和 keras）。该算法开始后会自动创建一个名为“结果”的文件，并将其放置在与包含输入信息的文本文件相同的目录

① https://www.python.org，2020.8.5。

② https://www.lfd.uci.edu/%7Egohlke/pythonlibs，2020.8.5。

中。在这个结果文件中，第一列是每个实体的标识符，第二列是土壤湿度的估计值。

计算每个波段的像素平均值的 QGIS 功能：
- Raster → Zonal statistics → Zonal statistics →…

导出区域统计结果到文本文件中的 QGIS 功能：
- 右键单击矢量图层 → Save As → …

为生成土壤湿度图，需要根据由有效要素组成的分割图层与包含湿度估计值的“结果”文件之间的标识符进行连接（join）。为更好地显示估计的湿度值，以湿度区间（0～5%，5%～10%等）对估计值进行分类编码。图 1.2 的第 5 部分展示了制作土壤湿度图的过程。

导入文本文件的 QGIS 功能：
- Layer → Add Layer → Add Delimited Text Layer → Format →…

根据标识符连接矢量图层和文本文件的 QGIS 功能：
- 右键单击矢量图层 → Properties → Joins → …

创建显示每个实体土壤湿度估计值地图的 QGIS 功能：
- 右键单击矢量图层 → Properties → Style →…

# 1.4 在 QGIS 中实现制作土壤湿度图

本节讲述通过耦合雷达和光学数据获得土壤湿度图的 QGIS 功能实现。以下章节中有关图表的彩色版本参见 www.iste.co.uk/baghdadi/qgis2.zip，2020.8.5。

## 1.4.1 布局

本节介绍制作研究区地图的步骤（表 1.1）。

表 1.1 研究区的布局

| 步骤 | QGIS 实现 |
| --- | --- |
| 1. 使用来自谷歌地球*的卫星影像对研究区进行可视化 | 在 QGIS 中安装一个查看谷歌地球背景地图的插件：<br>（1）在菜单栏中，单击 Plugins → Manage and Install Plugins。<br>（2）在弹出的窗口中，输入 OpenLayersPlugin 并选择扩展名 OpenLayersPlugin。<br>（3）单击 Install Plugin。<br>（4）最后单击 Close。 |

续表

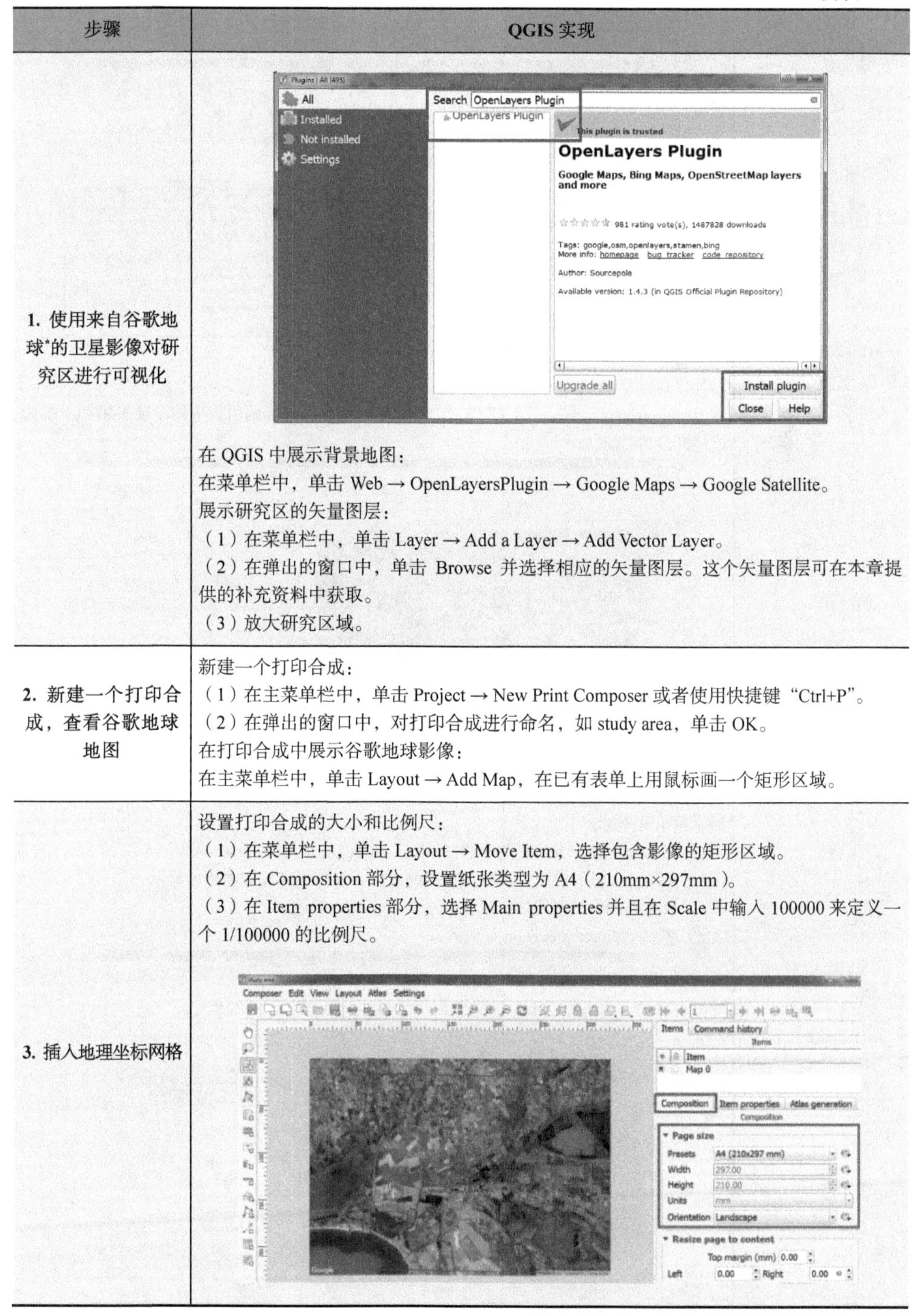

| 步骤 | QGIS 实现 |
| --- | --- |
| **1. 使用来自谷歌地球*的卫星影像对研究区进行可视化** | 在 QGIS 中展示背景地图：<br>在菜单栏中，单击 Web → OpenLayersPlugin → Google Maps → Google Satellite。<br>展示研究区的矢量图层：<br>（1）在菜单栏中，单击 Layer → Add a Layer → Add Vector Layer。<br>（2）在弹出的窗口中，单击 Browse 并选择相应的矢量图层。这个矢量图层可在本章提供的补充资料中获取。<br>（3）放大研究区域。 |
| **2. 新建一个打印合成，查看谷歌地球地图** | 新建一个打印合成：<br>（1）在主菜单栏中，单击 Project → New Print Composer 或者使用快捷键“Ctrl+P”。<br>（2）在弹出的窗口中，对打印合成进行命名，如 study area，单击 OK。<br>在打印合成中展示谷歌地球影像：<br>在主菜单栏中，单击 Layout → Add Map，在已有表单上用鼠标画一个矩形区域。 |
| **3. 插入地理坐标网格** | 设置打印合成的大小和比例尺：<br>（1）在菜单栏中，单击 Layout → Move Item，选择包含影像的矩形区域。<br>（2）在 Composition 部分，设置纸张类型为 A4（210mm×297mm）。<br>（3）在 Item properties 部分，选择 Main properties 并且在 Scale 中输入 100000 来定义一个 1/100000 的比例尺。 |

续表

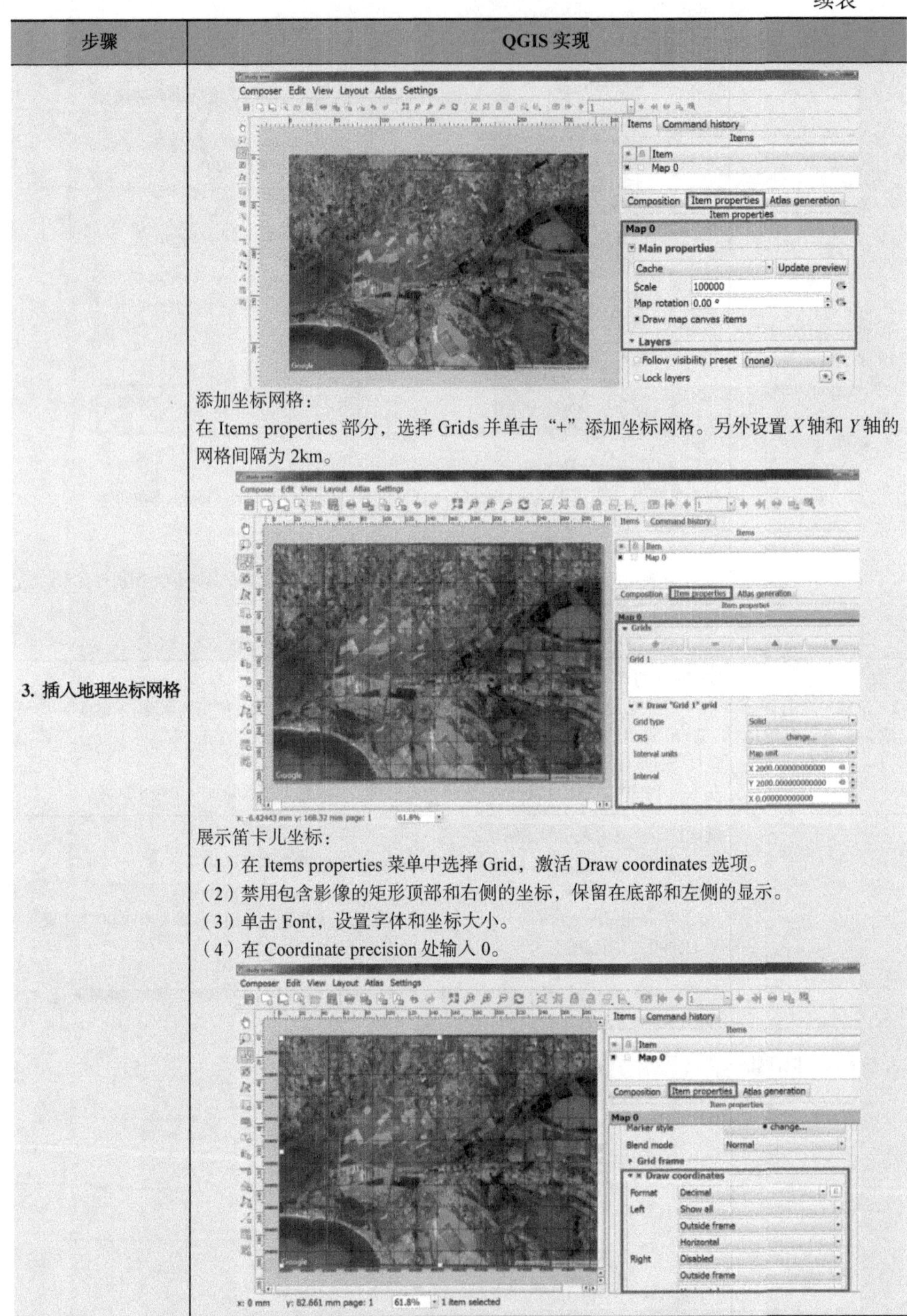

| 步骤 | QGIS 实现 |
| --- | --- |
| 3. 插入地理坐标网格 | 添加坐标网格：<br>在 Items properties 部分，选择 Grids 并单击“+”添加坐标网格。另外设置 $X$ 轴和 $Y$ 轴的网格间隔为 2km。<br>展示笛卡儿坐标：<br>（1）在 Items properties 菜单中选择 Grid，激活 Draw coordinates 选项。<br>（2）禁用包含影像的矩形顶部和右侧的坐标，保留在底部和左侧的显示。<br>（3）单击 Font，设置字体和坐标大小。<br>（4）在 Coordinate precision 处输入 0。 |

续表

<table>
<tr><th>步骤</th><th>QGIS 实现</th></tr>
<tr><td>4. 插入图示比例尺和指北针</td><td>添加图示比例尺：<br>（1）在菜单栏中，单击 Layout → add scalebar。<br>（2）在 Items properties 中，分别选择 Units、Segments 和 Fonts and colors 设置单元大小、片段的数量以及图示比例尺的字体和大小。<br>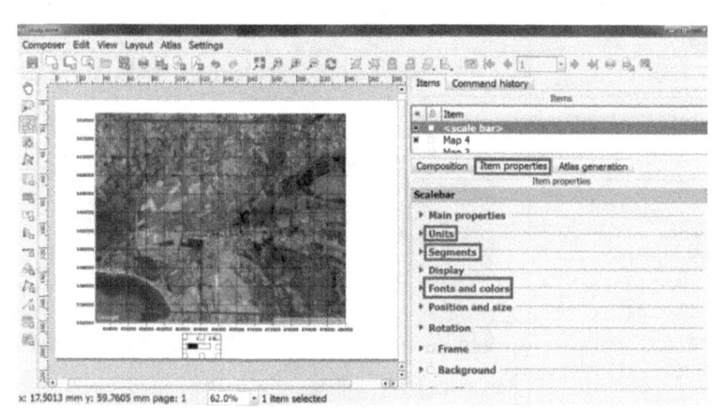
<br>添加指北针：<br>（1）从网上**下载一幅指北针的图片并保存在计算机中。<br>（2）在菜单栏单击 Layout → Add Image，然后绘制一个矩形区域。<br>（3）选择所绘制的矩形区域，然后在 Items properties 中选择 Main properties，进入 Image source，选择从网络上下载的指北针图片。<br>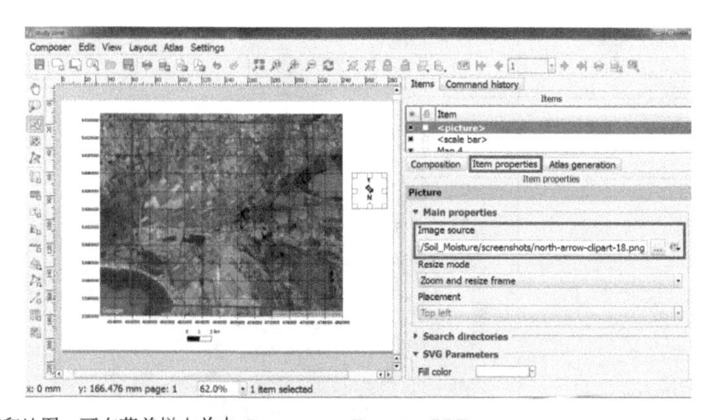
<br>打印地图，可在菜单栏中单击 Composer → Export as PDF。</td></tr>
</table>

*https://www.google.fr/intl/fr/earth。

**https://goo.gl/images/mns0lM。

## 1.4.2 雷达影像

为下载雷达影像，需先创建一个 Gmail[1]账户和一个谷歌地球引擎[2]账户，相应网页上提供了创建账户的步骤（表 1.2）。

**表 1.2 下载雷达影像**

| 步骤 | QGIS 实现 |
| --- | --- |
| **1. 确定雷达影像的范围** | （1）前往谷歌地球引擎网站，单击 PLATFORM → CODE EDITOR。<br>（2）单击 New file 创建一个新的脚本（在接下来的屏幕截图中记为 QGIS）。<br>（3）用 Draw a shape 工具画一个覆盖位于以下屏幕截图左侧的研究区的多边形。这个多边形表示要下载的雷达影像范围。 |

① https://accounts.google.com/SignUp?hl=en-GB。

② https://earthengine.google.com。

续表

| 步骤 | QGIS 实现 |
|---|---|
| **2. 选择并下载雷达影像** | 搜索可获取的影像：<br>（1）复制以下位于脚本的文本编辑器中的代码（QGIS）以显示 2017 年 1 月 19～27 日之间获取的所有影像。请注意，三个代码行（用粗体标记）需放在脚本的文本编辑器中的同一行。<br>var start = new Date("01/19/2017");<br>var end = new Date("01/27/2017");<br>var s1 = ee.ImageCollection('COPERNICUS/S1_GRD')<br>.filterDate(start,end)<br>.filterBounds(geometry);<br>var count = s1.size().getInfo();<br>for(var i = 0 ; i < count ; i++){<br>var img = ee.Image(s1.toList(1,i).get(0));<br>var geom = img.geometry().getInfo();<br>**Exprot.image(img,img.get('system:index'). getInfo(),**<br>**{'scale':20,'crs':'EPSG:4326','region':**<br>**geometry.toGeoJSONString()});**<br>}<br>（2）单击 Run，在 Tasks 菜单栏中，影像会出现在窗口右侧。在这个菜单中，可以预览想要下载的两个影像。 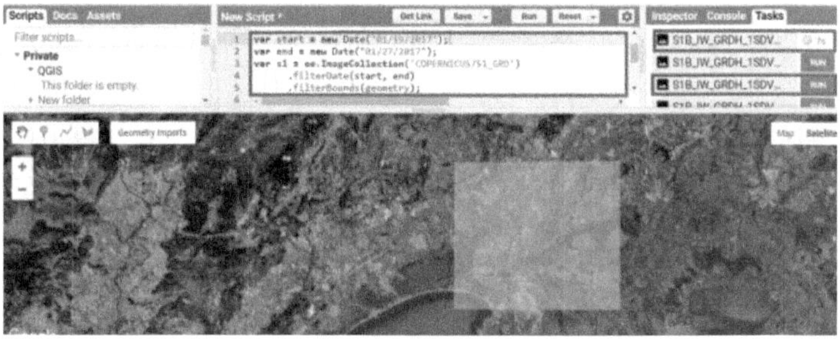<br>给影像排序：<br>（1）在 Tasks 栏中单击 Run。<br>（2）在弹出的窗口中，输入影像的空间分辨率（10m）。<br>（3）单击 Run，影像会被自动转换到谷歌云端硬盘*，这时候就可以下载这些影像了（S1B_IW_GRDH_1SDV_20170119T055130_20170119T055155_003913_006BD9_1D91.tif 和 S1A_IW_GRDH_1SDV_20170126T173853_20170126T173918_015006_018823_7F07.tif）。 |

*https://drive.google.com/drive/my-drive。

为应用土壤湿度估计算法，需要将下载的分贝尺度的雷达影像中前两个波段转换成线性尺度：

$$\text{Band\_linear\_scale} = 10^{\left(\frac{\text{Band\_dB\_scale}}{10}\right)} \tag{1.4}$$

式中，Band_linear_scale 表示线性尺度波段；Band_dB_scale 表示分贝尺度波段。

雷达影像预处理见表 1.3。

**表 1.3　雷达影像预处理**

| 步骤 | QGIS 实现 |
| --- | --- |
| **1. 将在 2017 年 1 月 19 日获取的雷达影像的前两个波段转换为线性尺度** | 首先，将前两个波段逐个转换成线性尺度（已有的以分贝为尺度的影像）。然后，将两个线性尺度的波段和入射角波段叠加到一起，方便日后使用。<br>（1）将雷达影像导入 QGIS 中：<br>a. 在菜单栏中，单击 Layer → Add Layer → Add Raster Layer。<br>b. 在弹出的窗口中，选择两幅雷达影像并单击 OK 以在 QGIS 中展示影像。<br>（2）将在 2017 年 1 月 19 日获取的雷达影像前两个波段转换为线性尺度：<br>a. 在菜单栏中，单击 Raster → Raster Calculator。在弹出的窗口中，Raster bands 部分展示了在 2017 年 1 月 19 日获取的雷达影像的三个波段。<br>b. 在 Raster calculator expression 输入下面的表达式。<br>`10^("S1B_IW_GRDH_1SDV_20170119T055130_20170119T055155_003913_006BD9_1D91@1"/10)`<br>将雷达影像的波段 1 转换成线性尺度，并将输出影像命名为 20170119_b1_lin.tif。<br>c. 单击 OK，开始计算。<br>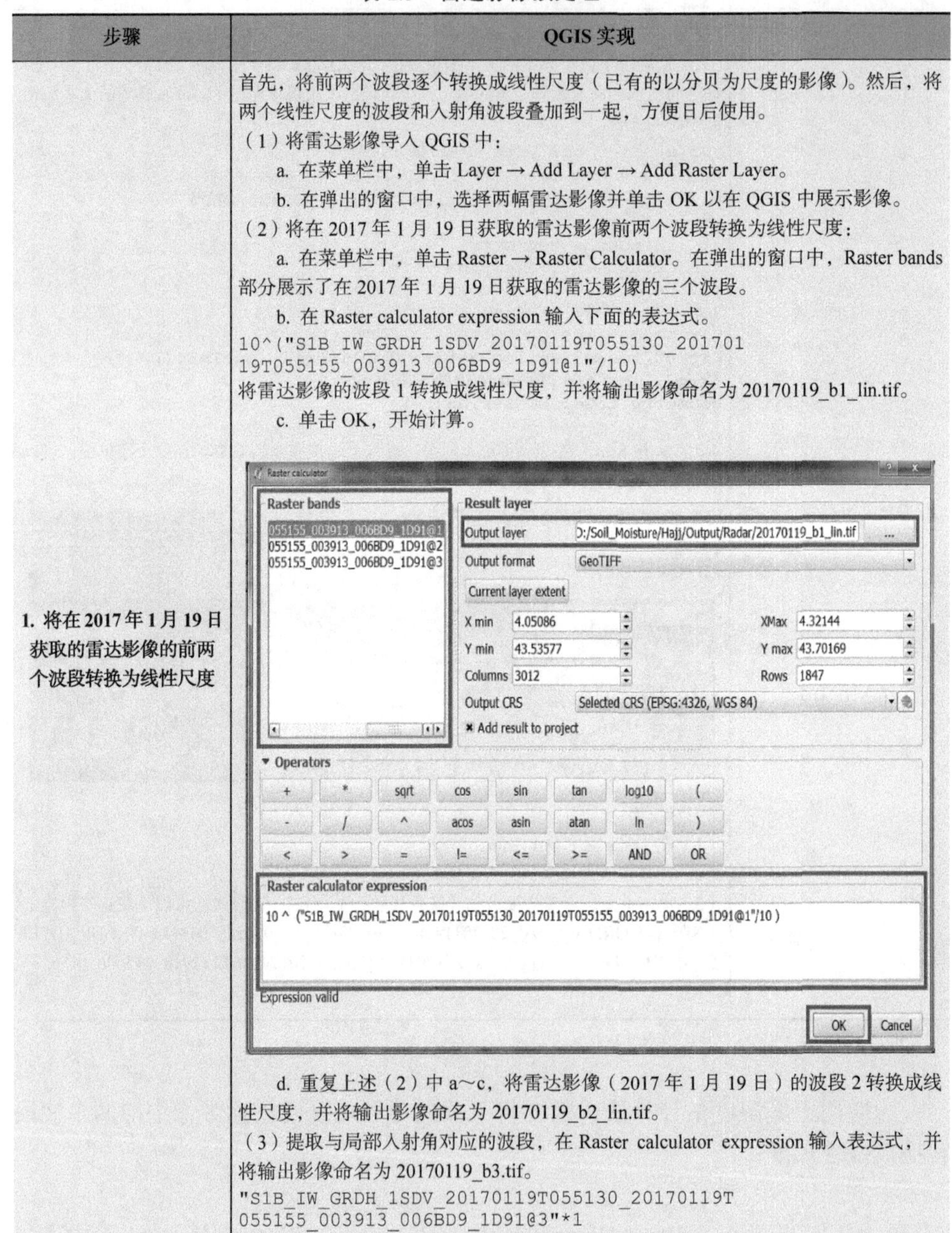<br><br>d. 重复上述（2）中 a～c，将雷达影像（2017 年 1 月 19 日）的波段 2 转换成线性尺度，并将输出影像命名为 20170119_b2_lin.tif。<br>（3）提取与局部入射角对应的波段，在 Raster calculator expression 输入表达式，并将输出影像命名为 20170119_b3.tif。<br>`"S1B_IW_GRDH_1SDV_20170119T055130_20170119T055155_003913_006BD9_1D91@3"*1` |

续表

<table>
<tr><th>步骤</th><th>QGIS 实现</th></tr>
<tr><td>1. 将在 2017 年 1 月 19 日获取的雷达影像的前两个波段转换为线性尺度</td><td>
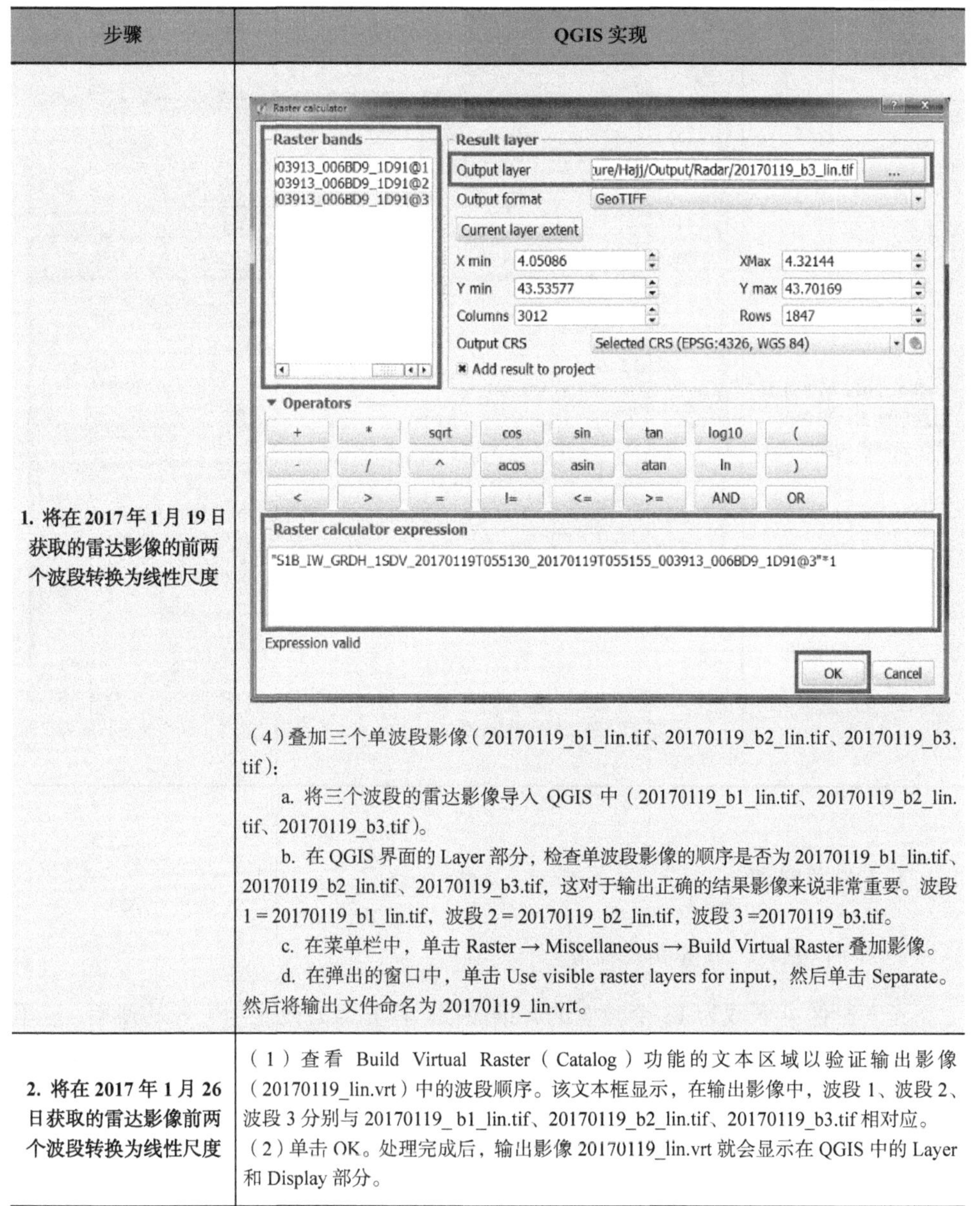

（4）叠加三个单波段影像（20170119_b1_lin.tif、20170119_b2_lin.tif、20170119_b3.tif）：<br>
a. 将三个波段的雷达影像导入 QGIS 中（20170119_b1_lin.tif、20170119_b2_lin.tif、20170119_b3.tif）。<br>
b. 在 QGIS 界面的 Layer 部分，检查单波段影像的顺序是否为 20170119_b1_lin.tif、20170119_b2_lin.tif、20170119_b3.tif，这对于输出正确的结果影像来说非常重要。波段 1 = 20170119_b1_lin.tif，波段 2 = 20170119_b2_lin.tif，波段 3 =20170119_b3.tif。<br>
c. 在菜单栏中，单击 Raster → Miscellaneous → Build Virtual Raster 叠加影像。<br>
d. 在弹出的窗口中，单击 Use visible raster layers for input，然后单击 Separate。然后将输出文件命名为 20170119_lin.vrt。
</td></tr>
<tr><td>2. 将在 2017 年 1 月 26 日获取的雷达影像前两个波段转换为线性尺度</td><td>
（1）查看 Build Virtual Raster（Catalog）功能的文本区域以验证输出影像（20170119_lin.vrt）中的波段顺序。该文本框显示，在输出影像中，波段 1、波段 2、波段 3 分别与 20170119_ b1_lin.tif、20170119_b2_lin.tif、20170119_b3.tif 相对应。<br>
（2）单击 OK。处理完成后，输出影像 20170119_lin.vrt 就会显示在 QGIS 中的 Layer 和 Display 部分。
</td></tr>
</table>

续表

| 步骤 | QGIS 实现 |
| --- | --- |
| 2. 将在 2017 年 1 月 26 日获取的雷达影像前两个波段转换为线性尺度 | 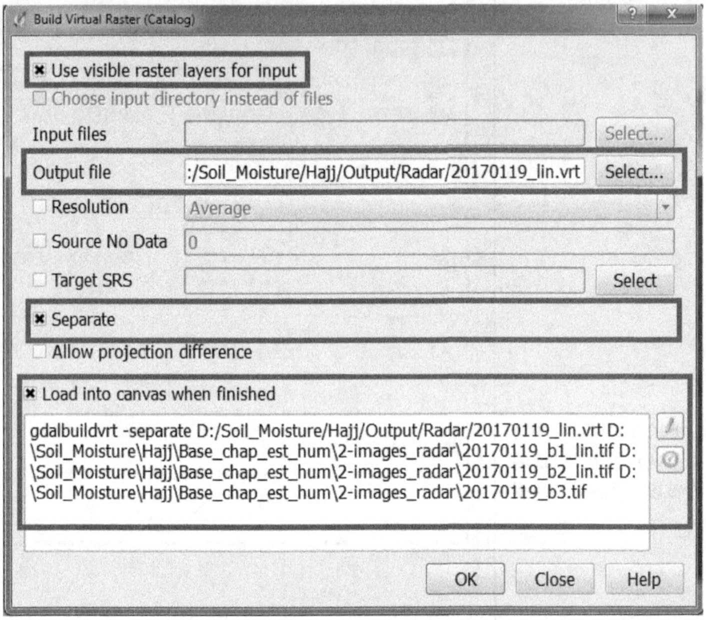 Build Virtual Raster (Catalog)<br>Use visible raster layers for input<br>Choose input directory instead of files<br>Input files Select...<br>Output file :/Soil_Moisture/Hajj/Output/Radar/20170119_lin.vrt Select...<br>Resolution Average<br>Source No Data 0<br>Target SRS Select<br>Separate<br>Allow projection difference<br>Load into canvas when finished<br>gdalbuildvrt -separate D:/Soil_Moisture/Hajj/Output/Radar/20170119_lin.vrt D:\Soil_Moisture\Hajj\Base_chap_est_hum\2-images_radar\20170119_b1_lin.tif D:\Soil_Moisture\Hajj\Base_chap_est_hum\2-images_radar\20170119_b2_lin.tif D:\Soil_Moisture\Hajj\Base_chap_est_hum\2-images_radar\20170119_b3.tif<br>OK Close Help<br>（3）重复（1）～（2），将 2017 年 1 月 26 日获取的雷达影像前两个波段转换为线性尺度。 |

## 1.4.3 光学影像

### 1.4.3.1 叠加、裁剪和重投影

光学影像可下载为 13 个独立的光谱波段。首先为方便光学影像的使用，这里只叠加了蓝光（波段 2）、绿光（波段 3）、红光（波段 4）和近红外（波段 8）波段。然后对由这四个波段组成的影像进行裁剪。最后将裁剪后的影像重新投影到与雷达影像相同的投影系统（WGS84 大地测量系统）中（表 1.4）。

**表 1.4 光学影像预处理**

| 步骤 | QGIS 实现 |
| --- | --- |
| 1. 叠加四个波段 | 下载光学影像：<br>（1）从 Theia 网站上下载在 2016 年 10 月 15 日获取的蒙彼利埃（法国南部）的 S2A 影像*。Theia 网站上该光学影像的名称是 SENTINEL2A_20161015-104513-200_L2A_T31TEJ_D。 |

续表

| 步骤 | QGIS 实现 |
| --- | --- |
| 1. 叠加四个波段 | 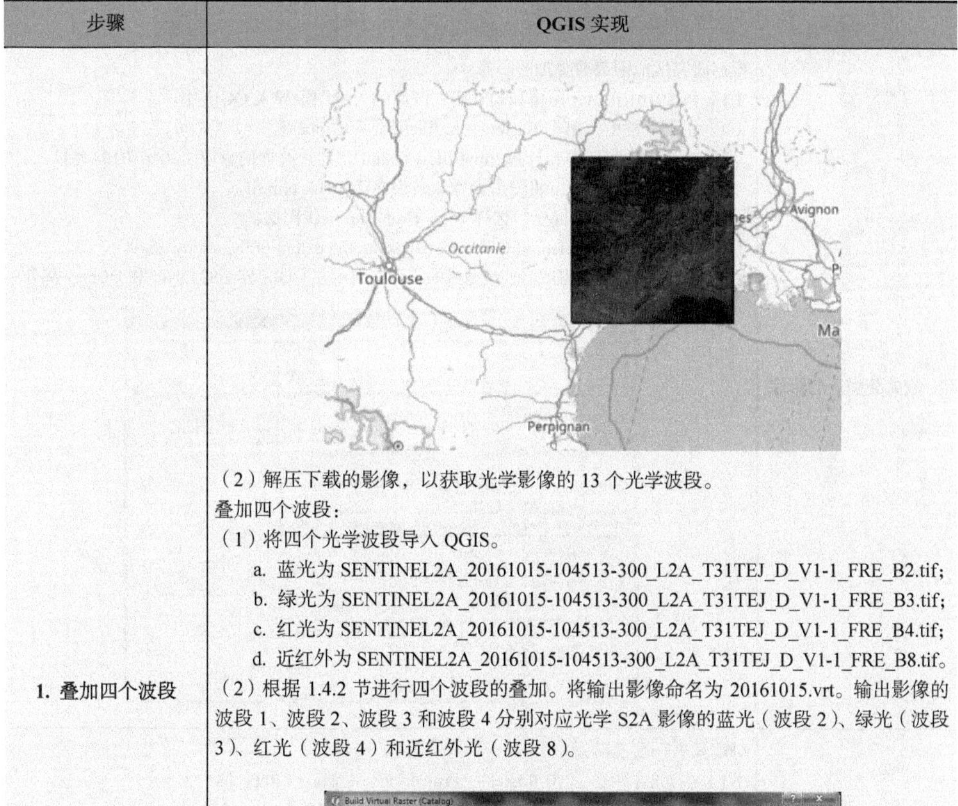<br>（2）解压下载的影像，以获取光学影像的 13 个光学波段。<br>叠加四个波段：<br>（1）将四个光学波段导入 QGIS。<br>a. 蓝光为 SENTINEL2A_20161015-104513-300_L2A_T31TEJ_D_V1-1_FRE_B2.tif;<br>b. 绿光为 SENTINEL2A_20161015-104513-300_L2A_T31TEJ_D_V1-1_FRE_B3.tif;<br>c. 红光为 SENTINEL2A_20161015-104513-300_L2A_T31TEJ_D_V1-1_FRE_B4.tif;<br>d. 近红外为 SENTINEL2A_20161015-104513-300_L2A_T31TEJ_D_V1-1_FRE_B8.tif。<br>（2）根据 1.4.2 节进行四个波段的叠加。将输出影像命名为 20161015.vrt。输出影像的波段 1、波段 2、波段 3 和波段 4 分别对应光学 S2A 影像的蓝光（波段 2）、绿光（波段 3）、红光（波段 4）和近红外光（波段 8）。<br>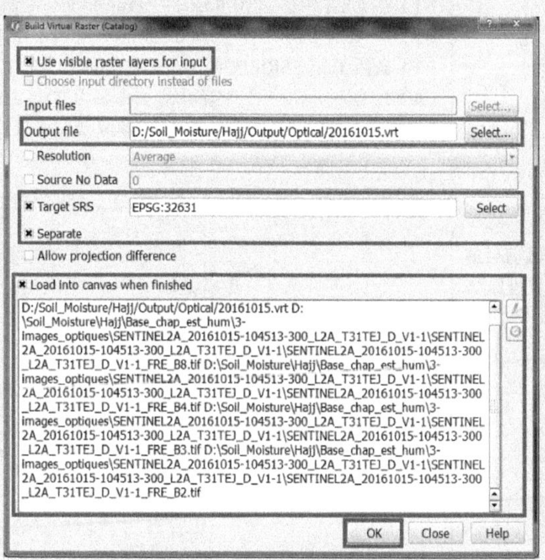 |

续表

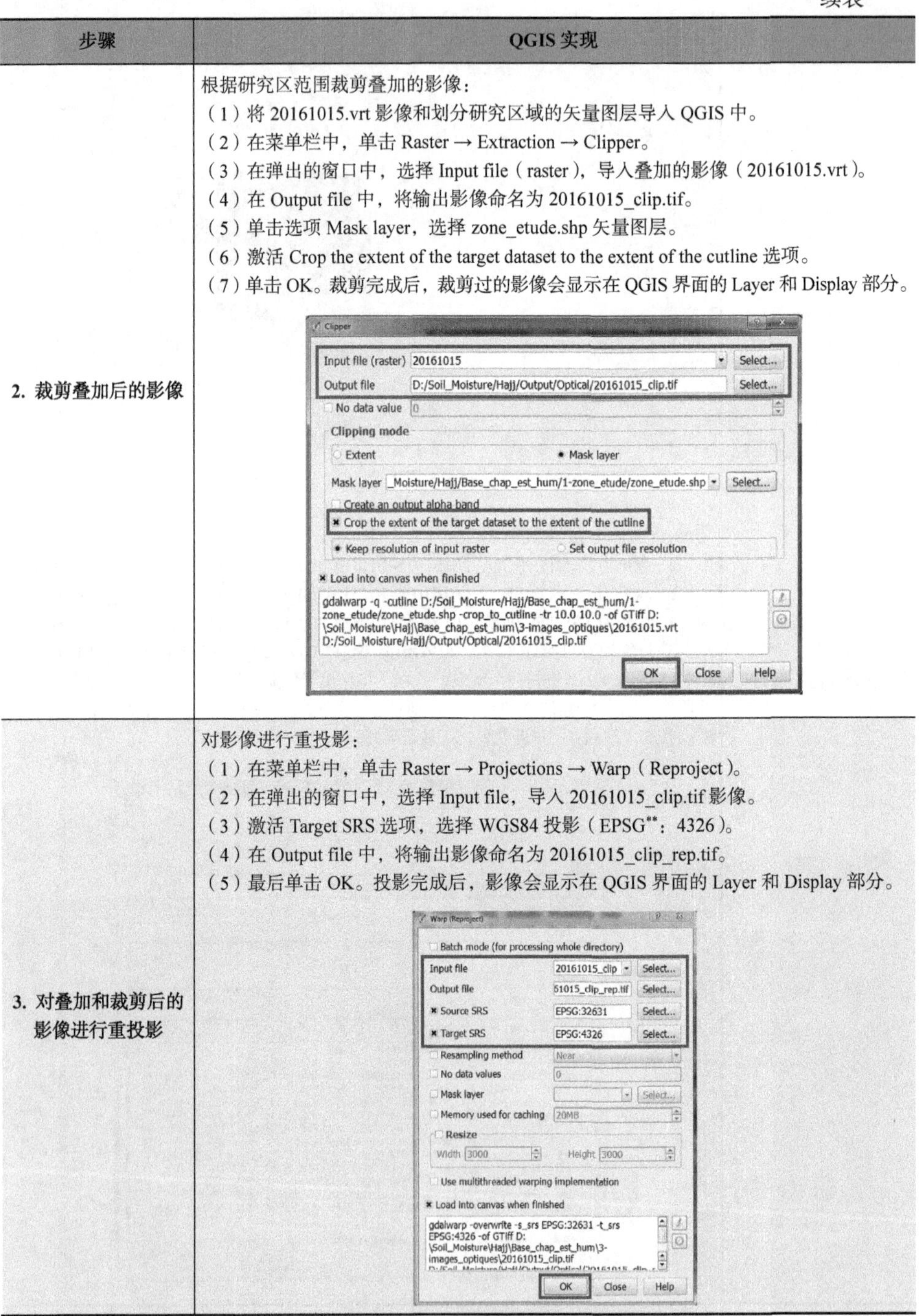

| 步骤 | QGIS 实现 |
| --- | --- |
| 2. 裁剪叠加后的影像 | 根据研究区范围裁剪叠加的影像：<br>（1）将 20161015.vrt 影像和划分研究区域的矢量图层导入 QGIS 中。<br>（2）在菜单栏中，单击 Raster → Extraction → Clipper。<br>（3）在弹出的窗口中，选择 Input file（raster），导入叠加的影像（20161015.vrt）。<br>（4）在 Output file 中，将输出影像命名为 20161015_clip.tif。<br>（5）单击选项 Mask layer，选择 zone_etude.shp 矢量图层。<br>（6）激活 Crop the extent of the target dataset to the extent of the cutline 选项。<br>（7）单击 OK。裁剪完成后，裁剪过的影像会显示在 QGIS 界面的 Layer 和 Display 部分。 |
| 3. 对叠加和裁剪后的影像进行重投影 | 对影像进行重投影：<br>（1）在菜单栏中，单击 Raster → Projections → Warp（Reproject）。<br>（2）在弹出的窗口中，选择 Input file，导入 20161015_clip.tif 影像。<br>（3）激活 Target SRS 选项，选择 WGS84 投影（EPSG**：4326）。<br>（4）在 Output file 中，将输出影像命名为 20161015_clip_rep.tif。<br>（5）最后单击 OK。投影完成后，影像会显示在 QGIS 界面的 Layer 和 Display 部分。 |

*https://theia.cnes.fr/atdistrib/rocket/#/search?collection=SENTINEL2，2020.8.5。

**欧洲石油勘探组织（European Petroleum Survey Group，EPSG）规定的地理投影。

#### 1.4.3.2　计算 NDVI 影像

NDVI 影像来源于光学影像（20161015_clip_rep.tif）。对这个 NDVI 影像进行分割，以划分空间单元（多边形）（表 1.5）。

**表 1.5　计算 NDVI 影像**

<table>
<tr><th>步骤</th><th>QGIS 实现</th></tr>
<tr><td>计算 NDVI 影像</td><td>
（1）计算 NDVI：<br>
a. 将 20161015_clif_rep.tif 影像导入 QGIS。<br>
b. 在菜单栏中单击 Raster → Raster calculator。<br>
c. 在弹出的菜单栏中，输入下面的公式：<br>
100*(("20161015_clip_rep@4"-"20161015_clip_rep@3")/("20161015_clip_rep@4" + "20161015_clip_rep@3"))<br>
该公式中，NDVI 值乘以了 100，这样能让 NDVI 影像编码转换为 16 位时不会损失精度，由此能加快 NDVI 影像的分割。<br>
d. 在 Output layer 中，将影像命名为 NDVI_20161015.tif。<br>
e. 单击 OK。完成后影像会显示在 QGIS 界面的 Layer 和 Display 部分。<br>
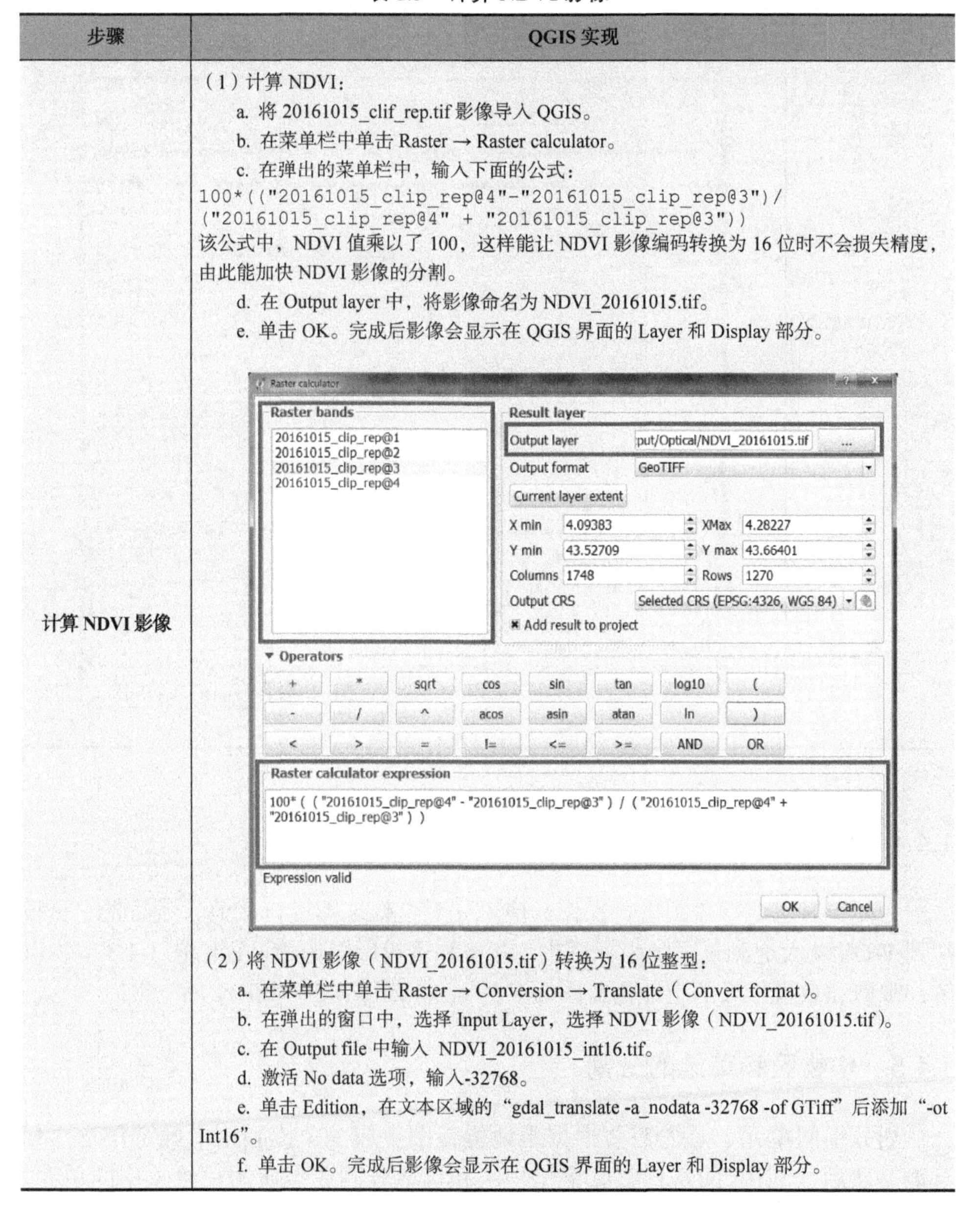
<br>
（2）将 NDVI 影像（NDVI_20161015.tif）转换为 16 位整型：<br>
a. 在菜单栏中单击 Raster → Conversion → Translate（Convert format）。<br>
b. 在弹出的窗口中，选择 Input Layer，选择 NDVI 影像（NDVI_20161015.tif）。<br>
c. 在 Output file 中输入 NDVI_20161015_int16.tif。<br>
d. 激活 No data 选项，输入-32768。<br>
e. 单击 Edition，在文本区域的 “gdal_translate -a_nodata -32768 -of GTiff” 后添加 “-ot Int16”。<br>
f. 单击 OK。完成后影像会显示在 QGIS 界面的 Layer 和 Display 部分。
</td></tr>
</table>

续表

| 步骤 | QGIS 实现 |
| --- | --- |
| 计算 NDVI 影像 | 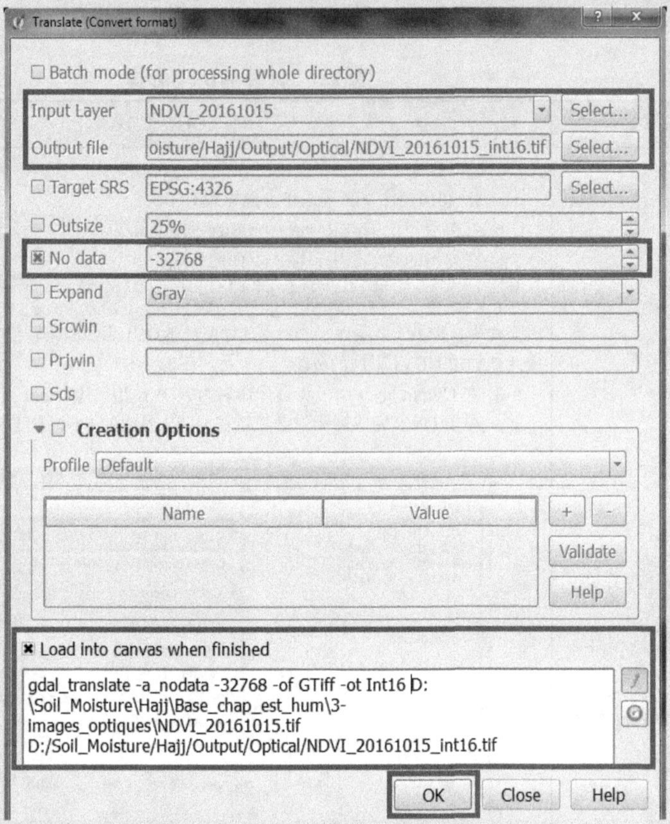 Translate (Convert format)<br>☐ Batch mode (for processing whole directory)<br>Input Layer: NDVI_20161015 [Select...]<br>Output file: oisture/Hajj/Output/Optical/NDVI_20161015_int16.tif [Select...]<br>☐ Target SRS: EPSG:4326 [Select...]<br>☐ Outsize: 25%<br>☒ No data: -32768<br>☐ Expand: Gray<br>☐ Srcwin<br>☐ Prjwin<br>☐ Sds<br>☐ Creation Options<br>Profile: Default<br>Name / Value [+] [-] [Validate] [Help]<br>☒ Load into canvas when finished<br>gdal_translate -a_nodata -32768 -of GTiff -ot Int16 D:\Soil_Moisture\Hajj\Base_chap_est_hum\3-images_optiques\NDVI_20161015.tif D:/Soil_Moisture/Hajj/Output/Optical/NDVI_20161015_int16.tif<br>[OK] [Close] [Help] |

## 1.4.4 土地覆盖图

为便于对土地覆盖图进行操作，应该先对这幅地图进行裁剪，然后把它重投影到 WGS84 大地测量系统坐标系中。裁剪和重投影影像的过程已在 1.4.3 节中讲解，裁剪和重投影后的土地覆盖图命名为 ocsol_clip_wgs84.tif。

## 1.4.5 作物区和草地的分割

划分空间单元，首先需要根据土地覆盖图生成一个掩膜用于确定作物区和草地。然后，利用 NDVI 影像将作物区和草地分割成匀质的片段（空间单元）（表 1.6）。

表 1.6　NDVI 影像的分割

| 步骤 | QGIS 实现 |
| --- | --- |
| 确定作物区和草地，并进行分割 | （1）生成掩膜影像：<br>a. 将经过裁剪和重投影的土地覆盖图（ocsol_clip_wgs84.tif）和 NDVI 影像（NDVI_20161015_ ent16.tif）导入 QGIS 中。导入 NDVI 影像可以获得与 NDVI 影像具有相同范围和空间分辨率的掩膜影像：NDVI_20161015_ent16.tif。在 Raster bands 中选择影像 NDVI_20161015_ent16.tif，然后单击 Current layer extent，即可获取掩膜影像。<br>b. 在菜单栏中，单击 Raster → Raster calculator。<br>c. 在弹出的窗口中，输入以下公式，并将输出影像命名为 mask.tif。利用该公式，可将掩膜影像（mask.tif）中像素值分别为 11（夏季作物）、12（冬季作物）和 211（常年绿地）的土地覆盖图（ocsol_clip_wgs84.tif）像素设置为 255，其余像素设置为 0。<br>`("ocsol_clip_wgs84@1" = 11 OR "ocsol_clip_wgs84@1" = 12 OR "ocsol_clip_wgs84@1" = 211)*255`<br>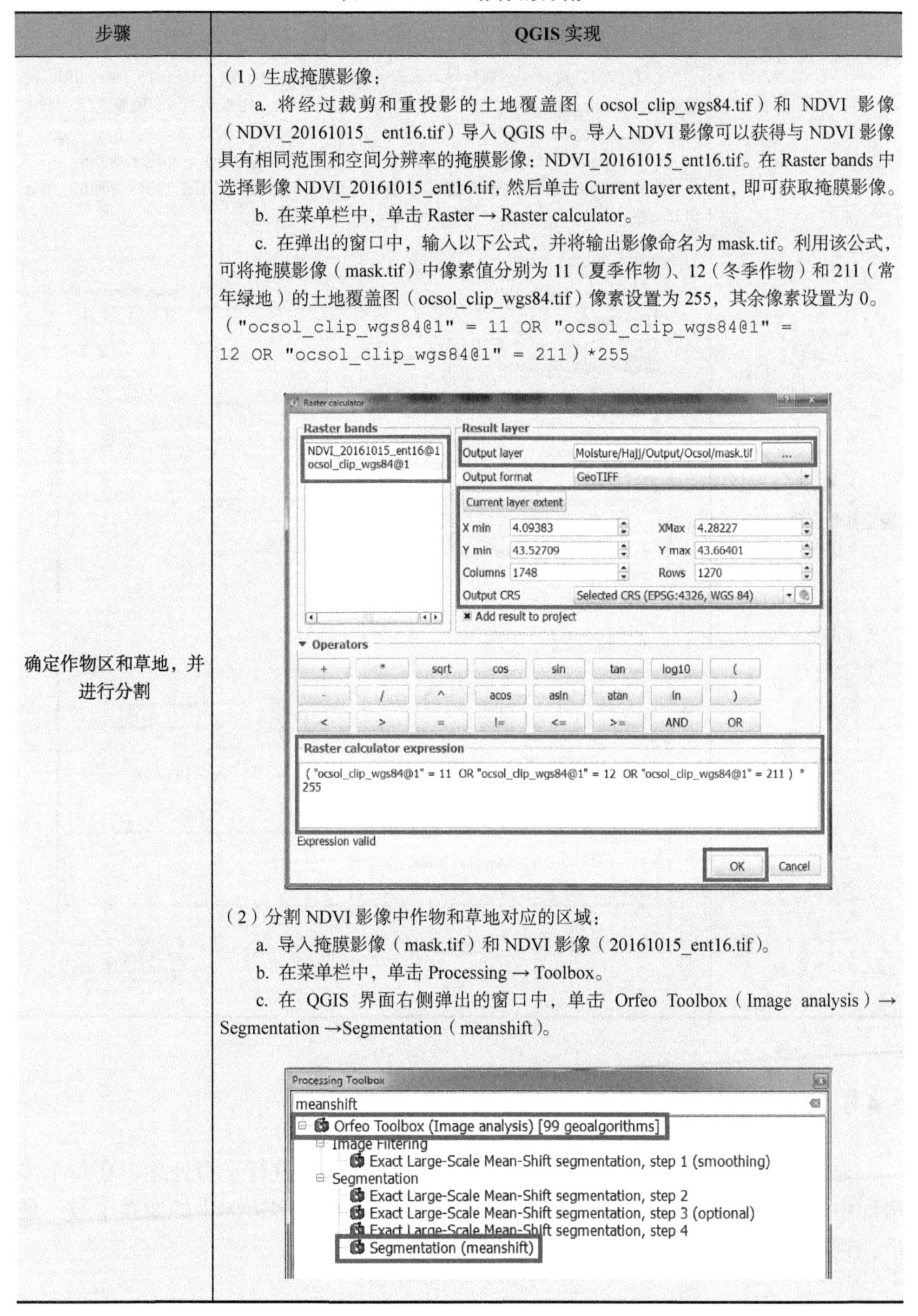<br><br>（2）分割 NDVI 影像中作物和草地对应的区域：<br>a. 导入掩膜影像（mask.tif）和 NDVI 影像（20161015_ent16.tif）。<br>b. 在菜单栏中，单击 Processing → Toolbox。<br>c. 在 QGIS 界面右侧弹出的窗口中，单击 Orfeo Toolbox（Image analysis）→ Segmentation →Segmentation（meanshift）。<br> |

续表

<table>
<tr><th>步骤</th><th>QGIS 实现</th></tr>
<tr><td>确定作物区和草地，并进行分割</td><td>
d. 在弹出的窗口中，选择导入影像（Input Image：NDVI_20161015_ent16.tif），设置空间半径（Spatial radius：30 个像素），范围半径（Range radius：10）和掩膜影像（Mask Image：masque.tif）。<br>
e. 在 Output vector file 中将输出的分割矢量图层命名为 seg_crops_grass.shp。<br>
f. 单击 Run 来执行分割功能。完成后，分割矢量图层会显示在 QGIS 界面的 Layer 和 Display 部分。<br>
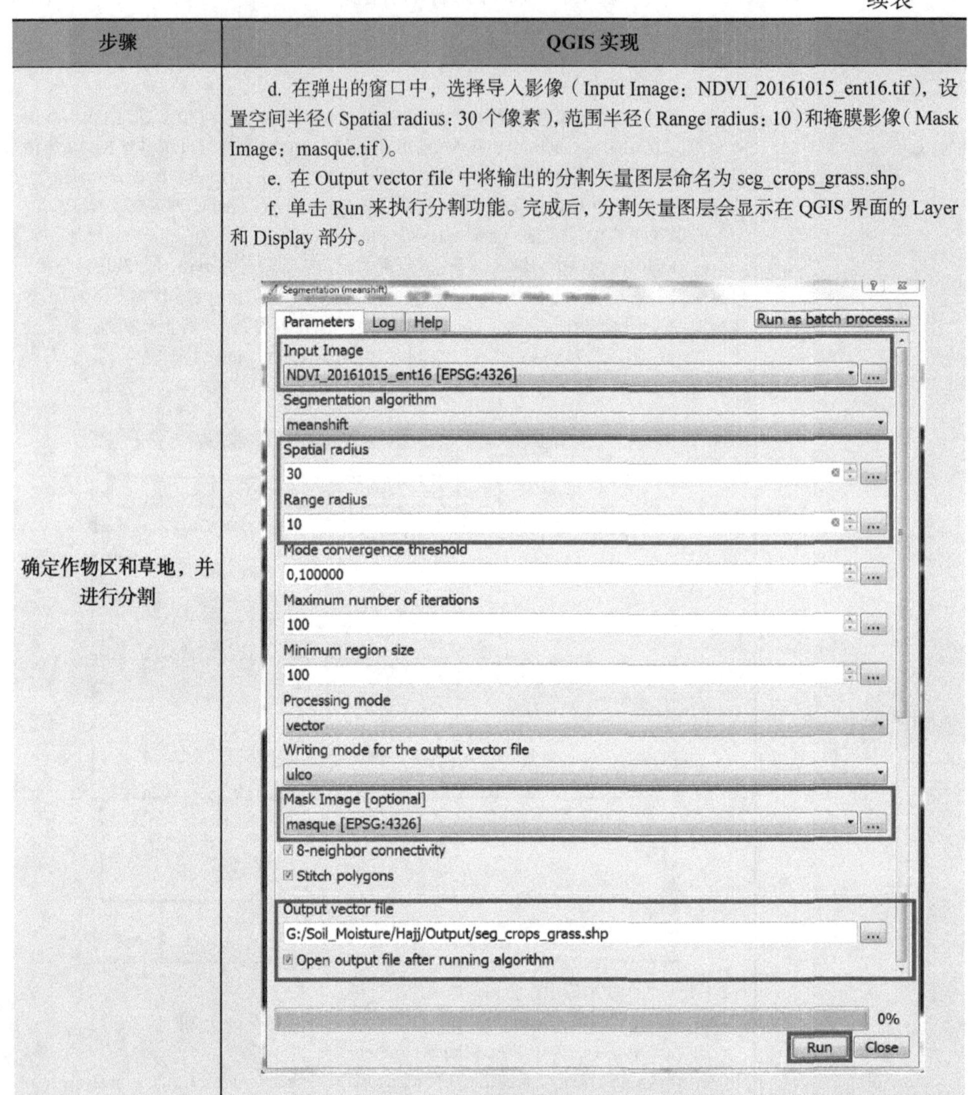

</td></tr>
</table>

## 1.4.6 消除小的空间单元

为消除分割影像中小的空间单元，首先，对多边形进行平滑处理；在每个多边形中生成 10m（0.0001°）的缓冲区；然后，计算每个多边形中的像素个数；最后，删除包含像素个数为 20 个的多边形（表 1.7）。

表 1.7　消除小的空间单元

| 步骤 | QGIS 实现 |
| --- | --- |
| 消除小的空间单元 | （1）平滑多边形：<br>a. 在主菜单栏中，单击 Processing → Toolbox。<br>b. 在弹出的窗口中，单击 QGIS geoalgorithms → Vector geometry tools → Smooth geometry。<br>c. 在 Input layer 中，选择分割矢量图层（seg_crops_grass.shp）。<br>d. 在 Offset 中，输入 0.500000（单位为像素）。<br>e. 在 Smoothed 中，键入输出文件名称（seg_crops_grass_smooth.shp）。<br>f. 单击 Run，输出文件会显示在 QGIS 界面的 Layer 和 Display 部分。<br>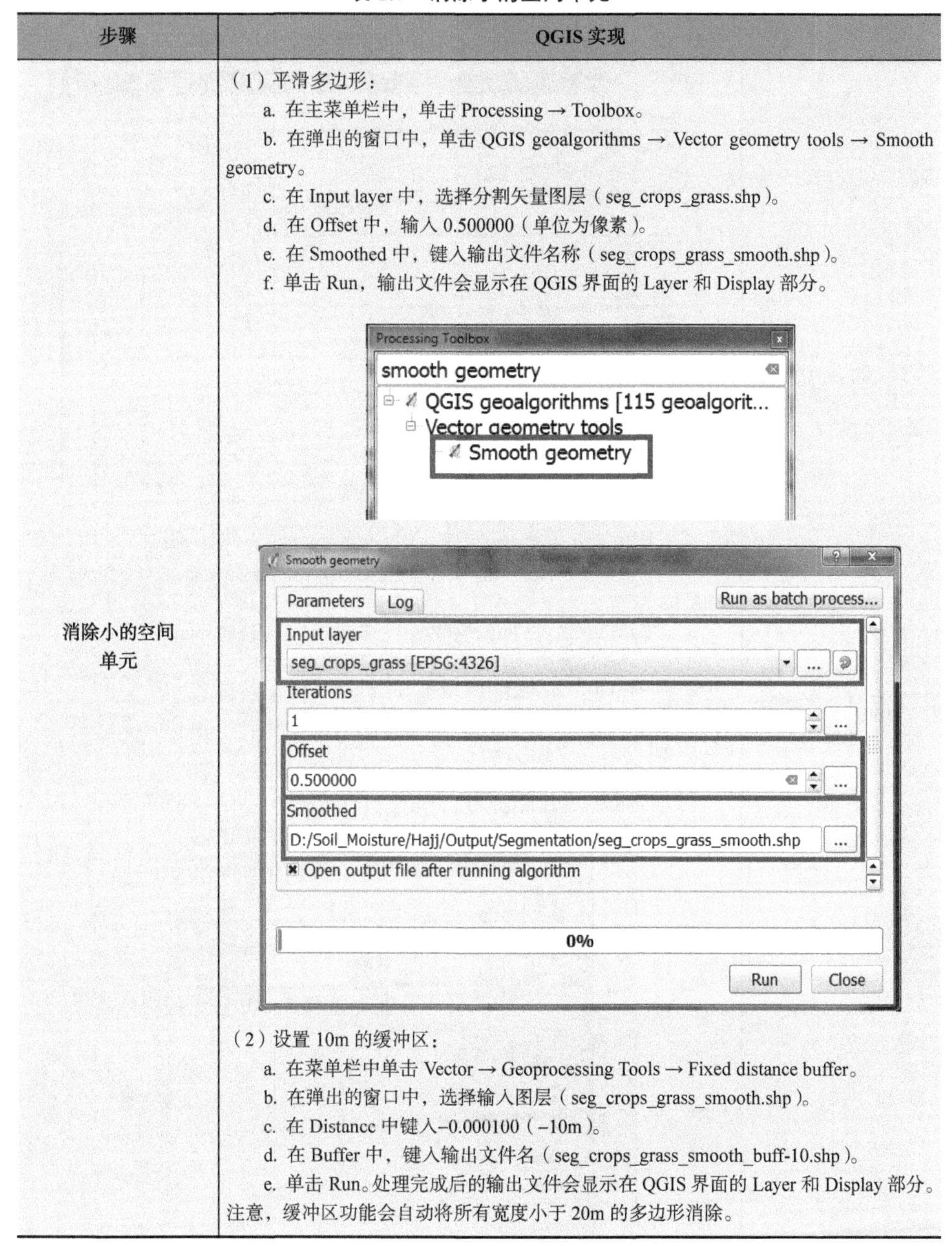<br><br>（2）设置 10m 的缓冲区：<br>a. 在菜单栏中单击 Vector → Geoprocessing Tools → Fixed distance buffer。<br>b. 在弹出的窗口中，选择输入图层（seg_crops_grass_smooth.shp）。<br>c. 在 Distance 中键入−0.000100（−10m）。<br>d. 在 Buffer 中，键入输出文件名（seg_crops_grass_smooth_buff-10.shp）。<br>e. 单击 Run。处理完成后的输出文件会显示在 QGIS 界面的 Layer 和 Display 部分。注意，缓冲区功能会自动将所有宽度小于 20m 的多边形消除。 |

续表

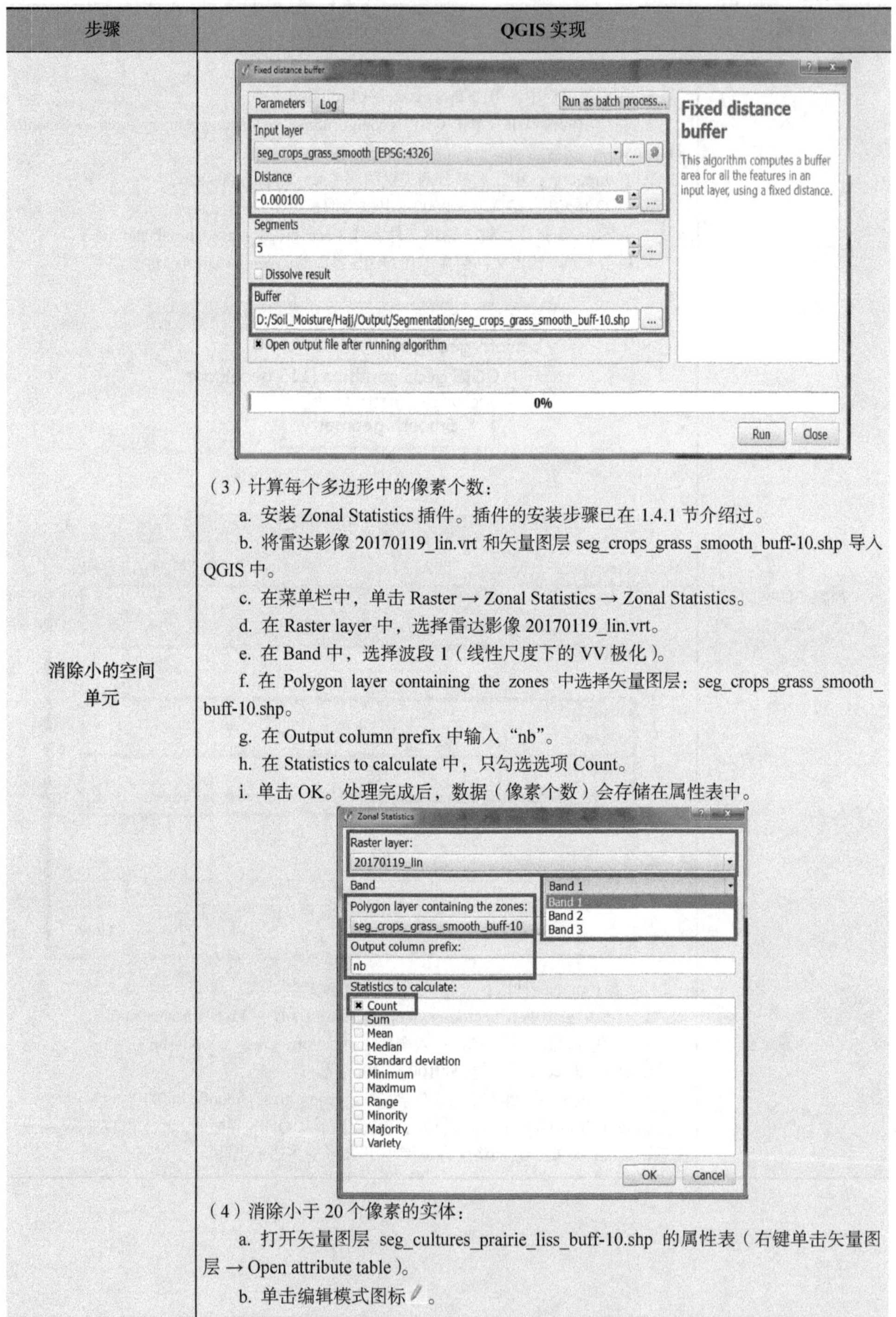


| 步骤 | QGIS 实现 |
| --- | --- |
| 消除小的空间单元 | （3）计算每个多边形中的像素个数：<br>a. 安装 Zonal Statistics 插件。插件的安装步骤已在 1.4.1 节介绍过。<br>b. 将雷达影像 20170119_lin.vrt 和矢量图层 seg_crops_grass_smooth_buff-10.shp 导入 QGIS 中。<br>c. 在菜单栏中，单击 Raster → Zonal Statistics → Zonal Statistics。<br>d. 在 Raster layer 中，选择雷达影像 20170119_lin.vrt。<br>e. 在 Band 中，选择波段 1（线性尺度下的 VV 极化）。<br>f. 在 Polygon layer containing the zones 中选择矢量图层：seg_crops_grass_smooth_buff-10.shp。<br>g. 在 Output column prefix 中输入“nb”。<br>h. 在 Statistics to calculate 中，只勾选选项 Count。<br>i. 单击 OK。处理完成后，数据（像素个数）会存储在属性表中。<br>（4）消除小于 20 个像素的实体：<br>a. 打开矢量图层 seg_cultures_prairie_liss_buff-10.shp 的属性表（右键单击矢量图层 → Open attribute table）。<br>b. 单击编辑模式图标 。 |

续表

| 步骤 | QGIS 实现 |
| --- | --- |
| 消除小的空间单元 | c. 单击 Select features using an expression 图标，输入“"nbcount"<20”。<br>d. 单击 delete selected features 图标。<br>e. 关闭编辑模式。<br>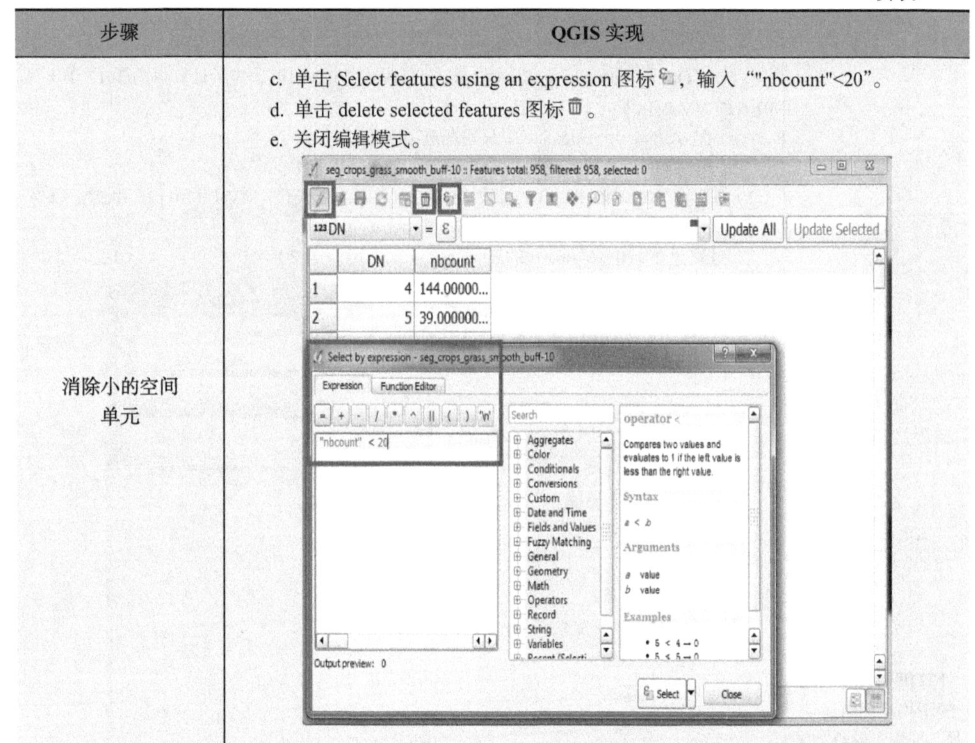 |

## 1.4.7 绘制土壤湿度图

### 1.4.7.1 计算平均反向散射信号、平均入射角和平均 NDVI 值

对每个空间单元（多边形），计算雷达反向散射信号（线性尺度）在 VV 和 VH 中的平均值、局部入射角平均值和 NDVI 平均值，然后将平均值结果导出为 csv 文件（表 1.8）。

**表 1.8 平均反向散射信号、平均入射角和平均 NDVI 值的计算**

| 步骤 | QGIS 实现 |
| --- | --- |
| 计算每个空间单元的平均反向散射信号、平均入射角和平均 **NDVI** 值 | （1）用每个多边形（空间单元）中的所有像素计算平均反向散射信号（线性尺度）:<br>a. 导入在 2017 年 1 月 19 日获取的雷达影像（20170119_lin.vrt）和分割矢量图层（seg_crops_grass_smooth_buff-10.shp）。<br>b. 在主菜单栏中，单击 Raster → Zonal Statistics。<br>c. 在 Raster layer 中，选择雷达影像 20170119_lin.vrt。<br>d. 在 Band 中，选择波段 1（线性尺度下的 VV 极化）。<br>e. 在 Polygon layer containing the zones 中选择矢量图层 seg_crops_grass_smooth_buff-10.shp。 |

续表

<table>
<tr><th>步骤</th><th>QGIS 实现</th></tr>
<tr><td>计算每个空间单元的平均反向散射信号、平均入射角和平均 NDVI 值</td><td>

f. 在 Output column prefix 中，输入“MVV_20170119”，表示计算值为 2017 年 1 月 19 日的 VV 极化下的平均反向散射系数。

g. 在 Statistics to calculate 中只勾选选项 Mean。

h. 单击 OK。处理完成后，平均值会保存在属性表中。

（2）对影像 20170119_lin.vrt 的波段 2（线性尺度的 VH 极化：MVH_170119）和波段 3（入射角：MI_170119）重复（1）中步骤。

（3）对影像 20170126_lin.vrt 的三个波段重复（1）～（2）。

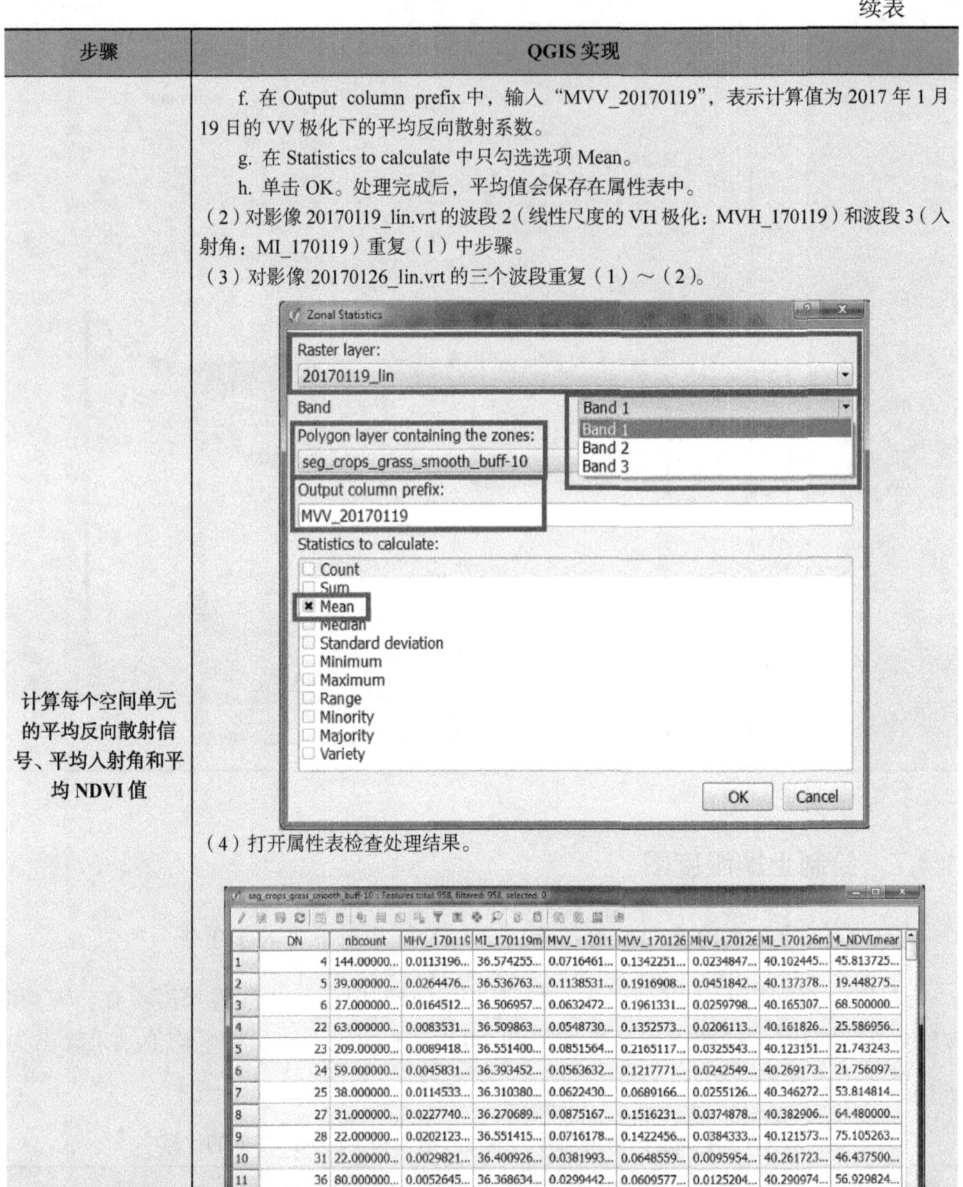


（4）打开属性表检查处理结果。

seg_crops_grass_smooth_buff-10 :: Features total: 958, filtered: 958, selected: 0

<table>
<tr><th></th><th>DN</th><th>nbcount</th><th>MHV_17011(</th><th>MI_170119m</th><th>MVV_17011</th><th>MVV_170126</th><th>MHV_170126</th><th>MI_170126m</th><th>M_NDVImear</th></tr>
<tr><td>1</td><td>4</td><td>144.00000...</td><td>0.0113196...</td><td>36.574255...</td><td>0.0716461...</td><td>0.1342251...</td><td>0.0234847...</td><td>40.102445...</td><td>45.813725...</td></tr>
<tr><td>2</td><td>5</td><td>39.000000...</td><td>0.0264476...</td><td>36.536763...</td><td>0.1138531...</td><td>0.1916908...</td><td>0.0451842...</td><td>40.137378...</td><td>19.448275...</td></tr>
<tr><td>3</td><td>6</td><td>27.000000...</td><td>0.0164512...</td><td>36.506957...</td><td>0.0632472...</td><td>0.1961331...</td><td>0.0259798...</td><td>40.165307...</td><td>68.500000...</td></tr>
<tr><td>4</td><td>22</td><td>63.000000...</td><td>0.0083531...</td><td>36.509863...</td><td>0.0548730...</td><td>0.1352573...</td><td>0.0206113...</td><td>40.161826...</td><td>25.586956...</td></tr>
<tr><td>5</td><td>23</td><td>209.00000...</td><td>0.0089418...</td><td>36.551400...</td><td>0.0851564...</td><td>0.2165117...</td><td>0.0325543...</td><td>40.123151...</td><td>21.743243...</td></tr>
<tr><td>6</td><td>24</td><td>59.000000...</td><td>0.0045831...</td><td>36.393452...</td><td>0.0563632...</td><td>0.1217771...</td><td>0.0242549...</td><td>40.269173...</td><td>21.756097...</td></tr>
<tr><td>7</td><td>25</td><td>38.000000...</td><td>0.0114533...</td><td>36.310380...</td><td>0.0622430...</td><td>0.0689166...</td><td>0.0255126...</td><td>40.346272...</td><td>53.814814...</td></tr>
<tr><td>8</td><td>27</td><td>31.000000...</td><td>0.0227740...</td><td>36.270689...</td><td>0.0875167...</td><td>0.1516231...</td><td>0.0374878...</td><td>40.382906...</td><td>64.480000...</td></tr>
<tr><td>9</td><td>28</td><td>22.000000...</td><td>0.0202123...</td><td>36.551415...</td><td>0.0716178...</td><td>0.1422456...</td><td>0.0384333...</td><td>40.121573...</td><td>75.105263...</td></tr>
<tr><td>10</td><td>31</td><td>22.000000...</td><td>0.0029821...</td><td>36.400926...</td><td>0.0381993...</td><td>0.0648559...</td><td>0.0095954...</td><td>40.261723...</td><td>46.437500...</td></tr>
<tr><td>11</td><td>36</td><td>80.000000...</td><td>0.0052645...</td><td>36.368634...</td><td>0.0299442...</td><td>0.0609577...</td><td>0.0125204...</td><td>40.290974...</td><td>56.929824...</td></tr>
<tr><td>12</td><td>42</td><td>174.00000...</td><td>0.0188180...</td><td>36.351289...</td><td>0.0484930...</td><td>0.1056008...</td><td>0.0277882...</td><td>40.307519...</td><td>69.305084...</td></tr>
<tr><td>13</td><td>43</td><td>211.00000...</td><td>0.0042714...</td><td>36.167684...</td><td>0.0276597...</td><td>0.0703716...</td><td>0.0174665...</td><td>40.475658...</td><td>80.673333...</td></tr>
<tr><td>14</td><td>44</td><td>234.00000...</td><td>0.0216762...</td><td>36.527568...</td><td>0.0744721...</td><td>0.2291537...</td><td>0.0486044...</td><td>40.141551...</td><td>35.168674...</td></tr>
<tr><td>15</td><td>47</td><td>170.00000...</td><td>0.0065745...</td><td>36.477312...</td><td>0.0325101...</td><td>0.0827556...</td><td>0.0158581...</td><td>40.190140...</td><td>69.105691...</td></tr>
<tr><td>16</td><td>48</td><td>51.000000...</td><td>0.0065857...</td><td>36.330140...</td><td>0.0430737...</td><td>0.1296074...</td><td>0.0165699...</td><td>40.324686...</td><td>61.526315...</td></tr>
<tr><td>17</td><td>60</td><td>241.00000...</td><td>0.0057635...</td><td>36.337943...</td><td>0.0456522...</td><td>0.0853466...</td><td>0.0181331...</td><td>40.317197...</td><td>24.107142...</td></tr>
<tr><td>18</td><td>61</td><td>632.00000...</td><td>0.0052653...</td><td>36.385397...</td><td>0.0306356...</td><td>0.0711993...</td><td>0.0146434...</td><td>40.274892...</td><td>64.512471...</td></tr>
<tr><td>19</td><td>62</td><td>134.00000...</td><td>0.0050944...</td><td>36.359636...</td><td>0.0238047...</td><td>0.0580636...</td><td>0.0110639...</td><td>40.296384...</td><td>70.595744...</td></tr>
</table>

Show All Features

</td></tr>
</table>

续表

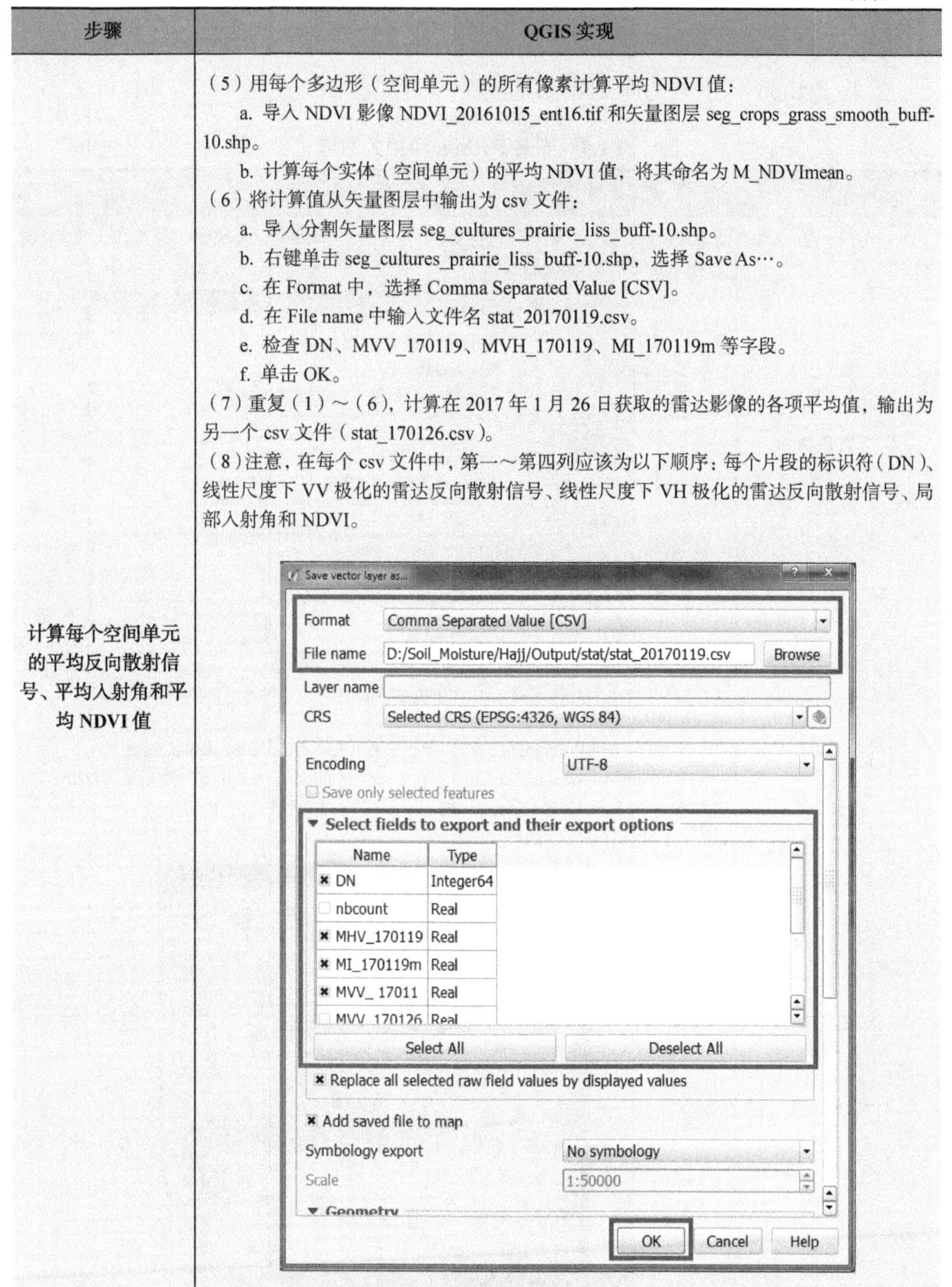

| 步骤 | QGIS 实现 |
| --- | --- |
| 计算每个空间单元的平均反向散射信号、平均入射角和平均 NDVI 值 | （5）用每个多边形（空间单元）的所有像素计算平均 NDVI 值：<br>a. 导入 NDVI 影像 NDVI_20161015_ent16.tif 和矢量图层 seg_crops_grass_smooth_buff-10.shp。<br>b. 计算每个实体（空间单元）的平均 NDVI 值，将其命名为 M_NDVImean。<br>（6）将计算值从矢量图层中输出为 csv 文件：<br>a. 导入分割矢量图层 seg_cultures_prairie_liss_buff-10.shp。<br>b. 右键单击 seg_cultures_prairie_liss_buff-10.shp，选择 Save As…。<br>c. 在 Format 中，选择 Comma Separated Value [CSV]。<br>d. 在 File name 中输入文件名 stat_20170119.csv。<br>e. 检查 DN、MVV_170119、MVH_170119、MI_170119m 等字段。<br>f. 单击 OK。<br>（7）重复（1）～（6），计算在 2017 年 1 月 26 日获取的雷达影像的各项平均值，输出为另一个 csv 文件（stat_170126.csv）。<br>（8）注意，在每个 csv 文件中，第一～第四列应该为以下顺序：每个片段的标识符（DN）、线性尺度下 VV 极化的雷达反向散射信号、线性尺度下 VH 极化的雷达反向散射信号、局部入射角和 NDVI。 |

### 1.4.7.2 执行湿度估计算法

1）安装 Python 和相关的库

安装 Python 和相关的库见表 1. 9。

**表 1.9 安装 Python 和相关的库**

| 步骤 | QGIS 实现 |
|---|---|
| **1. 安装 Python** | 下载 Python 可执行文件*并进行安装。在 Customize install location，保持默认选项，改变安装路径为 C:\Python36。<br>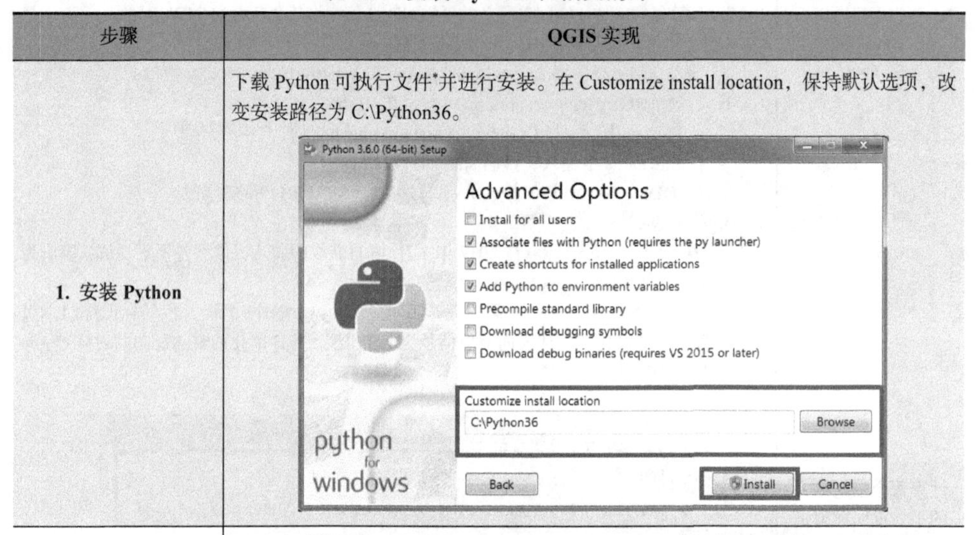 |
| **2. 安装库** | （1）在计算机的环境变量（Environment Variables）中添加“python.exe”的路径：<br>a. 单击 Start。<br>b. 在 Search Program and file，单击链接 View advanced system settings。<br>c. 单击 Environment Variables。在 User variables for H.8 中选择变量环境 Path。<br>d. 单击 Edit User Variable，输入 python.exe 的路径“C：Python36”和 pip.exe 的路径“C:\Python36\Scripts”。<br>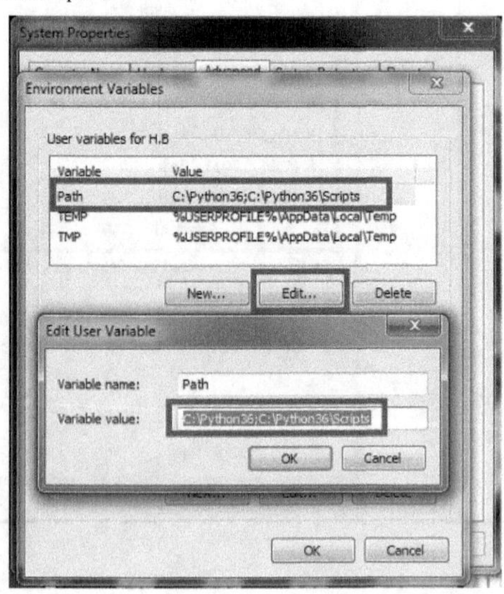 |

续表

| 步骤 | QGIS 实现 |
| --- | --- |
| 2. 安装库 | （2）在 Search Program and files，打开 Command Prompt 窗口，输入“python”，检查 Python 现在是否为可运行项目。<br>（3）下载 SciPy et numpy+mkl**库，将它们放在 C:\Python36\Scripts 目录下。 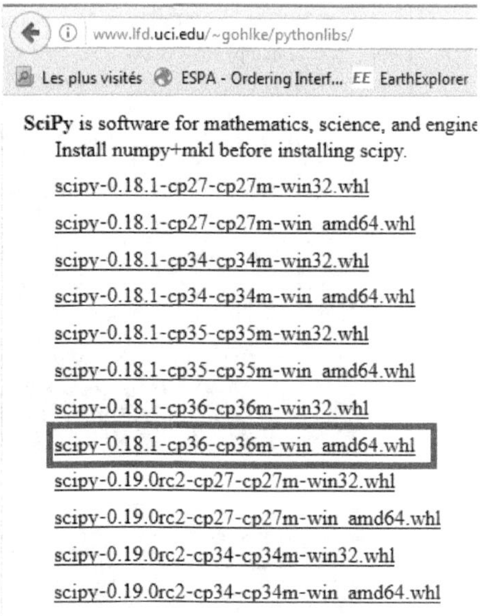 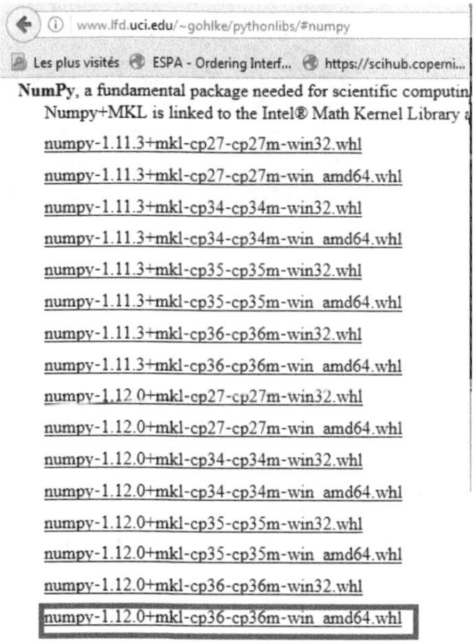<br>www.lfd.uci.edu/~gohlke/pythonlibs/<br>Les plus visités ESPA - Ordering Interf... EE EarthExplorer<br>SciPy is software for mathematics, science, and engine<br>Install numpy+mkl before installing scipy.<br>scipy-0.18.1-cp27-cp27m-win32.whl<br>scipy-0.18.1-cp27-cp27m-win_amd64.whl<br>scipy-0.18.1-cp34-cp34m-win32.whl<br>scipy-0.18.1-cp34-cp34m-win_amd64.whl<br>scipy-0.18.1-cp35-cp35m-win32.whl<br>scipy-0.18.1-cp35-cp35m-win_amd64.whl<br>scipy-0.18.1-cp36-cp36m-win32.whl<br>scipy-0.18.1-cp36-cp36m-win_amd64.whl<br>scipy-0.19.0rc2-cp27-cp27m-win32.whl<br>scipy-0.19.0rc2-cp27-cp27m-win_amd64.whl<br>scipy-0.19.0rc2-cp34-cp34m-win32.whl<br>scipy-0.19.0rc2-cp34-cp34m-win_amd64.whl<br>www.lfd.uci.edu/~gohlke/pythonlibs/#numpy<br>Les plus visités ESPA - Ordering Interf... https://scihub.coperni...<br>NumPy, a fundamental package needed for scientific computin<br>Numpy+MKL is linked to the Intel® Math Kernel Library<br>numpy-1.11.3+mkl-cp27-cp27m-win32.whl<br>numpy-1.11.3+mkl-cp27-cp27m-win_amd64.whl<br>numpy-1.11.3+mkl-cp34-cp34m-win32.whl<br>numpy-1.11.3+mkl-cp34-cp34m-win_amd64.whl<br>numpy-1.11.3+mkl-cp35-cp35m-win32.whl<br>numpy-1.11.3+mkl-cp35-cp35m-win_amd64.whl<br>numpy-1.11.3+mkl-cp36-cp36m-win32.whl<br>numpy-1.11.3+mkl-cp36-cp36m-win_amd64.whl<br>numpy-1.12.0+mkl-cp27-cp27m-win32.whl<br>numpy-1.12.0+mkl-cp27-cp27m-win_amd64.whl<br>numpy-1.12.0+mkl-cp34-cp34m-win32.whl<br>numpy-1.12.0+mkl-cp34-cp34m-win_amd64.whl<br>numpy-1.12.0+mkl-cp35-cp35m-win32.whl<br>numpy-1.12.0+mkl-cp35-cp35m-win_amd64.whl<br>numpy-1.12.0+mkl-cp36-cp36m-win32.whl<br>numpy-1.12.0+mkl-cp36-cp36m-win_amd64.whl |

续表

| 步骤 | QGIS 实现 |
|---|---|
| 2. 安装库 | （4）要安装这些库，打开 Command Prompt 窗口：<br>a. 输入“pip install C:\Python36\Scripts\scipy-0.18.1-cp36-cp36m-win_amd64.whl”来安装 SciPy 模块。<br>b. 输入“pip install keras”来安装 keras 模块。<br>c. 输入“pip install C:\Python36\Scripts\numpy-1.12.0+mkl-cp36-cp36m-win_amd64.whl”来安装 numpy+mkl 模块。 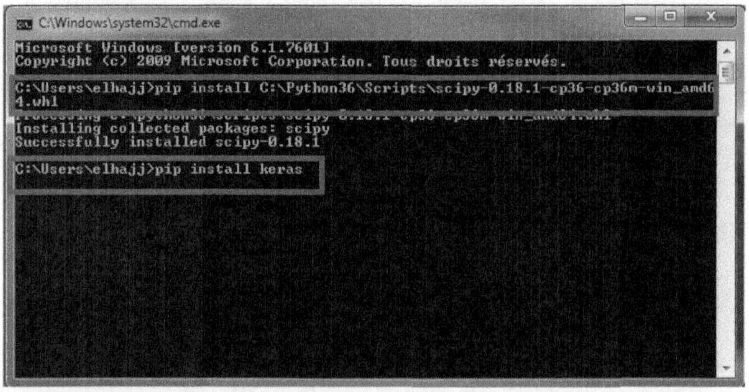 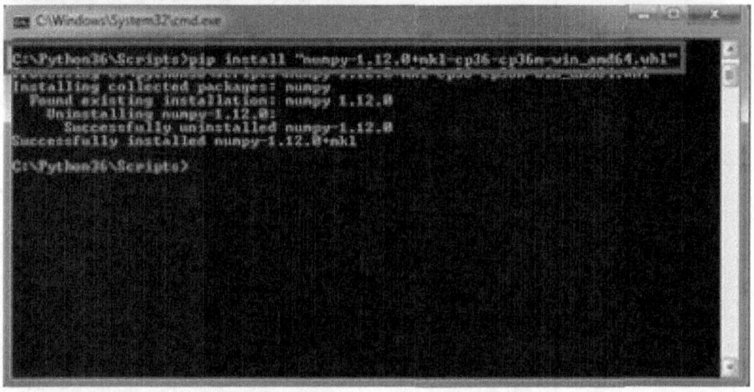 |

*https://www.python.org，2020.8.5。

**https://www.lfd.uci.edu/~gohlke/pythonlibs/，2020.8.5。

2）土壤湿度估计算法的应用

为应用土壤湿度估计算法，需要使用 Python 语言编写的由编程代码组成的脚本（apply_algo.py）运行算法 algo.sav（使用神经网络估计土壤湿度）。该脚本使用一个 csv 文件作为输入文件，其中包含统计信息（VV 和 VH 极化的雷达信号平均值、入射角和 NDVI 值），生成一个文本文件，其中包含每个空间单元的标识符和对应的湿度估计值（表 1.10）。

**表 1.10 土壤湿度估计**

| 步骤 | QGIS 实现 |
| --- | --- |
| 执行算法来估计每个多边形上的湿度值 | （1）应用土壤湿度估计算法：<br>a. 将 csv 文件移动到与脚本（apply_algo.py）相同的目录中。<br>b. 打开脚本（apply_algo.py），右键单击脚本→使用 IDLE 编辑。<br>c. 在“zonal_stat”变量中，输入包含统计信息的 csv 文件名 zonal_stat = “stat_20160119. csv”。<br>d. 按下键盘上的 F5 启动算法。<br>e. 算法完成后自动生成一个文本文件（results_stat_20160119.txt）。在这个文本文件中，第一列是标识符（DN），第二列是土壤湿度估计值。<br>（2）使用文件 stat_20170126.csv 重复（1）中 a～e 来估计土壤湿度。结果自动保存在一个名为 results_stat_20160126.txt 的文件中。 |

#### 1.4.7.3 制作土壤湿度图

根据包含湿度估计值的文本文件和矢量图层 seg_crops_grass_smooth_buff-10. shp 之间的标识符（DN）连接两个文件以进行土壤湿度图的制作（表 1. 11）。这里可以将两日的雷达影像（2017 年 1 月 19 日和 2017 年 1 月 26 日）湿度估计值添加到矢量图层 seg_crops_grass_smooth_buff-10.shp 的属性表中，以湿度估计值地图的形式进行可视化。

**表 1.11 制作土壤湿度图**

| 步骤 | QGIS 中的实际实现 |
| --- | --- |
| 根据标识符进行连接并查看地图 | （1）在矢量图层 seg_crops_grass_smooth_buff-10.shp 的属性表中添加土壤湿度估计值。<br>a. 导入矢量图层 seg_crops_grass_smooth_buff-10.shp 和文本文件 results_stat_20170119.txt。要导入后一个文件，单击 Add Layer，在菜单栏中单击 Add Delimited Text Layer。 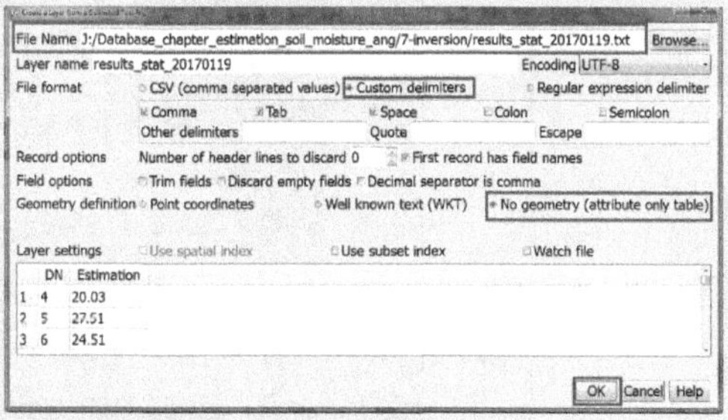<br>b. 右键单击矢量图层 seg_crops_grass_smooth_buff-10.shp → Properties → Joins → +。<br>c. 在弹出的窗口中，在 Join layer 处选择文本文件 results_stat_20170119.txt，在 Join field 和 Target field 中选择 DN。<br>d. 单击 OK。<br>e. 打开矢量图层的属性表验证土壤湿度估计值是否已存在。 |

续表

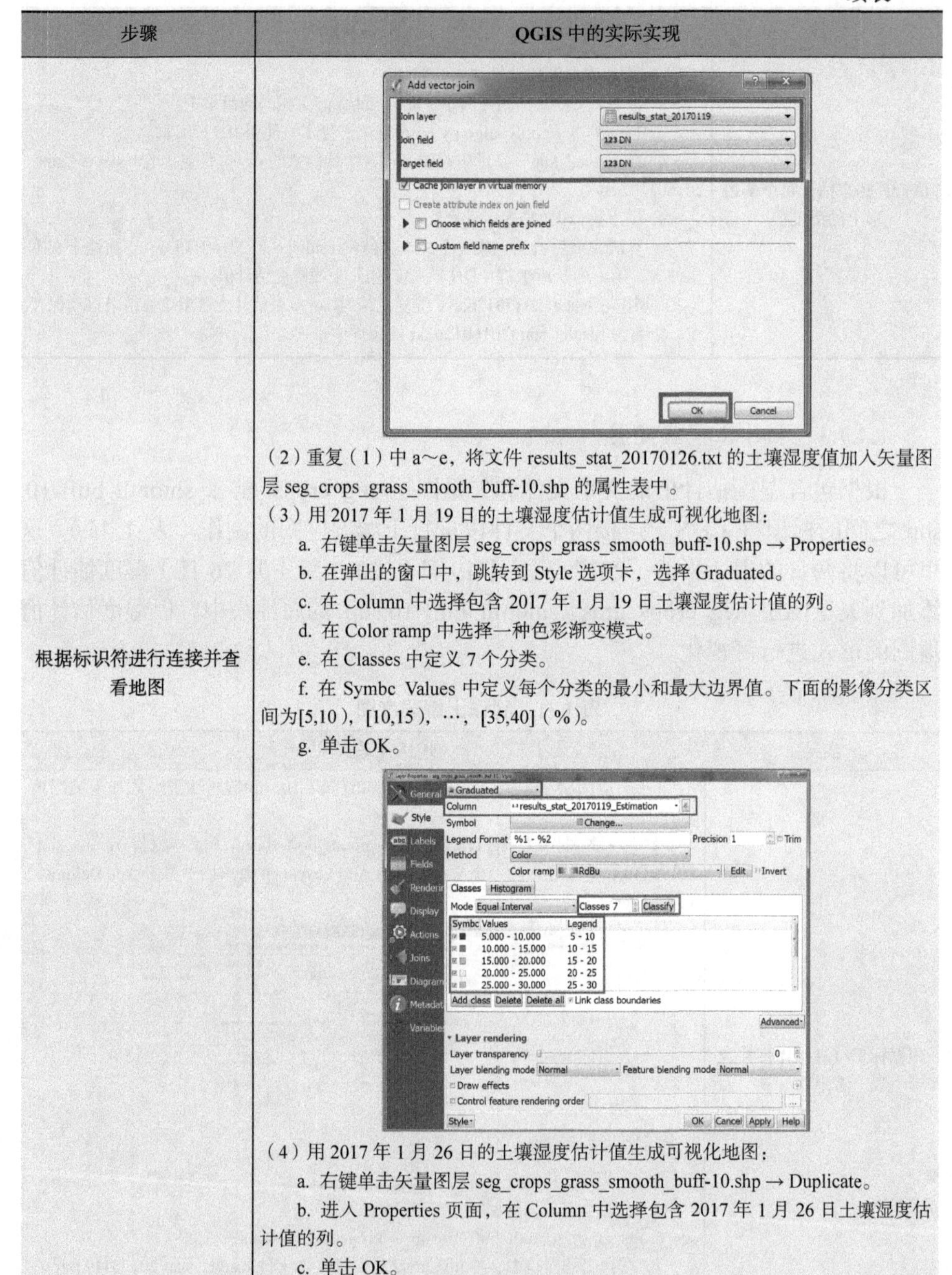


| 步骤 | QGIS 中的实际实现 |
| --- | --- |
| 根据标识符进行连接并查看地图 | （2）重复（1）中 a～e，将文件 results_stat_20170126.txt 的土壤湿度值加入矢量图层 seg_crops_grass_smooth_buff-10.shp 的属性表中。<br>（3）用 2017 年 1 月 19 日的土壤湿度估计值生成可视化地图：<br>a. 右键单击矢量图层 seg_crops_grass_smooth_buff-10.shp → Properties。<br>b. 在弹出的窗口中，跳转到 Style 选项卡，选择 Graduated。<br>c. 在 Column 中选择包含 2017 年 1 月 19 日土壤湿度估计值的列。<br>d. 在 Color ramp 中选择一种色彩渐变模式。<br>e. 在 Classes 中定义 7 个分类。<br>f. 在 Symbc Values 中定义每个分类的最小和最大边界值。下面的影像分类区间为[5,10)，[10,15)，…，[35,40]（%）。<br>g. 单击 OK。<br>（4）用 2017 年 1 月 26 日的土壤湿度估计值生成可视化地图：<br>a. 右键单击矢量图层 seg_crops_grass_smooth_buff-10.shp → Duplicate。<br>b. 进入 Properties 页面，在 Column 中选择包含 2017 年 1 月 26 日土壤湿度估计值的列。<br>c. 单击 OK。 |

## 1.4.8 土壤湿度图

本节展示了每个空间单元（多边形）的土壤湿度估计值的空间可视化影像。图 1.3 为 2017 年 1 月 19 日和 2017 年 1 月 26 日两幅雷达影像的土壤湿度图。2017 年 1 月 19 日的地图显示，研究场地土壤干燥，湿度值为 5%～15%。2017 年 1 月 26 日的地图显示，当地土壤湿润，湿度值为 25%～35%。

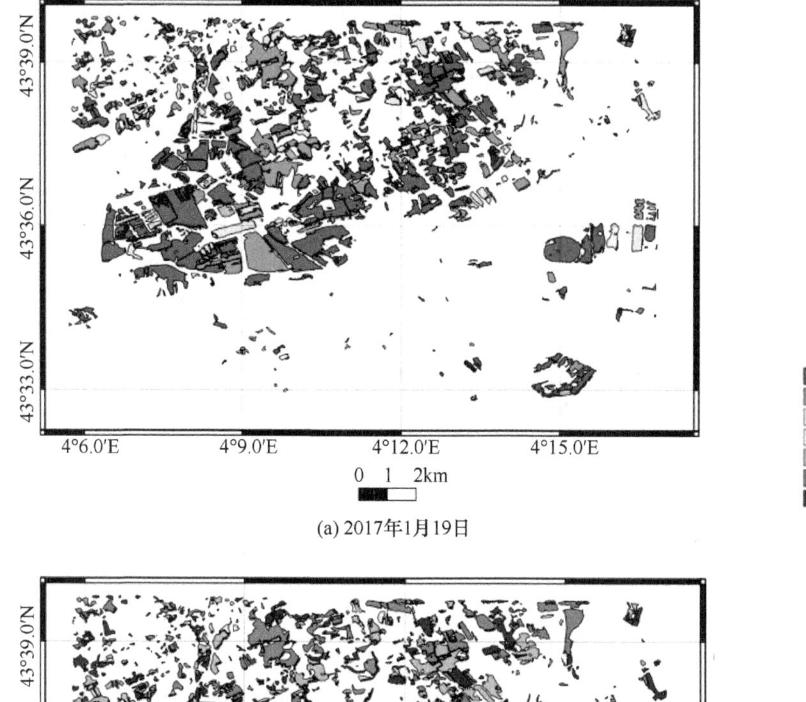


(a) 2017年1月19日

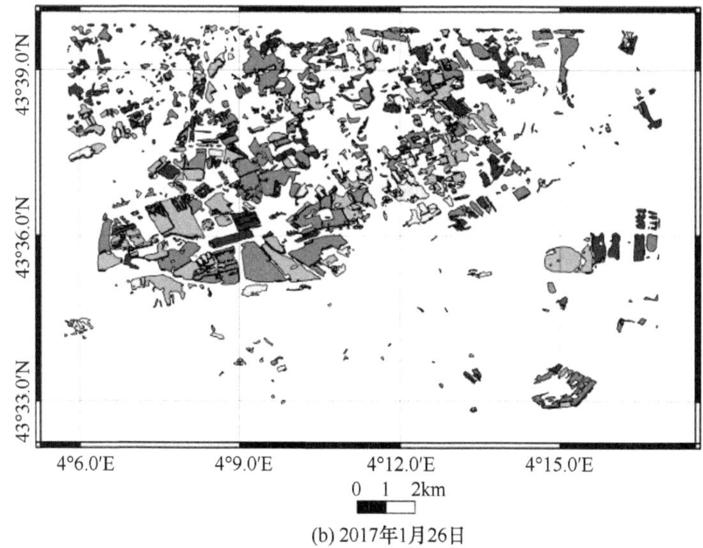


(b) 2017年1月26日

图 1.3 土壤湿度图

# 1.5 参考文献

[ATT 78] ATTEMA E.P.W., ULABY F.T., "Vegetation modeled as a water cloud", Radio Science, vol. 13, pp. 357-364, 1978.

[BAG 06] BAGHDADI N., HOLAH N., ZRIBI M., "Calibration of the integral equation model for SAR data in C-band and HH and VV polarizations", International Journal of Remote Sensing, vol. 27, pp. 805-816, 2006.

[BAG 16a] BAGHDADI N., CHOKER M., ZRIBI M. et al., "A new empirical model for radar scattering from bare soil surfaces", Remote Sensing, vol. 8, p.920, 2016.

[BAG 16b] BAGHDADI N., ZRIBI M., "Characterization of soil surface properties using radar remote sensing", in BAGHDADI N., ZRIBI M.(eds), Land Surface Remote Sensing in Continental Hydrology, ISTE Press, London and Elsevier, Oxford, 2016.

[DUB 95] DUBOIS P.C., VAN ZYL J., ENGMAN T., "Measuring soil moisture with imaging radars", IEEE Transactions on Geoscience and Remote Sensing, vol. 33, pp. 915-926, 1995.

[EL 09] EL HAJJ M., BÉGUÉ A., GUILLAUME S. et al., "Integrating SPOT-5 time series, crop growth modeling and expert knowledge for monitoring agricultural practices-the case of sugarcane harvest on Reunion Island", Remote Sensing of Environment, vol. 113, pp. 2052-2061, 2009.

[EL 16] EL HAJJ M., BAGHDADI N., ZRIBI M. et al., "Soil moisture retrieval over irrigated grassland using X-band SAR data", Remote Sensing of Environment, vol. 176, pp. 202-218, 2016.

[FUN 94] FUNG A.K., "Microwave Scattering and Emission Models and Their Applications", Artech House, London, 1994.

[MIR 15] MIRANDA N., "Sentinel-1A TOPS Radiometric Calibration Refinement", European Space Agency, Paris, 2015.

# 2 热成像分解

Mar Bisquert，Juan Manuel Sánchez

## 2.1 定义和背景

卫星影像的主要特征包括它们的空间、时间和光谱分辨率。光谱分辨率与光谱带宽和波段数量有关；窄光谱波段可以探测到一些宽光谱波段探测不到的地表特征。空间分辨率指的是像素大小，范围从数厘米到数千米不等。时间分辨率是卫星在地球上同一地点的过境频率，范围在几小时到几天不等。例如，Sentinel-2A（S2A）影像的空间分辨率为 10～60m，具体大小取决于光谱波段；法国上空的时间分辨率为 10 天[S2A 和 Sentinel-2B（S2B）具有相同的特征，因此可以将其合并缩减为 5 天]。通常，提供高空间分辨率的卫星具有较低的时间分辨率。但在一些研究中需要高时空分辨率的影像。现已有高时空分辨率的融合方法，通过结合来自两颗不同卫星的影像来模拟高时空分辨率的时间序列影像：一颗提供具有低空间分辨率和高时间分辨率的影像，另一颗提供具有高空间分辨率和低时间分辨率的影像[BIS 15，GAO 06]。

对于热成像来说，由于其空间分辨率通常比可见光和近红外（visible and near-infrared，VNIR）光学影像的空间分辨率低，所以情况完全不同。而且，并非所有卫星都有热红外（thermal infrared，TIR）波段。例如，MODIS 传感器提供的日常影像在光学域的空间分辨率为 250～500m，而在热学域只有 1000m。为了提高热成像的空间分辨率，人们提出了热成像的分解方法。例如，当将 MODIS 提供的热成像和光学影像信息结合起来时，可以获得空间分辨率为 250m 的分解热成像。对来自不同卫星的影像应用分解方法也是可行的[BIS 16a，BIS 16b]。例如，空间分辨率为 10～60m 的 Sentinel-2（S2）影像的光学域信息可以用于其他传感器（MODIS、Sentinel-3 等）的热成像分解。

## 2.2 分解方法

本章中，使用了一种基于地表光学和热学信息间线性关系的分解方法，主要是利用植被指数 NDVI 与地表温度（land surface temperature，LST）的关系。这种方法最初是用于处理同一颗卫星的影像[AGA 07]，随后发展出了更多基于数据挖掘[GAO 12]或神经网络[BIN 13]的复杂分解方法。然而，已有研究表明，要将 MODIS 热成像（分辨率 1km）分解到 Landsat 空间分辨率（60m），采用基于 NDVI 与 LST 线性关系的方法效果最好[BIS 16a]。

应用分解方法的目的是通过将低空间分辨率（low spatial resolution，LR）的热成像与高空间分辨率（high spatial resolution，HR）的 VNIR 热成像相结合，得到高空间分辨率（HR）的热成像。本章所述方法还需要使用来自与 LR 影像相同的传感器的 VNIR LR 影像。分解方法的第一步是从 LR 影像中得到 LST 与 NDVI 的线性回归关系[式（2.1）]，如对于 MODIS：

$$\mathrm{LST_{LR}} = a + b\mathrm{NDVI_{LR}} \quad (2.1)$$

假设在 LR 和 HR 处，NDVI 和 LST 的线性回归关系相同，从 LR 影像中获得的 $a$ 和 $b$ 参数也适用于 NDVI HR（如 S2）模拟 HR 热成像。

### 2.2.1 影像预处理

为了应用分解方法，需要获得同一天的三幅影像：LR NDVI 影像、LR LST 影像和 HR NDVI 影像。

#### 2.2.1.1 重投影、获得 NDVI 和 LST、掩膜和抽取子集

当使用来自不同卫星的影像时，地图投影可能不相同。在这种情况下，其中一颗卫星的影像必须具有与另一颗卫星相同的地理参考坐标。

由于分解方法基于 NDVI 与 LST 的关系，所以需要计算两颗卫星的 NDVI（$\mathrm{NDVI_{LR}}$ 和 $\mathrm{NDVI_{HR}}$）：

$$\mathrm{NDVI} = \frac{\rho_{\mathrm{NIR}} - \rho_{\mathrm{Red}}}{\rho_{\mathrm{NIR}} + \rho_{\mathrm{Red}}} \quad (2.2)$$

式中，$\rho_{\mathrm{NIR}}$ 是近红外波段的反射率；$\rho_{\mathrm{Red}}$ 是红光波段的反射率。在卫星影像获取过程中，可能会出现云层、阴影等摄动因素。云层的存在会使影像受到污染，因为记录的辐射值来自云层，而不是来自目标表面。卫星产品通常提供带有云层和其他干扰因素信息的一个质量掩膜，因此下一步就是使用这个掩膜来消除被污染

的像素。

另外，来源于 MODIS 的热成像需要应用一个比例因子（0.02）来获得以摄氏度为单位的温度 $K$（$LST_{LR}$）。

此外，来自不同卫星的影像所覆盖的范围并不相同，因此有必要对影像进行子集处理，以便所有正在使用的影像（在本章示例中是 $NDVI_{HR}$、$NDVI_{LR}$ 和 $LST_{LR}$）覆盖相同的范围。图 2.1 的第 1 部分展示了预处理过程：重投影、获得 NDVI 和 LST、掩膜和抽取子集。

获取 NDVI 的 QGIS 功能：

- Raster → Raster Calculator…

改变投影的 QGIS 功能：

- Raster → Projections → Warp（Reproject）…

对所有的图像抽取相同范围的子集的 QGIS 功能：

- Raster → Align Rasters…

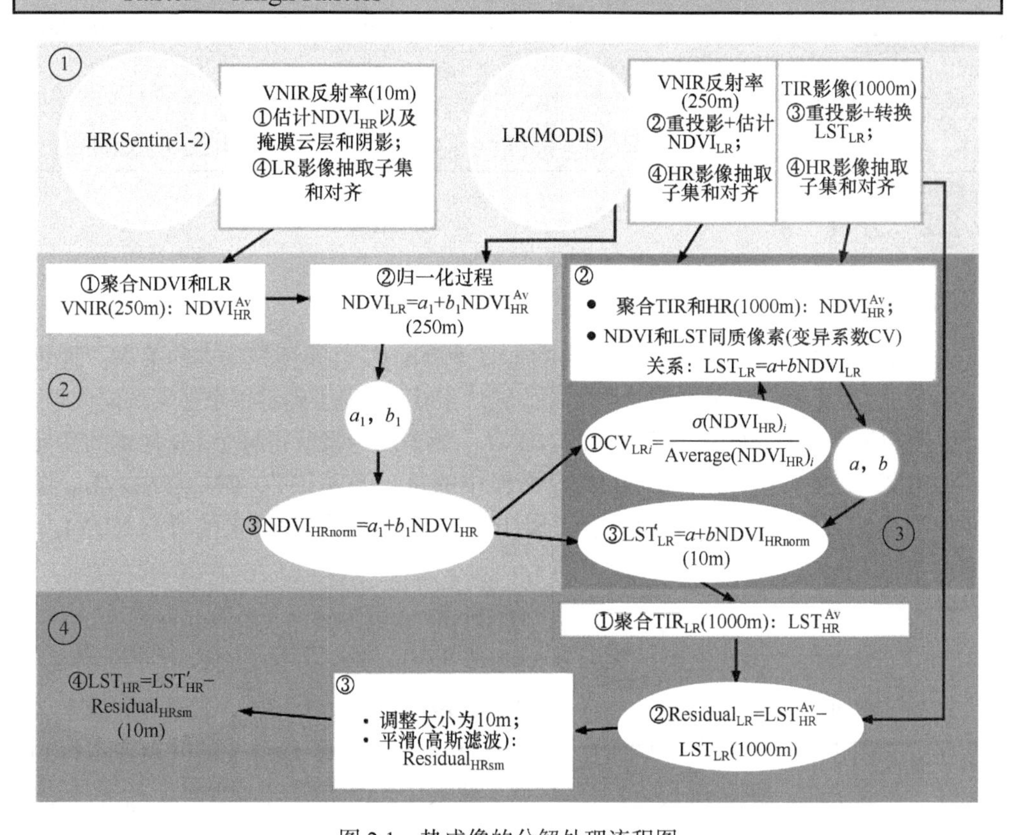


图 2.1 热成像的分解处理流程图

该图的彩色版本（英文）参见 www.iste.co.uk/baghdadi/qgis2.zip，2020.8.6

#### 2.2.1.2 归一化 NDVI

两个传感器的波段之间可能存在一些差异（不同波段的波长和光谱分辨率不同），因此需要对两幅 NDVI 影像中的一幅影像进行归一化处理。为了进行归一化，首先需要有两幅具有相同空间分辨率的影像。因此，首先将 $NDVI_{HR}$ 调整到 LR 的大小。通过获取 LR 像素内所有 HR 像素的平均 NDVI 来调整每个 LR 像素的大小，该影像被命名为 $NDVI_{HR}^{Av}$。然后在两幅影像之间进行线性回归运算：

$$NDVI_{LR} = a_1 + b_1 NDVI_{HR}^{Av} \qquad (2.3)$$

归一化的 HR NDVI 影像（$NDVI_{HRnorm}$）由下式得到：

$$NDVI_{HRnorm} = a_1 + b_1 NDVI_{HR} \qquad (2.4)$$

图 2.1 的第 2 部分展示了 NDVI 归一化的过程。

重采样的 QGIS 功能：
- Processing → Toolbox → GRASS GIS Commands → Raster → r.resamp.stats and r.resamp.interp

线性回归的 QGIS 功能：
- Processing → Toolbox → GRASS GIS Commands → Raster → r.regression.line

### 2.2.2 分解

#### 2.2.2.1 首次模拟 $LST_{HR}$

分解方法基于从 LR 影像中获得的 LST 和 NDVI 之间预先建立的关系。理想情况下，这种关系应该由覆盖同质区域的纯像素获得。为了确定每个像素的同质性，可以使用位于每个 $NDVI_{LR}$ 像素内的 $NDVI_{HR}$ 影像的像素获得每个 LR 像素的变异系数[CV，式（2.5）]。对于 $NDVI_{LR}$ 影像中的每个像素"$i$"，CV 为 $NDVI_{HR}$ 像素的标准差除以 $NDVI_{HR}$ 的平均值（属于一个 $NDVI_{LR}$ 影像像素的所有 $NDVI_{HR}$ 像素）：

$$CV_{LRi} = \frac{\sigma(NDVI_{HR})_i}{Average(NDVI_{HR})_i} \qquad (2.5)$$

为了得到一个稳健的等式，应该使用 NDVI 值（0～1）整个范围内的像素。这些像素用于求解 $LST_{LR}$ 和 $NDVI_{LR}$ 之间的关系。从 LR 影像上的同质像素得到 $LST_{LR}$ 和 $NDVI_{LR}$ 的关系[式（2.1）]之后，将式（2.1）应用于 $NDVI_{HRnorm}$，得到模拟温度在 HR（$LST'_{LR}$）处的第一个估计：

$$\mathrm{LST}'_{\mathrm{LR}} = a + b\mathrm{NDVI}_{\mathrm{HRnorm}} \tag{2.6}$$

图 2.1 的第 3 部分展示了在 HR 获得 LST 第一次模拟的过程。

#### 2.2.2.2 修正模拟的 $\mathrm{LST_{HR}}$

在 $\mathrm{LST}'_{\mathrm{LR}}$ 影像中可能会出现局部效应（如气候效应或小气候效应、土地利用、土壤湿度等），可以通过一些修正方法减少这些影响。首先，将 $\mathrm{LST}'_{\mathrm{LR}}$ 影像大小调整为 LR（$\mathrm{LST}^{\mathrm{Av}}_{\mathrm{HR}}$），以便与参考影像（$\mathrm{LST_{LR}}$）进行比较。然后将调整后的模拟影像（$\mathrm{LST}^{\mathrm{Av}}_{\mathrm{HR}}$）与参考 LST 影像（$\mathrm{LST_{LR}}$）之间的差值作为 LR 的残差影像：

$$\mathrm{Residual}_{\mathrm{LR}} = \mathrm{LST}^{\mathrm{Av}}_{\mathrm{HR}} - \mathrm{LST}_{\mathrm{LR}} \tag{2.7}$$

接下来，这个修正将用于校正 $\mathrm{LST}'_{\mathrm{HR}}$ 影像。首先需要调整残差影像的大小，如使用最邻近像元法（这意味着属于相同 LR 像素的所有 HR 像素将具有相同的值），以获得 HR 处的残差影像（$\mathrm{Residual_{HR}}$）。从 LR 影像中获得的 HR 残差可能会造成一种方框效应，如果两个像素之间存在严重的辐射差异，则会突出相邻 LR 像素之间的边界（图 2.2）。为了最小化这种方框效应，可以对影像进行平滑处理，如使用高斯滤波（$\mathrm{Residual_{HRsm}}$）。最终的 HR 温度将是第一次估计的 LST（$\mathrm{LST}'_{\mathrm{HR}}$）减去平滑后的残差影像（$\mathrm{Residual_{HRsm}}$）的结果：

$$\mathrm{LST_{HR}} = \mathrm{LST}'_{\mathrm{HR}} - \mathrm{Residual}_{\mathrm{HRsm}} \tag{2.8}$$

图 2.1 的第 4 部分展示了对模拟影像进行残差校正的过程。

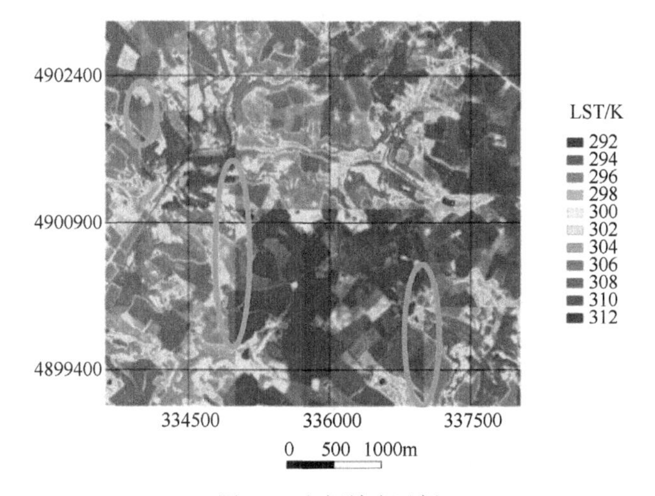


图 2.2 方框效应示例

绿色椭圆显示了 LR 像素之间的边界效应（相邻像素辐射的强不连续性），坐标使用 UTM WGS84 zone 31N 投影。该图的彩色版本参见 www.iste.co.uk/baghdadi/qgis2.zip，2020.8.6

# 2.3 分解方法的实际应用

本节使用法国领土上空的 MODIS 和 S2 影像，展示了热成像分解在法国多尔多涅省（Dordogne）、洛特省（Lot）和洛特和加龙省（Lot-et-garonne）的实际应用。使用的影像包括来自 MODIS( $LST_{LR}$ )的热成像，以及来自 MODIS( $NDVI_{LR}$)和 S2（ $NDVI_{LR}$）的红光与近红外域的反射率影像。

下面的处理过程需要使用 QGIS 软件（版本 2.18），也可以采用其他更好的工具来执行，如使用编程语言（Python、IDL 等）。

## 2.3.1 导入数据

本章使用了可从网上免费下载的数据。一部分是反射率和热学 MODIS 影像（分别为 MOD09GQ 和 MOD11A1 产品），另一部分是经过 Theia（http://www.theia-land.fr，2020.8.6）预处理的 S2 传感器反射率影像。所有影像都是在 2016 年 9 月 28 日拍摄。

### 2.3.1.1 下载 MODIS 影像

本章使用了反射率影像和热成像。用于 MODIS 影像的瓦片是“h18v04”。MOD09GQ 产品提供了获得 NDVI 所需的红光和近红外域反射率影像（空间分辨率为 250m），文件名称为“MOD09GQ.A2016272.h18v04.006.2016274063955.hdf”。MOD11A1 产品提供了空间分辨率为 1km 的热成像（为了将影像转换成温度 *K*，需要乘一个 0.02 的比例因子），使用的文件名称为“MOD11A1.A2016272.h18v04.006. 2016273090630.hdf”，链接：https://reverb.echo.nasa.gov/reverb。

### 2.3.1.2 下载 S2 影像

S2 影像具有不同空间分辨率的多个光谱波段。本章中，使用了空间分辨率为 10m 的红光和近红外波段，需要下载的文件名称为“SENTINEL2A_20160928-105637-665_L2A_T31TCK_D_V1-0”。在该文件中，有几个文件对应不同的波段和云层掩膜。以下是实际应用中用到的文件。

（1）红光波段：SENTINEL2A_20160928-105637-665_L2A_T31TCK_D_V1-0_FRE_B4.tif。

（2）近红外波段：SENTINEL2A_20160928-105637-665_L2A_T31TCK_D_V1-0_FRE_B8.tif。

（3）掩膜：SENTINEL2A_20160928-105637-665_L2A_T31TCK_D_V1-0_MG2_R1.tif。

下载链接：https://theia.cnes.fr/atdistrib/rocket/#/search?collection=SENTINEL2，2020.8.6。

## 2.3.2 预处理

在应用分解方法（基于 $LST_{LR}$ 和 $NDVI_{LR}$ 之间的关系）之前，需要进行一些预处理：①获得 $NDVI_{HR}$，$NDVI_{LR}$和$LST_{LR}$ 并对 S2 影像进行云层掩膜；②在与 S2 影像相同的范围中抽取 MODIS 影像子集；③对两个 NDVI 影像（MODIS 和 S2）归一化。①、②对应图 2.1 的第 1 部分，③对应图 2.1 的第 2 部分。

### 2.3.2.1 获取 NDVI 和 LST

首先是获取 HR 和 LR 影像的 NDVI（图 2.1 第 1 部分的①和②）。两幅 NDVI 影像都是使用式（2.2）从红光波段和近红外波段中获得的。对于陆地表面（土壤和植被），典型的 NDVI 值在 0～1 之间，也可以是负值，如对于水可以是–1。

然后将比例因子（0.02）应用于 MOD11 影像，获得以 $K$（$LST_{LR}$）表示的 LST 影像（表 2.1），对应图 2.1 第 1 部分中的③。

**表 2.1 获取 NDVI 和 LST**

| 步骤 | QGIS 实际操作 |
|---|---|
| **1. 计算 S2 的 NDVI 影像** | 在 QGIS 中：<br>打开两张 Sentinel-2 影像（波段 4 和波段 8）。<br>在 menu bar 中：<br>选择 Raster → Raster Calculator…。<br>在 Raster Calculator…中输入 NDVI 计算表达式如下：<br>`("SENTINEL2A_20160928-105637-665_L2A_T31TCK_D_V1-0_FRE_B8@1" - "SENTINEL2A_20160928-105637-665_L2A_T31TCK_D_V1-0_FRE_B4@1") / ("SENTINEL2A_20160928-105637-665_L2A_T31TCK_D_V1-0_FRE_B4@1" + "SENTINEL2A_20160928-105637-665_L2A_T31TCK_D_V1-0_FRE_B8@1")`<br>将输出图层命名为 NDVI_S2.TIF。 |
| **2. 对 S2 影像上像素 NDVI 值大于 1 或小于 0 的水、云或阴影像素进行掩膜处理** | 在 QGIS 中打开与 Sentinel-2 影像相关的掩膜：SENTINEL2A_20160928-105637-665-_L2A_T31TCK_D_V1-0_MG2_R1.tif。<br>在 menu bar 中：<br>选择 Raster → Raster Calculator…。<br>在 Raster Calculator 中输入表达式：<br>`"NDVI_S2@1" * ("SENTINEL2A_20160928-105637-665_L2A_T31TCK_D_V1-0_MG2_R1@1" != 1 AND "SENTINEL2A_20160928-105637-665_L2A_T31TCK_D_V1-0_MG2_R1@1" != 2 AND` |

续表

| 步骤 | QGIS 实际操作 |
|---|---|
| **2. 对 S2 影像上像素 NDVI 值大于 1 或小于 0 的水、云或阴影像素进行掩膜处理** | `"SENTINEL2A_20160928-105637-665_L2A_T31TCK_D_V1-0_MG2_R1@1" != 8 AND "NDVI_S2@1" > 0 AND "NDVI_S2@1" < 1)`<br>这个表达式可以只保留掩膜波段中值与 1（水）、 2（云）和 8（阴影）不同的像素，并且像素的 NDVI 值大于 0 且小于 1。<br>将输出图层命名为 NDVI_S2_masque.TIF。 |
| **3. 对 MODIS VNIR 影像应用与 S2 相同的投影** | 在 QGIS 中：<br>打开 MOD09GQ 影像，选择波段 1 和波段 2（sur_refl_b01_1 和 sur_refl_b02_1）。<br>在 menu bar 中：<br>选择 Raster → Projections → Warp（Reproject）。<br>在 Warp（Reproject）中进行如下操作。<br>（1）输入文件：选择波段 1 对应的影像；<br>（2）输出文件：命名为 MODIS_b1.TIF；<br>（3）目标 SRS：选择对应于 UTM WGS84 zone 31N（这是 S2 影像的投影系统）的 EPSG 为 32631。<br>对波段 2 影像重复上述操作（将其命名为 MODIS_b2.TIF）。 |
| **4. 计算 NDVI MODIS** | 在 menu bar 中：<br>选择 Raster → Raster Calculator…。<br>在 Raster Calculator 中：<br>（1）输入 NDVI 的计算表达式。<br>`("MODIS_b2@1" - "MODIS_b1@1") / ("MODIS_b2@1" + "MODIS_b1@1") * ((("MODIS_b2@1" - "MODIS_b1@1") / ("MODIS_b2@1" + "MODIS_b1@1") > 0) AND (("MODIS_b2@1" - "MODIS_b1@1") / ("MODIS_b2@1" + "MODIS_b1@1") < 1))`<br>值大于 0 或小于 1 的像素掩膜条件可以通过逻辑操作添加到这里。该表达式仅适用于结果大于 0 或小于 1 的像素，不满足此要求的像素将保持为 0。这避免了为掩膜这些像素进行更多操作。<br>（2）将输出图层命名为 NDVI_MODIS.TIF。 |
| **5. 将与 S2 相同的投影应用于 MOD11 影像** | 在 QGIS 中：<br>打开 MOD11A1 影像，选择波段 0（LST_Day_1km）。<br>在 menu bar 中：<br>选择 Raster → Projections → Warp（Reproject）。<br>在 Warp（Reproject）中进行如下操作。<br>（1）输入文件：选择 MOD11A1 影像；<br>（2）输出文件：MOD11.TIF；<br>（3）目标 SRS：选择与 UTM WGS84 zone 31N 相对应的 EPSG 为 32631（这是 S2 影像的投影系统）。 |
| **6. 将 MOD11 影像转换为温度影像** | 在 menu bar 中：<br>选择 Raster → Raster Calculator…。<br>在 Raster Calculator 中：<br>（1）输入表达式，指定只包含结果大于 273K 的像素的条件。<br>`"MOD11@1"* 0.02 * ("MOD11@1"* 0.02 > 273)`<br>（2）选择 Current layer extent。<br>（3）输出文件为 LST_MODIS.tif。 |

MODIS 影像（NDVI_MODIS、LST_MODIS）的空间覆盖范围大于 S2 影像（NDVI_S2），同时它们的空间分辨率也比较低。当从 HR 调整大小到与 LR 一致时，所有的影像都必须覆盖相同的范围，并且具有相同的像素数量，反之亦然。可以使用 QGIS 中的对齐（align）功能实现这些条件。该功能对影像抽取子集和对齐，使它们具有相同的空间分辨率。首先将 LR 影像调整大小为与 HR 一致时（使用最近邻像元方法），然后将其调整为原始空间分辨率（$NDVI_{LR}$ 为 250m，$LST_{LR}$ 为 1000m）。同时还需要验证 LR 的维数是 HR 影像维数的倍数，以便在将 HR 影像调整为 LR 时，得到的影像能具有完整数量的行和列。

抽取影像子集（表 2.2）对应于图 2.1 第 1 部分的④，该方法适用于所有影像（HR 和 LR）。

**表 2.2　剪切影像**

| 步骤 | QGIS 实际操作 |
| --- | --- |
| **1. 抽取子集** | 在 menu bar 中：<br>选择 Raster → Align Rasters…。<br>在 Align Rasters 中：<br>（1）添加影像 LST_MODIS，NDVI_MODIS 和 NDVI_S2_masque。将每个影像相应的输出文件命名为 LST_sub10m.tif、NDVI_MODIS_sub10m.tif 和 NDVI_HR.tif。<br>（2）在 Reference Layer 中选择 NDVI_S2_masque 影像。<br>（3）选择 Clip to Extent（current：layer）选项，然后选择 Layer extent，可以看到如下坐标和输出大小（10980×10980）。 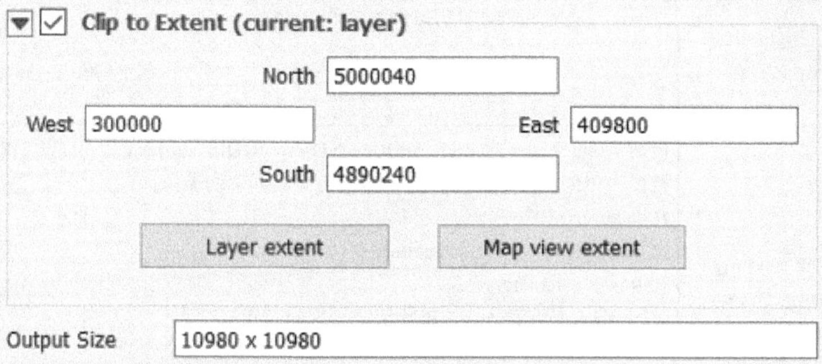<br>Clip to Extent (current: layer)<br>North 5000040<br>West 300000　East 409800<br>South 4890240<br>Layer extent　Map view extent<br>Output Size 10980 x 10980<br>为了使 HR 和 LR 中的列和行数之比为整数值（因此可以轻松地将分辨率从 10m 扩展到 1000m），HR 影像的输出大小可以为 10900 像素×10900 像素；这意味着应该需要删除 80 列和 80 行。如果用 80 乘以像素的大小（10m），可以发现应该从列和行中消除 800m。往东，可以减少 800m：409800−800=409000。向南，需要增加 800m：4890240+800=4891040。因此，应该修改东、南的坐标如下。<br>东：409000；<br>南：4891040。 |

续表

| 步骤 | QGIS 实际操作 |
| --- | --- |
| 1. 抽取子集 | 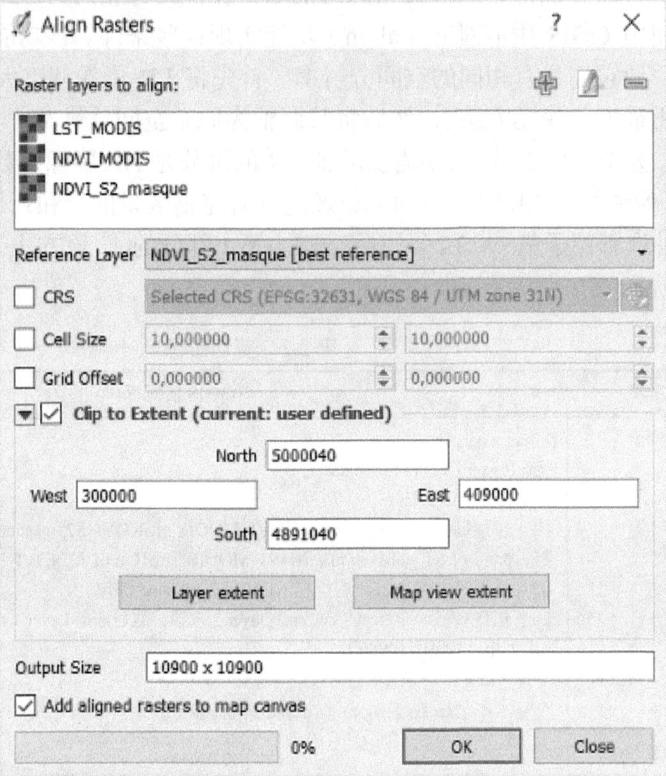 Align Rasters<br>Raster layers to align:<br>LST_MODIS<br>NDVI_MODIS<br>NDVI_S2_masque<br>Reference Layer NDVI_S2_masque [best reference]<br>CRS Selected CRS (EPSG:32631, WGS 84 / UTM zone 31N)<br>Cell Size 10,000000 10,000000<br>Grid Offset 0,000000 0,000000<br>Clip to Extent (current: user defined)<br>North 5000040<br>West 300000 East 409000<br>South 4891040<br>Layer extent Map view extent<br>Output Size 10900 x 10900<br>Add aligned rasters to map canvas<br>0% OK Close |
| 2. 将 $NDV_{ILR}$、$NDV_{IHR}$和 $LST_{LR}$影像中的负值视为无数据 | 函数 Align Raster 将 LST_sub10m、NDVI_MODIS_sub10m 和 NDVI_HR 影像中的无数据像素替换为负值。将这些值设为 no data（无数据）的操作：<br>在 menu bar 中：<br>选择 Raster → Raster calculator…。<br>在 Raster calculator 中：<br>（1）键入以下表达式，将负值定义为 no data。<br>`(-1 / (("NDVI_HR@1"< = 0) -1)) *"NDVI_HR@1"`<br>（2）选择“Current layer extent”。<br>（3）输出文件为 NDVI_HR_na.tif。<br>重复上述步骤将 LST_sub10m 和 NDVI_MODIS_sub10m 影像中的负值转换为 no data。分别将输出影像命名为 LST_sub10m_na.tif 和 NDVI_MODIS_sub10m_na.tif。 |

续表

| 步骤 | QGIS 实际操作 |
| --- | --- |
| 2. 将 $NDV_{ILR}$、$NDV_{IHR}$ 和 $LST_{LR}$ 影像中的负值视为无数据 | 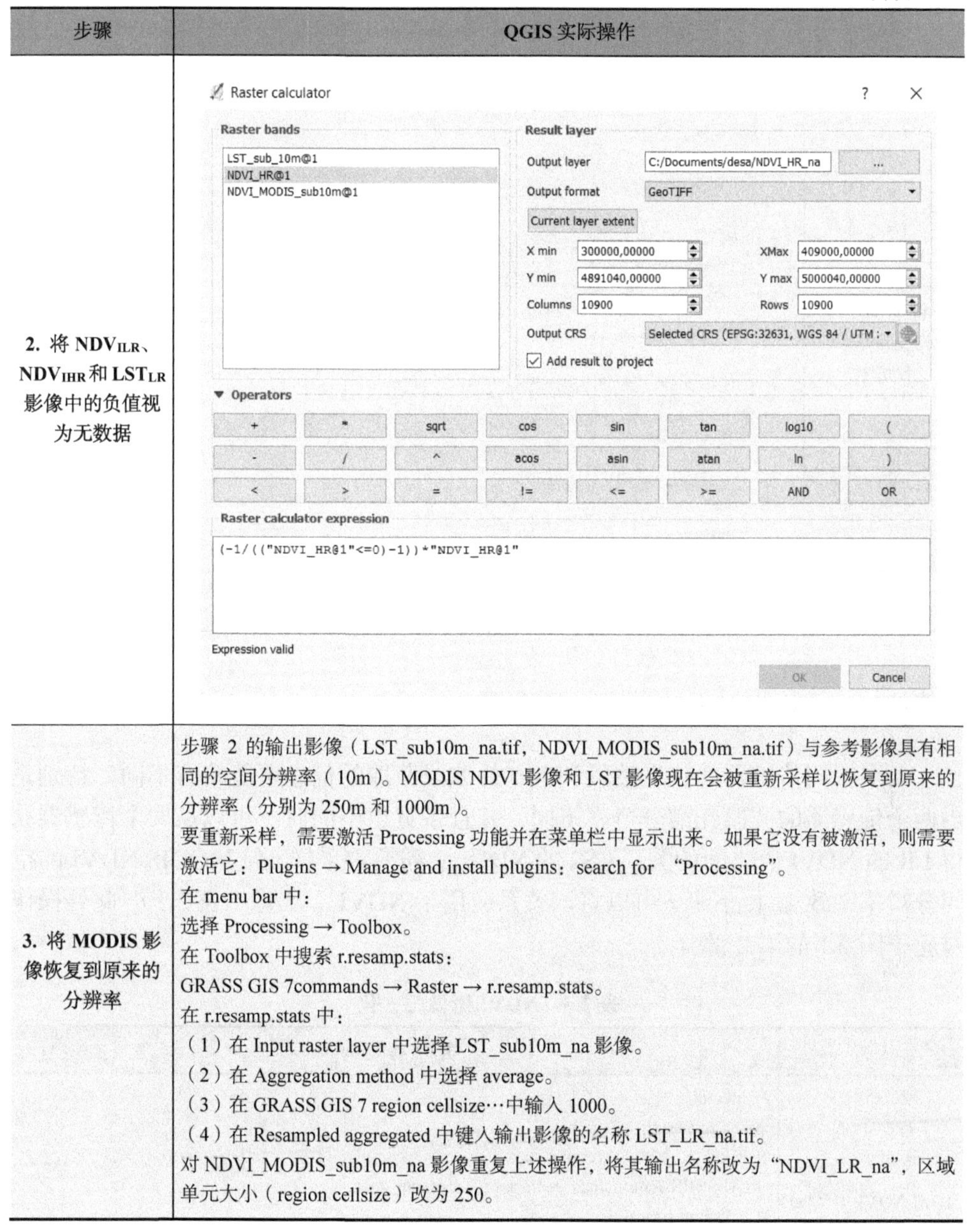 |
| 3. 将 MODIS 影像恢复到原来的分辨率 | 步骤 2 的输出影像（LST_sub10m_na.tif，NDVI_MODIS_sub10m_na.tif）与参考影像具有相同的空间分辨率（10m）。MODIS NDVI 影像和 LST 影像现在会被重新采样以恢复到原来的分辨率（分别为 250m 和 1000m）。<br>要重新采样，需要激活 Processing 功能并在菜单栏中显示出来。如果它没有被激活，则需要激活它：Plugins → Manage and install plugins：search for “Processing”。<br>在 menu bar 中：<br>选择 Processing → Toolbox。<br>在 Toolbox 中搜索 r.resamp.stats：<br>GRASS GIS 7commands → Raster → r.resamp.stats。<br>在 r.resamp.stats 中：<br>（1）在 Input raster layer 中选择 LST_sub10m_na 影像。<br>（2）在 Aggregation method 中选择 average。<br>（3）在 GRASS GIS 7 region cellsize…中输入 1000。<br>（4）在 Resampled aggregated 中键入输出影像的名称 LST_LR_na.tif。<br>对 NDVI_MODIS_sub10m_na 影像重复上述操作，将其输出名称改为“NDVI_LR_na”，区域单元大小（region cellsize）改为 250。 |

续表

| 步骤 | QGIS 实际操作 |
| --- | --- |
| **3. 将 MODIS 影像恢复到原来的分辨率** | 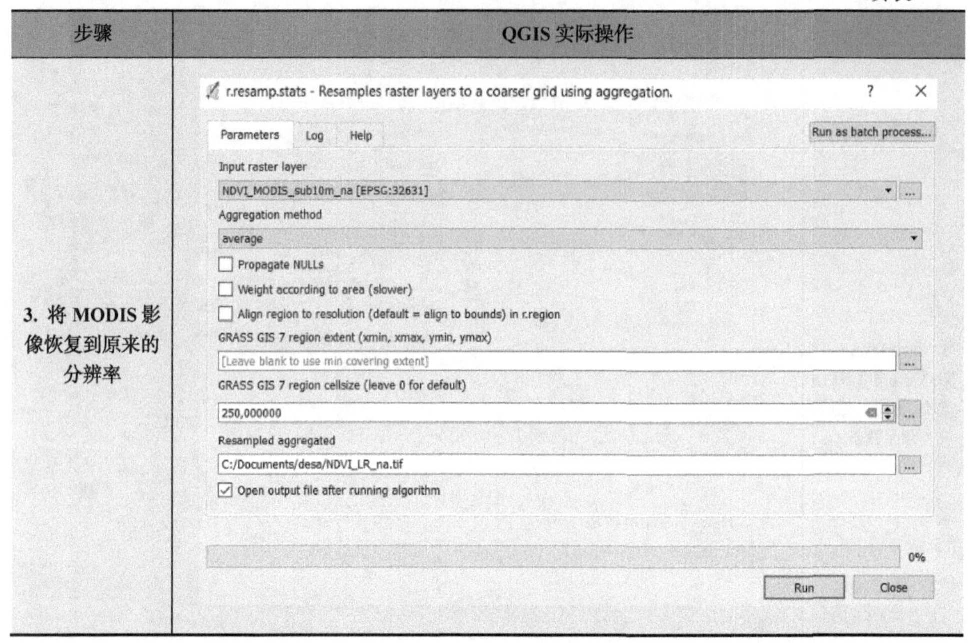 |

2.3.2.2　NDVI 影像归一化

两个不同传感器的红光波段和近红外波段获取的信息可能略有不同，特别是当两个传感器的波段光谱分辨率不同，并且带宽也不同时。可以从两个传感器获得 LR 的 NDVI 值之间的关系（S2 的 $NDVI_{HR}$ 需要重采样，与 MODIS NDVI 的空间分辨率一致）。接下来，可以将该关系应用于 $NDVI_{HR}$ 影像（表 2.3）。此处操作对应于图 2.1 的第 2 部分。

**表 2.3　NDVI 影像归一化**

| 步骤 | QGIS 实际操作 |
| --- | --- |
| **1. 对 NDVI_HR_na 影像重新采样** | 在 menu bar 中：<br>选择 Processing → Toolbox。<br>在 Toolbox 中搜索 r.resamp.stats：<br>GRASS GIS 7commands → Raster → r.resamp.stats。<br>在 r.resamp.stats 中：<br>（1）在 Input raster layer 中选择 NDVI_HR_na 影像。<br>（2）在 Aggregation method 中选择 average。<br>（3）在 GRASS GIS 7 region cellsize…中输入 1000。<br>（4）在 Resampled aggregated 中键入输出影像的名称 NDVI_HR_na.tif。 |

续表

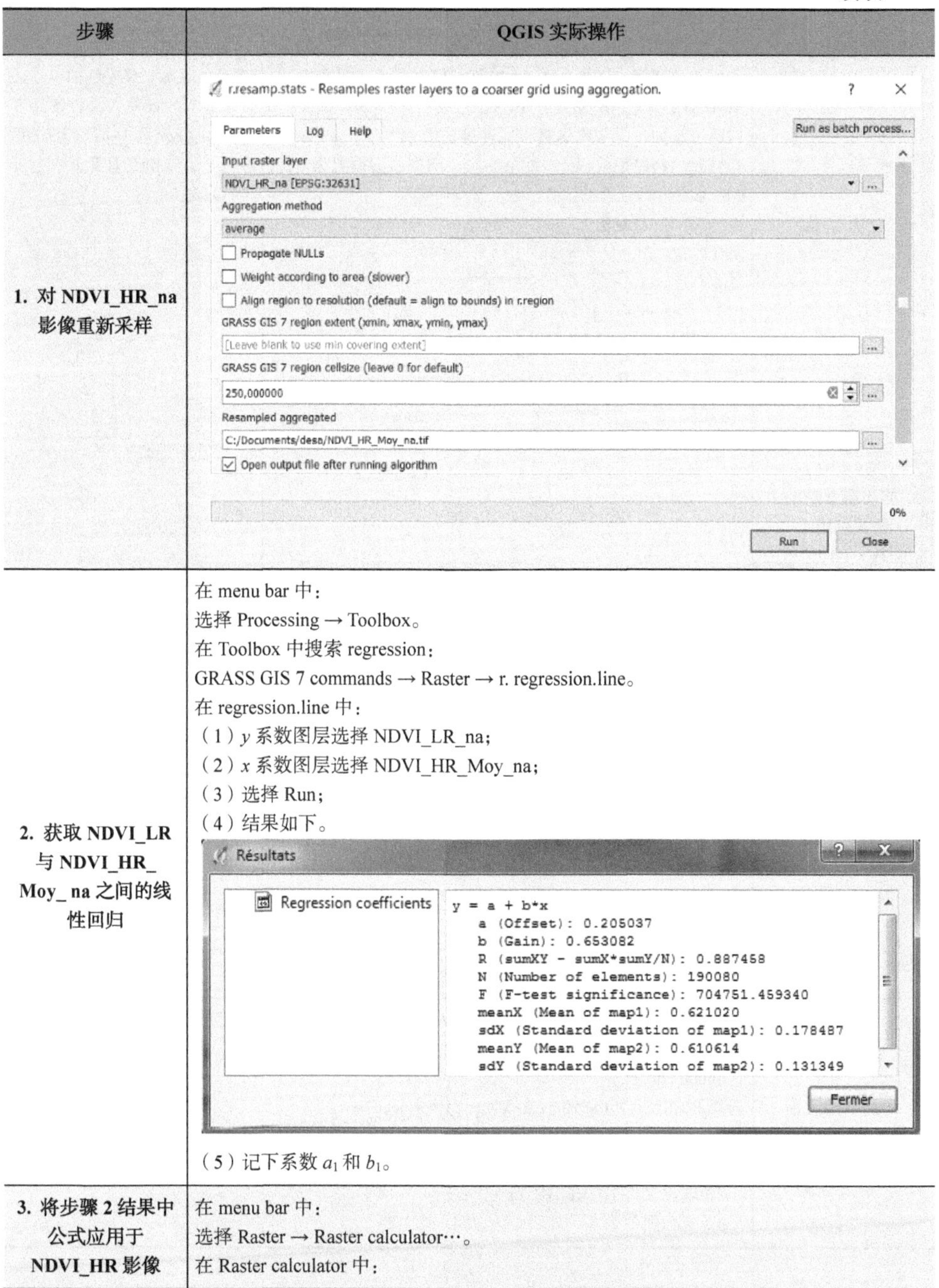


| 步骤 | QGIS 实际操作 |
| --- | --- |
| **1. 对 NDVI_HR_na 影像重新采样** | |
| **2. 获取 NDVI_LR 与 NDVI_HR_Moy_na 之间的线性回归** | 在 menu bar 中：<br>选择 Processing → Toolbox。<br>在 Toolbox 中搜索 regression：<br>GRASS GIS 7 commands → Raster → r. regression.line。<br>在 regression.line 中：<br>（1）$y$ 系数图层选择 NDVI_LR_na；<br>（2）$x$ 系数图层选择 NDVI_HR_Moy_na；<br>（3）选择 Run；<br>（4）结果如下。<br>（5）记下系数 $a_1$ 和 $b_1$。 |
| **3. 将步骤 2 结果中公式应用于 NDVI_HR 影像** | 在 menu bar 中：<br>选择 Raster → Raster calculator⋯。<br>在 Raster calculator 中： |

续表

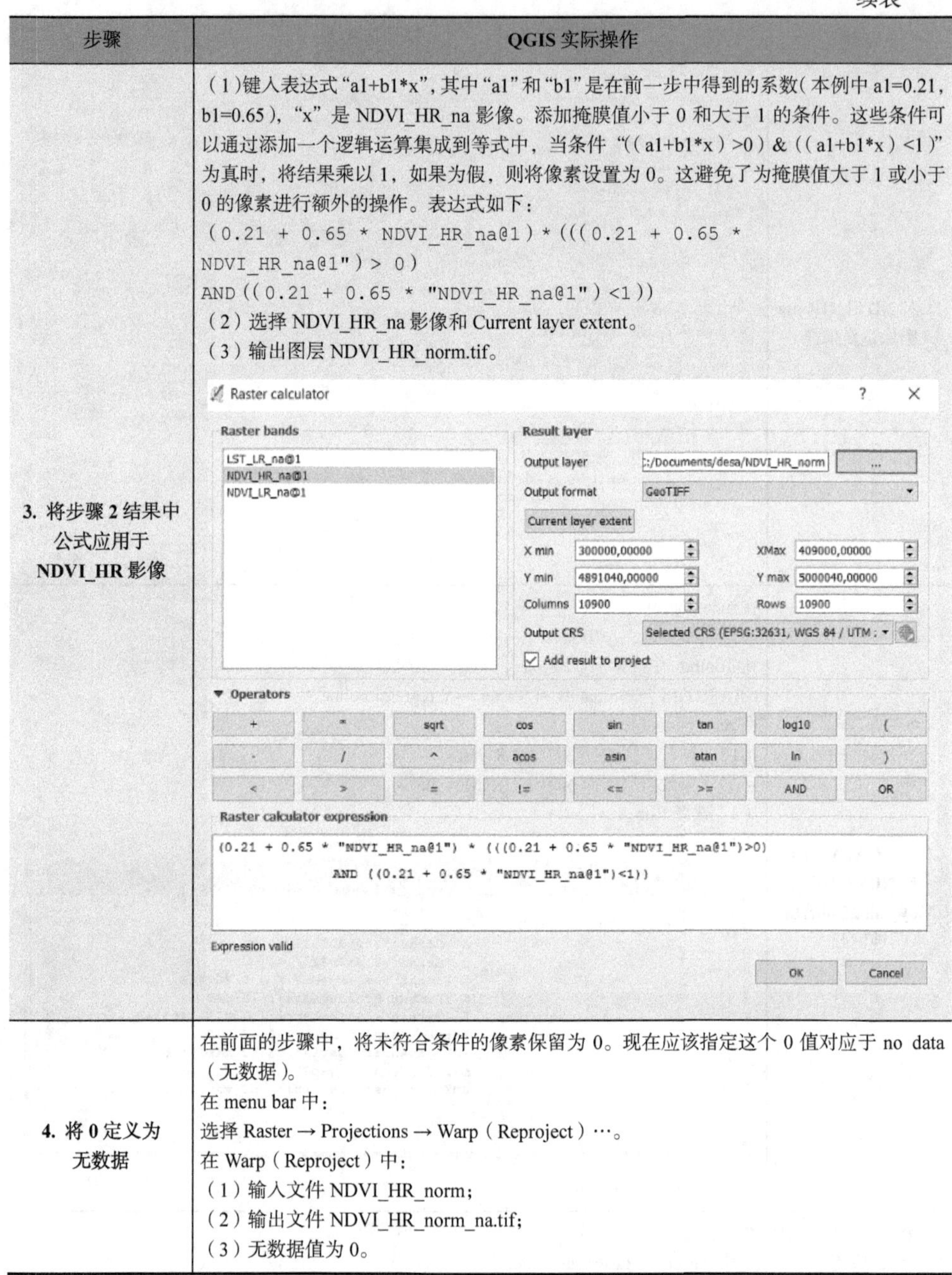

| 步骤 | QGIS 实际操作 |
| --- | --- |
| **3. 将步骤 2 结果中公式应用于 NDVI_HR 影像** | （1）键入表达式“a1+b1*x”，其中“a1”和“b1”是在前一步中得到的系数（本例中 a1=0.21，b1=0.65），“x”是 NDVI_HR_na 影像。添加掩膜值小于 0 和大于 1 的条件。这些条件可以通过添加一个逻辑运算集成到等式中，当条件“((a1+b1*x)>0)&((a1+b1*x)<1)”为真时，将结果乘以 1，如果为假，则将像素设置为 0。这避免了为掩膜值大于 1 或小于 0 的像素进行额外的操作。表达式如下：<br>(0.21 + 0.65 * NDVI_HR_na@1) * (((0.21 + 0.65 * NDVI_HR_na@1") > 0)<br>AND ((0.21 + 0.65 * "NDVI_HR_na@1") <1))<br>（2）选择 NDVI_HR_na 影像和 Current layer extent。<br>（3）输出图层 NDVI_HR_norm.tif。 |
| **4. 将 0 定义为无数据** | 在前面的步骤中，将未符合条件的像素保留为 0。现在应该指定这个 0 值对应于 no data（无数据）。<br>在 menu bar 中：<br>选择 Raster → Projections → Warp（Reproject）…。<br>在 Warp（Reproject）中：<br>（1）输入文件 NDVI_HR_norm；<br>（2）输出文件 NDVI_HR_norm_na.tif；<br>（3）无数据值为 0。 |

续表

| 步骤 | QGIS 实际操作 |
| --- | --- |
| **4.** 将 **0** 定义为无数据 | 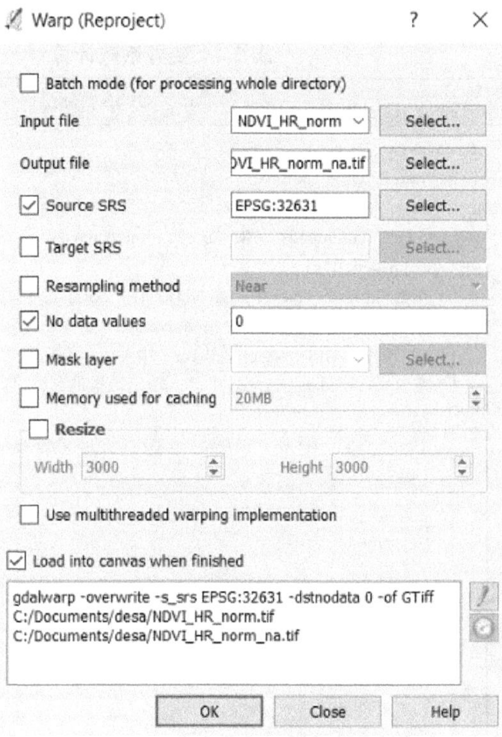 Warp (Reproject) ? ×<br>Batch mode (for processing whole directory)<br>Input file NDVI_HR_norm Select...<br>Output file DVI_HR_norm_na.tif Select...<br>☑ Source SRS EPSG:32631 Select...<br>Target SRS Select...<br>Resampling method Near<br>☑ No data values 0<br>Mask layer Select...<br>Memory used for caching 20MB<br>Resize<br>Width 3000 Height 3000<br>Use multithreaded warping implementation<br>☑ Load into canvas when finished<br>gdalwarp -overwrite -s_srs EPSG:32631 -dstnodata 0 -of GTiff C:/Documents/desa/NDVI_HR_norm.tif C:/Documents/desa/NDVI_HR_norm_na.tif<br>OK Close Help |

## 2.3.3 分解

### 2.3.3.1 $LST_{HR}$的第一次模拟

分解方法的第一部分有以下几个任务：

（1）获取变异系数（CV），用于选择$NDVI_{LR}$影像中最匀质的像素；

（2）使用匀质的像素获得$NDVI_{LR}$和$LST_{LR}$的线性回归；

（3）将图 2.1 中第 3 部分②中的公式应用于$NDVI_{HRnorm}$影像（得到$LST'_{HR}$）。

分解方法的第一部分对应于图 2.1 的第 3 部分。

1）获取变异系数影像

根据变异系数影像可以在$NDVI_{LR}$影像（1km）中选出最匀质的像素。这些像素将被用来获得$NDVI_{LR}$和$LST_{LR}$之间的线性回归。使用$NDVI_{LR}$中每个 1km

像素的 $NDVI_{HR}$ 上的所有 10m 分辨率像素，得到 $NDVI_{LR}$ 影像中每个像素的变异系数（表 2.4）。变异系数根据 10m 像素的标准差与平均值之比计算[（式 2.5）]。此处对应于图 2.1 第 3 部分中的①。

**表 2.4 变异系数计算**

| 步骤 | QGIS 实际操作 |
|---|---|
| **1. 计算 1km $NDVI_{HR}$ 平均值** | 在 menu bar 中：<br>选择 Processing → Toolbox。<br>在 Toolbox 中搜索 r.resamp.stats：<br>GRASS GIS 7commands → Raster → r.resamp.stats。<br>在 r.resamp.stats 中：<br>（1）在 Input raster layer 中选择 NDVI_HR_norm_na 影像。<br>（2）在 Aggregation method 中选择 average。<br>（3）在 GRASS GIS 7 region cellsize…中输入 1000。<br>（4）在 Resampled aggregated 中键入输出影像的名称 AvL.tif。 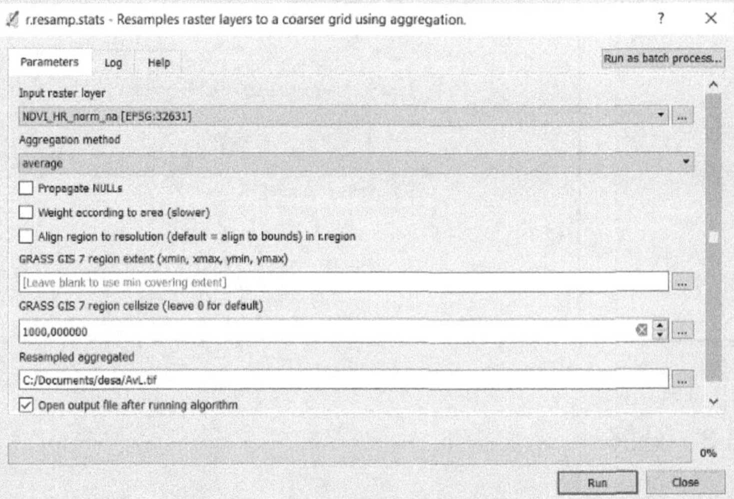 |
| **2. 影像重新采样为 10m 分辨率** | 在 menu bar 中：<br>选择 Processing → Toolbox。<br>在 Toolbox 中搜索 r.resamp.interp：<br>GRASS GIS 7commands → Raster → r.resamp.interp。<br>在 r.resamp.interp 中：<br>（1）在 Input raster layer 中选择 AvL 影像。<br>（2）在 Sampling interpolation method 中选择 nearest。<br>（3）在 GRASS GIS 7 region cellsize…中输入 10。<br>（4）在 Resampled interpolated 中键入输出影像的名称：AvH.tif。 |

续表

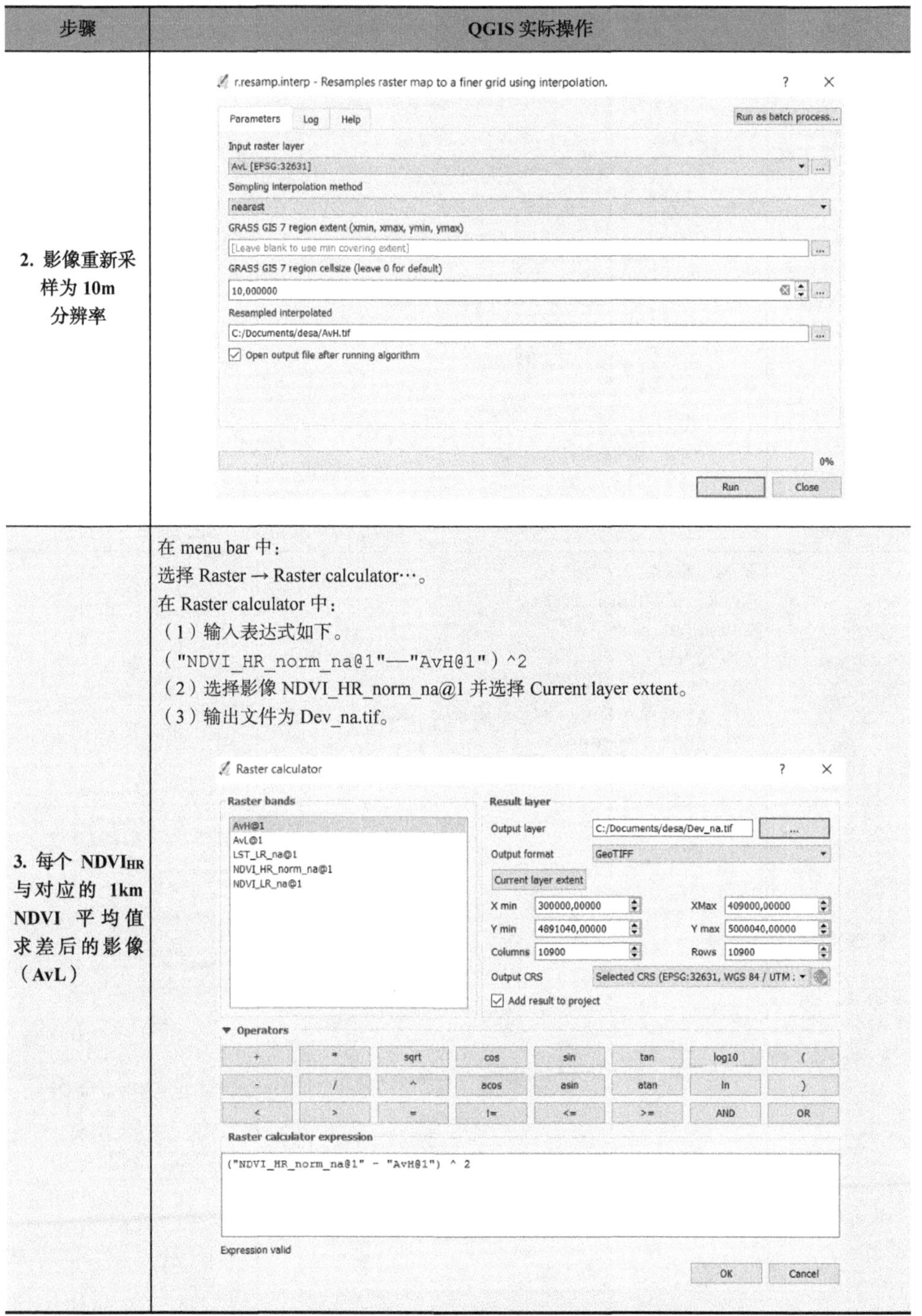

| 步骤 | QGIS 实际操作 |
| --- | --- |
| 2. 影像重新采样为 10m 分辨率 | |
| 3. 每个 NDVI$_{HR}$ 与对应的 1km NDVI 平均值求差后的影像（AvL） | 在 menu bar 中：<br>选择 Raster → Raster calculator…。<br>在 Raster calculator 中：<br>（1）输入表达式如下。<br>（"NDVI_HR_norm_na@1"—"AvH@1"）^2<br>（2）选择影像 NDVI_HR_norm_na@1 并选择 Current layer extent。<br>（3）输出文件为 Dev_na.tif。 |

续表

| 步骤 | QGIS 实际操作 |
| --- | --- |
| **4. 重新采样到 1kmNDVI$_{HR}$方差影像** | 重复上述步骤 2，将 Dev_na 影像重新采样到 1000m。输出名称为 AvDev.tif。 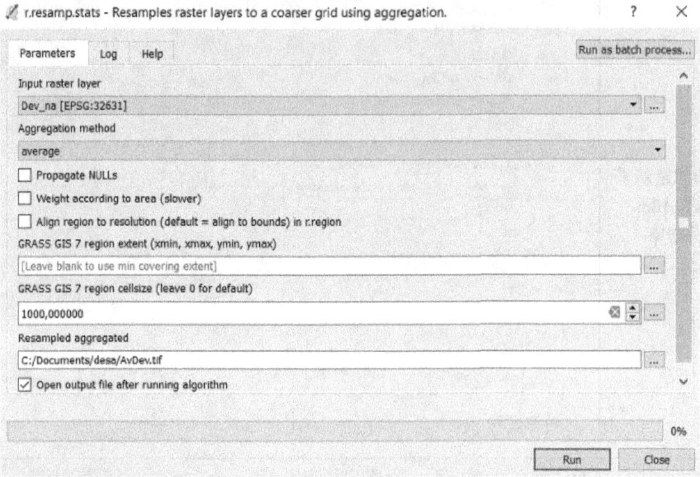<br>r.resamp.stats - Resamples raster layers to a coarser grid using aggregation. ? ×<br>Parameters Log Help Run as batch process...<br>Input raster layer<br>Dev_na [EPSG:32631]<br>Aggregation method<br>average<br>☐ Propagate NULLs<br>☐ Weight according to area (slower)<br>☐ Align region to resolution (default = align to bounds) in r.region<br>GRASS GIS 7 region extent (xmin, xmax, ymin, ymax)<br>[Leave blank to use min covering extent]<br>GRASS GIS 7 region cellsize (leave 0 for default)<br>1000,000000<br>Resampled aggregated<br>C:/Documents/desa/AvDev.tif<br>☑ Open output file after running algorithm<br>0%<br>Run Close |
| **5. 变异系数** | 在 menu bar 中：<br>选择 Raster → Raster calculator…。<br>在 Raster calculator 中：<br>（1）输入表达如下。<br>`sqrt（"AvDev@1"）/"AvL@1"`<br>（2）选择影像 AvDev@1 和 Current layer extent。<br>（3）输出文件为 CV.tif。 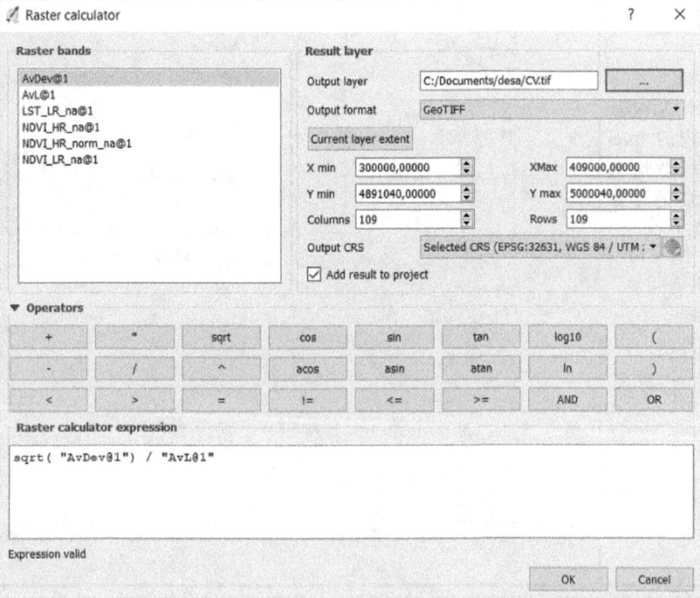<br>Raster calculator ? ×<br>Raster bands<br>AvDev@1<br>AvL@1<br>LST_LR_na@1<br>NDVI_HR_na@1<br>NDVI_HR_norm_na@1<br>NDVI_LR_na@1<br>Result layer<br>Output layer C:/Documents/desa/CV.tif ...<br>Output format GeoTIFF<br>Current layer extent<br>X min 300000,00000 XMax 409000,00000<br>Y min 4891040,00000 Y max 5000040,00000<br>Columns 109 Rows 109<br>Output CRS Selected CRS (EPSG:32631, WGS 84 / UTM<br>☑ Add result to project<br>▼ Operators<br>+ * sqrt cos sin tan log10 (<br>- / ^ acos asin atan ln )<br>< > = != <= >= AND OR<br>Raster calculator expression<br>`sqrt( "AvDev@1") / "AvL@1"`<br>Expression valid<br>OK Cancel |

2）温度（LST）与 NDVI 的线性回归

LST 和 NDVI 影像之间的线性回归（表 2.5）应该使用最匀质的像素来完成。可以使用 CV 影像选出这些匀质像素。在理想情况下，应该选择最匀质的像素（如这些像素的 20%）来代表 NDVI 值的整个范围（0～1 之间）。可以选择 NDVI 的不同区间，如[0，0.2）、[0.2，0.5）和[0.5，1）。在本章使用的影像中，小于 0.2 的像素很少，因此，在本部分只选择了两个区间：[0，0.5）和[0.5，1）。通过分析两个区间的 CV 值，NDVI 区间[0，0.5）选择的阈值为 0.3，区间[0.5，1）选择的阈值为 0.15。此处对应于图 2.1 第 3 部分的②。

**表 2.5　LR 影像的温度（LST）与 NDVI 线性回归**

| 步骤 | QGIS 实际操作 |
| --- | --- |
| **1. 将 MODIS NDVI 影像重采样到 1km 分辨率** | 将 NDVI_LR_na 影像重新采样到 1000m，输出影像为 NDVI_ LR_Av.tif。 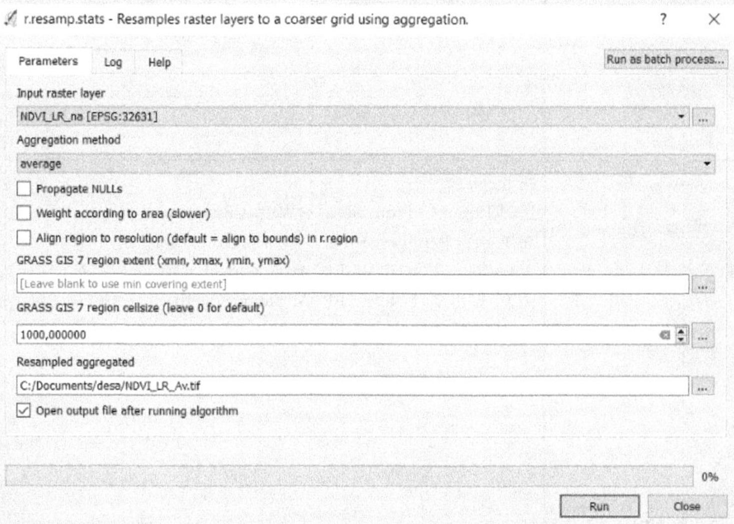<br>r.resamp.stats - Resamples raster layers to a coarser grid using aggregation.<br>Parameters　Log　Help　Run as batch process...<br>Input raster layer<br>NDVI_LR_na [EPSG:32631]<br>Aggregation method<br>average<br>☐ Propagate NULLs<br>☐ Weight according to area (slower)<br>☐ Align region to resolution (default = align to bounds) in r.region<br>GRASS GIS 7 region extent (xmin, xmax, ymin, ymax)<br>[Leave blank to use min covering extent]<br>GRASS GIS 7 region cellsize (leave 0 for default)<br>1000,000000<br>Resampled aggregated<br>C:/Documents/desa/NDVI_LR_Av.tif<br>☑ Open output file after running algorithm<br>0%<br>Run　Close |
| **2. 选择最匀质的像素** | 在 menu bar 中：<br>选择 Raster → Raster calculator…。<br>在 Raster calculator 中：<br>输入表达式如下。<br>`"NDVI_LR_Av@1"*((("NDVI_LR_Av@1"< 0.5) AND ("CV@1"< 0.3)) OR (("CV@1"< 0.15) AND ("NDVI_LR_Av@1"> =0.5)))`<br>（2）选择 CV 影像和 Current layer extent。<br>（3）输出文件为 NDVI_LR_Av_homog.tif。 |

续表

<table>
<tr><th>步骤</th><th>QGIS 实际操作</th></tr>
<tr><td>2. 选择最匀质的像素</td><td>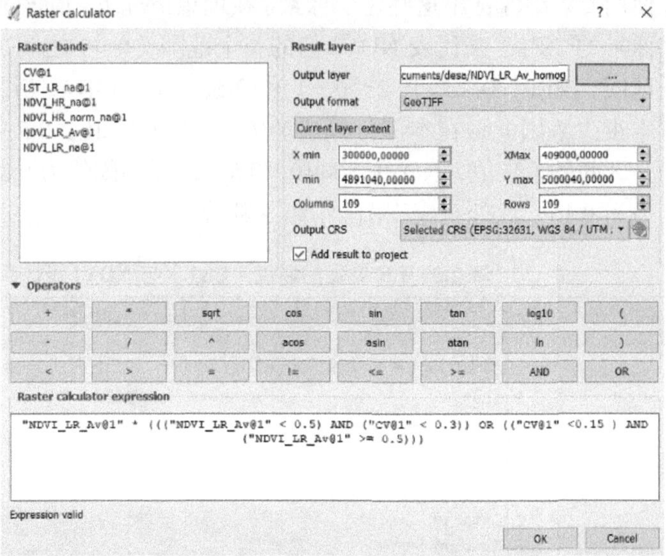
</td></tr>
<tr><td>3. 将 NDVI_LR_Av_homog 影像中的 0 值定义为无数据</td><td>在 menu bar 中：<br>选择 Raster → Projections → Warp（Reproject）…。<br>在 Warp（Reproject）中：<br>（1）输入文件 NDVI_LR_Av_homog；<br>（2）输出文件 NDVI_LR_Av_homog_na.tif；<br>（3）无数据值为 0。<br>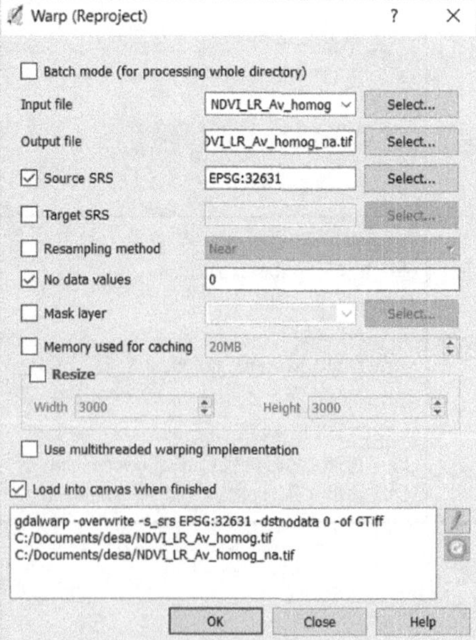
</td></tr>
</table>

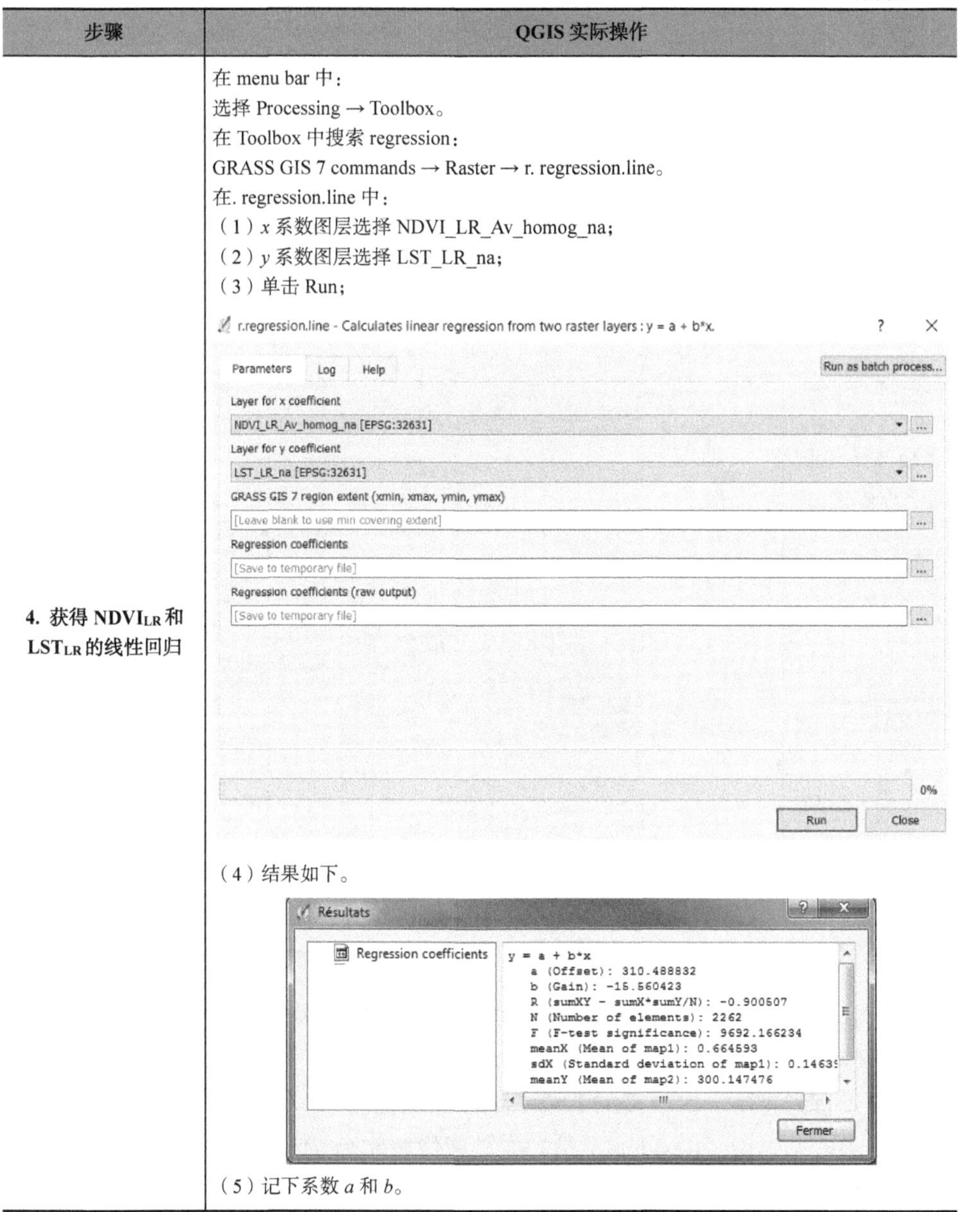

续表

| 步骤 | QGIS 实际操作 |
|---|---|
| **4. 获得 $NDVI_{LR}$ 和 $LST_{LR}$ 的线性回归** | 在 menu bar 中：<br>选择 Processing → Toolbox。<br>在 Toolbox 中搜索 regression：<br>GRASS GIS 7 commands → Raster → r. regression.line。<br>在. regression.line 中：<br>（1）*x* 系数图层选择 NDVI_LR_Av_homog_na；<br>（2）*y* 系数图层选择 LST_LR_na；<br>（3）单击 Run；<br>（4）结果如下。<br>（5）记下系数 *a* 和 *b*。 |



3）第一次估计 $LST_{HR}$

将 $LST_{LR}$ 与 $NDVI_{LR}$ 的线性回归得到的方程应用于 $NDVI_{HR}$ 归一化影像（$NDVI_{HRnorm}$）[式（2.4）]，得到模拟 $LST_{HR}$ 的首次估计（表 2.6）。此处对应于图 2.1 第 3 部分③。

**表 2.6　首次估计 HR 影像的 LST**

| 步骤 | QGIS 实际操作 |
|---|---|
| 应用 **2.3.2.2** 节<br>表 **2.3** 步骤 **2** 得到<br>的方程 | 在 menu bar 中：<br>选择 Raster → Raster calculator…。<br>在 Raster calculator 中：<br>（1）键入表达式“a+b*x”，其中 $a$ 和 $b$ 是之前得到的系数（在本部分，$a=310.5$，$b=-15.5$）。$x$ 是 NDVI_HR_norm_na 影像。<br>`(310.5-15.5*"NDVI_HR_norm_na@1")`<br>（2）选择 NDVI_HR_norm_na@1 影像和 Current layer extent。<br>（3）输出文件为 LST_HR_prime_na.tif。 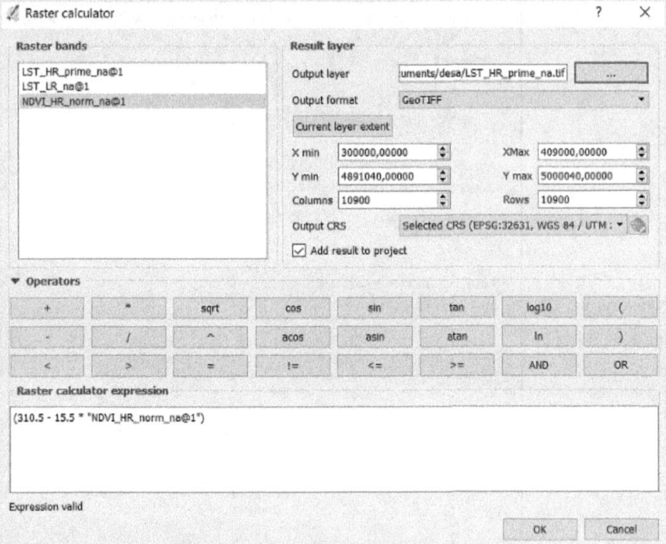 |

### 2.3.3.2　残差改正

从 $NDVI_{LR}$ 影像中最匀质像素得到的 $LST_{LR}$ 和 $NDVI_{LR}$ 之间的关系没有考虑可能存在的局部效应。这些效应可以通过残差改正消除（表 2.7），包括下列任务：

（1）首先将第一次模拟的 LST 影像（$LST'_{HR}$）重采样到 LR（$LST_{HR}^{Av}$）；

（2）残差影像（Residual）是 $LST_{HR}^{Av}$ 影像与实际 MODIS LST 影像（$LST_{LR}$）之间的差值；

（3）残差影像重新采样到 10m 空间分辨率，并使用高斯滤波器（$NDVI_{HRnorm}$）进行平滑；

（4）从 LST HR（$LST'_{HR}$）的第一次估计中减去平滑后的残差影像，得到 HR 的温度（$LST_{HR}$）。

这 4 个任务与图 2.1 第 4 部分相对应。

表 2.7 残差改正

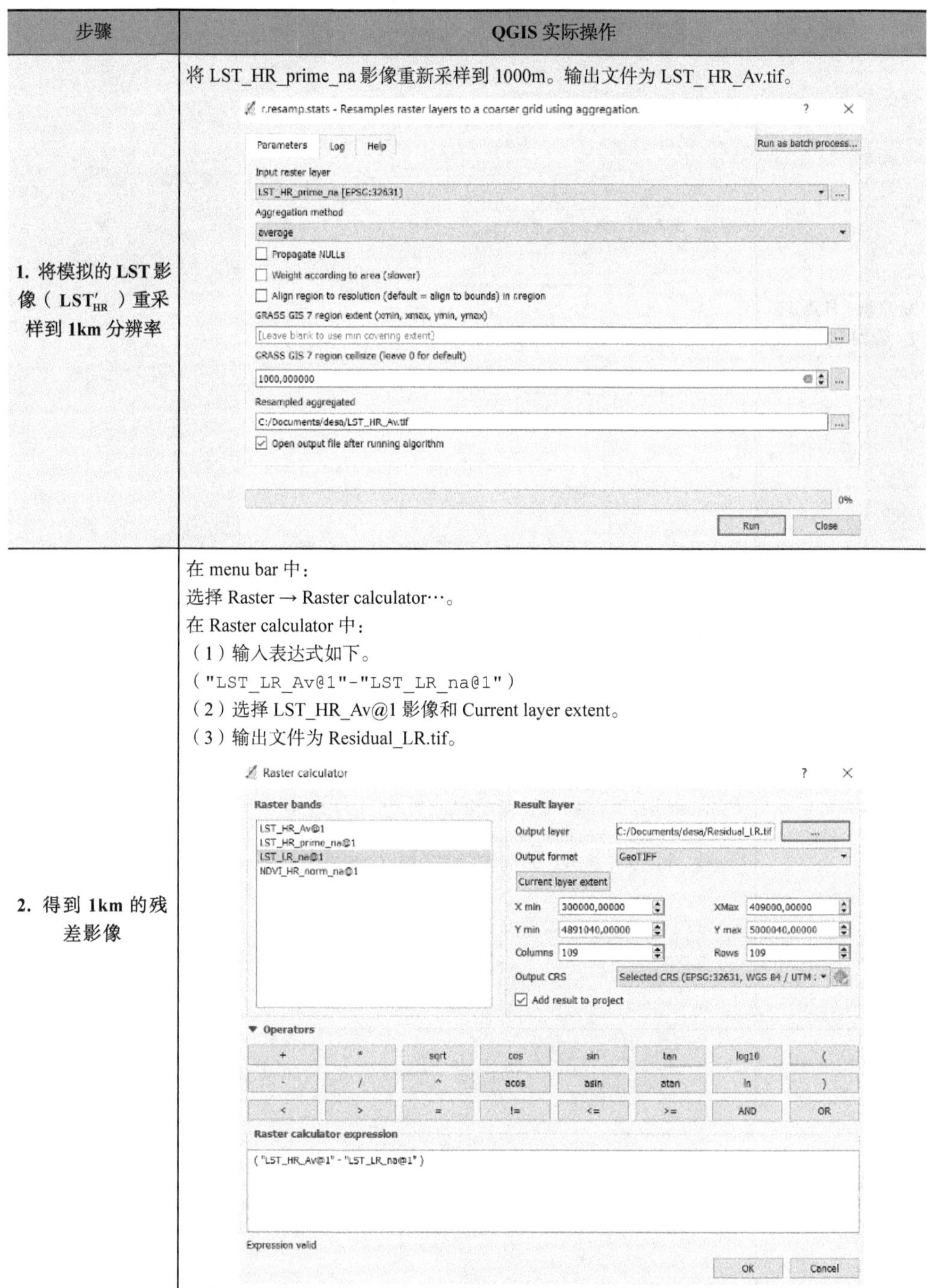

| 步骤 | QGIS 实际操作 |
| --- | --- |
| **1. 将模拟的 LST 影像（$LST'_{HR}$）重采样到 1km 分辨率** | 将 LST_HR_prime_na 影像重新采样到 1000m。输出文件为 LST_ HR_Av.tif。 |
| **2. 得到 1km 的残差影像** | 在 menu bar 中：<br>选择 Raster → Raster calculator…。<br>在 Raster calculator 中：<br>（1）输入表达式如下。<br>`("LST_LR_Av@1"-"LST_LR_na@1")`<br>（2）选择 LST_HR_Av@1 影像和 Current layer extent。<br>（3）输出文件为 Residual_LR.tif。 |

续表

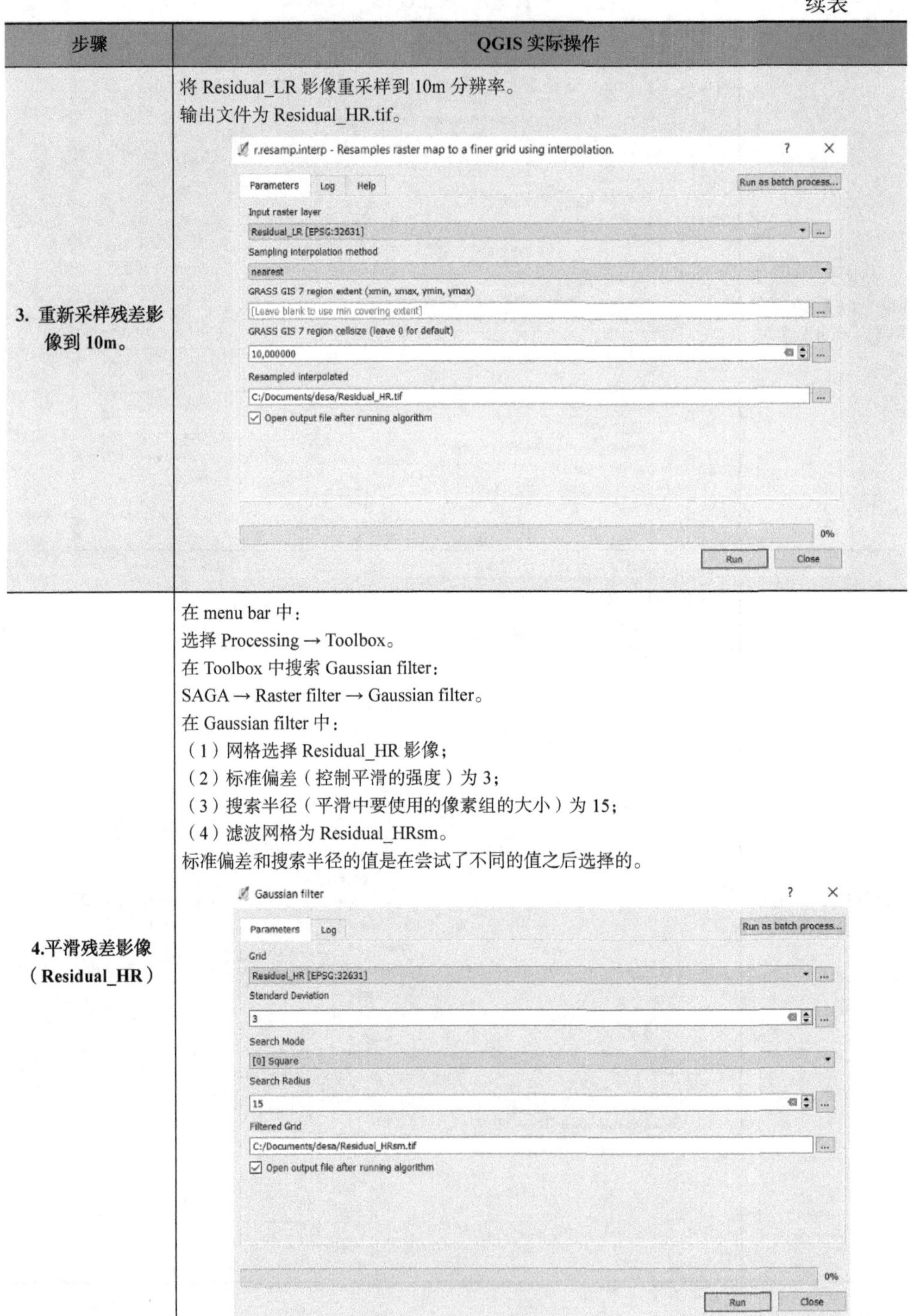

| 步骤 | QGIS 实际操作 |
| --- | --- |
| 3. 重新采样残差影像到 10m。 | 将 Residual_LR 影像重采样到 10m 分辨率。<br>输出文件为 Residual_HR.tif。 |
| 4.平滑残差影像（Residual_HR） | 在 menu bar 中：<br>选择 Processing → Toolbox。<br>在 Toolbox 中搜索 Gaussian filter：<br>SAGA → Raster filter → Gaussian filter。<br>在 Gaussian filter 中：<br>（1）网格选择 Residual_HR 影像；<br>（2）标准偏差（控制平滑的强度）为 3；<br>（3）搜索半径（平滑中要使用的像素组的大小）为 15；<br>（4）滤波网格为 Residual_HRsm。<br>标准偏差和搜索半径的值是在尝试了不同的值之后选择的。 |

续表

| 步骤 | QGIS 实际操作 |
| --- | --- |
| **5. 从模拟 LST 影像（$LST'_{HR}$）中减去平滑后的残差影像（Residual_HRsm）** | 在 menu bar 中：<br>选择 Raster → Raster calculator…。<br>在 Raster calculator 中：<br>（1）输入表达式如下。<br>`("LST_HR_prime_na@1"-"Residual_HRsm@1")`<br>（2）选择 LST_HR_prime_na 影像和 Current layer extent。<br>（3）输出文件为 LST_HR.tif。 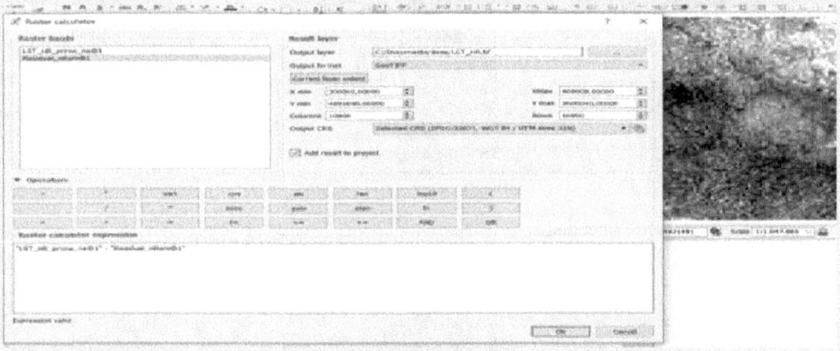 |

## 2.4 结果分析

应用于不同传感器（MODIS 和 S2）影像的热成像分解方法可以模拟空间分辨率为 10m 的热成像。S2 提供时间分辨率为 5 天的影像，MODIS 提供时间分辨率为 1 天的影像，因此将有可能获得空间分辨率为 10m、时间分辨率为 5 天的分解热成像。

图 2.3 展示了空间分辨率分别为 10m（分解影像：$LST_{HR}$）和 1000m（MODIS 影像：$LST_{LR}$）的 LST 影像。图 2.3（c）、（d）展示了 $LST_{HR}$ 影像可以从表面识别更多的细节，并提供了比 MODIS 影像（$LST_{LR}$）更大的 LST 值范围。一个 1000m 像素可以覆盖具有高和低 LST 值的各种对象，这将使该像素具有平均 LST 值。

使用 MODIS-Landsat 影像[BIS 16a]和 MODIS-S2 影像[BIS 16b]对分解方法进行评估表明，整个影像的误差[均方根误差（root mean square error，RMSE）]约为 2K。但是，在某些情况下，分解影像中也可能会出现较大的误差。最大的误差出现在高度异质性的农业地区，特别是在获得热成像之前刚刚灌溉过的小地块上。当一个地块被灌溉时，LST 降低，但对 NDVI（LR 或 HR）的影响无法立即被观察到。因此，当使用根据 NDVI 和 LST 得到的方程时，所得到的 LST 将大于实际的 LST。此外，如果地块相对于 LR 像素较小，由于分辨率较低，灌溉的影响在 MODIS LST 影像中无法被捕捉到，所以即使应用残差改正，在 LST 估计中也总会有误差。

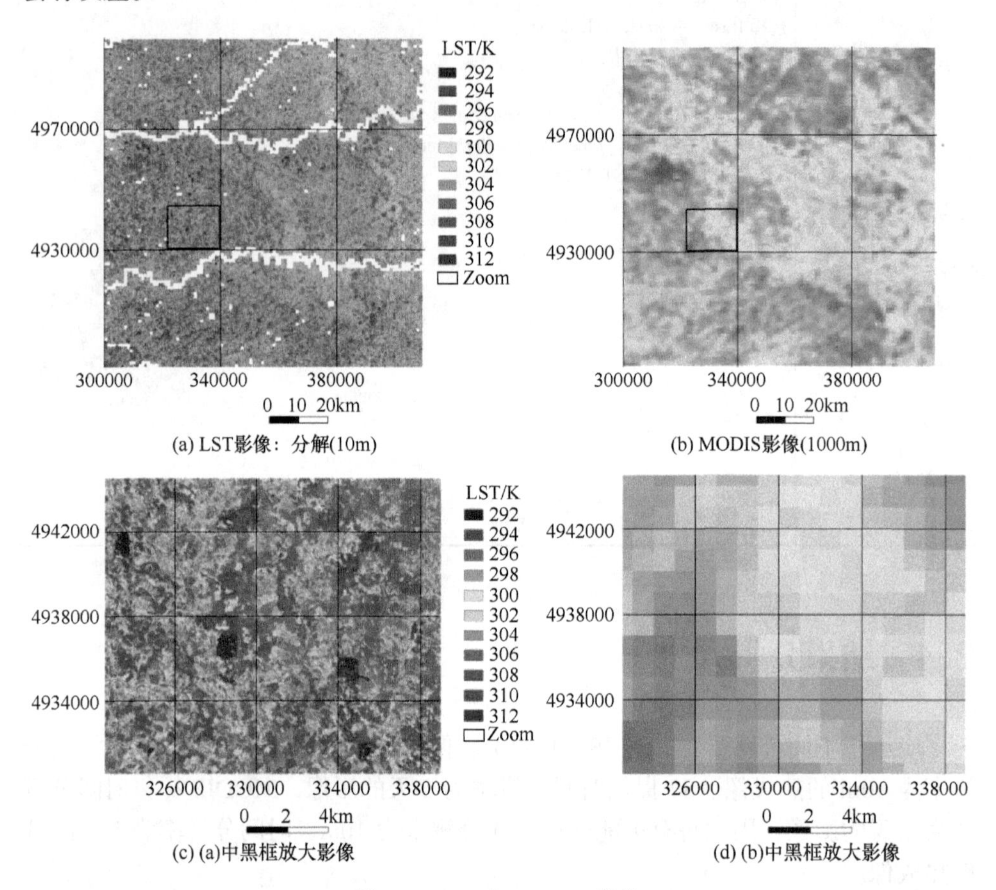


图 2.3 LST 和 MODIS 影像

所用坐标系统为 UTM WGS84 zone 31N。该图的彩色版本参见 www.iste.co.uk/baghdadi/qgis2.zip，2020.8.6

## 2.5 参考文献

[AGA 07] AGAM N., KUSTAS W.P., ANDERSON M.C. et al., “A vegetation index based technique for spatial sharpening of thermal imagery”, Remote Sensing of Environment, vol. 107, no. 4, pp. 545-558, 2007.

[BIN 13] BINDHU V.M., NARASIMHAN B., SUDHEER K.P., “Development and verification of a non-linear disaggregation method( NL-DisTrad )to downscale MODIS land surface temperature to the spatial scale of Landsat thermal data to estimate evapotranspiration”, Remote Sensing of Environment, vol. 135, pp. 118-129, 2013.

[BIS 15] BISQUERT M., BORDOGNA G., BÉGUÉ A. et al., "A simple fusion method for image time series based on the estimation of image temporal validity", Remote Sensing, vol. 7, no. 1, pp. 704-724, 2015.

[BIS 16a] BISQUERT M., SÁNCHEZ J.M., CASELLES V., "Evaluation of disaggregation methods for downscaling MODIS land surface temperature to Landsat spatial resolution in Barrax test site", IEEE Journal of Selected Topics in Applied Earth Observations and Remote Sensing, vol. 9, no. 4, pp. 1430-1438, 2016.

[BIS 16b] BISQUERT M., SÁNCHEZ J.M., LÓPEZ-URREA R. et al., "Estimating high resolution evapotranspiration from disaggregated thermal images", Remote Sensing of Environment, vol. 187, pp. 423-433, 2016.

[GAO 06] GAO F., MASEK J., SCHWALLER M. et al., "On the blending of the Landsat and MODIS surface reflectance: predicting daily Landsat surface reflectance", IEEE Transactions on Geoscience and Remote Sensing, vol. 44, no. 8, pp. 2207-2218, 2006.

[GAO 12] GAO F., KUSTAS W., ANDERSON M., "A data mining approach for sharpening thermal satellite imagery over land", Remote Sensing, vol. 4, no. 12, pp. 3287-3319, 2012.

# 3

# 使用 QGIS/OTB 从遥感影像和 RPG 数据库中自动提取农用地块

Jeans-Marc Gilliot，Amille Le Priol，Emmanuelle Vaudour，Philippe Martin

## 3.1 概述

在共同农业政策（common agricultural policy，CAP）框架内，农场主必须申报他们向欧盟申请援助的作物性质和区域。从 2002 年开始，这些申报数据被收集到一个数据库中。2006 年，该数据库成为一个制图数据库，法国将其称为 RPG。RPG 是欧洲地块识别系统（land parcel identification system，LPIS）数据库的法国版本[MAR 14]，由法国支付服务管理局（Agency of Services and Payment，ASP）管理，比例尺为 1∶5000，利用该数据库可以在全国范围内精确定位每年主要作物的位置。这些信息也便于人们研究作物的地理分布，通过结合多年的 RPG 数据可以重构作物序列，其中包含了农业实践及其对环境的潜在影响等关键信息。RPG 数据依据作物组组织，每一组作物包括一种或几种单独的作物。由法国国家农业研究院/巴黎高科农业学院 SADAPT 研究机构提出，并由法国生物多样性署资助的“水流域地区农业压力和社会经济协调”（PACS-AAC）项目，旨在为流域周围地区重建作物空间序列，以便更好地诊断和监测水资源的保护工作。为了利用多年 RPG 数据自动化重建作物序列，SADAPT 开发了 RPG explorer 软件[MAR 17]。但直到 2015 年，RPG 数据仍存在一个缺陷：作物信息并不能精确到农用地块（agricultural plot，AP）级别，而只能达到农场主块（farmer’s block，FB）或“îlot”（地段）级别[SAG 08]。根据研究作物的空间分布，有必要区分不同的地理实体：

（1）地籍宗地（cadastral parcel，CP）指的是农业所有权的地理实体；

（2）农用地块（AP）指的是只种植一种作物的农业活动地理实体，可以是一个 CP 的子集，也可以是若干 CP 的组合；

（3）农场主块（FB）或“îlot”（地段）指的是 RPG 数据中表示作物组的地理实体，它被定义为由同一农场主管理的一个或多个连续的 AP。

图 3.1 展示的示例中包含两个 FB，其中一个仅包含一个 AP（4282403），另一个包含两个 AP（4325322）。本章工作目标是结合同一年的 RPG 数据和卫星影像，利用 QGIS 软件自动提取给定 FB 内的每个 AP 并获取其信息。这些信息有助于提高 RPG explorer 生成的作物序列的质量。使用 Orfeo 工具箱（OTB）的影像处理库提取 AP 的边界，该工具箱由 CNES 开发，现已集成在 QGIS 中。采用在 QGIS 中编写 Python 用户脚本的方法实现[LEP 16]，以便其能运用到不同的 RPG 数据集上。

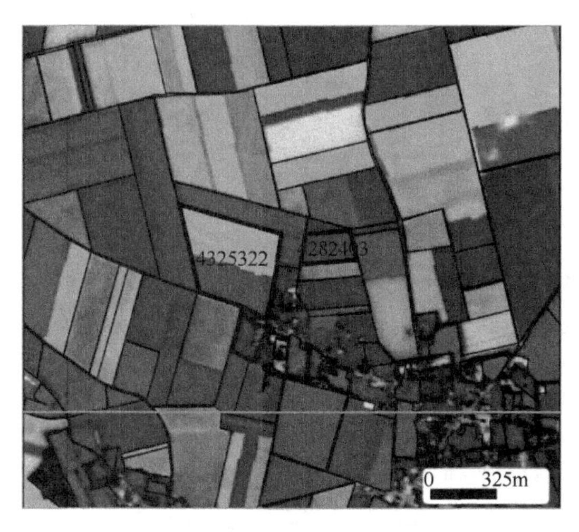


图 3.1　以 SPOT-5 卫星正射影像（2008 年 5 月 7 日）为背景的 FB 地块红外彩色合成图

法国滨海塞纳（Seine-Maritime）省阿夫雷梅尼（Avremesnil）市（49.859°N，0.917°E）附近。影像来源：©CNES 2008 distribution Airbus DS/Spot Image。该图的彩色版本参见 www.iste.co.uk/baghdadi/qgis2.zip，2020.8.7

## 3.2　AP 提取方法

AP 提取方法分为三个主要步骤（图 3.2）：

（1）格式化 RPG 数据；

（2）卫星影像分类；

（3）在提取的 AP 和 FB 之间进行交叉叠置，然后进行作物验证。

### 3.2.1　格式化 RPG 数据

第一步（图 3.2）是对 RPG 数据的预处理，将原始分布在多个文件中的信息组合到单个图层中，便于后续处理。首先，将图层投影转换为法国官方地理投影系统，即 RGF93 Lambert 93。将图层转换为同一投影是为了保证在 GIS 中进行空间分析时具有更高的精度。通过空间连接（join）的方法提取研究区域中的 FB。

然后，使用 Python 语言指令循环处理 RPG 数据，将每个作物组数据分离并连接到对应的 FB。最后，只包含一组作物的 FB，即所谓的“纯 FB”（PURE FB），与含有多组作物的 FB，即所谓的“多 FB”（POLY FB）分离。通过应用一个-10m 的缓冲区生成一个版本的 FB 图层，以便在接下来的分析中消除地块之间的边界效应。

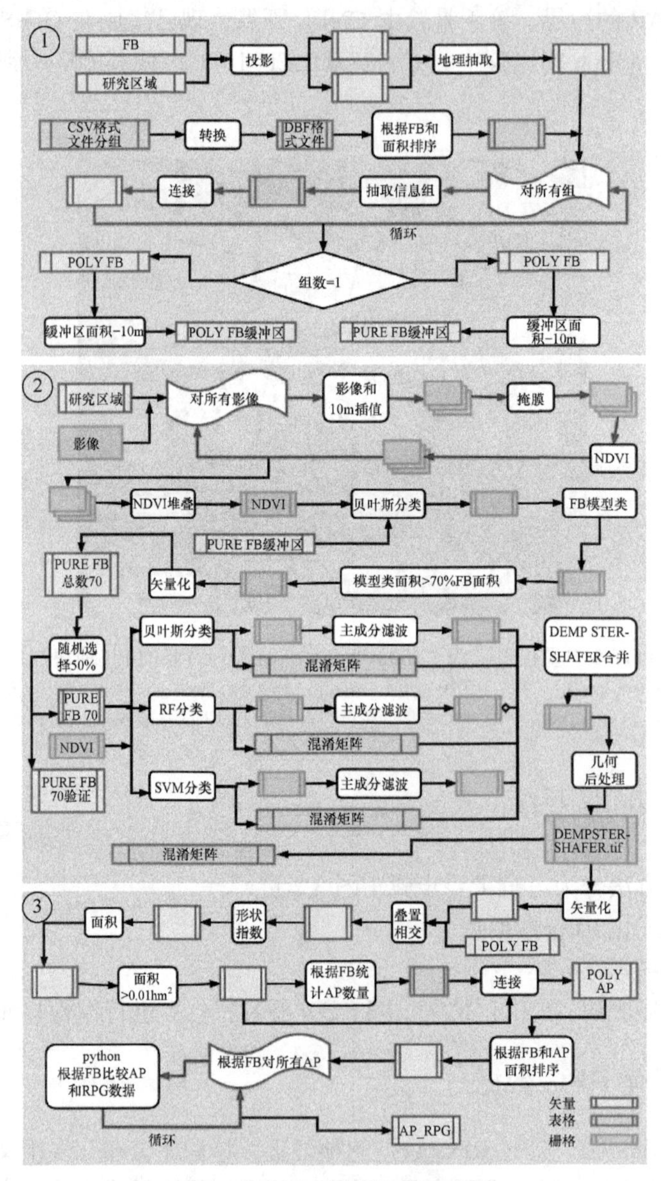


图 3.2　农用地块提取处理流程

RF 为随机森林（random forest），SVM 为支持向量机（support vector machine）。
该图的彩色版本（英文）参见 www.iste.co.uk/baghdadi/qgis2.zip，2020.8.7

### 3.2.2 SPOT 卫星影像分类

第二步（图 3.2）进行卫星影像处理。本章使用了研究地区作物生长期的时间序列影像。影像经过了大气表观（top of atmosphere，TOA）反射率校正。为了表征地块内的作物生长情况并绘制地块图，可以计算最常用的植被指数，即标准化植被指数或归一化植被指数（NDVI）：

$$\mathrm{NDVI}=\frac{R_{\mathrm{NIR}}-R_{\mathrm{R}}}{R_{\mathrm{NIR}}+R_{\mathrm{R}}} \tag{3.1}$$

式中，$R_{\mathrm{NIR}}$ 为近红外通道的反射率；$R_{\mathrm{R}}$ 为红光通道的反射率。NDVI 在一定条件下与植物生物量的变化直接相关；不同的 NDVI 值可以区分不同的地块，从而可以用于制作地块图。有些情况下，不同的作物在特定生长阶段可能具有相同的外观，因此需要使用在生长季节不同日期中获得的多幅影像提高区分作物的能力，这种分析方法称为历时分析。对每个日期计算一个新的 NDVI 波段，然后将所有这些波段叠加在同一张合成影像中再进行分类。其中有一半的“纯 FB”被用作学习训练的区域或感兴趣区域（region of interest，ROI），以计算用于分类的参考统计数据，而另一半用于计算验证所需的混淆矩阵。这种基于操作者提供的参考资料进行分类的方法称为辅助分类或监督分类。为了提高分类性能，可以进行三种不同的监督分类：贝叶斯（Bayes）、随机森林和支持向量机。将这三个分类合并或融合产生一个比原始分类结果更稳健的分类。融合方法通常依赖三个原始分类计算的混淆矩阵，通过计算类别似然函数，然后在每个像素中保留最大似然的类别作为最终分类。具体采用的方法是 Dempster-Shafer 融合方法[SHA 76]。最后对分类后的影像进行平滑处理，并利用掩膜消除 FB 边界效应产生的噪声。

### 3.2.3 根据作物检验提取的 AP 和 FB 之间的交叉叠置

在第三步（图 3.2）中，在每个 FB 中会生成候选的 AP。最终分类影像首先进行矢量化，然后通过交叉叠置操作与多 FB 组合，以此：

（1）限制结果地块在 FB 形状中；

（2）“检索”它们的 RPG 信息。

计算每个地块对应的面积，与 RPG 数据中的作物面积进行比较，并计算出一个形状指数[式（3.2）]，以消除形状极不规则的伪多边形：

$$\mathrm{ShapeIndex}=\frac{\mathrm{perimeter}}{2\sqrt{\pi\ \mathrm{area}}} \tag{3.2}$$

通过使用区域滤波的方法消除产生伪影的微小多边形（面积≤0.01hm$^2$）。使用

“按类别统计”（statistics by category）功能进行计数，以确定每个 FB 的 AP 数量和作物组数量。结果图层最终根据 FB 和面积递减次序进行排序。Python 循环将遍历结果图层，分析每个 FB 中获得的 AP，并根据作物的 RPG 数据验证、删除、重新分配或合并它们。

## 3.3 AP 提取的实际应用

本节将介绍从 2007～2008 年生长季节 RPG 数据和 SPOT 卫星影像中提取 AP 的实际应用（图 3.3），研究区域为滨海塞纳省的敦（Dun）流域，研究范围是敦盆地（法国西北部）的边界区域，覆盖面积为 10857hm$^2$。

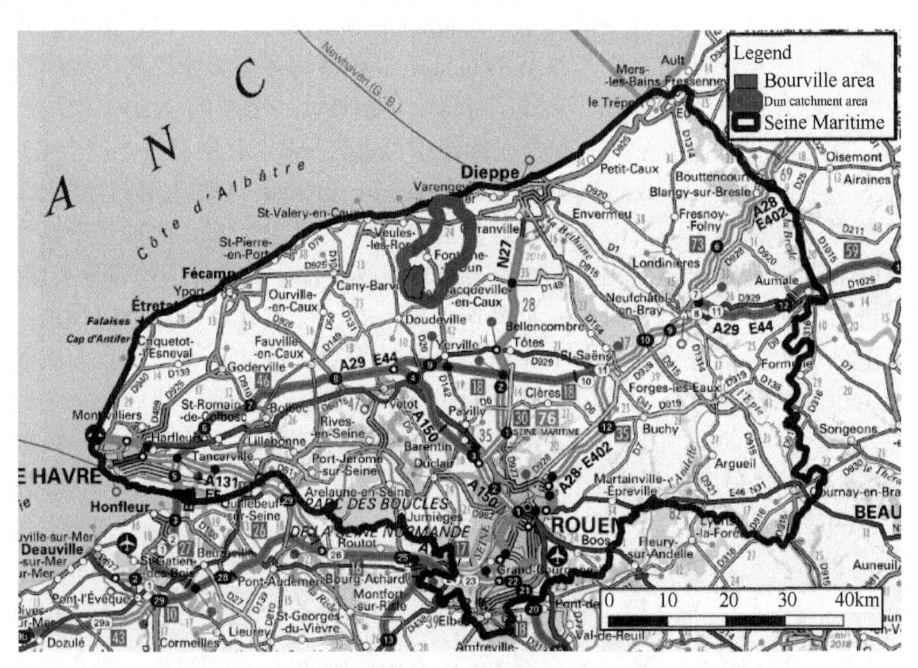


图 3.3 法国滨海塞纳省敦流域（49.816°N，0.873°E）的地图

背景图为 IGN-SCAN1000（参见 www.ign.fr，2020.8.7）。该图的彩色版本参见 www.iste.co.uk/baghdadi/qgis2.zip，2020.8.7

为了确定最终步骤，对布尔维尔（Bourville）流域一个 1480hm$^2$ 的小区域（图 3.3）进行实验。已经可以将 2008 年作物地图作为验证数据。

## 3.3.1 软件和数据

### 3.3.1.1 所需软件

使用的 QGIS 带有地理资源分析支持系统（GRASS），版本为 2.14.3 Essen（32 位），操作系统为 Windows 10，还使用了 CNES 开发的 OTB 影像处理库。

### 3.3.1.2 导入数据

1）RPG 数据

使用的 RPG 数据由 ASP 提供，RPG 简化版本的开放数据可以在 www.data.gouv.fr，2020.8.7 上获取，但是这个版本只包含每个 FB 的主要作物类型。自 2017 年以来，法国国家地理和森林信息研究所（IGN）一直负责分发匿名的 RPG 数据，这些数据现在以开放许可的方式提供，所有用途（包括商业用途）都是免费的。其发布的 RPG 数据包含 ShapeFile 格式的 GIS 文件，主要用来提供 FB 的轮廓信息，还包含一个 CSV 格式的文件，用于描述其内容，特别是 ilot_groupe_ culture.csv 文件，给出了 FB 中的作物类型编码（表 3.1）。

**表 3.1　RPG 作物组编码**

| 编码 | 作物 | 编码 | 作物 |
|---|---|---|---|
| 0 | 无信息 | 15 | 谷物豆类 |
| 1 | 碎质小麦 | 16 | 饲料 |
| 2 | 玉米粒和青贮饲料 | 17 | 牧场 |
| 3 | 大麦 | 18 | 永久草地 |
| 4 | 其他谷物 | 19 | 临时草地 |
| 5 | 菜籽 | 20 | 果园 |
| 6 | 向日葵 | 21 | 葡萄园 |
| 7 | 其他油料种子 | 22 | 坚果 |
| 8 | 蛋白质作物 | 23 | 橄榄树 |
| 9 | 纤维植物 | 24 | 其他经济作物 |
| 10 | 种子 | 25 | 蔬菜-花卉 |
| 11 | 闲置区域无生产 | 26 | 甘蔗 |
| 12 | 工业闲置区域 | 27 | 果树 |
| 13 | 其他闲置区域 | 28 | 杂类 |
| 14 | 稻 | | |

在 ilot_groupe_culture.csv 文件中，可以找到以下字段：ID_ILOT（每个 FB 的唯一标识符）、CODE_GROUPE_CULTURE（根据表 3.1 整理的作物组编码）和 SURFACE_GROUPE_CULTURE（FB 中的分组面积，以公顷为单位）。

2）下载 SPOT 世界遗产项目影像

实验使用的是 SPOT 世界遗产（SPOT world heritage，SWH）项目提供的 SPOT 影像。SWH 是 CNES 下属的一个项目，为非商业用途，免费提供 5 年以上的 SPOT 卫星影像。Theia 大陆服务和数据中心网站的所有注册用户均可通过以下链接获取数据：https://www.theia-land.fr/fr/produits/spot-world-heritage，2020.8.7（图 3.4）。

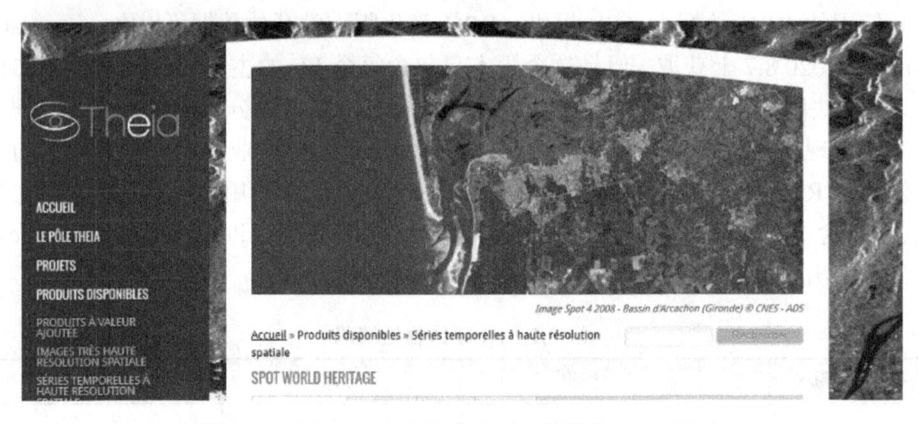


图 3.4　下载 SPOT 世界遗产项目影像的 Theia 网站

该图的彩色版本参见 www.iste.co.uk/baghdadi/qgis2.zip，2020.8.7

为了搜索备选影像，可以在 Theia 网站的图形界面中根据日期、地理特征和处理级别等规则查询影像数据库（图 3.5），以小图或快速查看（quicklook）方式预览结果影像的概况，避免下载过于模糊的影像。

Theia　Accueil　Aide　Se connecter　S'enregistrer

| France | 12 aout 2008 - 10:47:37 | SPOT4 | HRVIR1 | REFLECTANCETOA | 0 m | LEVEL1C | XS |
|---|---|---|---|---|---|---|---|
| France | 06 aout 2008 - 11:03:10 | SPOT4 | HRVIR1 | REFLECTANCETOA | 0 m | LEVEL1C | XS |
| France | 30 juillet 2008 - 11:05:57 | SPOT5 | HRG2 | REFLECTANCETOA | 0 m | LEVEL1C | XS |
| France | 01 juillet 2008 - 11:17:34 | SPOT2 | HRV1 | REFLECTANCETOA | 0 m | LEVEL1C | XS |

图 3.5　在 Theia SPOT 世界遗产项目网站上查询结果示例

该图的彩色版本参见 www.iste.co.uk/baghdadi/qgis2.zip，2020.8.7

所选影像需要覆盖整个研究区域，并且在整个作物生长期很少或没有云层影响。对于布尔维尔流域，选取了从 2007 年 12 月 19 日～2008 年 9 月 27 日期间的五幅影像（图 3.6）。

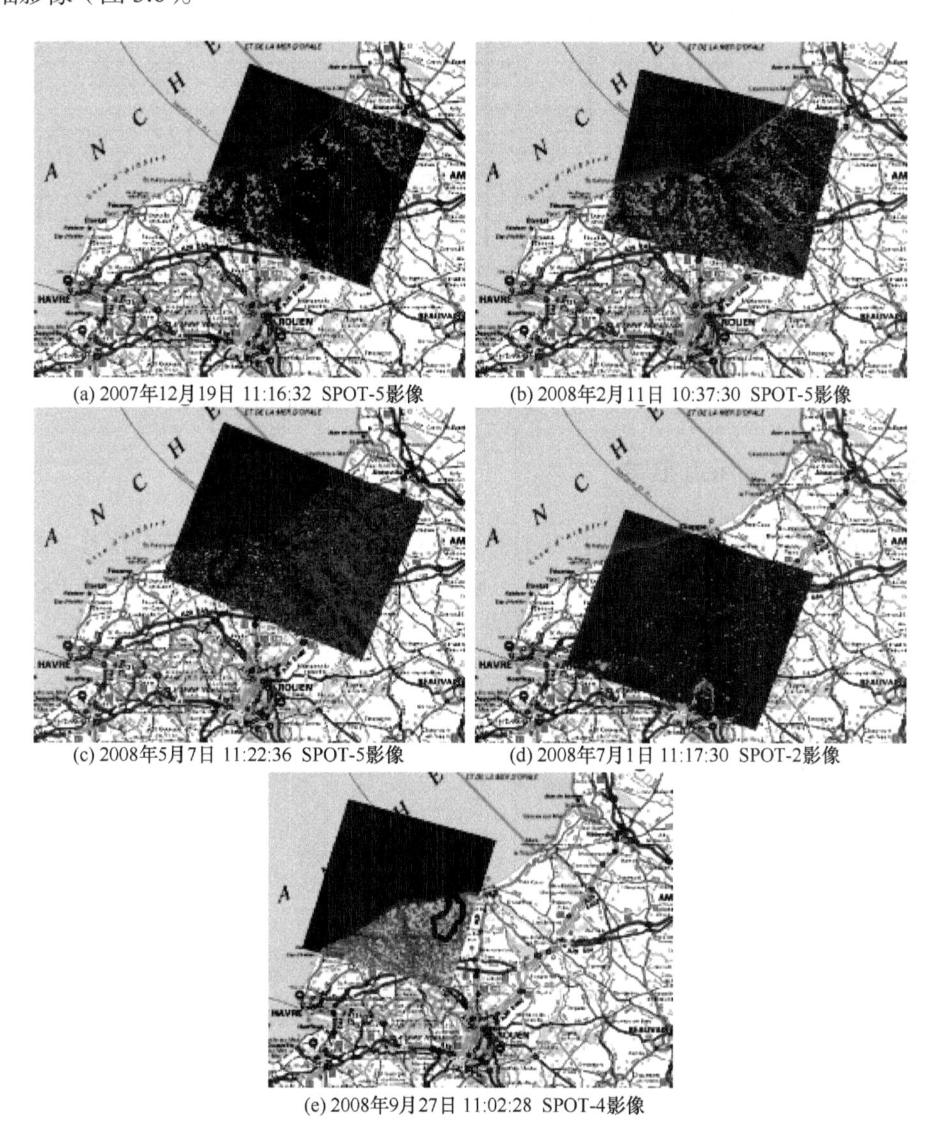


(a) 2007年12月19日 11:16:32 SPOT-5影像

(b) 2008年2月11日 10:37:30 SPOT-5影像

(c) 2008年5月7日 11:22:36 SPOT-5影像

(d) 2008年7月1日 11:17:30 SPOT-2影像

(e) 2008年9月27日 11:02:28 SPOT-4影像

图 3.6 选定的五幅 SPOT 影像

来源：©CNES 2007 and 2008，distribution Airbus DS/ SPOT Image，背景为 IGNC-SCAN1000（参见 www.ign.fr，2020.8.7）。该图的彩色版本参见 www.iste.co.uk/baghdadi/qgis2.zip，2020.8.7

影像日期的选定要最大限度地方便区别研究区域内的主要作物类型，因此还应该明确诺曼底（Normandy）地区典型作物的时令（图 3.7）。

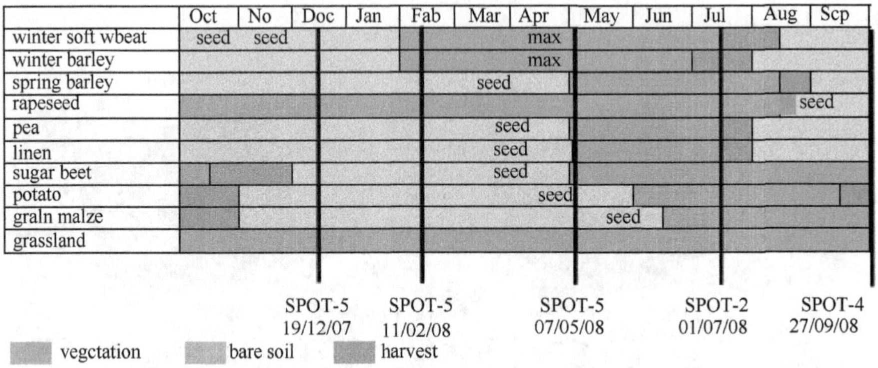

Oct No Doc Jan Fab Mar Apr May Jun Jul Aug Scp

winter soft wbeat — seed seed — max

winter barley — max

spring barley — seed

rapeseed — seed

pea — seed

linen — seed

sugar beet — seed

potato — seed

graln malze — seed

grassland

SPOT-5 19/12/07 SPOT-5 11/02/08 SPOT-5 07/05/08 SPOT-2 01/07/08 SPOT-4 27/09/08

vegctation bare soil harvest

图 3.7 根据诺曼底地区典型作物时令选择的 SPOT 影像时间点（改编自[LEP 16]）
该图的彩色版本参见 www.iste.co.uk/baghdadi/qgis2.zip，2020.8.7

## 3.3.2 设置 Python 脚本

本节阐述用户脚本开发的技术细节，读者可以按照本章方法进行操作。用户脚本可以集成到 QGIS 处理工具箱中，显示它的过程为：Processing → Toolbox，Processing Toolbox 窗口会出现在屏幕的右侧（图 3.8）。

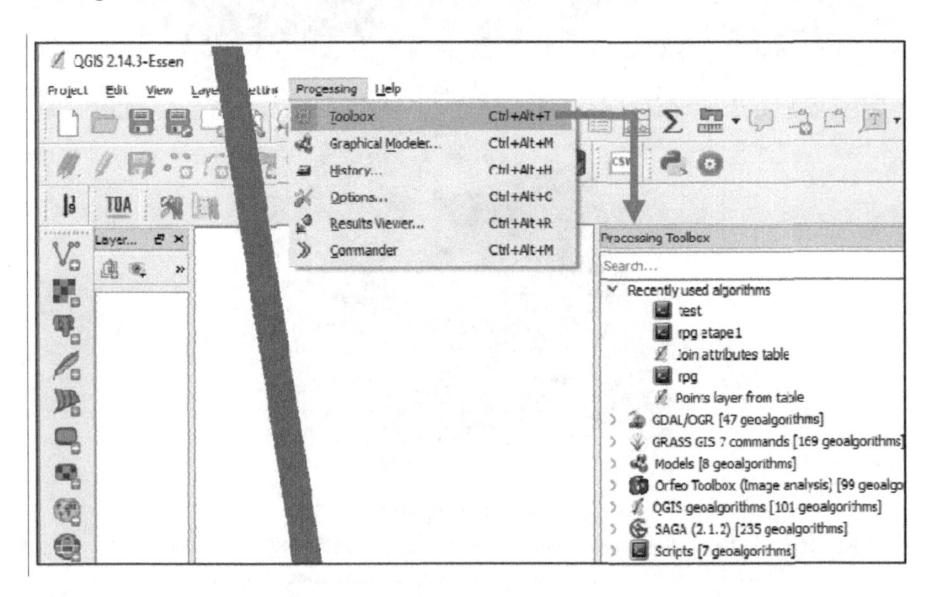


图 3.8 QGIS 的 Processing 菜单栏中显示 Processing Toolbox 窗口
该图的彩色版本参见 www.iste.co.uk/baghdadi/qgis2.zip，2020.8.7

为了创建应用程序，可以在工具箱中创建一个新的 Python 脚本：

Scripts → Tools → Create new script

在弹出 Script editor（脚本编辑器）窗口后（图 3.9），可以输入一个注释行（以“#”字符开头）并保存文件，如保存为 rpg.py 文件。

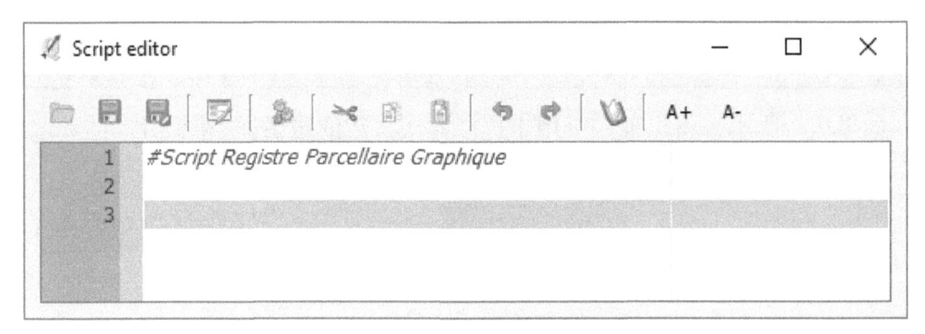


图 3.9 QGIS“脚本编辑器”窗口

该图的彩色版本参见 www.iste.co.uk/baghdadi/qgis2.zip，2020.8.7

默认情况下，脚本保存在当前用户目录的子目录中，如.qgis2\processing\scripts。关闭编辑器窗口后，脚本会出现在工具箱中（图 3.10）。

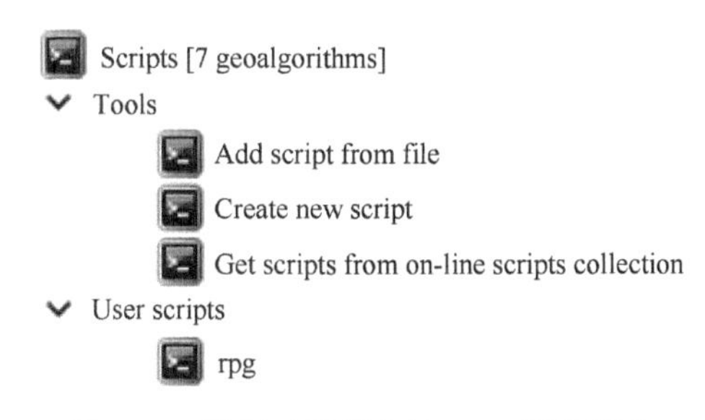


图 3.10 处理工具箱中的 RPG 用户脚本

用户可以通过双击运行一个脚本，需要再次编辑时，可用右键单击选择 Edit script（编辑脚本）。在编辑器窗口中，也可使用按钮 运行脚本。由于 QGIS Python 函数的语法信息不易获得，一种有效方法是从工具箱中启动函数，在 user.qgis2\processing 目录中查看日志文件 processing.log，其中记录了函数的连续调用过程，然后可以将其复制/粘贴到 Python 脚本。

在脚本的每一行，可以用“##”开头表示需要用户输入的参数列表。“=”的右侧为参数类型，这些参数就是 Python 代码中的变量。

```
#script Registre Parcellaire Graphique
##rpg=name
##Delimitation_ilots_RPG=vector
##Groupes_de_cultures_RPG=table
```

```
##zone_etude=vector
##zone_apprentissage=vector
##Output_Dir=folder
##Images_sat=multiple raster
```

如果运行脚本，将出现一个用于选择输入参数的对话框（图 3.11）:



图 3.11　脚本的对话框界面

Python 中用到的 QGIS 模块应该使用 import（导入）命令指定导入。

```
#Modules Import
import sys, os
import subprocess
from qgis.core import*
import qgis.utils
import qgis.gui
from qgis.utils import iface
import processing
from PyQt4.QtCore import QFileInfo
from PyQt4.QtCore import QVariant
```

上述代码中，iface 接口提供了对 QGIS 元素的访问，可以使用 iface.mapCanvas（）调用投影函数，然后使用 setDestinationCrs（）将投影设置为 Lambert 93，代码如下：

```
#Set the map Geographic system to Lambert 93

canvas = iface.mapCanvas()
canvas.mapRenderer().setProjectionsEnabled(True)
canvas.mapRenderer().setDestinationCrs(QgsCoordinateRefere
nceSystem("EPSG:2154"))
```

### 3.3.3 格式化 RPG 数据

使用 Add a vector layer（添加矢量图层）功能，图标为 V，将 RPG 数据加载到 QGIS 中，数据文件为：ilot_2008_076.shp（2008 年整个滨海塞纳省 FB 边界的 ShapeFile 文件）；ilot_groupe_culture_2008_076.csv 是 FB 的作物组成表；zone_Bourville.shp 是研究范围内水域的边界（图 3.12）。

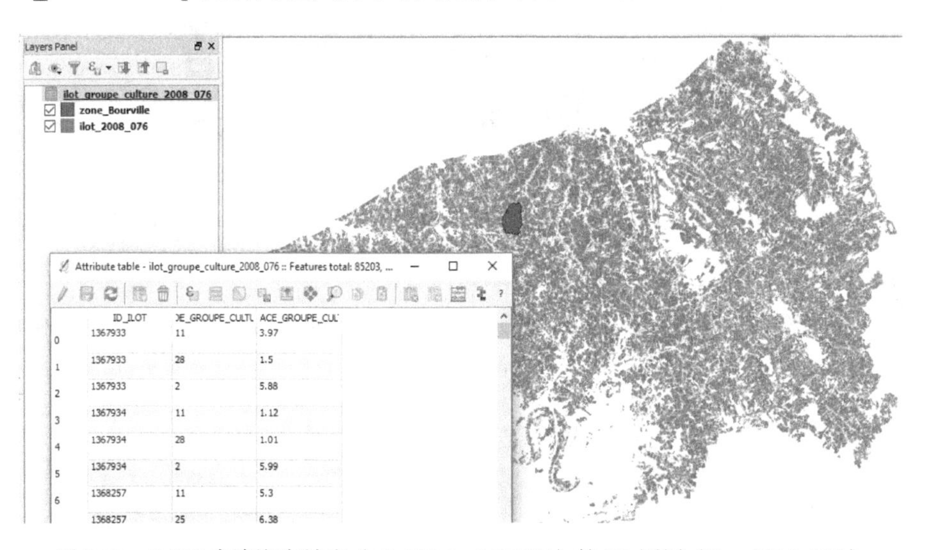


图 3.12 QGIS 中滨海塞纳省（49.65°N，0.930°E）的 FB 图层（ilot_2008_076）
该图的彩色版本参见 www.iste.co.uk/baghdadi/qgis2.zip，2020.8.7

首先，将所有图层投影到同一个投影系统中。实际上，虽然 QGIS 能够通过动态投影机制显示具有不同投影系统的 GIS 图层，但是为了提高地理操作的准确性，最好还是将它们全部投影到相同的地理坐标系中。本章选择 RGF93/Lambert 93（EPSG：2154）投影系统，这是法国的官方投影系统。

QGIS geoalgorithms ➔ Vector general tools ➔ Reproject layer

为了确保能找到代表布尔维尔流域内所有作物的“纯 FB”，需要定义一个比布尔维尔更宽的研究区域，并以其为中心，使每幅影像中都包含该区域（图 3.13）。

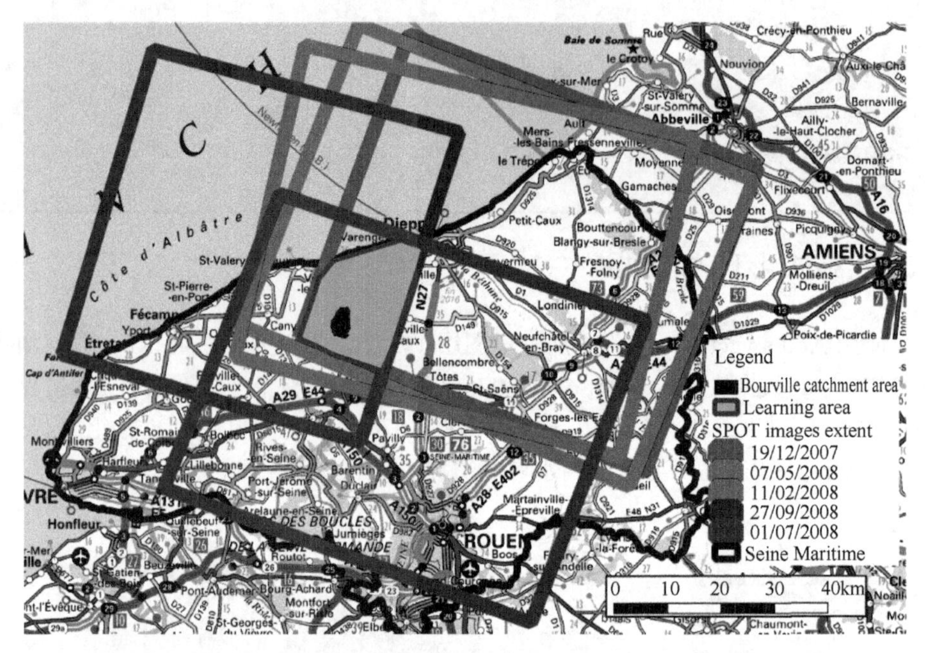


图 3.13　布尔维尔流域周围的研究区域（49.774°N，0.818°E）和五幅 SPOT 影像的范围①

背景为 IGN-SCAN1000（参见 www.ign.fr，2020.8.7）。该图的彩色版本参见 www.iste.co.uk/baghdadi/qgis2.zip，2020.8.7

然后，将研究区中的 FB 分离（图 3.14）：

QGIS geoalgorithms ➔ Vector selection tools ➔ Extract by location

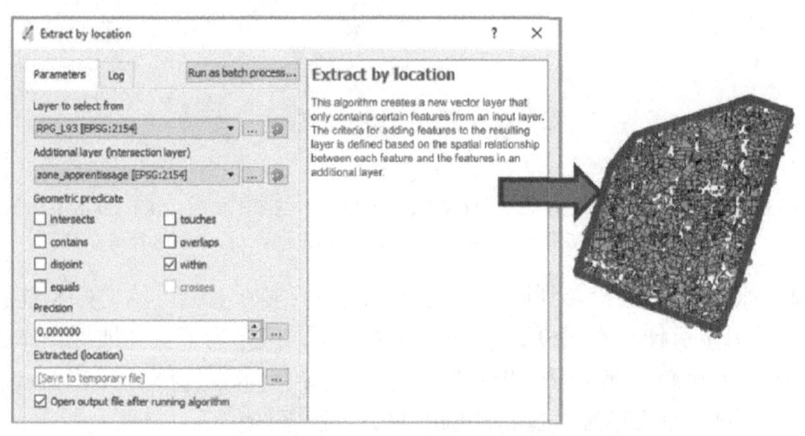


图 3.14　根据位置提取研究区域中的 FB

该图的彩色版本参见 www.iste.co.uk/baghdadi/qgis2.zip，2020.8.7

① 为方便读者学习时所见即所得，样图中外文未做翻译。

通过这样的方法，研究区内的所有 FB 都将被提取出来。在 Python 脚本中，这些操作的代码如下：

```
# Projection of the vector layer containing the limits of the
study area

zone_L93 = Output_Dir + "/" + "zone_L93.shp" processing.
runalg("qgis:reprojectlayer",zone_etude,"EPSG:2154",
zone_L93)
# Projection of the vector layer containing the limits of the
learning area processing.runalg("qgis:reprojectlayer",zone_
apprentissage,"EPSG:2154",O utput_Dir+"/zone_Buf.shp")
zone_L93_lyr  =  QgsVectorLayer(zone_L93,"zone_L93","ogr")
QgsMapLayerRegistry.instance().addMapLayer(zone_L93_lyr)
#PROJECTION OF THE RPG LAYER
RPG_L93 = Output_Dir+ "/" + "RPG_L93.shp"
out=processing.runalg("qgis:reprojectlayer",Delimitation_i
lots_RPG,
"EPSG:2154",None)
# Set the ID_ILOT field in integer format
les_champs = [{'expression': u'ID_ILOT', 'length': 9, 'type':
2, 'name':
u'ID_ILOT', 'precision': 0}]
processing.runalg("qgis:refactorfields",out["OUTPUT"],
les_champs,RPG_L93)
RPG_L93_lyr = QgsVectorLayer(RPG_L93,"RPG_L93","ogr")
QgsMapLayerRegistry.instance().addMapLayer(RPG_L93_lyr)

#EXTRACTION OF RPG FB THAT ARE INSIDE THE AREA
progress.setInfo("extraction du RPG dans l'emprise de la zone")
RPG_Zone = Output_Dir + "/" + "RPG_zone_L93.shp"
processing.runalg("qgis:extractbylocation",RPG_L93,
Output_Dir + "/zone_Buf.shp", u'within', 0.0,RPG_Zone)
```

对于作物组（CSV 格式文件）处理，这里使用 SQL 进行查询。和 QGIS 中经常出现的情况一样，相同的操作往往可以使用多个工具完成，特别是在不同扩展插件中的工具，但在一些情况下，这些工具具有不同的功能。对于 SQL 查询，主要工具如下：

QGIS geoalgorithms ➔ Vector general tools ➔ Execute SQL

GDAL/OGR ➔ [OGR] Miscellaneous ➔ Execute SQL

对于只查询一个属性的简单查询，也可以使用：

QGIS geoalgorithms ➔ Vector selection tools ➔ Select by attribute

或者：

QGIS geoalgorithms ➔ Vector selection tools ➔ Extract by attribute

Extract（提取）功能将查询结果导出到一个新的图层中，Select（选择）功能将选择图层中符合条件的行。Execute（执行）SQL 的一个缺点是只能查询与几何图形相关的表，而不能查询 CSV 表，如这里作物组的情况。但这个局限性可以通过以下方法来解决：

QGIS geoalgorithms ➔ Vector selection tools ➔ Points layer from table

为简单起见，这里采用 GDAL/OGR 工具的 Execute SQL 功能，它可以直接查询 CSV 表格。第一次查询需要创建一个根据 FB 和面积递减次序排序的表格，给出 Python 代码如下：

```
nom_fichier = os.path.basename(Groupes_de_cultures_RPG)
nom_table, extension = os.path.splitext(nom_fichier)

progress.setInfo("loop layout of each crop group(10 main groups)")
progress.setInfo(time.strftime("%H:%M:%S",time.localtime()))
progress.setPercentage(2.5)

# Convert csv to dbf, sort and conversion of area and code_groupe fields
from text to numerical
SQL = "SELECT CAST(ID_ILOT AS int)AS ID_ILOT,
CAST(CODE_GROUPE_CULTURE AS int)AS CODEG,
CAST(SURFACE_ GROUPE_CULTURE AS float)AS SURFG FROM " +
```

```
nom_table + " ORDER BY ID_ILOT,SURFACE_GROUPE_CULTURE DESC"
processing.runalg("gdalogr:executesql",Groupes_de_cultures
_RPG,SQL,2,Output_Dir+"/temp1")
```

注意，SELECT 命令的 ORDER BY 指令用于按降序（DESC）对表进行排序，有些数值字段是从 CSV 中作为文本导入的，因此需要使用 CAST 命令转换这些字段的类型，然后创建一个字段（IDC），作为 FB 中每个作物的标识符，并为这个字段创建一个索引表，可以极大地加速处理、排序和连接大型的表格。

可以使用字段计算器计算 IDC：

QGIS geoalgorithms ➔ Vector table tools ➔ Field calculator

```
# Put the row number into IDC = identifier for each crop
# temporary Layer creation from table to be able to use Field
calculator
out1=processing.runalg("qgis:pointslayerfromtable",
Output_Dir+"/temp1.dbf","CODEG","CODEG","EPSG:2154",None)
processing.runalg("qgis:fieldcalculator",out1["OUTPUT"],"I
DC",1,9,0,True,"$
rownum", Output_Dir+"/trie1.shp")

# indexation of IDC field => TO DO otherwise joins are slow
commande=PATH_GDAL_OGR+"ogrinfo " + Output_Dir + "/trie1.shp
-sql
\"CREATE INDEX ON trie1 USING IDC\""
p = subprocess.call(commande, shell=False, startupinfo= info)
```

Python 的 subprocess.call 命令用于在 Python+QGIS 中调用外部程序，其中 orginfo.exe 命令用于建立索引。QGIS 工具箱 GDAL/OGR 中内置的 OGR 工具中缺少一些选项，因此，会多次使用外部 OGR 命令。在结果表“tri1”中，可以看到按 FB（ID_ILOT）和面积（SURFG）降序排列的数据（图 3.15）。

Python 代码中第一个循环将遍历这些排序后的数据，创建按作物组（CODEG）划分的表格：G1.shp，G2.shp，G3.shp，⋯，Gn.shp。

| ID_ILOT | CODEG | SURFG | IDC |
|---|---|---|---|
| 483838 | 18 | 1.350000000000000 | 1 |
| 483840 | 18 | 1.120000000000000 | 2 |
| 483841 | 18 | 1.630000000000000 | 3 |
| 599878 | 24 | 5.030000000000000 | 4 |
| 599948 | 5 | 9.449999999999999 | 5 |
| 599948 | 8 | 7.000000000000000 | 6 |
| 599948 | 12 | 4.040000000000000 | 7 |
| 599948 | 24 | 1.700000000000000 | 8 |
| 600021 | 2 | 4.550000000000000 | 9 |

图 3.15 排序的作物组表

```
max_grp = 10

for grp in range(1,max_grp+1):
    groupe="G"+str(grp)
    progress.setInfo(str(grp)+" / 10")
    table_tri="trie"+str(grp)
    # isole le groupe
    commande = PATH_GDAL_OGR+"ogr2ogr -overwrite -dialect
sqlite -sql
\"SELECT CAST(ID_ILOT AS int)AS ID_ILOT2, CAST(CODEG AS int)AS
CODEG2, CAST(SURFG AS float)AS SURFG2, CAST(IDC AS int)AS IDC2
FROM
" + table_tri + " GROUP BY ID_ILOT HAVING MIN(IDC)ORDER BY IDC\"
" +
Output_Dir+"/temp_"+groupe+".dbf"+ Output_Dir+"/"+table_
tri+".dbf"
    p = subprocess.call(commande, shell=False, startupinfo=
info)

... see script listing for more details
```

这里使用了外部命令 ogr2ogr.exe 执行 SQL 查询，因为查询中使用的选项 GROUP BY ID_ILOT HAVING MIN（IDC）ORDER BY IDC、Execute SQL 功能不

支持。该选项可以用于在整个迭代过程中按组标识信息。下面使用 SQL 函数计数每个 FB 中的作物，然后将它们关联到 FB。

```
# statistics by category to count the crops in each FB
stat_cat = Output_Dir+ "/" + "stat_cat.dbf"
out1 =
processing.runalg("qgis:pointslayerfromtable",Groupes_de_c
ultures_RPG,"I D_ILOT","ID_ILOT","EPSG:2154",None)
processing.runalg("qgis:fieldcalculator",out1["OUTPUT"],"S
URF",0,10,2, True,"SURFACE_GR",Output_Dir+"/grp_cultures")

#SQL with ogr2ogr much quicker than qgis:statisticsbycategories
#processing.runalg('qgis:statisticsbycategories',
out2["OUTPUT_LAYER"],'SURF','ID_ILOT',stat_cat)

commande = PATH_GDAL_OGR+"ogr2ogr -overwrite -dialect sqlite
-sql \"SELECT CAST(ID_ILOT AS int) AS ID_ILOT, count(ID_ILOT)
as NBG, sum(SURF) as SURF_ILOT FROM grp_cultures GROUP BY
ID_ILOT\" "+Output_Dir+"/stat_cat.dbf"+
Output_Dir+"/grp_cultures.dbf" p = subprocess.call(commande,
shell=False, startupinfo=info)

#join statistics to the RPG
progress.setInfo("stats join on RPG")
progress.setInfo(time.strftime("%H:%M:%S",time.localtime()))
progress.setPercentage(14.5)
Join_RPG_Zone = Output_Dir+ "/" + "ilots_L93.shp"
out1 = processing.runalg('qgis:joinattributestable',
RPG_Zone, stat_cat,
'ID_ILOT','ID_ILOT',None)
```

至此，NBG 字段将记录作物组的数量，SURF_ILOT 字段则记录 FB 中作物的总面积。Python 代码中的第二个根据作物组的循环用于整合 Gn.shp 文件，该文件是第一个循环时根据 FB 中的作物组产生的：

```
# join groups data
progress.setInfo("import of each group data into FBs")
progress.setInfo(time.strftime("%H:%M:%S", time.localtime()))
for grp in range(1,max_grp+1):
    groupe="G"+str(grp)
    progress.setInfo(str(grp)+" / 10")
   out_temp[grp+2] = processing.runalg('qgis:joinattributestable',
out_temp[grp+1]["OUTPUT_LAYER"],Output_Dir+"/"+groupe+".dbf",
'ID_ILOT', 'ID_ILOT', None)
processing.runalg("qgis:saveselectedfeatures",out_temp[max
_grp+2]["OUT
PUT_LAYER"], Join_RPG_Zone)

join_lyr  =  QgsVectorLayer(Join_RPG_Zone,"join_L93",  "ogr")
QgsMapLayerRegistry.instance().addMapLayer(join_lyr)
```

最后，FB（ilot）的 ilots_L93.shp 图层包含所有作物分组的信息（图 3.16），对于作物 2 而言，codeg_2 是作物组的编码，surfg_2 是该作物组的面积。

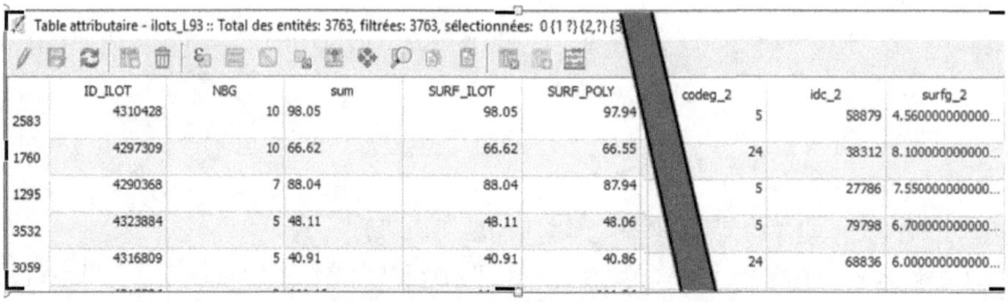

Table attributaire - ilots_L93 :: Total des entités: 3763, filtrées: 3763, sélectionnées: 0 (1 ?) (2,?) (3

| | ID_ILOT | NBG | sum | SURF_ILOT | SURF_POLY | codeg_2 | idc_2 | surfg_2 |
|---|---|---|---|---|---|---|---|---|
| 2583 | 4310428 | 10 | 98.05 | 98.05 | 97.94 | 5 | 58879 | 4.560000000000... |
| 1760 | 4297309 | 10 | 66.62 | 66.62 | 66.55 | 24 | 38312 | 8.100000000000... |
| 1295 | 4290368 | 7 | 88.04 | 88.04 | 87.94 | 5 | 27786 | 7.550000000000... |
| 3532 | 4323884 | 5 | 48.11 | 48.11 | 48.06 | 5 | 79798 | 6.700000000000... |
| 3059 | 4316809 | 5 | 40.91 | 40.91 | 40.86 | 24 | 68836 | 6.000000000000... |

图 3.16　ilots_L93 图层属性表界面

后续对 FB 中的 SPOT 影像进行统计分析时，为了抑制边缘效应，应该创建距离缩小 10m 的缩小版 FB。为此，需要使用 QGIS 的 buffer distance（距离缓冲区）功能：

QGIS geoalgorithms ➔ Vector geometry tools ➔ Fixed distance buffer

```
# -10m buffer area of FB to prevent edge effects
progress.setInfo("buffer zones of FBs")
```

```
processing.runalg("qgis:fixeddistancebuffer",Output_Dir+"/
ilots_L93.shp",-
10,5,False,Output_Dir+"/temp_buf.shp")
# check as buffer generates non valid entities
processing.runalg("qgis:checkvalidity",Output_Dir+"/temp_
buf.shp",0,Outp
ut_Dir+"/temp_buf_ok.shp",None,None)
# SURF_BUF is the buffer area
processing.runalg("qgis:fieldcalculator",Output_Dir+"/temp
_buf_ok.shp","S
URF_BUF",0,10,2,True,"$area /10000.0",
Output_Dir+"/ilots_L93_buf.shp")
```

注意，缓冲函数中距离为负值（–10）是为了获得比原始面积更小的 FB（图 3.17）。

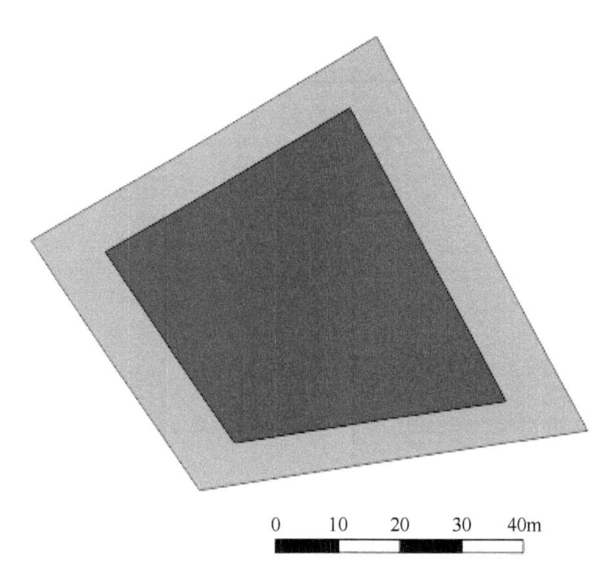


图 3.17　根据绿色 FB 地块生成的红色缓冲区域

该图的彩色版本参见 www.iste.co.uk/baghdadi/qgis2.zip，2020.8.7

根据 ilots_L93_buf.shp 图层，最终可以导出“纯 FB”（只包含一种作物，NBG=1）和“多 FB”（NBG>1）：

QGIS geoalgorithms ➔ Vector selection tools ➔ Extract by attribute

### 3.3.4 SPOT 卫星影像分类

对于影像分类，在启动脚本之前，应该使用 Add a raster layer（添加栅格图层）功能将影像加载到 QGIS 中。在脚本的开头，使用一个多选对话框来选择要处理的影像（图 3.18）。

```
# Export pure FB = only one crop
processing.runalg("qgis:extractbyattribute",Output_Dir+"/
ilots_L93_buf.shp","NBG",0,"1",Output_Dir+"/ilots_purs_buf
.shp")
# Export poly FB nb > 1 crop
processing.runalg("qgis:extractbyattribute",Output_Dir+"/
ilots_L93_buf.shp","NBG",2,"1",Output_Dir+"/ilots_poly_buf
0.shp")
processing.runalg("qgis:extractbylocation",Output_Dir+"/
ilots_poly_buf0.shp", Output_Dir+"/zone_L93.shp", u'within',
0.0,Output_Dir+"/ilots_poly_buf.shp")
```

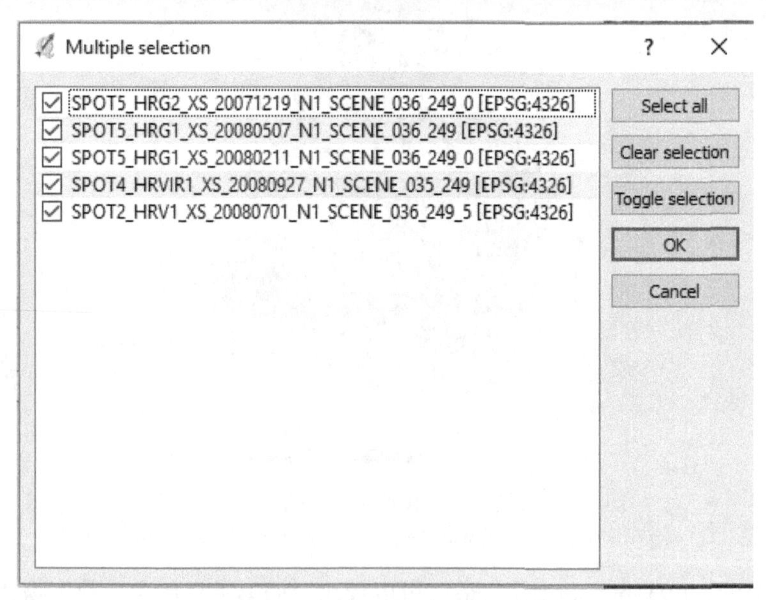


图 3.18　卫星影像的多选对话框

创建此对话框的 Python 代码如下：

```
##Images_sat=multiple raster
```

用户选择的影像存储在 Images_sat 变量（字符串类型）中，多幅影像间由“;”字符分隔。可以使用 Python 循环遍历选择的 SPOT 影像进行如下预处理操作。

（1）将影像投影到 Lambert 93 地理系统：

GDAL/OGR ➔ [GDAL] Projections ➔ Warp(reproject)

（2）根据研究区轮廓创建影像掩膜：

GDAL/OGR ➔ [GDAL] Extraction ➔ Clip raster by mask layer

（3）使用 OTB 计算 NDVI：

Orfeo Toolbox ➔ Feature Extraction ➔ Radiometric Indices

执行这些步骤的 Python 代码如下：

```
lesNDVI=""

n = 1
for im in lesImages:
    progress.setInfo(im)
   progress.setInfo(time.strftime("%H:%M:%S",time.localtime()))
    fileInfo = QFileInfo(im)
    baseName = fileInfo.baseName()
    chemin = fileInfo.absolutePath()
    print(baseName)
    spot_lyr = QgsRasterLayer(im, baseName)#print(spot_lyr)
    proj = spot_lyr.crs().authid()
   spot_L93 = Output_Dir+"/"+baseName+"_L93.tif"
   processing. runalg("gdalogr:warpreproject", im, "", "EPSG:
2154", "", 10, 0,5,0,75,6,1,False,0,False,"",spot_L93)
    # decoupage de la zone
    decoupe = Output_Dir+"/"+baseName+"_mask_L93.tif"

processing.runalg("gdalogr:cliprasterbymasklayer",spot_
L93,zone_etude,  "",False,True,False,5,0,75,6,1,False,0,False,
"", decoupe)

    # NDVI computation
    ndvi = Output_Dir+"/"+baseName+"_NDVI_L93.tif"
```

```
processing.runalg("otb:radiometricindices",decoupe,128,0,1
,2,3,1,0,ndvi)
    lesNDVI = lesNDVI+ndvi+";"
    progress.setPercentage(17+n*3)
    n = n + 1
```

经过 Python 循环后，就获取了每幅初始 SPOT 影像的 NDVI 通道结果，这些通道可以通过合并（merge）操作组合到一幅合成影像中（图 3.19）。

GDAL/OGR ➔ [GDAL] Miscellaneous ➔ Merge

```
# NDVI are merged in the same composite image
progress.setInfo("regroupement des NDVI dans une image
composite")
progress.setInfo(time.strftime("%H:%M:%S",time.localtime()))
compoNDVI = Output_Dir+"/"+"compoNDVI.tif"
```

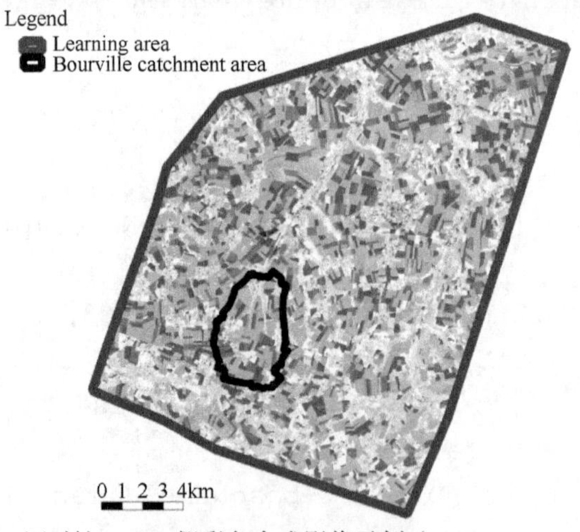


图 3.19　历时性 NDVI 假彩色合成影像示例（49.774°N, 0.818°E）

研究区域内，2008 年 2 月 11 日（红色），2008 年 5 月 7 日（绿色）和 2008 年 9 月 27 日（蓝色）。该图的彩色版本参见 www.iste.co.uk/baghdadi/qgis2.zip，2020.8.7

下面将选择 3.3.3 节中提取的“纯 FB”的一半作为学习区域或 ROI，通过不同日期的 NDVI 统计数据表征每个作物组，然后使用这些统计数据将 NDVI 影像按作物组进行分类。实验发现在 RPG 中一部分定义为“纯 FB”的地块实际上在影像中并不纯粹（图 3.20）。为了选择真正纯净的地块，应先进行贝叶斯（Bayes）

分类，代码如下：

Orfeo Toolbox ➔ Learning ➔ TrainImagesClassifier(bayes)

Orfeo Toolbox ➔ Learning ➔ Image Classification

其中，“CODEG”字段包含作物组编码。

```
# First classification to test pure FB and just keep really pure ones
# Learning stat Bayes
progress.setInfo("classif recherche ilot purete > 70%")
progress.setInfo(time.strftime("%H:%M:%S",time.localtime()))

processing.runalg("otb:trainimagesclassifierbayes",compoNDVI,
Output_Dir+"/ilots_purs_buf.shp","",0,1000,1000,1,True,0.
5,"CODEG",0,0,
Output_Dir+"/matrix.xml",Output_Dir+"/ model.xml")

# classif Bayes
processing.runalg("otb:imageclassification",compoNDVI,None,
Output_Dir+"/model.xml","",128,Output_Dir+"/bayes_purs.tif")
```

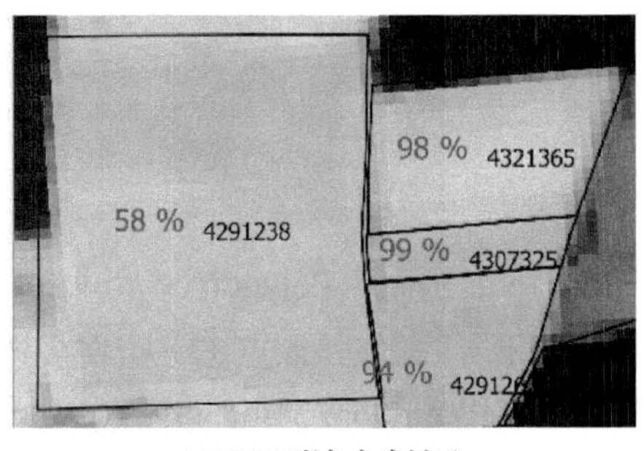

(a) NDVI彩色合成显示

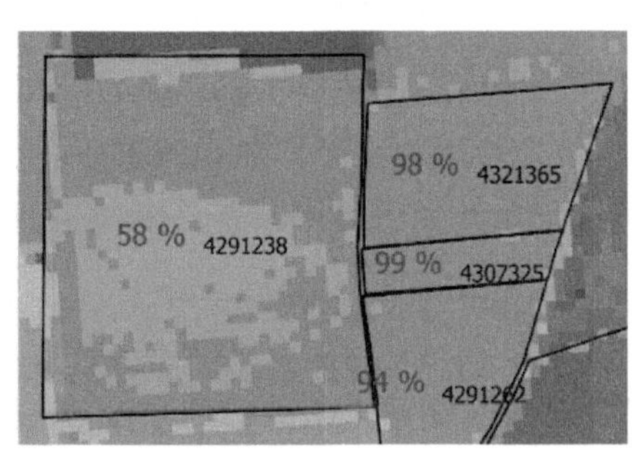

(b) 贝叶斯分类

图 3.20 基于贝叶斯分类得到 RPG 中定义的“纯 FB”

FB4291238 地块看上去是混杂的，不会被视为一个纯粹的地块。该图的彩色版本参见 www.iste.co.uk/baghdadi/qgis2.zip，2020.8.7

从第一次 Bayes 分类结果中可以看出每个 FB 中出现最多的类别及其面积，只有该面积占整个 FB 面积 70%以上的地块才应被保留为真正纯净的地块。生成的图层命名为 ilots_purs70.shp。具体操作步骤如下。

（1）“纯 FB”栅格化：

GRASS GIS 7 commands ➔ Vector(v, *) ➔ v.to.rast.attribute

（2）对 FB 进行分类统计（模型值）：

GRASS GIS 7 commands ➔ Raster(r, *) ➔ r.statistics

（3）在 FB 中选择与模型分类对应的像素（图 3.21）：

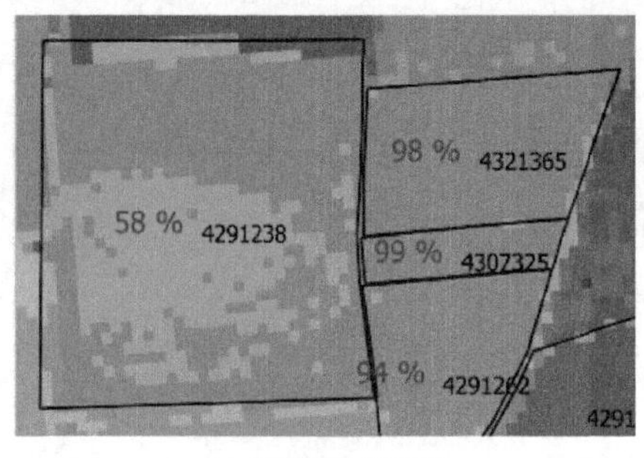


(a) 贝叶斯分类展示

(b) 对应于主成分地块的分类展示

图 3.21　不同分类方法得到 RPG 中定义的“纯 FB”

该图的彩色版本参见 www.iste.co.uk/baghdadi/qgis2.zip，2020.8.7

（4）统计模型分类对应的像素个数，为此，计算之前二值（1/0）像素的和，结果是一个栅格图层：

GRASS GIS 7 commands ➔ Raster(r, *) ➔ r.statistics

（5）将之前图层矢量化：

GRASS GIS 7 commands ➔ Raster(r, *) ➔ r.to.vect

（6）提取矢量图层的多边形质心。

在矢量几何工具中，有一个计算中心的函数：

QGIS geoalgorithms ➔ Vector geometry tools ➔ Polygon centroids

然而，如图 3.22 所示，质心是多边形的“重心”，但是该点不一定在多边形内。由于需要使用一个点标记多边形，所以可以使用 random points inside polygons（多边形内的随机点）函数，它会在多边形内部产生一个随机点。

QGIS geoalgorithms ➔ Vector creation tools ➔ Random points inside polygons(fixed)

每个多边形生成一个点，与多边形边缘的最小距离为 5m。

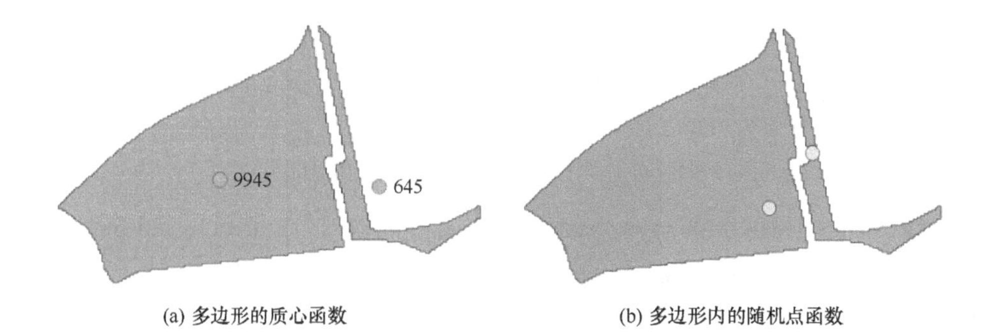


(a) 多边形的质心函数　　(b) 多边形内的随机点函数

图 3.22　使用两种方法提取质心

创建的点不包含矢量化多边形的信息字段（没有属性信息），特别是包含模型分类像素数量的 value 字段。这可以通过多边形与点进行空间连接获得，为“包含关系”：

QGIS geoalgorithms ➔ Vector general tools ➔ Join attributes by location

空间连接（或地理连接）可以将两个图层通过地理关系，而不是像属性连接那样使用表格字段关联起来。由于该点与包含它的 FB 相关，通过质心与 FB 进行空间连接，可将 FB 的“value”字段复制到质心上。

为了计算“纯度”（FB 的面积比），作为模型分类面积的一个函数，可以使用字段计算器：

QGIS geoalgorithms ➔ Vector table tools ➔ Field calculator

通过计算创建了一个新的“pure”字段，它给出了主成分分类结果所覆盖的 FB 的面积比（图 3.23）：

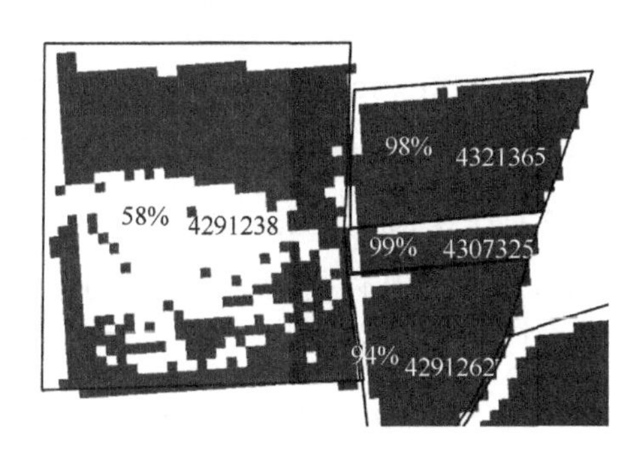


图 3.23　主成分分类结果所覆盖（红色）的 FB 的面积比

该图的彩色版本参见 www.iste.co.uk/baghdadi/qgis2.zip，2020.8.7

$$\text{pure} = \frac{\text{value} \times 25}{10000 \times \text{AREA\_BUF}} \tag{3.3}$$

式中，value 为模型分类的像素个数；AREA_BUF 为 FB（缓冲区版本）面积（以公顷为单位），前一个栅格的分辨率为 5m；（value×25）/10000 对应的是主成分分类的面积（以公顷为单位）。

纯度大于 70%的 FB 能通过属性操作简单地提取出来：

QGIS geoalgorithms ➔ Vector selection tools ➔ Extract by attribute

使用 Extract by attribute（根据属性提取）（纯度>70%），创建新的“纯 FB”图层 ilots_purs70.shp，在下面的分类中将其用作 ROI。

这里使用了三种影像分类方法，每一种方法的步骤均包括获取 ROI 的参考统计数据，然后根据这些参考数据获得影像的实际分类。

（1）贝叶斯分类方法：

Orfeo Toolbox ➔ Learning ➔ TrainImagesClassifier(bayes)

Orfeo Toolbox ➔ Learning ➔ Image Classification

（2）SVM 分类方法：

Orfeo Toolbox ➔ Learning ➔ TrainImagesClassifier(libsvm)

Orfeo Toolbox ➔ Learning ➔ Image Classification

（3）随机森林分类方法：

Orfeo Toolbox ➔ Learning ➔ TrainImagesClassifier(rf)

Orfeo Toolbox ➔ Learning ➔ Image Classification

对于这三种分类方法，还需要进行以下处理操作。

（1）使用 FB 图层“缓冲区”进行掩膜处理：

GDAL/OGR ➔ [GDAL]Extraction ➔ Clip raster by mask layer

（2）主成分过滤，通过删除孤立像素获得“平滑”的结果：

SAGA(2.1.2) ➔ Raster filter ➔ Majority filter

（3）不断扩大区域，以便使 FB 恢复到之前的最初尺寸（为减少边缘效应，当前 FB 通过创建缓冲区进行了缩小）：

GDAL/OGR ➔ [GDAL]Analysis ➔ Fill nodata

（4）用纯粹的“验证”FB 计算混淆矩阵：

Orfeo Toolbox ➔ Learning ➔ ComputeConfusionMatrix(vector)

下面的 Python 代码对应贝叶斯分类的情况：

```
# Bayes classif with ilots_purs70 as training area
```

```
progress.setInfo("classification de Bayes")
progress.setInfo(time.strftime("%H:%M:%S", time.localtime()))

processing.runalg("otb:trainimagesclassifierbayes",compoNDVI,
Output_Dir+"/ilots_purs70.shp","",0,1000,1000,1,True,0.5,"
CODEG",0,0,
Output_Dir+"/matrixBayes.xml",Output_Dir+"/modelBayes.xml")
processing.runalg("otb:imageclassification",compoNDVI,None,
Output_Dir+"/modelBayes.xml","",128,
Output_Dir+"/clas_bayes_brut.tif")
# postprocessing
#masking to clean what is outside of the parcels and edge effects
out=processing.runalg("gdalogr:cliprasterbymasklayer",
Output_Dir+"/clas_bayes_brut.tif",Output_Dir+"/ilots_L93_buf.
shp","0",
False,False,False,0,0,75,6,1,False,0,False,"", None)
#Majority filter 3x3
processing.runalg("saga:majorityfilter",out["OUTPUT"],1,1,0,
Output_Dir+"/temp_otb1.tif")
# pseudo growing region to get back to the initial size of parcel

processing.runalg("gdalogr:fillnodata",Output_Dir+"/temp_
otb1.tif",2,10,1, None,False,Output_Dir+"/clas_bayes.tif")
# calculation of the confusion matrix
processing.runalg("otb:computeconfusionmatrixvector",
Output_Dir+"/clas_bayes.tif",0,Output_Dir+"/ilots_purs70_
valide.shp",
"CODEG",0,128,Output_Dir+"/matrix2Bayes.csv")
```

通过 Dempster-Shafer 证据理论合并三个分类来创建最终的分类：

Orfeo Toolbox ➔ Learning ➔ FusionOfClassifications(dempstershafer)

对于相同的像素，如果两个分类方法给出了两个不同的分类结果，但是概率相当，那么合并时不会对该像素进行分类，而是将其赋值为“无数据”，从而导致最终地图中出现孔洞。可以通过区域增长操作（5 次迭代）填补这些孔洞（图 3.24）：

SAGA(2.1.2) → Raster tools → Shrink and expand

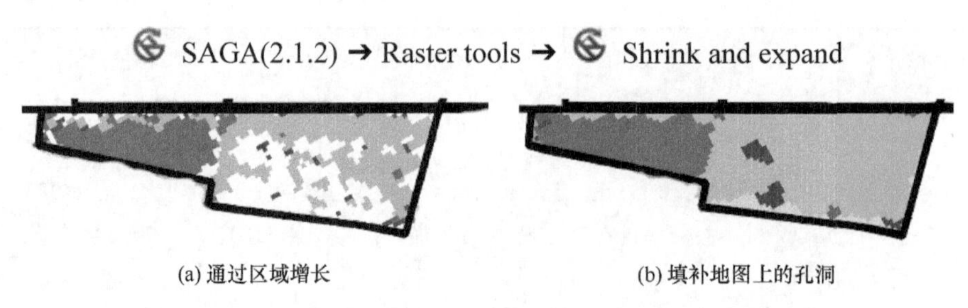

(a) 通过区域增长　　(b) 填补地图上的孔洞

图 3.24　分类的几何后处理

该图的彩色版本参见 www.iste.co.uk/baghdadi/qgis2.zip，2020.8.7

使用研究阶段未使用的"纯 FB"多边形（FB 的 50%）计算混淆矩阵，以评估结果的质量：

Orfeo Toolbox → Learning → ComputeConfusionMatrix(vector)

对应的 Python 代码如下：

```
#Merge the 3 classifications dempster-shafer method
progress.setInfo("Fusion des 3 classifications: METHODE DE
DEMPSTER-SHAFER")
progress.setInfo(time.strftime("%H:%M:%S",time.
localtime()))

processing.runalg("otb:fusionofclassificationsdempstershafer",
Output_Dir+"/clas_bayes.tif;"+Output_Dir+"/clas_svm.tif;"
+Output_Dir+
"/clas_RF.tif",0,Output_Dir+"/matrix2Bayes.csv;"+Output_Dir+
"/matrix2svm.csv;"+Output_Dir+"/matrix2RF.csv",0,0,0,Output_
Dir+
"/clas_Dempster_shafer_brut.tif")

# growing region 5 X
progress.setInfo("post-traitement de la classification")
progress.setInfo(time.strftime("%H:%M:%S",time.localtime()))

processing.runalg("saga:majorityfilter",Output_Dir+
"/clas_Dempster_shafer_brut.tif",1,3,0,Output_Dir+"/tempsh1.
tif")
```

```
processing.runalg("saga:shrinkandexpand",Output_Dir+
"/tempsh1.tif",1,0,1,3,Output_Dir+"/tempsh2.tif")
processing.runalg("saga:shrinkandexpand",Output_Dir+
"/tempsh2.tif",1,0,1,3,Output_Dir+"/tempsh3.tif")
processing.runalg("saga:shrinkandexpand",Output_Dir+
"/tempsh3.tif",1,0,1,3,Output_Dir+"/tempsh4.tif")
processing.runalg("saga:shrinkandexpand",Output_Dir+
"/tempsh4.tif",1,0,1,3,Output_Dir+"/tempsh5.tif"
processing.runalg("saga:shrinkandexpand",Output_Dir+
"/tempsh5.tif",1,0,1,3,Output_Dir+"/clas_Dempster_shafer.
tif")
# masking with poly FB
processing.runalg("grass7:v.to.rast.value",Output_Dir+"/
ilots_poly.shp",
0,1,etendue,10,-1,0.0001,Output_Dir+"mask_ilot_poly.tif")
processing.runalg("saga:gridmasking",Output_Dir+
"/clas_Dempster_shafer.tif",Output_Dir+"mask_ilot_poly.tif
",Output_Dir+"/
clas_Dempster_shafer_poly0.tif")
processing.runalg("saga:majorityfilter",Output_Dir+
"/clas_Dempster_shafer_poly0.tif",1,3,0,Output_Dir+
"/clas_Dempster_shafer_poly.tif")

# confusion matrix
progress.setInfo("Calcul de la matrice de confusion")
progress.setInfo(time.strftime("%H:%M:%S", time.localtime()))

processing.runalg("otb:computeconfusionmatrixvector",Output_
Dir+
"/clas_Dempster_shafer.tif",0,Output_Dir+"/ilots_purs70_va
lide.shp",
"CODEG",0,128,Output_Dir+"/matrix2Dempster_shafer.csv")
```

分类的最终结果如图 3.25 所示。

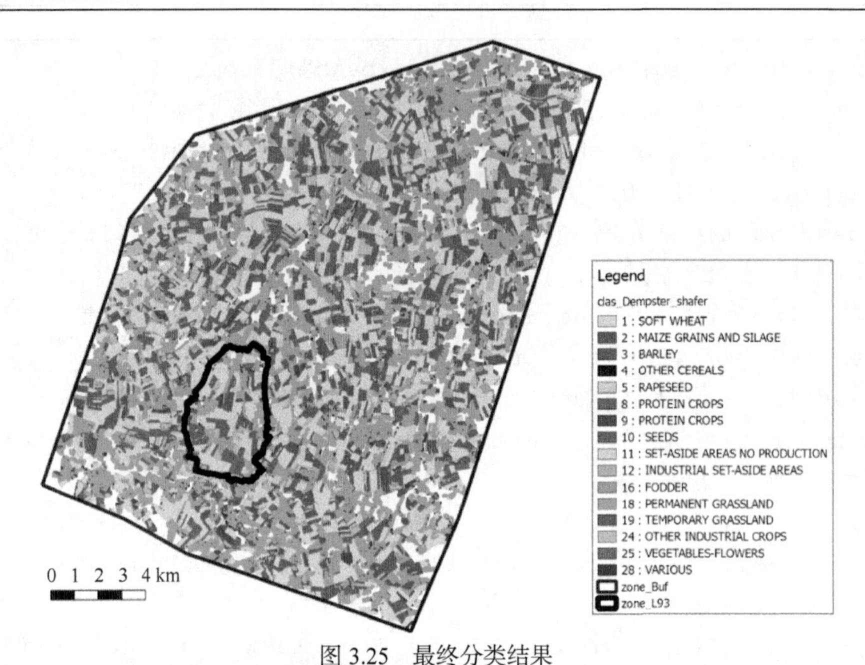


图 3.25　最终分类结果

该图的彩色版本参见 www.iste.co.uk/baghdadi/qgis2.zip，2020.8.7

为了评估这种分类的质量，对根据证据理论合并操作产生的混淆矩阵进行分析（表 3.2）。用户精度（%u）是一个作物组在分类影像中的像素百分比，对应于已验证地块中的相同分组。对于分组：软质小麦（1）、大麦（3）、菜籽（5）、永久草地（18），用户精度大于 90%。玉米（2）用户精度为 64.2%，蔬菜花卉（25）用户精度为 85.1%。但对于某些分组，如休耕土地（11），无法得出结论，因为样本数量太少了。

**表 3.2　分类结果的混淆矩阵**

| | | 分类 | | | | | | | | | | | | | | | |
|---|---|---|---|---|---|---|---|---|---|---|---|---|---|---|---|---|---|
| | | 1 | 2 | 3 | 5 | 8 | 9 | 10 | 11 | 16 | 18 | 19 | 24 | 25 | 28 | 总计 | %p |
| 参考 | 1 | 98945 | 17 | 1619 | 0 | 0 | 0 | 30 | 0 | 0 | 1132 | 104 | 0 | 0 | 13 | 101860 | 97.1 |
| | 2 | 10 | 7392 | 23 | 0 | 7 | 5 | 14 | 0 | 709 | 181 | 134 | 1513 | 304 | 0 | 10292 | 71.8 |
| | 3 | 1918 | 105 | 17488 | 2 | 0 | 190 | 159 | 0 | 0 | 144 | 0 | 0 | 0 | 0 | 20006 | 87.4 |
| | 5 | 191 | 0 | 0 | 2901 | 0 | 0 | 0 | 0 | 0 | 860 | 0 | 0 | 0 | 0 | 3952 | 73.4 |
| | 8 | 0 | 17 | 0 | 0 | 348 | 0 | 0 | 0 | 0 | 0 | 0 | 0 | 0 | 0 | 365 | 95.3 |
| | 9 | 0 | 45 | 1 | 101 | 0 | 607 | 2524 | 0 | 0 | 0 | 0 | 0 | 0 | 0 | 3278 | 18.5 |
| | 10 | 1 | 638 | 0 | 0 | 14 | 2151 | 10700 | 0 | 0 | 30 | 0 | 0 | 0 | 7 | 13541 | 79.0 |
| | 11 | 4 | 0 | 0 | 0 | 0 | 0 | 0 | 0 | 0 | 691 | 0 | 0 | 0 | 23 | 718 | 0.0 |
| | 16 | 0 | 0 | 0 | 0 | 0 | 0 | 0 | 0 | 0 | 0 | 0 | 104 | 0 | 0 | 104 | 0.0 |
| | 18 | 277 | 40 | 239 | 0 | 0 | 0 | 5 | 85 | 0 | 88691 | 1751 | 0 | 0 | 1451 | 92539 | 95.8 |
| | 19 | 0 | 2 | 14 | 0 | 0 | 0 | 0 | 89 | 0 | 2126 | 310 | 0 | 0 | 0 | 2541 | 12.2 |
| | 24 | 3 | 882 | 2 | 2 | 7 | 10 | 7 | 0 | 242 | 5 | 0 | 4952 | 854 | 5 | 6971 | 71.0 |
| | 25 | 65 | 2370 | 1 | 144 | 603 | 200 | 182 | 0 | 6 | 17 | 0 | 2304 | 11410 | 0 | 17302 | 65.9 |
| | 28 | 0 | 0 | 0 | 0 | 4 | 5 | 0 | 0 | 0 | 2 | 0 | 2 | 808 | 0 | 821 | 0.0 |
| | 总计 | 101415 | 11510 | 19390 | 3155 | 991 | 3177 | 13631 | 185 | 973 | 93897 | 2318 | 8899 | 13401 | 1527 | 274290 | |
| | %u | 97.6 | 64.2 | 90.2 | 91.9 | 35.1 | 19.1 | 78.5 | 0.0 | 0.0 | 94.5 | 13.4 | 55.6 | 85.1 | 0.0 | | |

注：根据 50%的没有用于学习的纯地块计算。%p 为生产者精度，%u 为用户精度。

将分类结果与 2008 年实地调查得到的地块地图进行比较（图 3.26），地块的几何形状得到了很好的识别。但存在如下两个问题。

（1）几何上，通常由于作物的异质性，某些地块上的斑点不规则，这种分类过于混乱。

（2）类型上，地块几何形状是准确的，但没有分配到与参考地块同一类型。这是 RPG 命名规则中的固有问题，根据这些命名规则，一些作物可能会被分配为不同的 RPG 类型，这取决于它们的用途而非它们的性质，如种植、休耕、经济休耕等。

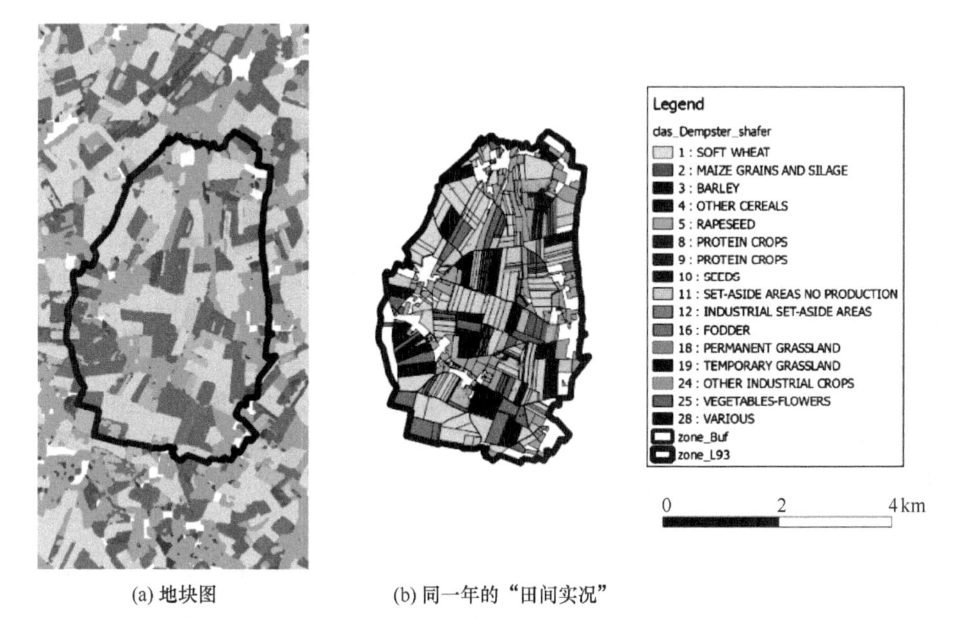


(a) 地块图　　(b) 同一年的“田间实况”

图 3.26　分类结果的比较

该图的彩色版本参见 www.iste.co.uk/baghdadi/qgis2.zip，2020.8.7

## 3.3.5　在提取的 AP 和 FB 之间进行交叉叠置及作物验证

本节的目的是消除 3.3.4 节中出现的不确定性因素，将分类结果中的 FB 与“多 FB”的 RPG 信息逐个进行比较。为此需要从分类的栅格（tif 影像）获取“对象”图形。根据定义，栅格中只有像素信息而没有对象信息。因此，需要通过矢量化将分类结果转化为对象：

Commandes GRASS GIS 7 ➔ Raster(r, *) ➔ r.to.vect

填充矢量图层中的孔洞：

QGIS geoalgorithms ➔ Vector geometry tools ➔ Fill holes

由于矢量化算法根据矩形像素的边缘进行追踪，栅格的矢量化结果通常会出现“锯齿”现象。降低“锯齿”现象可以通过矢量数据综合实现（图 3.27）。

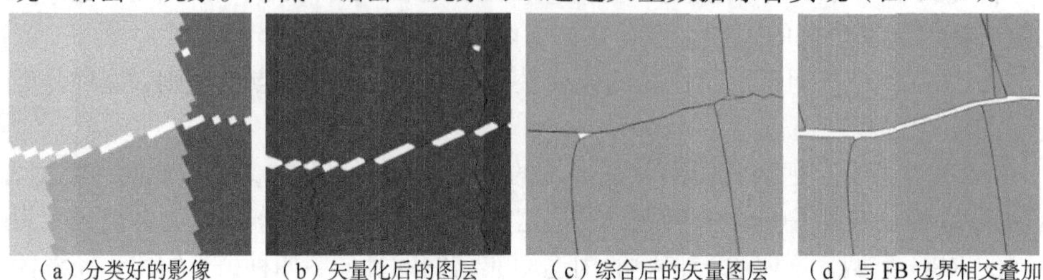

（a）分类好的影像　（b）矢量化后的图层　（c）综合后的矢量图层　（d）与 FB 边界相交叠加

图 3.27　矢量化步骤

该图的彩色版本参见 www.iste.co.uk/baghdadi/qgis2.zip，2020.8.9

为了整合包含分类地块的 FB 的 RPG 信息，在矢量化的地块图和“多 FB”之间进行叠置交叉操作：

QGIS geoalgorithms ➔ Vector overlay tools ➔ Intersection

计算每个地块的面积和表征其形状的指标：

QGIS geoalgorithms ➔ Vector table tools ➔ Field calculator

字段计算公式中的$area 变量给出了面积，而$perimeter 变量给出了周长。ShapeIndex=$perimeter/（2 * sqrt（3.14159 * $area））计算的是多边形的形状指标。为了消除最后的伪影，只保留表面积大于 0.01hm² 的多边形：

QGIS geoalgorithms ➔ Vector selection tools ➔ Extract by attribute

在交叉叠置后，每个地块由对应的 FB 标识符识别，因此可以计算每个 FB 中地块的数量，方法是根据标识符字段“ID_LOT”对每个类别进行统计，然后将创建的统计表加入地块表中，恢复 count（计数）字段：

QGIS geoalgorithms ➔ Vector table tools ➔ Statistics by categories

QGIS geoalgorithms ➔ Vector general tools ➔ Join attributes table

结果图层按照 ID_ILOT 字段和地块面积降序排列，通过 SQL 进行查询：

GDAL/OGR ➔ [OGR] Miscellaneous ➔ Execute SQL

对应的 Python 代码如下：

```
# vectorization
progress.setInfo("vectorisation")
progress.setInfo(time.strftime("%H:%M:%S",time.localtime()))

processing.runalg("grass7:r.to.vect",Output_Dir+
"/clas_Dempster_shafer_poly.tif",2,True,etendue,3,Output_Dir+
"/parcelles_brut.shp")
# bouche les trous
```

```
progress.setInfo("lissage generalisation")
progress.setInfo(time.strftime("%H:%M:%S",time.localtime()))

processing.runalg("qgis:fillholes",Output_Dir+"/parcelles_
brut.shp",
100000,Output_Dir+"/parcelles_brut_fill.shp")
#Lissage des parcelles
processing.runalg("grass7:v.generalize",Output_Dir+
"/parcelles_brut_fill.shp",11,50,7,50,0.5,3,0,0,0,1,1,10,
False,True,
etendue,-1,0.0001,0,Output_Dir+"/parcelles_lisses.shp")
 #croisement avec les ilots
progress.setInfo("croisement avec les ilots RPG")
progress.setInfo(time.strftime("%H:%M:%S",
time.localtime()))

processing.runalg("saga:intersect",Output_Dir+"/parcelles_
lisses.shp",
Output_Dir+"/ilots_poly.shp",True,Output_Dir+"/parcelles_i
nter.shp")
# indice de forme: ShapeIndex (Perimeter / (2 * SquareRoot(PI
* Area))
processing.runalg("qgis:fieldcalculator",Output_Dir+"/parc
elles_inter.shp"," ShapeIndex",0,10,2,True,
" $perimeter / (2 * sqrt(3.14159 * $area))", Output_Dir+" /
parcelles_indices.shp")
# calcul de la surface des parcelles
out = processing.runalg("qgis:fieldcalculator",Output_Dir+
"/parcelles_indices.shp","surface",0,10,2,True,"  $area  /
10000.0",None)
# ne garde que les polygones de surface > 0.1 ha out4 =
processing.runalg("qgis:extractbyattribute",out["OUTPUT_
LAYER"],"surface",2,"0.1",None)
# count parcel number by FB
```

```
out2 =
processing.runalg("qgis:statisticsbycategories",out4["OUTP
UT"],"surface","ID_ILOT",None)
out3 = processing.runalg('qgis:joinattributestable', out4
["OUTPUT"],
out2["OUTPUT"], 'ID_ILOT', 'category',None )
out5=processing.runalg("qgis:fieldcalculator",out3["OUTPUT_LAY
ER"], "CODEG_P",0,10,0,True,"0",None)
out6=processing.runalg("qgis:fieldcalculator",out5["OUTPUT_LAY
ER"], "SURFG_P",0,10,1,True,"0",None)
processing.runalg("qgis:fieldcalculator",out6["OUTPUT_LAYER"],
"NB_PARC",0,8,0,True,"count",Output_Dir+"/parcelles_poly.
shp") # SORT by FB and by surface descending order
SQL = "SELECT * FROM parcelles_poly ORDER BY ID_ILOT,surface
DESC"
processing.runalg("gdalogr:executesql",Output_Dir+
"/parcelles_poly.shp",SQL,2,Output_Dir+"/parcelles_poly_tr
ie.shp")
```

图 3.28 展示了矢量化步骤之后输出的分类结果。

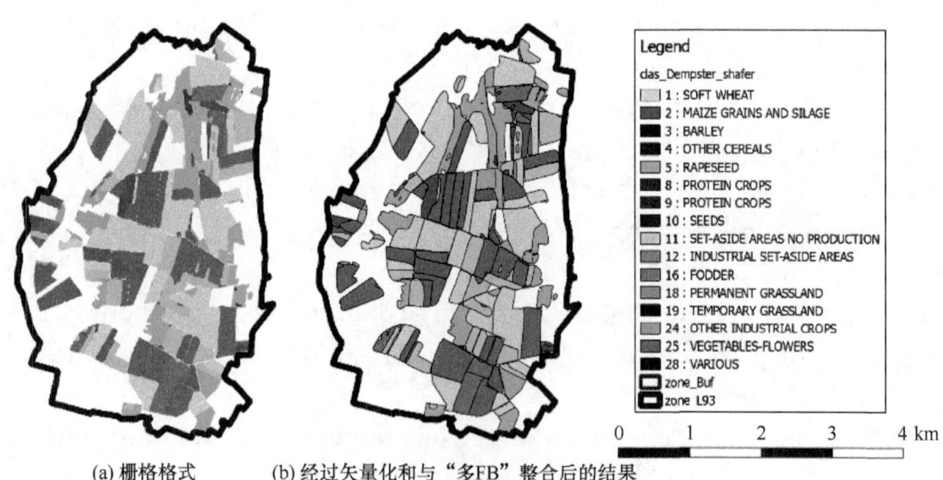


(a) 栅格格式　　(b) 经过矢量化和与“多FB”整合后的结果

图 3.28　矢量化步骤之后输出的分类结果

该图的彩色版本参见 www.iste.co.uk/baghdadi/qgis2.zip，2020.8.7

在处理过程的最后，Python 循环遍历整个地块表，以便逐个校正残余误差。

Qgs 矢量图层（VectorLayer）函数提供了一个描述符，可以在 Python 中管理 QGIS 图层。layer.getFeatures 函数可以返回所有图层多边形数组，因此使用一个简单的 Python “for” 循环就可以轻松遍历所有地块。

表格之前已经根据 “ID_ILOT” 字段进行了排序，因此同一 FB 里的地块位于连续的行中。通用算法如图 3.29 所示。corrections using CODES and AREAS（使用编码和面积校正）部分专门用于分析和在可能的情况下纠正地块信息和 RPG FB

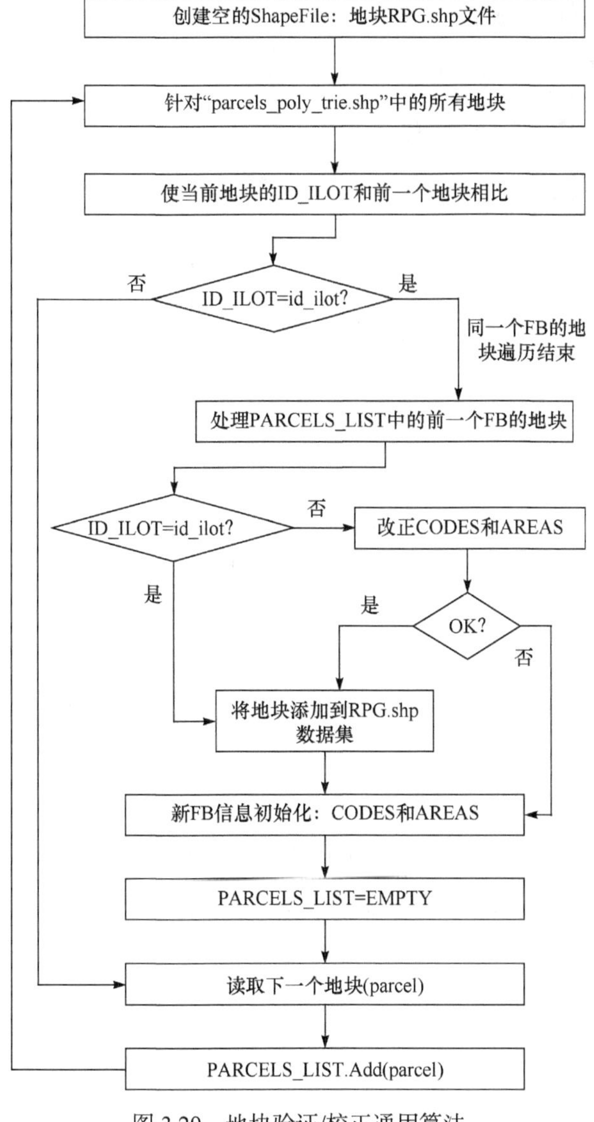


图 3.29　地块验证/校正通用算法

信息之间的差异。在最简单情况下（图 3.30），分类产生的信息（编码和面积）直接匹配 RPG 信息，然后直接进行地块验证。如图 3.30 所示，对于 FB4277220，影像处理找到了三个相同的作物类别（10、25 和 1），将相同作物的区域加起来与 RPG 面积进行比较，有以下结果：软质小麦（1）为 14.29hm$^2$（RPG 中为 14.44hm$^2$）；花卉蔬菜（25）为 13.7hm$^2$（RPG 中为 13.02hm$^2$）；种子（10）为 11.7hm$^2$（RPG 中为 12.9hm$^2$），这些结果都非常接近 RPG 中的信息。

(a) NDVI的彩色合成展示中的FB

(b) 带有作物编码和面积的结果地块

| ID_ILOT | CODE_GROUPE_CULTURE | SURFACE_GROUPE_CULTURE |
| --- | --- | --- |
| 4277220 | 10 | 12.9 |
| 4277220 | 25 | 13.02 |
| 4277220 | 1 | 14.44 |

(c) 该FB对应的RPG数据

图 3.30　以 FB4277220 为例的最终结果

该图的彩色版本参见 www.iste.co.uk/baghdadi/qgis2.zip，2020.8.7

在布尔维尔流域的 56 个混合 FB 中，当只考虑作物面积大于 0.5hm$^2$ 的部分时，只有 10 个 FB 经过影像处理后的作物种类无法与 RPG 数据中的作物完全匹配；如果考虑面积小于 0.5hm$^2$ 的部分，则有 15 个（图 3.31）。这个计算使用了连接、分类统计和选择/提取功能：

QGIS geoalgorithms ➔ Vector general tools ➔ Join attributes table

QGIS geoalgorithms ➔ Vector table tools ➔ Statistics by categories

QGIS geoalgorithms ➔ Vector selection tools ➔ Extract by attribute

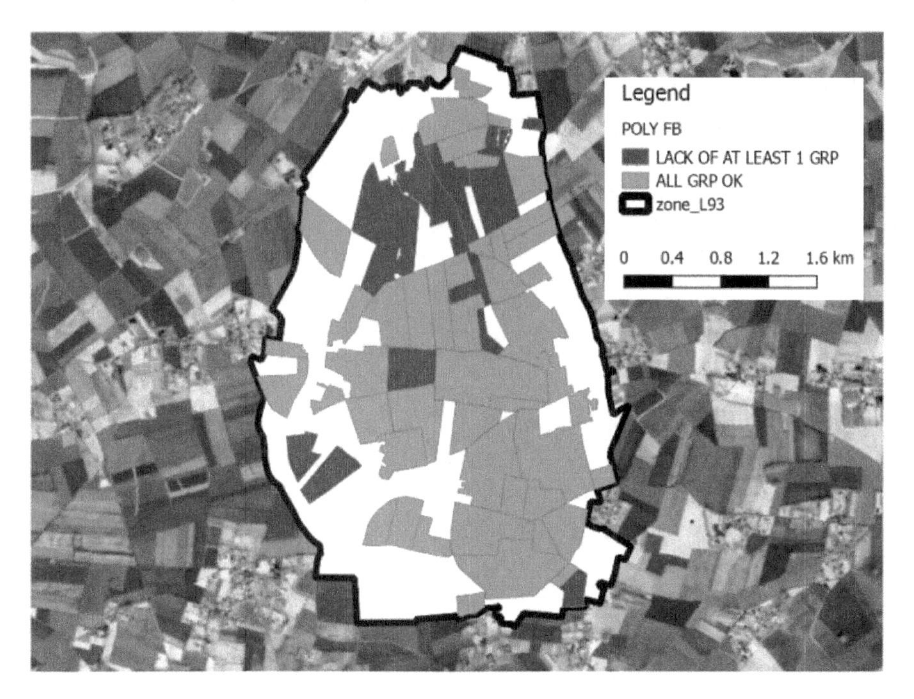


图 3.31 通过影像处理检测的作物与 RPG 的“多 FB”中描述的作物之间的一致性
（绿色：匹配；红色：不匹配）
该图的彩色版本参见 www.iste.co.uk/baghdadi/qgis2.zip，2020.8.7

## 3.4 致谢

感谢法国生物多样性署为 PACS-AAC 项目提供资金支持。感谢 AREAS 为本书撰写传送了布尔维尔流域现场监测数据。

## 3.5 参考文献

[LEP 16] LE PRIOL C., “Prototypage d’un outil de cartographie automatique des cultures agricoles à l’échelle parcellaire à partir d’images de télédétection et du Registre parcellaire graphique”, Mastère spécialisé SILAT, AgroParisTech, Paris, France, 2016.

[MAR 14] MARTIN P., RONFORT C., LAROUTIS D. et al., “Cost of best management practices to combat agricultural runoff and comparison with the local populations’ willingness to pay: case of the Austreberthe watershed(Normandy, France)”, Land Use Policy, vol. 38, pp. 454-466, 2014.

[MAR 17] MARTIN P., “RPG explorer-Cours en ligne”, AgroParisTech Paris, France, Consulted April 19, 2017, available at https://tice.agroparistech.fr/coursenligne/courses/RPGEXPLORER/index.php, 2017.

[SAG 08] SAGRIS V., DEVOS W., "LPIS Core Conceptual Model: Methodology for Feature Catalogue and Application Schema", GeoCAP Discussion Paper, European Commission, DG Joint Research Center Ispra, Institute for the Protection and Security of the Citizen, Agriculture Unit, p. 59, 2008.

[SHA 76] SHAFER G., "A Mathematical Theory of Evidence", Princeton University Press, Princeton, 1976.

# 4

# 利用 S2 影像和半自动分类插件进行土地覆盖制图：布基纳法索北部案例研究

Louise Leroux，Luca Congedo，Beatriz Bellón，Raffaele Gaetano，Agnès Bégué

## 4.1 概述

在非洲急速上升的人口压力之下，对粮食和非粮食农产品的需求必将空前增加。因此，加强对该地区农业生产和粮食安全的关注具有十分重要的意义 [FAO 16]。除此之外，一些气候变化因素（如气温升高、极端天气加剧和干旱频繁发生等）也将对农业生产和生态系统生物多样性产生可预见的负面影响。在此背景下，对土地利用/土地覆盖及其时间变化规律进行精确的地图描述（土地覆盖制图），将会是提高人类对耕地和非耕地景观时空变化规律的认知，并在此基础上改善现有土地管理和规划策略的必要手段。

土地覆盖制图的实现主要依赖基于监督分类方法（在用户的指导下指定感兴趣的土地覆盖类别）的卫星遥感影像地物识别技术。目前常用的地物监督分类识别手段多数是参考典型北半球国家的地物特征，然而这些传统方法却并不适用于非洲的情况。这是因为相比典型的北半球国家，非洲大陆的自然环境和农业生产特征具有高度的时空变异性，典型的特征包括：耕地斑块破碎、作物生长季伴随较多的多云天气等，此外农业作物与自然植被的生长期接近重叠 [AFD 16]。欧洲航天局（European Space Agency，ESA）从 2015 年起开始提供全新的哨兵二号（S2）遥感影像。S2 影像的重访周期可以达到 5 天（通过 S2A 和 S2B 两颗卫星协同完成），空间分辨率高达 10m。如此高的时空分辨率，为通过遥感技术改善非洲的土地覆盖监测工作提供了新的可能。本章将以布基纳法索（Burkina Faso，西非内陆国家）瓦加杜古（Ouagadougou，布基纳法索首都）北部的义楼（Yilou）地区为例，提出一种基于 S2 和 QGIS 半自动分类[①]插

① 可参考 https://github.com/semiautomaticgit/SemiAutomaticClassificationPlugin，2020.8.5（译者注）。

件[①]（semi-automatic classification plugin，SCP）的土地覆盖制图方法[CON 16]。

## 4.2 绘制土地覆盖地图的工作流程

本章所涉及土地覆盖制图的基本原理如下：自然野生植被和人工种植植被的冠层光谱差异，在作物生长季的开始阶段（每年 5 月）和结束阶段（每年 12 月）有较明显的不同，因此，通过分析以上两个不同时期所对应 S2 影像上的地物光谱差异，便能够实现对自然野生植被和人工种植植被的有效区分。图 4.1 给出了总体工作流程，主要分为 4 个步骤：

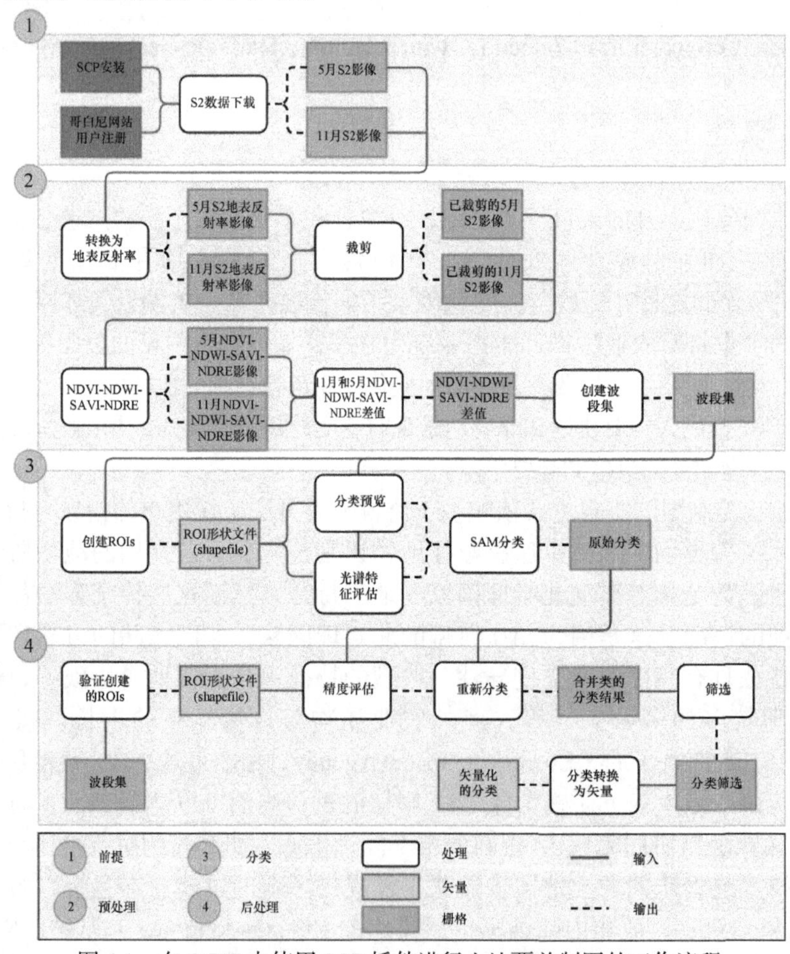


图 4.1 在 QGIS 中使用 SCP 插件进行土地覆盖制图的工作流程

该图的彩色版本（英文）参见 www.iste.co.uk/baghdadi/qgis2.zip，2020.8.10

① 计算插件，也称为扩展插件，是对已有计算机程序增加特定功能的软件组件。

（1）SCP安装及影像下载；
（2）预处理（辐射校正，研究区域裁剪，创建光谱指数）；
（3）监督分类（创建训练样本，评估光谱特征和分类）；
（4）分类精度评估及处理。

### 4.2.1 SCP和S2影像简介

#### 4.2.1.1 半自动分类插件

SCP是一个由卢卡·孔杰多（Luca Congedo）开发的免费开源插件，可以实现基于MODIS、Landsat或S2等多种卫星影像的半自动分类。除了分类模块，它还集成了许多用于影像预处理（如下载、辐射校正等）和后处理（如合并分类、精度评估，以及栅格转矢量等）的模块。综上所述，SCP是一个可以用于土地覆盖制图全套流程的集成性插件[CON 16]。在“从GIS到遥感”[①]网站上有专门关于该插件的用户手册和教程。插件本身可从QGIS插件的官方仓库中获得，而安装该插件则需要首先在QGIS标准安装模式下默认安装GDAL、OGR、NumPy、SciPy和Matplotlib等其他插件。

#### 4.2.1.2 S2影像

S2卫星观测系统所在轨道共包括两颗卫星（S2A和S2B），旨在通过双星协同观测获取具有高空间分辨率和高重访频率的对地遥感影像。它由欧洲航天局（ESA）开发，是欧盟资助的哥白尼[②]地球观测计划的组成部分[DRU 12]。S2能获取13个光谱波段的影像，空间分辨率在10～60m范围（具体取决于对应的光谱波段），在陆地表面特征（特别是植被表面特征）监测领域具有广泛的应用潜力。

### 4.2.2 预处理

预处理是在进行分类之前为完成数据的统一格式化所需的一系列操作。尤其当数据来自不同的传感器或者不同的观测时期时，这些预处理操作可以实现数据标准化，同时创建对分类有用的附加信息。预处理操作包括从星上观测信号到地表反射率的转换以及对各类光谱指数的构建，从而能够根据以上诸多信息揭示和区分不同地物表面的不同特征。

① https://fromgistors.blogspot.com。
② https://www.copernicus.eu, 2020.8.10。

#### 4.2.2.1 转换成地表反射率

为了能够区分自然植被和人工种植植被，对土地利用的分类将根据植被生长周期中两幅不同日期的影像进行。为使两个日期之间的光谱差异最大化，其中一个日期将被确定在当地雨季开始时期——此时地表植被几乎完全为自然植被（森林、河岸森林、草原）；另一个是在雨季结束时期——此时农作物尚未收割，因此能够通过以上两幅不同时期影像的对比实现对农作物的有效识别。考虑到不同时期太阳辐射强度的不同，用于地物分类的反射率数据在理论上应至少满足太阳直射的大气表观反射率数据，或者是通过大气校正得到冠层反射率（top of canopy，TOC）。S2 数据本身可以提供 TOA 反射率，因此仅需将该值转换到 TOC。为了实现这一步，SCP 插件提供了一套大气校正技术方案，该方案主要依据影像中最暗目标物所对应的太阳辐射值确定大气传输对太阳辐射的衰减程度，又被称为“暗目标减法”（DOS1）。大气校正的相关参数信息都存储在下载影像所关联的元数据文件中。虽然这种方法的精度一般低于基于物理过程的校正方法，但它的优点是无须预先精确了解区域变异程度极高且复杂的大气物理特性。然而，这种方法只能校正大气的散射效应，因此它只能用于可见光波段；而对于大气衰减作用以水汽吸收效应为主的近红外和红外波段域则是不可靠的。

#### 4.2.2.2 对研究区域进行裁剪

S2 的单景影像所覆盖的区域相当于一个 110km$^2$ 的正方形区域，因此整景影像的分类过程耗时极长，这一点在为原始影像添加额外信息（如创建归一化植被指数等光谱指数）以提高分类质量（4.2.2.3 节）时尤为明显。因此需要将本章的分析限制在指定研究区域范围内。

#### 4.2.2.3 光谱指数

为了突出某些在原始波段通道上被隐藏的地表特征，需要根据不同波长反射率的线性组合构建新的波段通道。这也是大量植被指数均由多波段数据（特别是在红光波段和近红外波段）建立基本的数学表达式（双波段之比），或是更复杂的表达式用于表征植被和土壤光谱特征差异的原理所在。

在这些指数当中，应用最为广泛、最广人所知的便是 NDVI[ROU 74,TUC 79]，它由红光波段和近红外波段反射率计算而得，其取值随着绿叶密度的增大而增大，在宏观上也随着森林冠层叶绿素浓度的增大而增大。因此，该指数可以看作是对绿色植被进行定量化估算的良好指标：

$$\mathrm{NDVI}=\frac{\rho_{\mathrm{NIR}}-\rho_{\mathrm{R}}}{\rho_{\mathrm{NIR}}+\rho_{\mathrm{R}}} \tag{4.1}$$

式中，$\rho_{NIR}$是近红外反射率；$\rho_R$是红光反射率。NDVI 是一个归一化指标，取值范围在–1～1之间。裸地的NDVI值接近于0（因为这时红光和近红外的辐射差异很小）；对于植被区域，NDVI的取值在0.1～0.9（非常浓密和翠绿的冠层）之间。需要注意的是，NDVI 对（植被覆盖稀疏的）土壤类型、大气和观测环境条件都很敏感，并且对浓密植被冠层会趋于饱和。

SAVI是根据NDVI进一步发展而来的土壤调整植被指数[HUE 88]，其目的是校正土壤对NDVI值的潜在影响（特别是在植被覆盖度较大的地区）。SAVI的结构与NDVI相似，但增加了一个校正因子$L$，以校正土壤层和植被冠层之间的相互光学作用：

$$\mathrm{SAVI}=\frac{\rho_{\mathrm{NIR}}-\rho_{\mathrm{R}}}{\rho_{\mathrm{NIR}}+\rho_{\mathrm{R}}+L}\times(1+L) \tag{4.2}$$

式中，$\rho_{NIR}$是近红外波段的地表反射率；$\rho_R$是红光波段地表反射率；$L$是土壤的亮度校正因子。$L$值随着绿色植被的数量而变化，在植被密集的地区接近0，在没有绿色植被的地区接近1。$L$的值通常选用0.5，这可以降低土壤亮度的影响。至于NDVI，其值范围是–1～1。

另一个相对简单的指数是归一化水指数（normalized difference water index，NDWI）[GAO 96]，它与NDVI的结构相似，只是用短波红外（吸水峰）波段代替了红光波段。根据叶片含水量的不同，NDWI 取值范围在–1～1之间。该指数主要用于监测植被受干旱胁迫的程度：

$$\mathrm{NDWI}=\frac{\rho_{\mathrm{NIR}}-\rho_{\mathrm{SWIR}}}{\rho_{\mathrm{NIR}}+\rho_{\mathrm{SWIR}}} \tag{4.3}$$

式中，$\rho_{NIR}$是近红外波段的地表反射率；$\rho_{SWIR}$是短波红外的地表反射率。

对S2影像这样的新生代多光谱遥感数据集，还可以得到一个基于红边波段的仿NDVI型指数。红边是植被反射率光谱中介于红光和近红外之间的过渡带，它可以更好地分析不同植被覆盖度以及不同长势条件下叶绿素吸收程度的差异。相比NDVI，归一化红边指数（normalized difference red-edge index，NDRI）只是使用红边反射率代替了红光波段反射率：

$$\mathrm{NDRE}=\frac{\rho_{\mathrm{NIR}}-\rho_{\mathrm{RE}}}{\rho_{\mathrm{NIR}}+\rho_{\mathrm{RE}}} \tag{4.4}$$

式中，$\rho_{NIR}$为近红外的地表反射率；$\rho_{RE}$是红边地表反射率。

为了在分类过程中更好地融合植被的季节变化信息，还可以通过计算11月和5月的光谱指数值差异创建日期差指数。新构造指数的取值范围为–2～2。例如，NDVI 差值接近 0 的像素表示土地覆盖类别在两个日期间未发生变化（如裸土、水体或森林），而NDVI差值接近极值的像素表示两个日期之间植被有较大的变化。

4.2.2.4 创建波段集

当原始观测光谱信息被转换成 TOC 反射率，并创建了新的光谱指数后，还需要最后一个预处理步骤——创建一组图层或一幅包含地物分类所需所有波段信息的多波段影像（也称为波段集）。需要注意的是，这一新生成的独立数据集可能同时包含原始光谱反射率波段和光谱指数波段。在此，还可以通过新生成数据集的不同波段组合显示一幅彩色合成影像，这样便能够通过视觉感知对影像中的不同地物元素进行区分识别（图 4.2）。

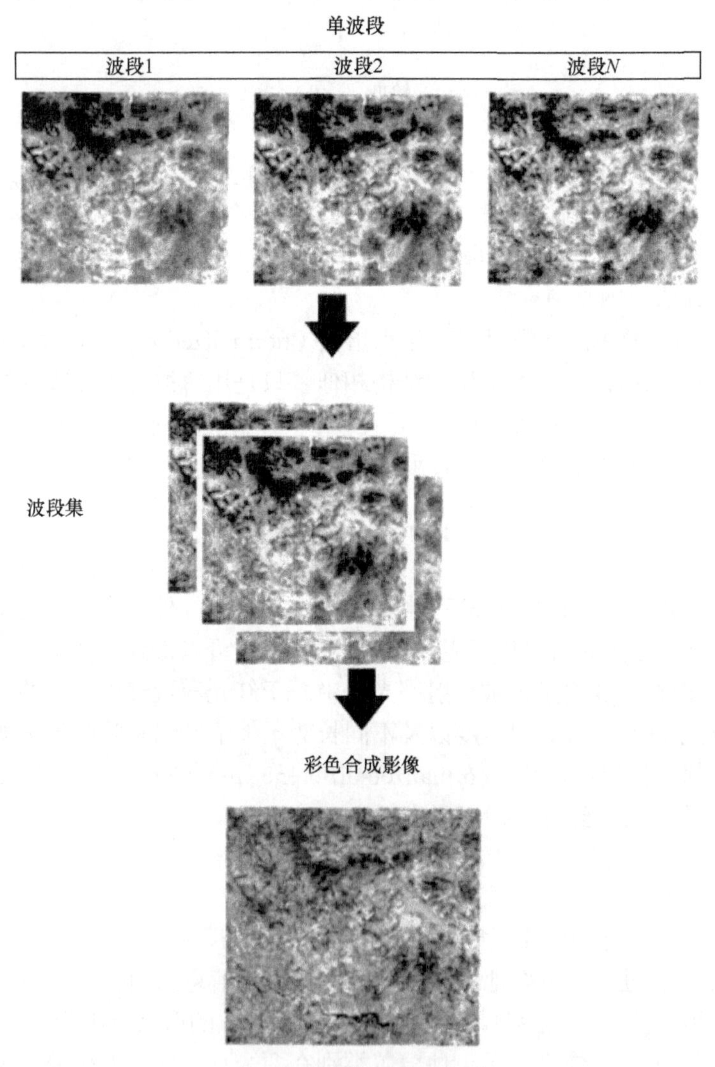


图 4.2 波段集的创建流程

该图的彩色版本（英文）参见 www.iste.co.uk/baghdadi/qgis2.zip，2020.8.10

## 4.2.3 土地覆盖分类

广义的卫星影像分类是指对同一组（或类别）土地覆盖（命名规则）内的所有像素进行分类。每个类别中的像素具有相同的光谱特征。

当前的分类方法主要有两类：一是非监督分类，即根据像素自身的结构属性进行分类，整个过程中不需要用户事先定义像素的属性；二是监督分类，即用户根据像素光谱与代表土地覆盖类别的参考对象的相似性，对像素的结构属性定义相应的先验信息，并以此为依据进行分类。土地覆盖的监督分类方法主要有4个步骤：①创建参考对象或训练样点；②对训练样点的光谱特征进行定义和分析；③像素分类；④分类结果的精度评价。

### 4.2.3.1 创建训练数据库

当确定地物的类别定义和总类别数后，便可以通过创建训练样点（或ROI）建立一个训练数据库。在这个数据库中，通过训练分类算法确定不同的土地覆盖类别之间的分类规则。每个土地覆盖类别由影像上绘制的多边形代表；对于本身变异性较高的土地覆盖类型，则需要选取能涵盖类别内变异性特征的多个不同样本（如对于“水体”类，需要从河流、湖泊等处分别取样）（图4.3）。

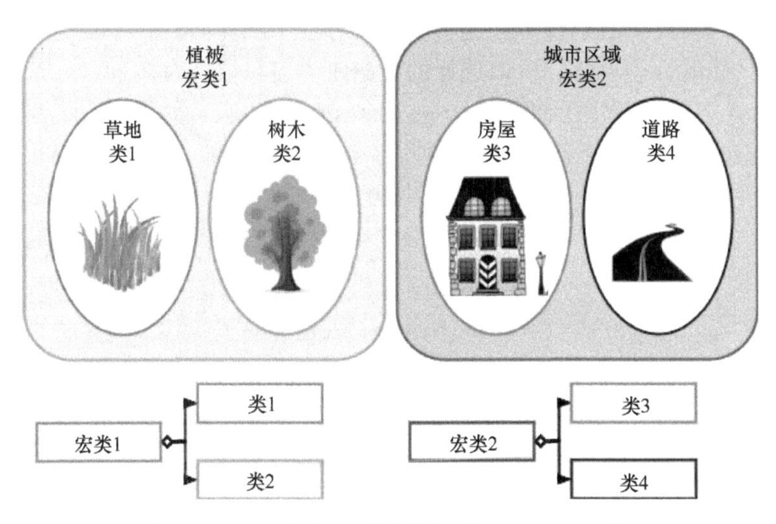


图4.3 类内变异性的说明（改编自[CON 16]）

该图的彩色版本（英文）参见 www.iste.co.uk/baghdadi/qgis2.zip，2020.8.10

在训练数据库中：

（1）必须有覆盖面积足够大的训练样点确定特定地物类别的属性；

（2）每个类别必须由数量足够且在影像上位置分布均匀的训练样点表征；

（3）建议每个类别最少应有 10 个训练样点，以确保每个类别的光谱性质的多样性在训练数据库中能够得到充分体现；

（4）每个训练样点应尽可能满足表面同质。

需要注意的是，通过影像解译获得训练数据库的方式有一定的局限性，特别是该方式具有强烈的主观性，并且高度考验操作者在地物光谱解译方面的专业知识水平。综上所述，训练数据库的质量好坏对分类结果的精度具有重要影响，这就是最好通过实地光谱采样的方式构建一个完备可靠的地物光谱训练数据库的原因。

#### 4.2.3.2　光谱特征的分类预览和评估

分类预览功能可以对训练数据库质量进行定性评价。这里的分类基于训练样点执行。在一个类中，有可能会错误识别分类或遗漏一些像素，这意味着训练样本并不能完全代表该类的光谱变异性。因此，此处得到的分类结果不是最终成果，而仅仅是针对影像子集的初步结果。根据这一结果还需要对训练样点进行后续调整。

除了分类预览之外，通过分析不同类别之间的光谱可分性（或光谱距离）能够评估训练数据库的质量。如果类别的可分离性较弱，那么相应地在最终分类中这些类别之间有较高的混淆风险。总体来说，这一步的目的有两个：①验证同一类别样点的同质性；②检查不同类别间的可分性（图 4.4）。

根据具体的分类算法，可以选择的光谱距离度量方式有多种：

（1）杰弗里斯-玛图西塔（Jeffries-Matusita）距离，通常用于最大似然分类；

（2）光谱角度，用于光谱角度映射（spectral angle mapper，SAM）分类；

（3）欧氏距离，适用于最小距离分类；

（4）布雷·柯蒂斯（Bray Curtis）相似性，它能够分析两个给定样本之间的相似性。

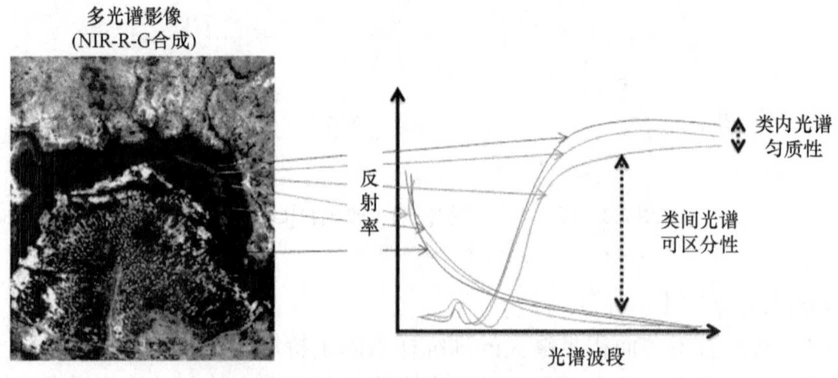


图 4.4　光谱特征和可分性

该图的彩色版本（英文）参见 www.iste.co.uk/baghdadi/qgis2.zip，2020.8.10

创建 ROI（4.2.3.1 节）与光谱特征的分类预览和评估（4.2.3.2 节）将根据实际需要进行多次重复（迭代过程）。这通常是分类过程中最长、最烦琐的步骤。

#### 4.2.3.3 分类

分类步骤需要将先前确定的训练样点的光谱特征外推到整景影像，并需要通过一个特定的分类算法或模型将不同的光谱特征归类到单独的专题土地覆盖类别。该算法或模型通过对比待判定对象与训练数据库中参考对象的光谱特征，对影像中的每个目标（或像素）进行分类。监督分类有三种主要类型：①度量分类，基于距离单位的度量（如最小距离、SAM）；②算术分类（如超立方体）；③统计分类（如最大似然、随机森林）。

对于如布基纳法索北部这样具有高变异性和高景观特征异质性区域的土地覆盖制图，最好采用 SAM 分类[KRU 93]，因为它可以对属于同一类别内具有不同反射率的像素进行二次分组（尤其注意根据作物管理实践，同一地块具体到不同日期可能具有不同的地貌特征）。SAM 通过计算像素与训练数据库中的光谱空间之间的角度判断两个光谱特征的相似性，并将其分配给距离最相近的类别[KRU 93]。

### 4.2.4 分类精度评估和后处理

土地覆盖制图的最后两个步骤包括：①评估分类精度；②用以进一步改善分类结果的后处理。

#### 4.2.4.1 分类精度

评估分类的准确性是整个分类流程中的关键一环，通过评估可以量化制图结果的质量，并据此确定是否需要进行额外处理（如合并分类，对新的训练样点进行采样等）以改善分类结果。为实现这一目的，将通过混淆矩阵将分类与参考数据（独立于用于执行分类的数据）进行比较。

对于样本选择，有两种抽样设计方案可供选择：分层抽样和随机抽样[GIR 10]。理想情况下，测试数据集应来自野外观测或卫星影像解译。参考数据（或测试样点数据）的获取方法与训练样点相同，只不过前者的作用是评估分类的后验精度。因此，针对前者的采样必须保证对整幅影像具有足够的代表性。

混淆矩阵可用于计算不同的统计数据。分类的整体质量指标如下：

（1）总体精度，对应于矩阵的对角线，能很好地针对各类别对象确定其分类比例；

（2）kappa 系数，变化范围在 0～1 之间，表示与随机分类相比，由分类获得的误差的减少程度[CON 91]。

各类别的质量指标如下：

（1）用户精度，是通过与参考对象的比较进行分类（按列），能正确对应对象（或像素）的比例。关联误差（单个用户精度）是委托误差，表示对属于不同类别的对象数量的过高估计程度。

（2）生产者精度是分类能正确对应参考对象（按行）的比例。关联误差（单个生产者精度）是遗漏误差，表示对属于不同类别的对象数量的过低估计程度。

（3）kappa 系数是一个同时考虑了行和列误差的质量估计值。它既能作为一个全面的评估，也可以分别对每个类别进行评估。

#### 4.2.4.2 后处理

1）整合分类

分析混淆矩阵可以识别出具有强混淆性（强光谱相似性）的类别，可能需要对这些类别进行分组。在本节中将合并相似的类别。

2）过滤

在最后的分类结果中，通常可以观察到孤立的像素（或小组的像素）。这些孤立的像素会影响分类的准确性，因此有必要删除它们。可以使用过滤器根据定义的邻域窗口替换其中与多数类别孤立的像素（图 4.5）。

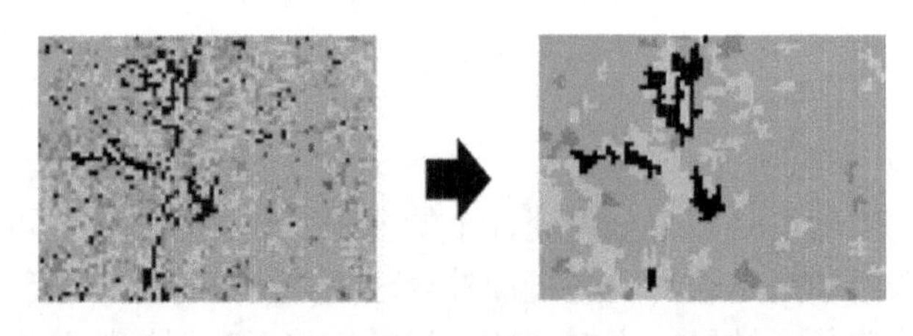

图 4.5 使用 4 像素×4 像素窗口进行过滤的效果图
该图的彩色版本参见 www.iste.co.uk/baghdadi/qgis2.zip，2020.8.10

3）转换为 shapefile 文件

此处是分类结果的矢量化（但并非总是必需的）。这里将栅格数据转换为 shapefile 格式的矢量数据。这样一来，矢量文件的属性表中将会有一个与土地覆盖类别关联的属性。

## 4.3 使用 QGIS 和 SCP 插件进行实现

在获得对卫星影像（这里是 S2 影像）进行土地覆盖分类的总体工作流程之后，

本节将以 2016 年布基纳法索的巴姆（Bam）省的义楼（Yilou）地区为例，展示在 QGIS 中的应用实现。为此，SCP 插件将被应用于整个过程[CON 16]。

## 4.3.1 软件和数据

### 4.3.1.1 软件准备

土地覆盖制图的流程将通过 QGIS 的基本功能（版本 2.18）和 SCP 插件实现（表 4.1）。插件的安装通过专门用于插件管理的菜单完成。

**表 4.1 软件准备**

| 步骤 | QGIS 实现 |
| --- | --- |
| **1. SCP 插件安装** | 在 main menu toolbar 中：<br>单击 Plugins → Manage and Install plugin。<br>在 all 菜单栏中：<br>浏览并选择 Semi-Automatic Classification Pl → Install plugin。<br>验证安装：<br>（1）单击 Plugins → Manage and Install plugin → Installed；<br>（2）或在主菜单工具栏选择 SCP。 |
| **2. SCP 设置** | 可用 RAM 的配置，建议使用一半的可用内存。在 main menu toolbar 中：<br>（1）单击 SCP → Settings → Processing；<br>（2）将 Available RAM（MB）设置为目标值，如对 4 GO 就是 4096。 |

### 4.3.1.2 创建一个哥白尼（Copernicus）账户

要通过 SCP 插件下载 S2 影像，需创建一个哥白尼账户，可以通过哨兵科学数据中心（Sentinel Scientific Data Hub）网站①，单击窗口右上角的注册选项创建账户。

### 4.3.1.3 数据下载

本章使用的数据为 TOA S2 影像，用数字高程模型（digital elevation model，DEM）（1C 级）②进行几何校正。作为本章的一部分，这里将使用 SCP 下载 S2 影像（表 4.2），不过这些影像也可以直接从 ESA-Copernicus 网站下载。

① https://scihub.copernicus.eu/dhus，2020.8.10。

② https://sentinel.esa.int/web/sentinel/user-guides/sentinel-2-msi/product-types/level-1c，2020.8.10。

表 4.2　用 SCP 下载数据

| 步骤 | QGIS 实现 |
| --- | --- |
| 数据下载 | 在 main menu bar 中：<br>单击 SCP → Download images → Sentinel-2 download。<br>在 Login Sentinels 菜单栏中：<br>使用哥白尼用户账户的登录名和密码（4.3.1.2 节）。<br>在 Search Area 菜单栏中给出研究区域 UL X（Lon）的地理坐标如下。<br>-1.71，UL Y（Lat）：13.32，LR X（Lon）：-1.71，LR Y（Lat）：12.97。<br>在 Search 菜单栏中：<br>（1）设置时间区间在 2016 年 5 月 1 日～11 月 30 日之间；<br>（2）设置 Max cloud coverage（%）为 10%；<br>（3）单击 Find，将在 Sentinel images 菜单中显示具有相应标准的影像。<br>预可视化相应的影像如下。<br>（1）选择影像：<br>S2A_OPER_MSI_L1C_TL_SGS_20160515T175104_A004681_T30PXV 和<br>S2A_OPER_MSI_L1C_TL_SGS_20161111T155847_A007255_T30PXV。<br>（2）单击图标。<br>在 Download 菜单栏中：<br>（1）取消勾选 Preprocess images 和 Load band in QGIS；<br>（2）单击图标启动下载。<br>注意，选项 Only if preview in Layer 只允许下载结果表格中的影像，这些影像将作为预览加载到地图中。如果不想下载所有的影像，请删除 QGIS 图层列表中的影像预览。 |

在非洲撒哈拉沙漠以南的半干旱地区，自然植被和人工植被的生长季节几乎都与雨季同步。因此，仅用一个日期很难区分自然植被和农作物。这就是为什么表 4.2 中使用雨季开始（5 月）和雨季结束（11 月）的两幅影像以提高自然植被的识别能力，自然植被往往在第一场大雨来临时开始生长，而作物生长时间稍微晚一些（雨季开始后进行播种）。

## 4.3.2　数据预处理

### 4.3.2.1　转换成地表反射率

转换成地表反射率见表 4.3。

表 4.3　转换成地表反射率

| 步骤 | QGIS 中的实现 |
| --- | --- |
| 转换成地表反射率 | 在 main menu bar 中：<br>单击 SCP → Preprocessing → Sentinel-2。<br>在 Sentinel-2 conversion 选项卡中：<br>（1）选择包含 Sentinel-2 波段的目录；<br>（2）勾选 Apply DOS1 atmospheric correction 和取消勾选 Create Band set and use Band set tools；<br>（3）单击图标启动转换。<br>注意，①转换所需的信息包含在元数据文件*MTD_SAFL1C*.xml 中，由插件自动读取。②这个过程必须对每个日期分别执行。 |

#### 4.3.2.2 将数据裁剪到研究区域

对研究区域范围内的影像进行裁剪。通过减小影像大小，以获得与感兴趣的区域相对应的影像（表 4.4）。此外，在接下来的研究中对 S2 数据的 13 个波段（4.2.1.2 节）将只使用 B03、B04、B06、B07、B08 和 B11 波段。

**表 4.4 减小影像的大小，使其与感兴趣区域相对应**

| 步骤 | QGIS 实现 |
| --- | --- |
| 裁剪影像 | 在 main menu bar 中：<br>单击 SCP → Preprocessing → Clip multiple rasters。<br>在 Raster list 选项卡中：<br>选择 RT_启动的影像和 10 个 Sentinel-2 波段。<br>在 Clip coordinates 选项卡中进行如下操作。<br>（1）设置研究区域的地理坐标 UL X：635529, UL Y：1475323，LR X：683489, LR Y: 1432381；<br>（2）在 Output name prefix 中为输出影像定义一个前缀（如 Resize）；<br>（3）单击图标启动裁剪；<br>（4）裁剪过的栅格会显示在 QGIS 图层列表中，其他的可以删除。<br>注意，①也可以直接从 shapefile 中剪切数据，方法是使用选项 Use shapefile for cilpping。<br>②这个过程必须对每个日期分别执行。 |

#### 4.3.2.3 光谱指数计算

对于这两个日期，分别计算四个新通道，即 NDVI、NDWI、SAVI 和 NDRI。为两个日期各自创建新通道后，就会得到一幅包含两个日期之间的光谱指数值变化的影像（如 11 月的 NDVI 到下一年 5 月的 NDVI），这样就可以更好地区分各个类别。光谱指数的计算通过批处理自动进行。使用的光谱指数公式见表 4.5。使用批处理选项计算新通道见表 4.6。

**表 4.5 使用的光谱指数公式**

| 名称 | 公式 | 对于 S2 的公式 |
| --- | --- | --- |
| NDVI | $\frac{\text{NIR}-\text{Red}}{\text{NIR}+\text{Red}}$ | $\frac{\text{B08}-\text{B04}}{\text{B08}+\text{B04}}$ |
| NDWI | $\frac{\text{NIR}-\text{SWIR}}{\text{NIR}+\text{SWIR}}$ | $\frac{\text{B08}-\text{B11}}{\text{B08}+\text{B11}}$ |
| SAVI | $\frac{\text{NIR}-\text{Red}}{\text{NIR}+\text{Red}+0.5}\times(1+0.5)$ | $\frac{\text{B08}-\text{B04}}{\text{B08}+\text{B04}+0.5}\times(1+0.5)$ |
| NDRI | $\frac{\text{RE}(780)-\text{RE}(730)}{\text{RE}(780)+\text{RE}(730)}$ | $\frac{\text{B07}-\text{B06}}{\text{B07}+\text{B06}}$ |

**表 4.6　使用批处理选项计算新通道**

| 步骤 | QGIS 实现 |
| --- | --- |
| **1. 加载数据** | 在 QGIS 中，为每个日期加载所有需要的图层（之前已裁剪）：B03、B04、B06、B07、B08、B11。 |
| **2. 打开批处理控制台** | 在 main menu bar 中：<br>单击 SCP → Batch。<br>在 Function 选项中，选择函数!working_dir!设置工作目录。将文本“!working_dir!;”添加到批处理窗口。补全包含影像目录的路径：<br>`!working_dir!; 'D:\Tempo\QGIS_Chap_LC\Projet\PreProcess'` |
| **3. 计数光谱指数，如 NDVI** | 在 Function 选项中进行以下操作。<br>（1）选择 band_calc 函数定义计算 NDVI 的函数。添加以下文本到批处理窗口中：<br>`band_calc;expression:";output_raster_path:";extent_same_as_raster_name:";align:1;extent_intersection:1;set_nodata:0;nodata_value:0`<br>（2）在 band_calc 函数中,用以下表达式替代 expression: "：<br>`'(("Resize_RT_S2A_OPER_MSI_L1C_TL_SGS__20160515T175104_A004681_T30PXV_B08"-"Resize_RT_S2A_OPER_MSI_L1C_TL_SGS__20160515T175104_A004681_T30PXV_B04")/("Resize_RT_S2A_OPER_MSI_L1C_TL_SGS__20160515T175104_A004681_T30PXV_B08"+"Resize_RT_S2A_OPER_MSI_L1C_TL_SGS__20160515T175104_A004681_T30PXV_B04"))'`<br>（3）在 band_calc 函数中，替代 output_raster_path:"为：<br>`output_raster_path: '!working_dir!\S2A_OPER_MSI_L1C_TL_SGS__20160515T175104_A004681_T30PXV\Resize\Resize_RT_S2A_OPER_MSI_L1C_TL_SGS__20160515T175104_A004681_T30PXV_NDVI.tif'`<br>（4）在 band_calc 函数中，删除 extent_same_as_raster_name : "；align : 1 并保留缺省的 extent_intersection : 1；set_nodata : 0；nodata_value : 0。<br>（5）对两个日期的影像重复（3），对应改变影像的路径（图 4.6）。 |
| **4. 计算 NDVI 差分影像** | 在 Function 选项中进行以下操作。<br>（1）选择 band_calc 函数定义一个函数用于计算 NDVI 差异。添加以下文本到批处理窗口中：<br>`Band_calc;expression: ";output_raster_path: ";extent_same_as_raster_name:";align: 1;extent_intersection:1;set_nodata:0;nodata_value:0`<br>（2）在 band_calc 函数中，用以下表达式替代 expression:"：<br>`' ( "Resize_RT_S2A_OPER_MSI_L1C_TL_SGS__20161111T155847_A007255_T30PXV_NDVI.tif"– "Resize_RT_S2A_OPER_MSI_L1C_TL_SGS__20160515T175104_A004681_T30PXV_NDVI.tif" ) ';`<br>（3）在 band_calc 函数中，将 output_raster_path 替换为：<br>`"Par output_raster_path: '!working_dir!\s2a_oper_msi_l1c_tl_sgs20161111T155847_A007255_T30PXV\Resize\Resize_RT_S2A_OPER_MSI_L1C_TL_SGS20161111T155847_A007255_T30PXV_NDVIdif.tif';`<br>（4）在 band_calc 函数中，删除 extent_same_as_raster_name:";align:1 并保留默认的 extent_intersection:1；set_nodata: 0；nodata_value: 0。 |
| **5. 计算 NDWI, SAVI, NDRI 的差分影像** | 通过修改每个光谱指数相应的公式重复步骤 3 和步骤 4。<br>（1）单击图标启动计算；<br>（2）新创建的影像会显示在 QGIS 图层列表中（图 4.7）。 |

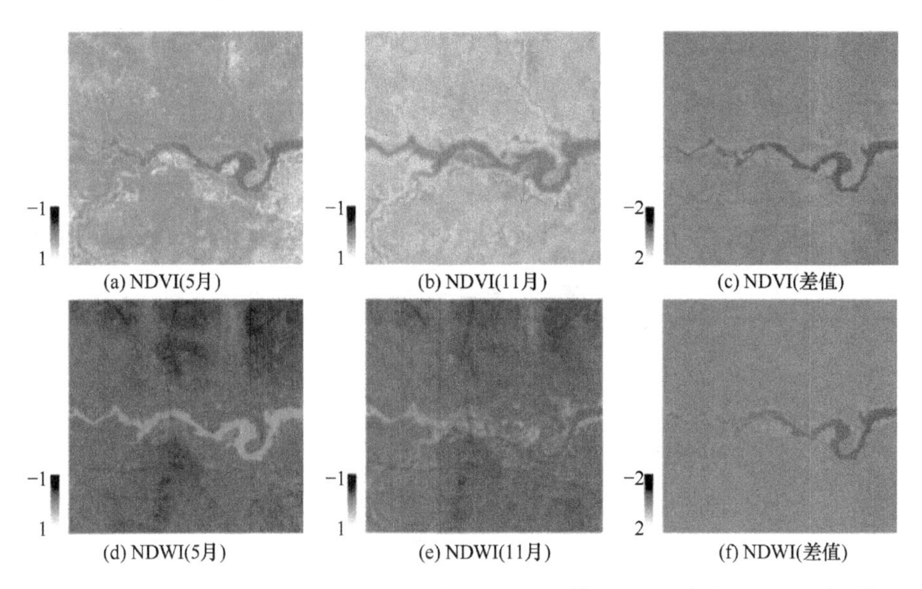


图 4.6　2016 年 5 月和 11 月的 NDVI 影像和 NDWI 影像，以及相应的两个月指数差值（11 月到下一年 5 月）

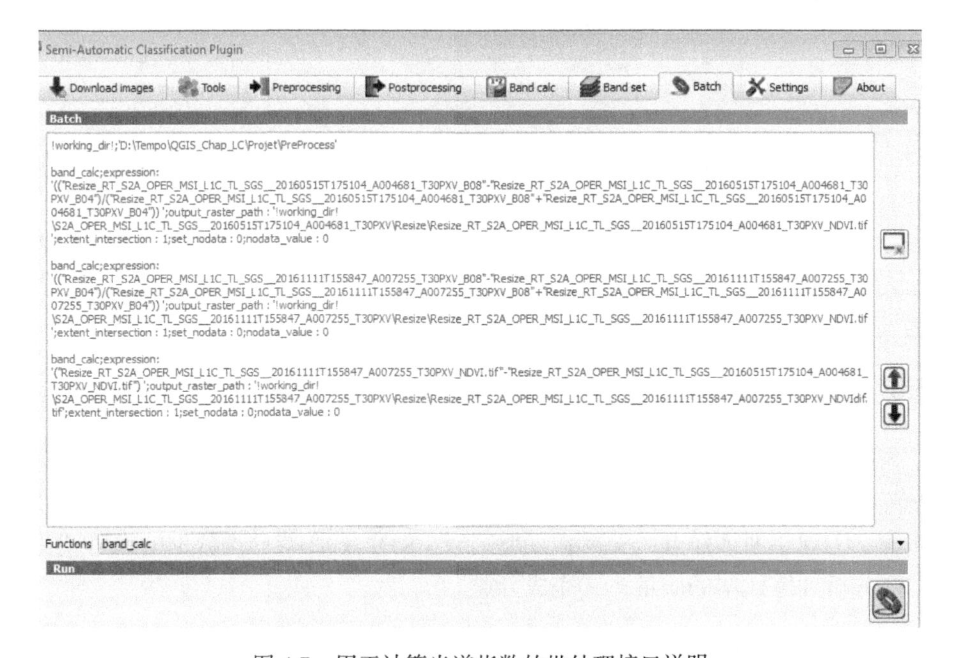


图 4.7　用于计算光谱指数的批处理接口说明

以上计算的是 5 月和 11 月的 NDVI 和两个月的 NDVI 差值。该图的彩色版本参见 www.iste.co.uk/baghdadi/qgis2.zip，2020.8.10

#### 4.3.2.4 创建一个波段集

SCP 插件的分类过程依赖于多波段影像，即包含分类过程所需要的所有通道的影像。在这里所包含的波段包括对应 5 月和 11 月的 B03、B04、B08 和 B11 波段，以及所创建的光谱指数波段（NDVI、NDRIdif、NDVIdif、NDWIdif 和 SAVIdif，表 4.7），见 4.3.2.3 节。除此之外其他的波段影像可以从 QGIS 图层列表中删除。

**表 4.7 创建一个波段集**

| 步骤 | QGIS 实现 |
| --- | --- |
| 创建一个波段集 | 在 main menu bar 中：<br>单击 SCP → Band set。<br>在 Band list 选项卡：<br>（1）选择所有应该包含在波段集中的影像（总计 14 张）。如果在 QGIS 图层列表中只有 14 张影像，单击图标全选。<br>（2）单击图标添加选定的影像到 Band set definition 窗口。<br>在 Band set definition 选项卡：<br>（1）使用图标或将波段按以下顺序排列，也可以使用图标将它们按字母顺序排列。<br>May B03,B04,B08,B11,NDVI；<br>November B03,B04,B08,B11,NDVI,NDRIdif,NDVIdif,NDWIdif,SAVIdif。<br>（2）保留选项 Quick wavelength settings 为空，并在选项 Wavelength unit 中选择 band number。<br>（3）在 Center wavelength 中，验证波段按列编号为从 1～14。如果不是则手动操作。这是光谱特征可视化和分析所必需的（4.3.3.3 节）。<br>（4）选择选项 Create virtual raster of band set 和 Create raster of band set（stack bands）。<br>（5）单击图标启动波段集创建。<br>注意，如果波段集中只包含原始波段和一幅影像，则使用 Quick wavelength unit 选项选择要输入的影像类型，以便使用光谱波段的中心值自动创建中心波长列。 |

### 4.3.3 土地覆盖分类

当所有需要通过监督分类进行土地覆盖制图的数据经过格式化处理后（预处理、新通道计算和创建分组图层），基于 SCP 的分类工作便正式开始。一共分为 4 个步骤：①创建训练样点，又称感兴趣区域（ROI）；②待分类数据的预可视化表达；③分析训练样本的质量；④完成分类。

#### 4.3.3.1 创建 ROI

ROI 应尽可能代表所有土地覆盖类别和类内异质性。研究区域包含的土地覆盖类别如下：

（1）农业用地；

（2）裸地；
（3）森林；
（4）城市用地；
（5）水体；
（6）林地。

在SCP中，每个土地覆盖类别被称为大类，由名称（MC_Info）和ID（MC_ID）定义。表4.8列出了研究案例中的定义。

**表4.8 用于分类的命名规则**

| MC_Info | MC_ID |
|---|---|
| 水体 | 1 |
| 森林 | 2 |
| 农业地区 | 3 |
| 城市地区 | 4 |
| 林地 | 5 |
| 裸地 | 6 |

对于每一个这样的大类，将创建多个ROI，使样本能表征每个土地覆盖类别（由唯一的C_ID标识）中的多样性特征。因此，相同大类的ROI都具有唯一的MC_ID，但对应的C_ID不同，如表4.9中的示例所示。创建ROI步骤见表4.10。

**表4.9 大类“水体”的若干ROI信息说明**

| MC_Info | MC_ID | C_ID | C_Info |
|---|---|---|---|
| 水体 | 1 | 1 | 河流 |
| 水体 | 1 | 2 | 河流 |
| 水体 | 1 | 3 | 池塘 |
| 水体 | 1 | 4 | 池塘 |
| 水体 | 1 | 5 | 湖泊 |

**表4.10 创建ROI**

| 步骤 | QGIS实现 |
|---|---|
| **1. ROI文件初始化** | 在SCP Dock（SCP主界面）中：<br>（1）在SCP input选项卡中，单击图标Training input选项创建一个新的训练样点文件；<br>（2）在Input image中检验新创建的文件是否被选中。<br>如果需要，单击图标刷新列表。<br>注意，可以右键单击工具栏，然后在分区面板中激活SCP Dock。 |

续表

| 步骤 | QGIS 实现 |
| --- | --- |
| 2. 创建 ROI | 影像显示：<br>（1）建议在 ROI 创建过程中定期更改颜色组合。<br>（2）在 SCP 工具中的 RGB 菜单指定要在合成中显示的波段编号（如 5 月的近红外红绿合成为 3-2-1，而对应 11 月的合成则为 8-7-6）。<br>RGB = 8-7-6<br>在 SCP toolbar 中：<br>（1）单击图标创建新的 ROI；<br>（2）画一个多边形，然后右击关闭它。<br>在 SCP Dock 中：<br>（1）在 ROI creation 选项卡中，设置与土地覆盖类别对应的 MC_ID 和相关的 MC_Info。C_ID 在处理过程中自动递增，还可以给它们添加描述。<br>（2）单击图标验证 ROI。在 Classification dock 标签页的 ROI signature list 窗口中添加 ROI 和对应的光谱特征。 |

根据需要重复表 4.10 中步骤，直到获得一个有代表性的训练样点（图 4.8）。

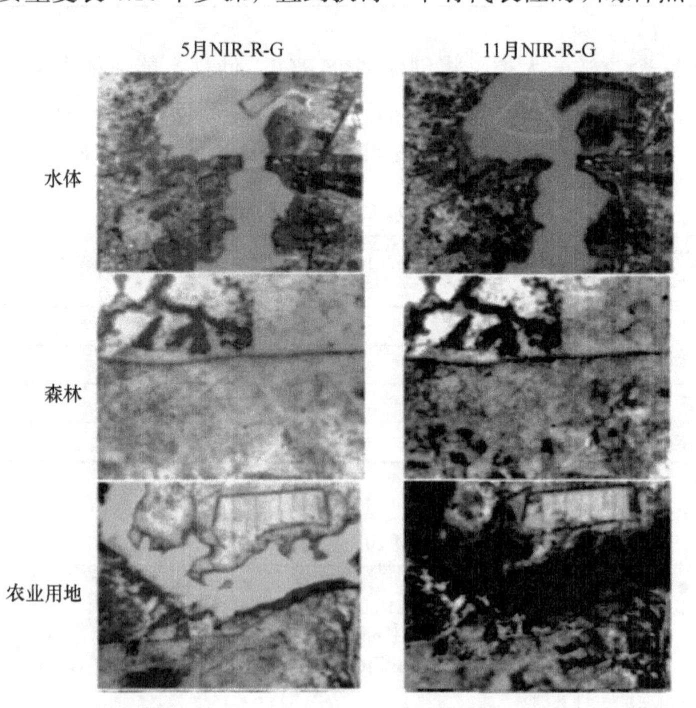

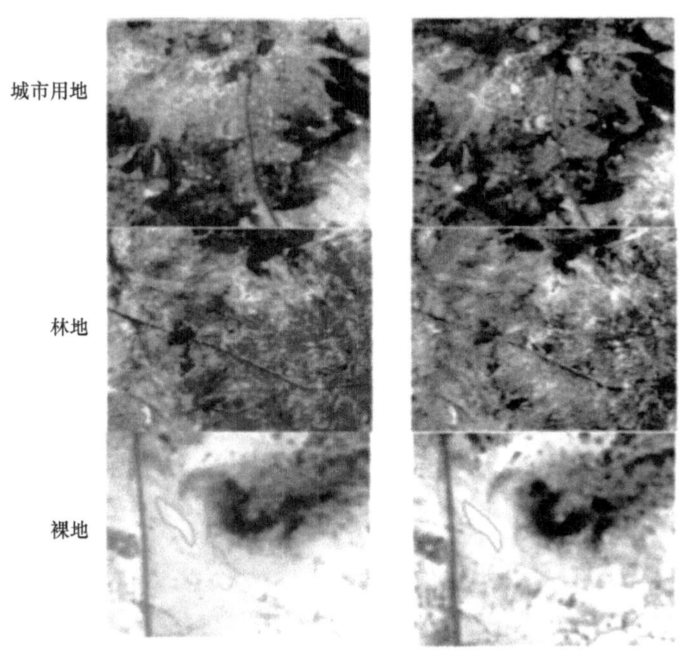


图 4.8 训练样点

该图的彩色版本（英文）参见 www.iste.co.uk/baghdadi/qgis2.zip，2020.8.10

#### 4.3.3.2 分类预览

训练数据库的最初质量评估以及最终的分类结果，确定过程可以通过分类预览功能完成。这里使用 SAM 算法进行分类（表 4.11）。

**表 4.11 分类预览**

| 步骤 | QGIS 实现 |
| --- | --- |
| 分类预览 | 在 SCP Dock 中：<br>（1）在 Macroclasses 选项卡中，确认所有的大类都存在；<br>（2）颜色表可以通过双击选定颜色或通过单击图标，在 Classification style 窗口里的 load qml 进行修改，以免该种样式在前面步骤已经创建。<br>（3）在 Classification algorithm 选项卡，检查 Use MC_ID，在 Algorithm 窗口中，选择 Spectral Angle Mappling。<br>在 SCP toolbar 中：<br>（1）单击图标并单击应用了分类算法的影像摘录；<br>（2）分类预览结果显示在视图窗口和 QGIS 图层列表。 |

#### 4.3.3.3 评估光谱特征

分类算法将依据像素的光谱相似性进行分组。通过评估光谱特征能够分析各种大类的可分性（表 4.12）。在 SCP 中预设几种不同的分离方案，在 SAM 分类中，光谱角度度量是最合适的：

$$0° < \theta < 90°$$

$$\text{相似特征} < \theta < \text{不同特征}$$

**表 4.12 分析光谱特征**

| 步骤 | QGIS 实现 |
|---|---|
| 1. 光谱特征绘图 | 在 SCP Dock 中如下所示。<br>（1）在 Classification Dock 选项卡中的 ROI Signature list 窗口，为每个大类选择几个光谱特征（取代表每个大类的 ROI，如取 MC_Info=水体，取 C_Info=河流、池塘和湖泊）；<br>（2）单击绘图线条图标或散点图图标；<br>（3）出现 SCP：Spectral Signature Plot 窗口；<br>（4）每条光谱特征曲线以及在 ROI 内观察到的相应最大值和最小值都被绘制在图形上，这样可以获取 ROI 内部同质性信息（图 4.9）。 |
| 2. 类的可分性 | 在 SCP 窗口的 Spectral Signature Plot 中：<br>选择要分析的光谱特征。类可分性通过比较两个 ROI 的光谱特征实现，因此推荐每个大类中取一个 ROI。单击图标，类别可分性测量的结果会出现在 Spectral distances 的窗口。所有 ROI 的特征都是成对比较，因此有尽可能多的 ROI 可分性测量组合。 |

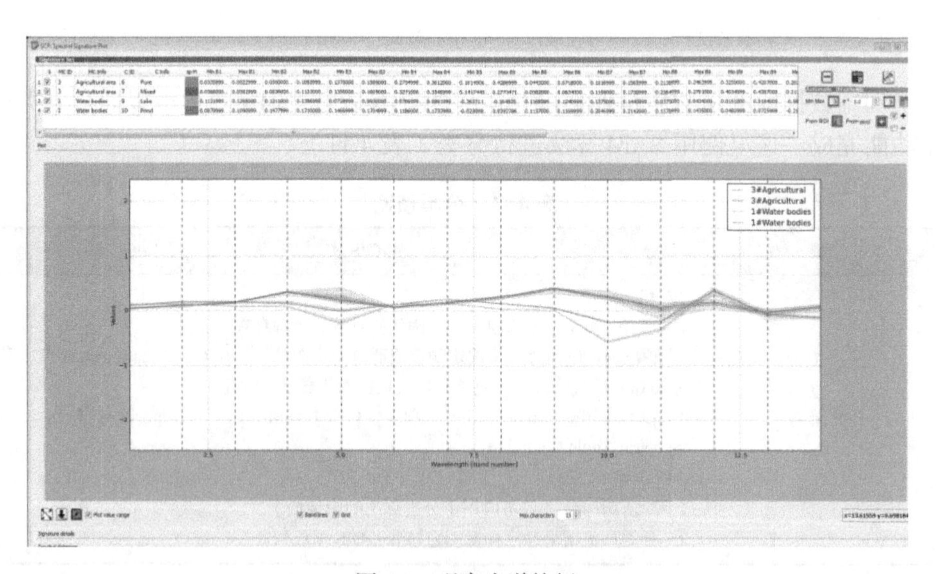


图 4.9 观察光谱特征

比较两个耕种区域 ROI 和水体 ROI 的光谱特征。该图的彩色版本参见 www.iste.co.uk/baghdadi/qgis2.zip，2020.8.10

ROI 的创建、分类预览和光谱特征的评估步骤必须尽可能地重复操作多次，直到获得良好的预览效果。

#### 4.3.3.4 分类实现

分类实现见表 4.13。

**表 4.13 分类实现**

| 步骤 | QGIS 实现 |
| --- | --- |
| 分类实现 | 在 SCP Dock 中：<br>（1）在 Classification algorithm 选项卡中，验证是否已勾选 Use MC_ID 和 Spectral Angle Mapping 算法。<br>（2）在 Classification Output 选项卡中，勾选 Classification report。然后会给出一个包含类别的输出文件统计数据。单击图标启动分类。<br>（3）分类结果显示在 QGIS 图层列表中（图 4.10）。 |

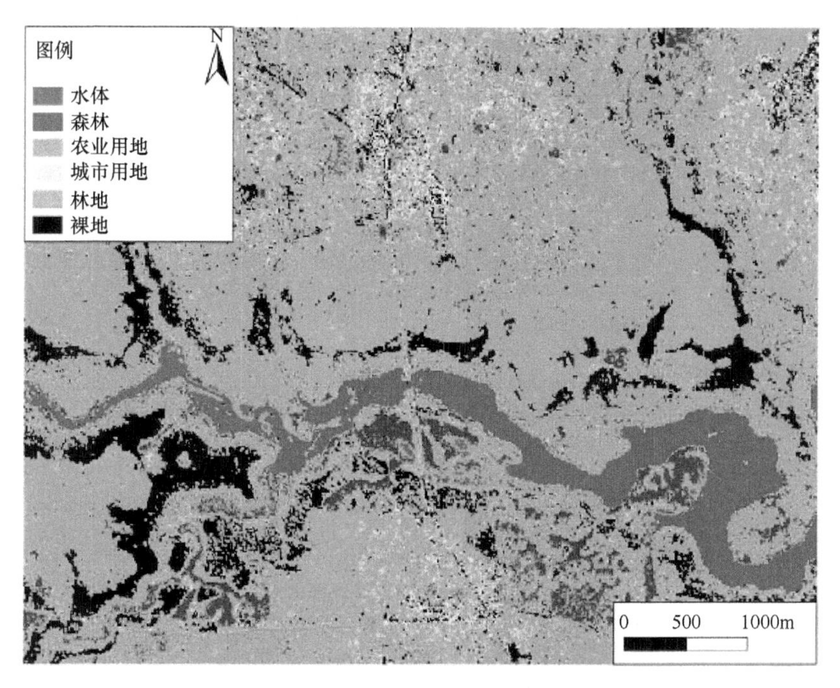


图 4.10 SAM 分类提取

该图的彩色版本（英文）参见 www.iste.co.uk/baghdadi/qgis2.zip，2020.8.10

### 4.3.4 分类精度评估和后处理

要获得最终的分类，还需要 5 个额外的步骤：测试样点的创建和对应的影像解译；评估分类的准确性；后处理（合并相似的类别和分类过滤）；新的精度评估；从栅格到 shapefile 矢量格式的转换。

#### 4.3.4.1 使用随机样本和影像解译创建用于验证的 ROI

SCP 能自动在影像范围内随机创建训练/测试样点，然后对这些影像进行解译，以便将相应的 MC_ID 分配给它们。影像解译可以通过加载 S2 影像的不同波段进行，或者使用 OpenLayers 插件进行影像解译，OpenLayers 插件可以显示来自谷歌或对应的极高分辨率影像。使用随机样本创建用于验证的 ROI 见表 4.14。

**表 4.14 使用随机样本创建用于验证的 ROI**

| 步骤 | QGIS 实现 |
| --- | --- |
| **1. ROI 文件初始化** | 注意，分类和波段集显示在 QGIS 图层列表中。<br>在 SCP Dock 中：<br>（1）在 SCP input 选项卡中，单击 Training input 选项中的 图标初始化新的测试文件。<br>（2）在 Input image 中检查是否显示了之前创建的波段集。单击 图标刷新列表。<br>（3）在 ROI creation 选项卡中，勾选 Rapid ROI band 并指定数字 8，这样测试样点就会基于波段 8 自动创建，即 11 月的 NDVI。 |
| **2. ROI 的自动创建和随机创建** | 在 SCP toolbar 中：<br>设置自动创建 ROI 的参数，dist 为 0.010（要合并的像素之间的相似度，以辐射计量单位计算的距离），Min（一个特殊 ROI 的最小面积，用像素的个数表示）为 20（这里是 20 个像素），Max（由像素组成的方形 ROI 的最大宽度，用像素的个数表示）为 100（这里为 100 个像素）。<br>注意，这些参数只有在选择了 Rapid ROI band 选项并且需要根据 Rapid ROI creation 选择的波段改变距离值时才有效，默认选择第一个波段。<br>在 main toolbar 中：<br>单击 SCP → Tools → Multiple ROI creation。<br>在 Create random points（ROI）菜单中：<br>（1）使用 Number of points 选项给出应该创建的点数（如 300）。<br>（2）勾选 min distance，设置每个 ROI 之间的最小地理距离（根据影像的空间单元表示）。将该值设置为 1000（即 1000m）。<br>（3）单击 Create points 。创建的 ROI 列表出现在 Point coordinates and ROI definition 菜单中。<br>在 Run 菜单中：<br>（1）取消勾选 Calculate sig 选项（计算 ROI 光谱特征的选项）；<br>（2）通过单击 图标启动验证 ROI 的创建。<br>注意，设置最小距离会使结果点数比定义点数少。 |
| **3. ROI 影像解译** | 在 SCP Dock 中：<br>（1）从 Classification dock 选项卡的 ROI signature list 窗口中，双击 ROI 列表中的第一个 ROI；<br>（2）使用与测试 ROI 的 MC_ID 相同（4.3.3.1 节）的 MC_ID 设置每列对应的 MC_ID；<br>（3）对列表中的每个 ROI 重复此步骤。 |

#### 4.3.4.2 后处理前的分类精度

分类的准确程度依赖于前期创建的测试 ROI 的质量。分类精度计算见表 4.15。

分类后会产生一个混淆矩阵（表 4.16）和几组统计数据（表 4.17），包括每个土地覆盖类别的总体精度、kappa 系数、用户精度、生产精度。

**表 4.15　分类精度计算**

| 步骤 | QGIS 实现 |
|---|---|
| 分类精度计算 | 在 SCP Dock 中：<br>在 Classification algorithm 选项卡中，验证是否选中 Use MC_ID。<br>在 main toolbar 中：<br>单击 SCP → Postprocessing → Accuracy。<br>在 Input 菜单栏中：<br>（1）选择要评估的分类（Select the classification to assess）；<br>（2）选择包含测试 ROI 的文件（Select the reference shapefile or raster）；<br>（3）单击 图标刷新列表；<br>（4）为 MC_ID（Shapefile field）选择字段；<br>（5）单击 图标启动精度计算。<br>精度计算的输出结果显示在 Output 菜单中。总体精度为 64.56%，kappa 系数为 0.49（表 4.16，表 4.17）。<br>注意，如果对土地覆盖类别使用相同的标识符（MC_ID），也可以在 QGIS 中手动创建测试文件。 |

**表 4.16　SAM 分类的混淆矩阵**

| 类别 | ROI 验证 | | | | | | |
|---|---|---|---|---|---|---|---|
| | 1 | 2 | 3 | 4 | 5 | 6 | 总计 |
| 1 | 18290 | 0 | 1377 | 66 | 120 | 10 | 19863 |
| 2 | 9 | 70 | 243 | 6 | 1295 | 0 | 1623 |
| 3 | 32 | 24 | 22536 | 3047 | 13767 | 696 | 40102 |
| 4 | 17 | 0 | 1610 | 696 | 731 | 75 | 3129 |
| 5 | 39 | 56 | 8352 | 716 | 18177 | 62 | 27402 |
| 6 | 14 | 0 | 776 | 125 | 251 | 1302 | 2468 |
| 总计 | 18401 | 150 | 34894 | 4656 | 34341 | 2145 | 94587 |

注：类别列中，1 为水体；2 为森林；3 为农业用地；4 为城市用地；5 为林地；6 为裸地。

**表 4.17　由混淆矩阵导出的精度指标**

| 类别 | 生产精度/% | 用户精度/% | kappa 系数 | 总体精度/% | 分类 kappa 系数 |
|---|---|---|---|---|---|
| 1 | 99.4 | 92.1 | 0.90 | 64.56 | 0.49 |
| 2 | 46.6 | 4.3 | 0.04 | | |
| 3 | 64.6 | 56.2 | 0.30 | | |
| 4 | 15.0 | 22.2 | 0.18 | | |
| 5 | 53.0 | 66.3 | 0.47 | | |
| 6 | 60.7 | 52.7 | 0.51 | | |

注：类别列中，1 为水体；2 为森林；3 为农业用地；4 为城市用地；5 为林地；6 为裸地。

#### 4.3.4.3　后处理

可以通过混淆矩阵分析识别出部分由于较小的光谱差异而难以识别的类别，

如第 2 类（森林）与第 5 类（林地）混淆的情况。这两个类将被分在一起，意味着对于 MC_ID 为 2 的分类的每个像素，给出的值为 5（对应林地的 MC_ID 为 5）。此外，在分类结束时，会观察到许多孤立的像素。这需要应用一个过滤器消除这些孤立像素，这样也便于后面进行 shapefile 格式转换（表 4.18）。

**表 4.18　类别融合和过滤孤立像素**

| 步骤 | QGIS 实现 |
| --- | --- |
| **1.** 类别融合 | 在 main toolbar 中：<br>（1）单击 SCP → Postprocessing → Reclassification；<br>（2）在 Select the classification 选项中选择需要重新分类的类别。<br>在 Value 菜单栏中：<br>（1）取消勾选 Calculate C_ID to MC_ID vallues（该选项可以自动将 C_ID 值转换为对应的唯一 MC_ID 值）。<br>（2）单击 Calculate unique values 选项。计算所有大类（不同的 MC_ID）的列表。这里给出了 6 个值的列表，作为与前面定义的 6 个 MC_ID 对应的输出。<br>（3）在表格中，将 MC_ID 2.0（Old value 列）替换为 New value 列中的 5.0。<br>在 Symbology menu 中：<br>（1）勾选选项 Use code from Signature list，选择 MC_ID；<br>（2）单击图标启动融合。 |
| **2.** 过滤 | 在 main toolbar 中<br>（1）单击 SCP → Postprocessing → Classification（这个选项可以通过使用在其附近观察到的大多数值替换一个孤立的像素过滤分类）；<br>（2）使用 Select the classification（此处是重新分类的类别）选项选择要过滤的分类；<br>（3）设置 Size threshold 选项为 6（以像素数量表示，所有小于 6 个像素的碎块将被替换）；<br>（4）将 Pixel connection 选项设置为 4（4 代表在一个 3 像素×3 像素的窗口中，对角线像素不视为连接，8 代表在一个 3 像素×3 像素的窗口中，对角线像素视为连接）；<br>（5）单击图标启动筛选（图 4.11）。 |

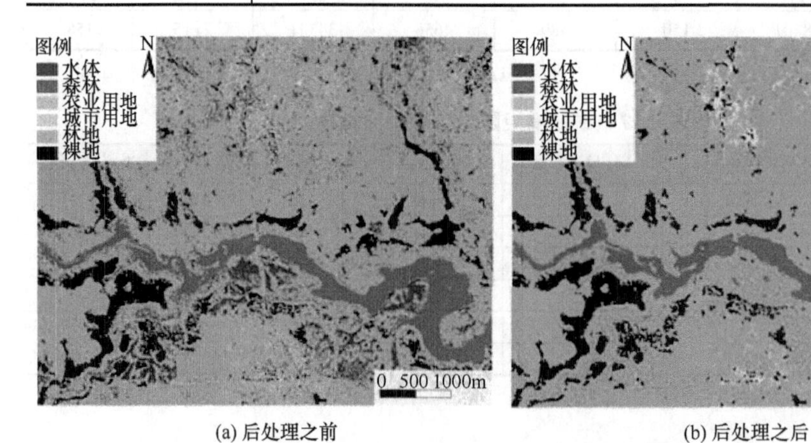


(a) 后处理之前　　(b) 后处理之后

图 4.11　后处理的效果说明（类别融合和过滤）

该图的彩色版本（英文）参见 www.iste.co.uk/baghdadi/qgis2.zip，2020.8.10

#### 4.3.4.4 后处理以后的分类精度

当后处理结束后，可以再次计算分类精度，以查看这些新的处理步骤对最终精度的影响（表4.19）。

**表 4.19　后处理后的精度评估和分类的准确性**

| 步骤 | QGIS 实现 |
| --- | --- |
| 1. ROI 文件的更新 | 为了计算分类精度，ROI 文件应该通过将森林类的 MC_ID（MC_ID = 2）替换为林地类的 MC_ID（MC_ID = 5）更新 ROI 文件，因为这两个类之前已经合并了。<br>在 QGIS layers list 中：<br>（1）右键单击 ROI 测试文件 → Open attribute table；<br>（2）单击 图标使用过滤功能；<br>（3）在 Expression 选项卡中，输入 MC_ID=2 并验证选择森林类别对应的 ROI；<br>（4）单击 图标打开 Field calculator；<br>（5）勾选选项 Only update X selected features；<br>（6）勾选选项 Update existing field 并选择 MC_ID；<br>（7）在 Expression 选项卡中，写入 5，以便将林地的 MC_ID（MC_ID = 5）赋予所有选中的、之前被归类为森林的 ROI；<br>（8）保存修改 并退出工具编辑模式。 |
| 2. 精度计算 | 按照 4.3.4.2 节中介绍的后处理前的分类精度步骤计算，只是需要在 Select the classification to assess 选项中选择后处理之后的分类结果。<br>精度计算的输出结果显示在 Output 菜单中。现在总体精度是 68.5%，kappa 系数是 0.53。 |

#### 4.3.4.5 转换成矢量

转换成矢量步骤见表4.20。

**表 4.20　矢量化**

| 步骤 | QGIS 实现 |
| --- | --- |
| 转换成矢量 | 在 main toolbar 中：<br>（1）单击 SCP → Postprocessing → Classification to vector；<br>（2）在选项 Select the classification 中选择要转换为矢量的分类。<br>在 Symbology 选项卡中：<br>（1）勾选选项 Use code from Signature list，选择 MC_ID；<br>（2）单击 图标启动矢量转换。<br>注意，根据区域大小和特征数量的不同，这个过程可能需要很长时间。 |

## 4.4 参考文献

[AFD 16] AFD-CIRAD, “Observation spatiale pour l’agriculture en Afrique : potentiels et défis ”, available at: agritrop.cirad.fr/579494/1/12-notes-techniques.pdf, 2016.

[CON 16] CONGEDO L., "Semi Classification Plugin Documentation", available at: https://fromgistors.blogspot.com/p/semi-automatic-classification-plugin.html, 2016.

[CON 91] CONGALTON R.G., "A review of assessing the accuracy of classifications of remotely sensed data", Remote Sensing of Environment, vol. 37, no. 1, pp. 35-46, 1991.

[DRU 12] DRUSCH M., DEL BELLO U., CARLIER S. et al., "Sentinel-2: ESA's optical high-resolution mission for GMES operational services", Remote Sensing of Environment, vol. 120, pp. 25-36, 2012.

[FAO 16] FAO, "La situation mondiale de l'alimentation et de l'agriculture 2016 : Change-ment climatique, agriculture et sécurité alimentaire", available at http://www.fao.org/3/a-i6030f. pdf, 2016.

[GAO 96] GAO B.C., "NDWI-A Normalized Difference Water Index for remote sensing of vegetation liquid water from space", Remote Sensing of Environment, vol. 58, pp. 257-266, 1996.

[GIR 10] GIRARD M.C., GIRARD C., "Traitement des données de télédétection: Environnement et ressources naturelles", Dunod, Paris, 2010.

[HUE 88] HUETE A., "A soil-adjusted vegetation index(SAVI)", Remote Sensing of Environment, vol. 8, pp. 295-309, 1988.

[KRU 93] KRUSE F.A., LEFKOFF A.B., BOARDMAN J.W., et al., "The spectral image processing system(SIPS)—— interactive visualization and analysis of imaging spectrometer data", Remote Sensing of Environment, vol. 44, pp. 145-163, 1993.

[ROU 74] ROUSE J., HAAS R., SCHELL J., "Monitoring the vernal advancement and retrogradation(greenwave effect)of natural vegetation", NASA/GSFC Type III Final Report, NASA/GSFC, Greenbelt, 1974.

[TUC 79] TUCKER C.J., "Red and photographic infrared linear combinations for monitoring vegetation", Remote Sensing of Environment, vol. 8, no. 2, pp. 127-150, 1979.

# 5 利用光学卫星影像进行皆伐检测和制图

Kenji Ose

## 5.1 概述

皆伐（clear-cutting）指的是把森林地区里所有的树都砍掉的伐木行为，这种做法受到法国法律，包括《森林法》的管制。皆伐需要申请授权（L124-5、L312-9、L312-10、R312-19～R312-21）并提出重塑和恢复森林的有关措施（L124-6）。对于非法或滥伐森林，或在皆伐后没有任何恢复措施的行为应依法受到制裁（L163-2、L362-1 和 D312-22）。

负责制定森林政策的法国农业部已委托相关部门系统开发了一种利用光学卫星影像进行皆伐区域探测的方法。该方法是一种有效的预诊断方法，旨在为政府提供各种服务。这为林业官员达到优化实地控制目标提供了重要的手段，包括遵守皆伐许可和重塑森林的义务。

该方法已集成到免费的开源软件 QGIS 中，任何不具备遥感专业知识的地理信息系统工程师或技术人员均可使用。

法国农业部提出的技术规范见表 5.1。

**表 5.1　皆伐制图技术规范**

| 主题内容 | 检测连续两年之间的皆伐 |
|---|---|
| 地理精度 | 最小探测面积为 $1hm^2$，平面精度为 5～10m |
| 主题精度 | 漏报（未检出明显皆伐）及误报（错误检测）少于 10%（按面积计算） |
| 投影系统 | Lambert 93，1993 年法国大地测量网（French Geodetic Network） |

## 5.2 皆伐检测方法

皆伐制图依赖于变化检测方法，该方法需要利用连续两年获取的卫星影像，其间夏季树叶葱绿。图 5.1 展示了处理的顺序。为了便于理解，数据处理分为 7 个主要步骤，从变化检测到结果质量评估：

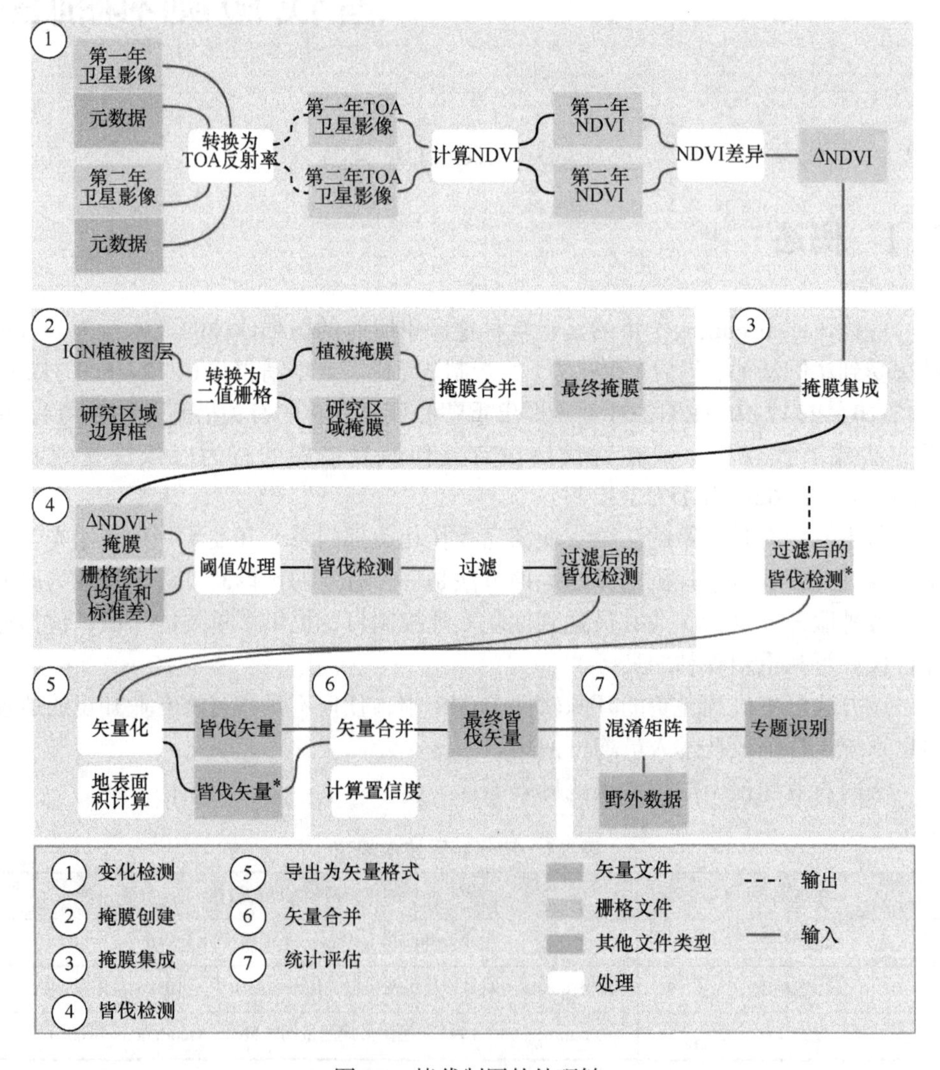


图 5.1　皆伐制图的处理链

*处为针对两个日期都需要多幅影像来覆盖研究区域的情形。

该图的彩色版本（英文）参见 www.iste.co.uk/baghdadi/qgis2.zip，2020.8.11

（1）影像采集，计算连续两年的植被指数差异；
（2）对位于森林外的像素进行栅格掩膜；
（3）栅格掩膜集成；
（4）森林变化程度分析和对检测到的皆伐进行分类；
（5）导出为矢量格式；
（6）添加属性数据（确定性程度、面积等）；
（7）统计评估。

### 5.2.1 变化检测-几何和辐射预处理

本节提出的方法需要创建一幅土地覆盖变化影像。首先，必要时将在不同日期获得的光学卫星影像转换成反射率，然后转换成植被指数。通过指数相减得到一幅单波段影像，通过该影像可以看到两种主要的变化类型，即从植被覆盖类型到裸地（或到其他类型）的转变，以及相反的变化过程。

#### 5.2.1.1 几何和辐射预处理

光学影像预处理的目的是使来自不同卫星的影像具有可比性。最重要的是，所有影像必须可叠加，并且投影到同一个常用的空间参考系统中，如 Lambert 93-RGF93。计算归一化植被指数（NDVI）差异如图 5.2 所示。

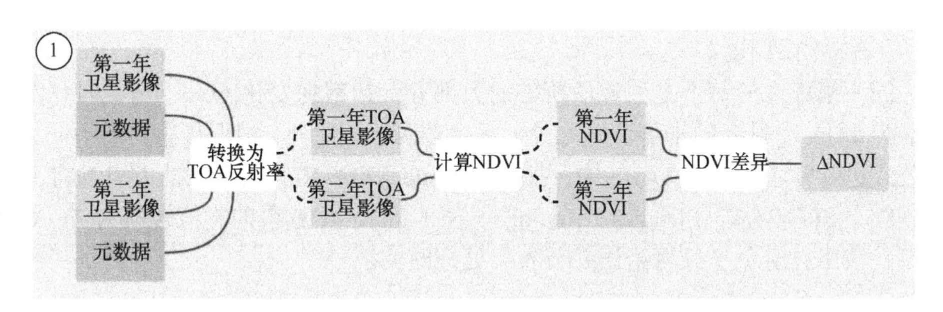


图 5.2 计算归一化植被指数（NDVI）差异
该图的彩色版本（英文）参见 www.istc.co.uk/baghdadi/qgis2.zip，2020.8.11

为了比较不同时间的影像，建议将数据归一化为 TOC 反射率，因为它实现了对大气参数的校正。然而，大多数卫星数据公司提供的仍然是使用数字量化值（DNs）编码的影像。因此，这种影像必须首先转换成 TOA 反射率，以便将测量结果归化到相同的太阳照度配置。

1）几何预处理

卫星影像采集过程中存在两种几何畸变类型：

（1）卫星姿态（翻滚、俯仰、偏航）或仪器入射角造成的畸变。理解机载仪器和飞行参数有助于校正部分错误。

（2）地球自转和地球曲率以及地形起伏。这些因素的校正模型比较复杂。

一些公共项目如 Copernicus①、Theia/Geosud②、USGS Earth Explorer③，或一些互联网巨头如 Google④和 Amazon⑤提供的大部分卫星影像已经进行了正射纠正。这样只需确保影像具有相同的投影系统。

否则，影像的几何参数必须使用平面（如已正射纠正的影像）和高程（如数字高程模型）参考数据进行校正[OSE 16]。

影像重投影的 QGIS 功能如下。

- 系统投影变换：Raster → Projections → Warp（Reproject）…

2）辐射预处理

辐射预处理主要是将以 8 位（256 个值）或 16 位（65536 个值）编码的像素值 DN 转换为反射率（%）。对于皆伐检测方法，使用的反射率为 TOA 反射率。

这一处理步骤考虑了依赖于卫星传感器和采集日期的几个校准参数（因为太阳光照随季节产生变化）：

（1）传感器的增益和偏移（或偏置）；

（2）太阳天顶角；

（3）太阳照度。

同一幅影像的每个光谱波段所需的大部分参数都在变化[OSE 16]，因此将其校准为 TOA 反射率的步骤可能处理起来比较棘手。此外，根据传感器的不同，校准公式也常常不同。在 QGIS 中，插件 Geosud TOA Reflectance 能够自动将卫星 SPOT-5、SPOT-6/7、Pléiades、RapidEye 和 Landsat-8 获得的影像转换为 TOA 反射率，该工具避免了计算错误并节省了处理时间。

将像素值从 DN 转换到 TOA 反射率的 QGIS 功能如下。

- TOA 反射率校准：Raster → Geosud TOA Reflectance → convert DN to reflectance

---

① https://scihub.copernicus.eu，2020.8.11。

② https://www.theia-land.fr，2020.8.11；https://ids.equipex-geosud.fr。

③ 美国地质调查局(United States Geological Survey，USGS)地球探索者，网站为 https://earthexplorer.usgs.gov，2020.8.11。

④ https://earthengine.google.com/datasets。

⑤ https://sentinel-pds.s3-website.eu-central-1.amazonaws.com。

一些卫星数据集已经不再需要对其进行辐射预处理。这些新的传感器有Sentinel-2 或 Landsat-8，它们都能默认提供 TOA 反射率影像。这些影像可以从公共平台（哥白尼、USGS 等）或私有平台[Google、亚马逊（Amazon）等]中下载。此外，在法国 Theia 陆地数据中心（http://www.theia-land.fr，2020.8.11）中，CNES 和 Cesbio（实验室）已经开发了一个“Muscate”处理器，能够生产接近实时的现成可用并具有针对云层和云层阴影掩膜工具的 TOA 反射率数据，还提供基于 Landsat①，SPOT②，Formosat-2，Venμs 和 Sentinel-2③传感器的校正影像。

这些影像不需要几何或辐射校正，因而不需要任何其他预处理即可将它们转换成植被指数。

根据定义，皆伐区属于土地覆盖的变化区域。因此，需要检测在两个日期之间发生的变化，特别是利用植被指数，然后对这些变化进行识别，以便只保留那些从树木繁茂状态变化到裸土状态的森林地块。

#### 5.2.1.2 归一化植被指数（NDVI）

NDVI 可以用来观测和分析卫星影像上植被覆盖情况，它反映了典型的活跃植被光谱特征。叶色素的存在能够降低可见光区间的反射信号，尤其是在红光波段（0.6～0.7μm），使得植被反射率非常低，但在近红外波段（0.7～0.9μm）的反射信号则会大幅增加。由于裸露的土壤在红光和近红外线之间仅有微小的反射率差距，所以通过 NDVI 通常能比较容易区别裸露和被植被覆盖的土地：

$$\mathrm{NDVI} = \frac{\rho_{\mathrm{TOA}}^{\mathrm{NIR}} - \rho_{\mathrm{TOA}}^{\mathrm{Red}}}{\rho_{\mathrm{TOA}}^{\mathrm{NIR}} + \rho_{\mathrm{TOA}}^{\mathrm{Red}}} \tag{5.1}$$

式中，$\rho_{\mathrm{TOA}}^{\mathrm{NIR}}$ 是近红外波段的 TOA 反射率；$\rho_{\mathrm{TOA}}^{\mathrm{Red}}$ 是红光波段的 TOA 反射率。

式（5.1）中分母是一个归一化因子，它部分地补偿了由太阳高度或传感器采集角度变化产生的不同地物表面反射率差异。根据该公式，NDVI 值的变化范围在–1～1 之间。

> 计算 NDVI 的 QGIS 功能：
> - NDVI 计算为 Raster → Raster Calculator…

① https://spirit.cnes.fr/resto/Landsat。

② https://spot-take5.org，2020.8.11。

③ https://theia.cnes.fr/atdistrib/rocket/#/search?collection=SENTINEL2，2020.8.11。

#### 5.2.1.3 NDVI 差异与变化影像

变化影像通过计算连续两年的 NDVI 指数差值 $\Delta_{\mathrm{NDVI}}$ 得到：

$$\Delta_{\mathrm{NDVI}} = \mathrm{NDVI}_{D_2} - \mathrm{NDVI}_{D_2} \tag{5.2}$$

式中，$\mathrm{NDVI}_{D_1}$ 和 $\mathrm{NDVI}_{D_2}$ 分别是日期 $D_1$ 和 $D_2$ 的植被指数。

$\Delta_{\mathrm{NDVI}}$ 值在−2～2 之间变化。在视觉上，趋向于白色或黑色的像素反映了土地覆盖的变化。灰色调对应的是在时间维度上变化不明显的地物。

图 5.3 说明了 NDVI 值的差异。

（1）在日期 $D_1$，森林具有很高的 NDVI 值（0.7）。内部的一块裸露的土地（旧的皆伐区）的 NDVI 值（0.1）则很低。

（2）在日期 $D_2$，之前的裸地再次被植被覆盖（NDVI=0.6）。另外两个地块经过皆伐，对应的 NDVI 值分别为 0.1 和 0.2。

（3）通过计算两个 NDVI 图层（$\mathrm{NDVI}_{D_2} - \mathrm{NDVI}_{D_2}$）的差异，可以识别出三种演化类型：①变化不大或没有变化的区域的值接近于 0；②由裸地状态向植被状态过渡的区域为正值，与 0 值有显著差异，最大值为 2；③由植被状态向裸地状态过渡的区域为负值，与 0 值有显著差异，最小值为−2。

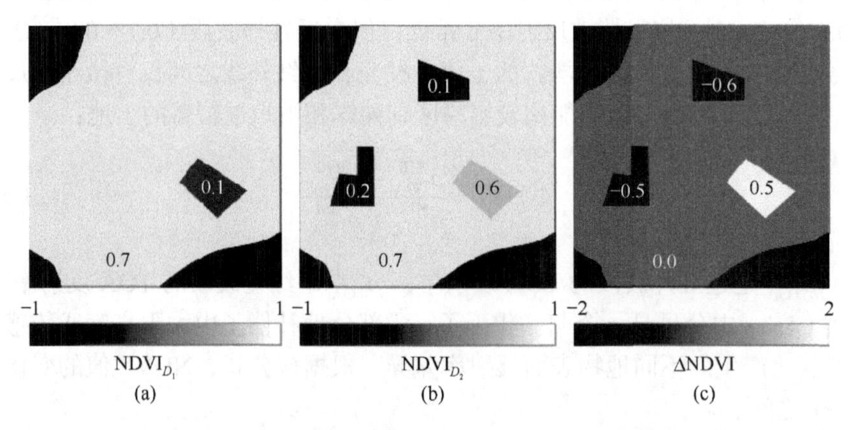


图 5.3 NDVI 值在日期 $D_1$ 和 $D_2$ 以及 NDVI 的差异

QGIS 功能：

- 栅格对齐为 Raster → Align Rasters…
- 计算 NDVI 和 $\Delta_{\mathrm{NDVI}}$ 为 Raster → Raster Calculator…

### 5.2.2 森林定界

此处是去除研究区域和非森林区域的像素，为此，需要将两个矢量图层转换成二值栅格并进行合并。有两种获取矢量图层的方法，第一种方法是，沿着研究区域边界[如“森林-生态区域”（sylvo-ecoregion）]进行裁剪；第二种方法是，从Topo®IGN数据库或Foret®IGN数据库（其命名规则更精确）中，根据森林区域专门提取“植被”得到矢量文件。生成的掩膜将应用到5.2.1节产生的NDVI差值影像，通过掩膜可以提供仅有森林区域的变化影像（图5.4）。研究区域和森林区域之外的像素被编码为“无数据”。这是必需的，因为检测皆伐区主要基于林区像素的分布统计数据进行。

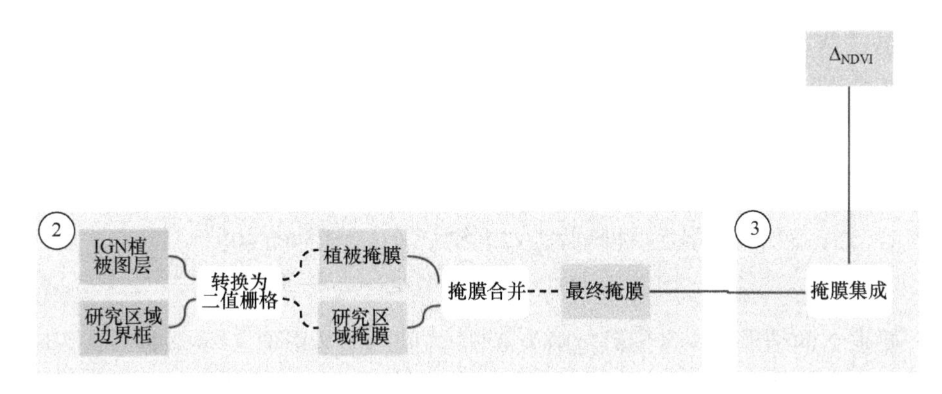


图 5.4 掩膜的创建和应用

该图的彩色版本（英文）参见 www.iste.co.uk/baghdadi/qgis2.zip，2020.8.11

## 5.2.3 皆伐区分类

在生成NDVI值及其差值影像之后，需要使用栅格计算器中的阈值来识别其中的变化（图5.5）。

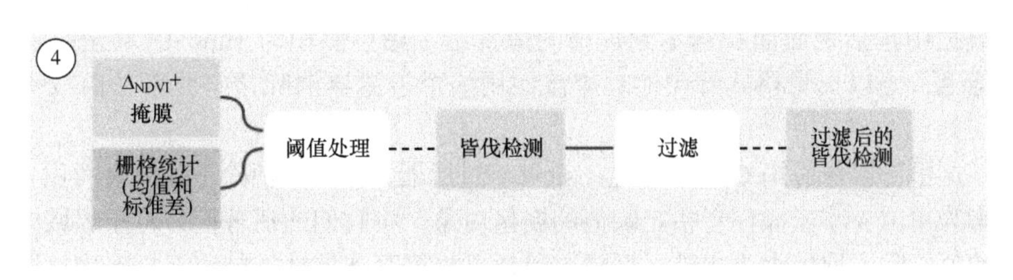


图 5.5 变化分类

该图的彩色版本（英文）参见 www.iste.co.uk/baghdadi/qgis2.zip，2020.8.11

为了使阈值方法具有通用性，$\Delta_{NDVI}$像素值的分布必须保证遵循正态分布。此外，没有发生变化的森林区域的NDVI值随时间变化很小，因而对应的$\Delta_{NDVI}$变化往往在均值附近的±1个标准差范围内。在最小值（–2）和$\Delta_{NDVI}$均值减去一个标准差之间的值表示从日期$D_1$的植被覆盖状态与日期$D_2$的裸地或少量植被覆盖状态之间的变化程度：

$$要求1:[-2 < \Delta_{\mathrm{NDVI}} < (m-\sigma)] \tag{5.3}$$

式中，$m$ 是均值；$\sigma$ 是森林中 $\Delta_{\mathrm{NDVI}}$ 像素值的标准差。

根据要求 1 将生成一个二值影像，其中正值像素（编码为 1）对应于假定的被采伐区域。这个结果是不精确的并且很难被解译，因为它将相同的值分配给不同类型的采伐：包括新近的采伐或以前的采伐，确定的采伐区域或仅仅是可能的采伐区域等。因此，这里建议将包含在第一个要求区间内的值，离散化为三个根据置信程度排序的类别。这样，一个像素的值越远离 $\Delta_{\mathrm{NDVI}}$ 的均值，它是新近采伐区域的可能性就越大。标准差度量了类别变化幅度，因此使用如下表达式：

$$要求2:\begin{cases} \Delta\mathrm{class1} = \left[(m-2\sigma) \leqslant \Delta_{\mathrm{NDVI}} < (m-\sigma)\right] \\ \Delta\mathrm{class2} = \left[(m-3\sigma) \leqslant \Delta_{\mathrm{NDVI}} < (m-2\sigma)\right] \\ \Delta\mathrm{class3} = \left[-2 \leqslant \Delta_{\mathrm{NDVI}} < (m-3\sigma)\right] \end{cases} \tag{5.4}$$

要求 2 的结果是一个编码范围为 0～3 之间的整数影像。“无数据”代表影像中没有森林的部分，0 表示未被采伐的森林区域，1～3 分别表示可信度较低、中等、较高程度的皆伐检测。在实践中，检测值为 1 的部分最容易出现因大气或地形（阴影）效应引起的错误检测。

QGIS 功能如下。

- 阈值：Raster → Raster Calculator …

在分类结束后会创建一幅栅格影像，数值 1、2 或 3 表示皆伐区。然而，这些数据中包括表面面积达不到规格的像素组（最小面积为 1hm$^2$），甚至是孤立的像素。当以矢量格式导出时，应该使用一个过滤器消除这些元素从而减少对应实体的数量。

这里对影像应用 GDAL 筛选（sieve）过滤器。该工具消除了陆地表面积（以像素为单位）小于操作者指定阈值的栅格对象，将它们的值替换为对象邻域中最大的值。除了取值大小之外，栅格对象还可根据其连接性进行定义，连接性即像素与其相邻像素之间的关系。连接性为 4 的像素与任意共享同一边的像素相邻；连接性为 8 的像素与任意共享同一边或同一顶点的像素相邻。综上所述，过滤操作会影响对象的最终形状特征（图 5.6）。

QGIS 功能如下。

- 过滤：Raster → Analysis → Sieve…

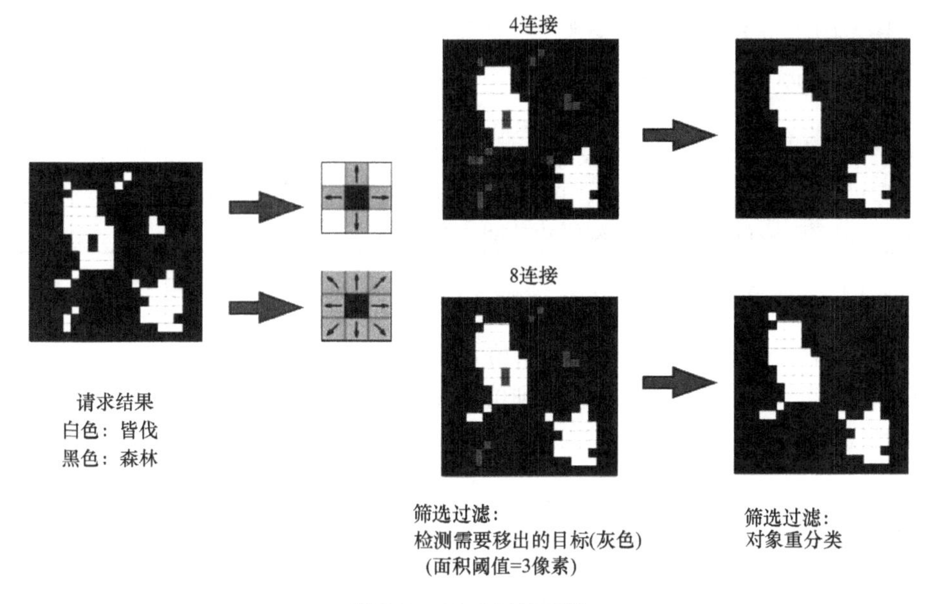


图 5.6 QGIS 过滤工具

## 5.2.4 以矢量形式输出

### 5.2.4.1 矢量和属性

根据要求 2 形成的影像经过过滤（筛选）后，需要转换为 shapefile 格式（ESRI）的矢量（图 5.7）。对于每个实体，其置信程度会被转换为属性表中的一个属性。因此输出属性表中将增加新的字段，除置信程度外，至少还应包含以公顷为单位的面积字段。当然，本章建议另外添加其他字段信息，如错误检测率（由云层引起的）等。

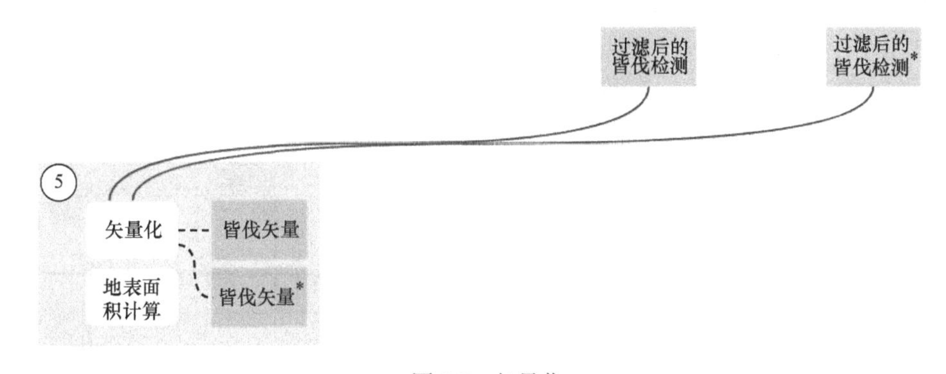


图 5.7 矢量化

*处为针对两个日期都需要多幅影像来覆盖研究区域的情形。

该图的彩色版本（英文）参见 www.iste.co.uk/baghdadi/qgis2.zip，2020.8.11

影像中小于 $1hm^2$（面积字段）的实体和其他错误源将被删除，不然也将会在制图渲染和统计计算过程中被排除。

QGIS 功能如下。
- 矢量转换：Raster → Conversion → Polygonize（Raster to Vector）…
- 陆地表面积计算：Open field calculator

5.2.4.2　矢量叠加（可选）

如果两个日期都需要多幅影像来覆盖研究区域，则可以使用几何联合工具（地理处理工具）将输出矢量图层整合到单个文件中，该文件能够保留输入实体的全部属性（图 5.8）。

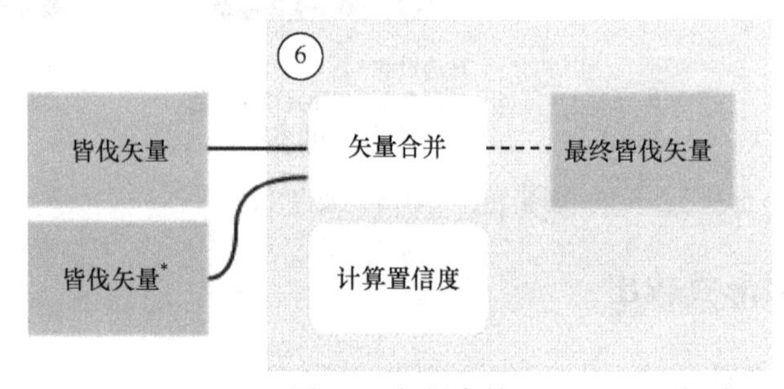


图 5.8　矢量合并

*处为针对两个日期都需要多幅影像来覆盖研究区域的情形。

该图的彩色版本（英文）参见 www.iste.co.uk/baghdadi/qgis2.zip，2020.8.11

在重叠区域内，卫星影像很少在同一日期获取，因而相交实体通常具有两个不同的置信程度。因此，置信度需要重新计算，以综合来自不同输入矢量图层的信息。这里有两种方法（图 5.9）：均值法和级联法。与均值法不同，级联法的优势在于能够保留产生结果值的两个原矢量的跟踪性（traceability）。图 5.9 中用两种方法叠加后的第一个数字定义了影像 1 的置信程度；第二个数字则是影像 2 的置信程度。

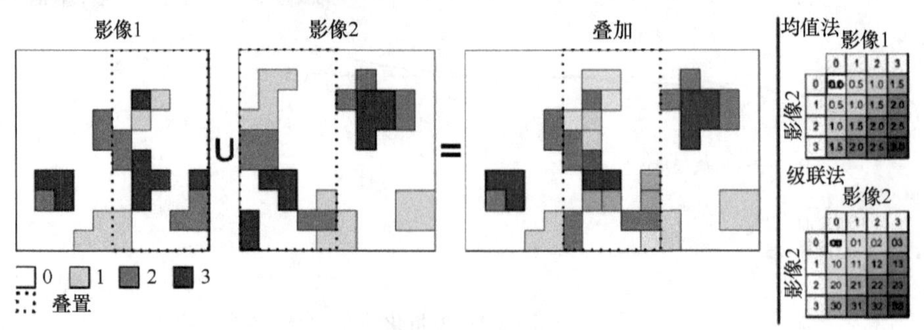


图 5.9　叠加检测到的皆伐矢量

该图的彩色版本（英文）参见 www.iste.co.uk/baghdadi/qgis2.zip，2020.8.11

QGIS 功能如下。

- 处理工具箱：QGIS geoalgorithms → Vector overlay tools → Union
- 陆地表面积计算：Open field calculator

### 5.2.5 统计评估

在处理过程的最后，将使用混淆矩阵（表 5.2）评估皆伐变化制图的质量。在矩阵中，每一列代表已分类类别的出现次数，每一行代表标准参考分类结果的出现次数，出现次数也可以用陆地表面积来代替。理想情况下，标准参考分类数据来源于实地观测。最后将待评估的林地与分类结果进行比较（图 5.10）。

**表 5.2 混淆矩阵示例**

| | | 分类 | | | | |
|---|---|---|---|---|---|---|
| | | 皆伐 | 其他 | 总行 | 生产者精度/% | 遗漏误差/% |
| 参考结果 | 皆伐 | $X_{11}$ | $X_{12}$ | $N_1$ | $100 \cdot \frac{X_{11}}{N_1}$ | $100 \cdot \frac{X_{12}}{N_1}$ |
| | 其他 | $X_{21}$ | $X_{22}$ | $N_2$ | $100 \cdot \frac{X_{22}}{N_2}$ | $100 \cdot \frac{X_{21}}{N_2}$ |
| | 总列 | $M_1$ | $M_2$ | $N$ | | |
| | 用户精度/% | $100 \cdot \frac{X_{11}}{M_1}$ | $100 \cdot \frac{X_{22}}{M_2}$ | | | |
| | 委托误差/% | $100 \cdot \frac{X_{21}}{M_1}$ | $100 \cdot \frac{X_{12}}{M_2}$ | | | |
| 总体精度 | | $100 \cdot \frac{X_{11} + X_{22}}{N_1}$ | | | | |

注：$X_{11}$ 分类为皆伐，参考结果为皆伐出现的次数；$X_{12}$ 分类为其他，参考结果为皆伐出现的次数；$X_{21}$ 分类为皆伐，参考结果为其他出现的次数；$X_{22}$ 分类为其他，参考结果为其他出现的次数。

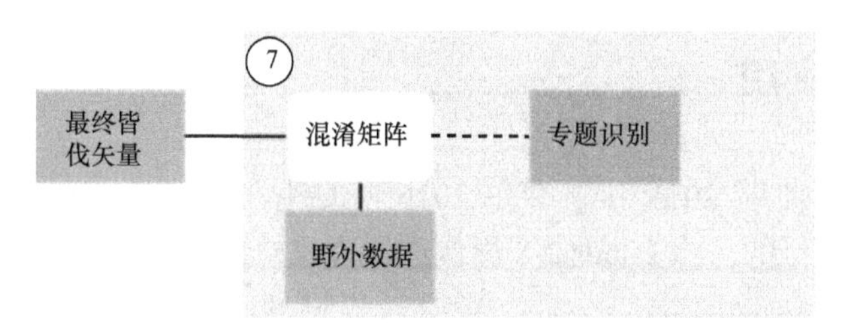


图 5.10 制图质量评估

该图的彩色版本（英文）参见 www.iste.co.uk/baghdadi/qgis2.zip，2020.8.11

由该矩阵可计算出：

（1）总体精度，即分类准确的实体比例（对角矩阵）；

（2）用户精度，是指分类准确的实体相对于总体参考实体数据的比例，按列计算；

（3）生产者精度，是分类准确的参考实体比例，按行计算；

（4）遗漏和委托误差，反映了实体错误分类的归因，简单来说，它们表明分类过程是否倾向于高估或低估了属于一个特定土地覆盖类别的实体数量（或面积）。

在实践中，由于很难对实地进行完全彻底的检查，所以通常是通过对检测到的皆伐矢量文件进行影像解译建立标准参考分类体系。在这种情况下无法测量出遗漏误差（未检测到的皆伐），因此混淆矩阵仅仅返回用户精度和遗漏误差的估计值。

### 5.2.6 方法的局限性

虽然皆伐检测方法适用于多种数据集，但其结果可能会过度估计或遗漏某些像素对应的实体，原因至少有两个：

（1）植被指数可以很容易分辨植被与裸土表面，但裸土下的皆伐状态维持时间短暂，植被可能会在几个月内就重新覆盖这片土地。因此，检测方法对某些地点的卫星重访频率特别敏感。获取影像间隔越长，该类型地块被遗漏的风险就越大。

（2）影像上的云层覆盖导致产生系统性的错误检测。一些卫星影像提供商除了提供影像外，还会提供云层掩膜信息，但这些掩膜的质量也很不稳定。

为了解决这些问题，建议使用 Landsat-8（每 16 天更新一次）或 Sentinel-2 星座（每 5 天更新一次）等系统采集的卫星影像。这些数据已被整合到基于不同科学项目（哥白尼、Theia 等）框架开发的后处理程序中，因此它们可以实现对大气扰动（卷云、气溶胶等）的校正，从而提供高质量的云掩膜数据。

## 5.3 实际应用

本节阐述了使用 2015 年夏季和 2016 年夏季在法国图尔（Tours）和贝桑松（Besançon）拍摄的一组 Landsat-8 影像进行皆伐检测的实际应用。

## 5.3.1 软件和数据

### 5.3.1.1 所需软件

皆伐检测方法将使用 QGIS（版本 2.16）的基本功能处理栅格和矢量数据，用户不需要安装 QGIS 扩展插件即可顺利完成处理流程。当然，该方法中的一些步骤也可以通过更高效的工具实现，特别是使用 CNES 开发的 Orfeo 工具箱（OTB）影像处理库。

### 5.3.1.2 导入数据

这个实验将使用免费开放的数据，可以从互联网上下载，包括由 Theia 土地服务法国中心处理的 Landsat-8（2A 级）反射率影像以及从可持续发展粮食供应总署观测和统计服务网站获得的 2012 年 CORINE 土地覆盖图层数据。

1）下载 Landsat-8 影像

实验中使用 2015 年 8 月 3 日和 2016 年 8 月 14 日获得两幅位于瓦片 D0007H0006 的 Landsat-8 影像（图 5.11，图 5.12）。其数据可以从下面的网络链接中下载。

（1）2015 年 8 月 3 日 Landsat-8 影像，文件名：LANDSAT8_OLITIRS_XS_20150803_N2A_France-Metropole D0007H0006.tar；

链接：https://theia-landsat.cnes.fr/rocket/#/collections/Landsat/b9587432-31d7-542d-85ad-a2740bdb7d41，2020.8.11。

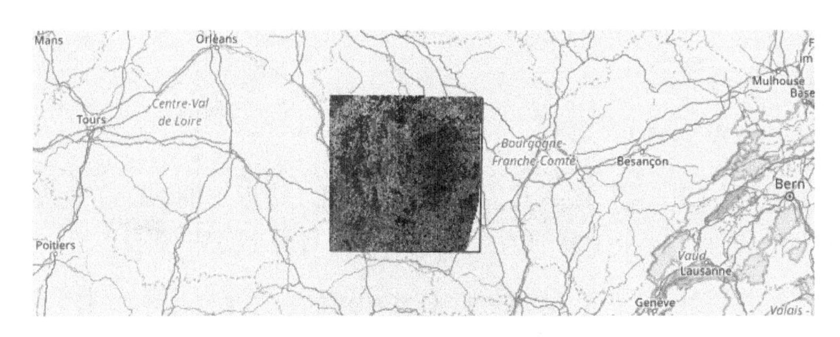


图 5.11　2015 年 8 月 3 日获取的 Landsat-8 影像

该图的彩色版本参见 www.iste.co.uk/baghdadi/qgis2.zip，2020.8.11

（2）2016 年 8 月 14 日 Landsat-8 影像，文件名：LANDSAT8_OLITIRS_XS_20160814_N2A_France-Metropole D0007H0006.tar；

链接：https://theia-landsat.cnes.fr/rocket/#/collections/Landsat/7f0d72e3-9be4-51b6-ab71-4ca5602d8566，2020.8.11。

注意，如需下载影像，请先注册一个账号（免费注册）。

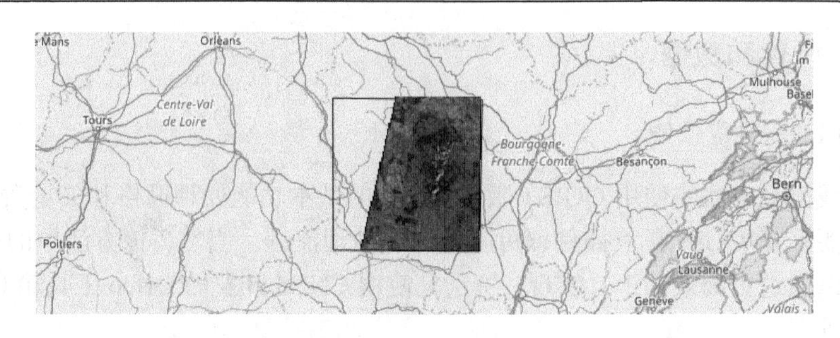


图 5.12　2016 年 8 月 14 日获取的 Landsat-8 影像
该图的彩色版本参见 www.iste.co.uk/baghdadi/qgis2.zip，2020.8.11

2）下载 2012 年的 CORINE 土地覆盖地图

CORINE 土地覆盖矢量图层的下载地址如下。

文件名：CLC12_RBFC_RGF_SHP.zip；链接：http://www.statistiques. developpement-durable.gouv.fr/clc/fichiers/，2020.8.11。

注意，只需下载勃艮第，弗朗什-孔泰大区（Bourgogne，Franché-Comté，Region）数据。

## 5.3.2　创建变化影像

由 Theia 发布的每一个压缩文件都有两幅不同校正级别的影像。本实验只使用考虑了坡度影响校正的影像（ORTHO_SURF_CORR_PENTE）。

为了提高以下部分的可读性，这些影像已被重命名为 LSAT_2015.tif 和 LSAT_2016.tif。

### 5.3.2.1　计算 NDVI

NDVI 是一个归一化指数，其值范围为–1～1。接近 1 的 NDVI 值表示植被茂盛，接近 0 的为裸土，小于 0 的为湿地或水体。计算 NDVI 见表 5.3。

**表 5.3　计算 NDVI**

| 步骤 | QGIS 处理 |
|---|---|
| **计算 NDVI** | 在 QGIS 中：<br>打开 LSAT_2015.tif 影像。<br>在 menu bar 中：<br>单击 Raster → Raster Calculator…。<br>在 Raster Calculator 中：<br>（1）输入以下计算 NDVI 的表达式。<br>("LSAT_2015@5"-"LSAT_2015@4")/<br>("LSAT_2015@5"+"LSAT_2015@4")<br>（2）将输出文件命名为 NDVI_LSAT_2015.tif。用同样的方法计算 2016 年的 NDVI（LSAT_2016.tif），并将输出文件命名为 NDVI_LSAT_2016.tif。 |

#### 5.3.2.2 创建变化影像

变化影像通过计算两个日期的 NDVI 指数之间的差值获得，其结果是一幅单色影像。视觉上倾向于白色或黑色的像素反映其对应的土地覆盖类型发生了较大变化，而灰色阴影像素对应的则是不随时间变化的要素。创建变化影像见表 5.4。

**表 5.4 创建变化影像（NDVI 值的差异）**

| 步骤 | QGIS 处理 |
|---|---|
| **1. 检查导入的数据** | 在 QGIS 中检查以下文件：<br>（1）NDVI_LSAT_2015.tif;<br>（2）NDVI_LSAT_2016.tif。 |
| **2. 计算变化影像** | 在 menu bar 中：<br>单击 Raster → Raster Calculator…。<br>在 Raster Calculator 中：<br>（1）输入以下表达式。<br>"NDVI_LSAT_2016@1"-"NDVI_LSAT_2015@1"<br>（2）将文件保存为 DIFF_NDVI_2015-2016.tif。 |

### 5.3.3 创建、合并和集成掩膜

本节目的主要是通过影像分析进而删除位于森林区域外或具有“辐射瑕疵”（照度过饱和、云量过大等）的所有像素。

#### 5.3.3.1 管理 Theia 掩膜

Theia（https://www.theia-land.fr，2020.8.11）为每幅影像提供三个掩膜（位于 MASK 目录中），用于消除过饱和像素（*_SAT.tif）、云层和云层阴影像素（*_NUA.tif）以及与水体、雪、阴影有关的像素或位于影像范围以外的像素（*_DIV.tif）。Theia 掩膜合并见表 5.5。

**表 5.5 Theia 掩膜合并**

| 步骤 | QGIS 处理 |
|---|---|
| **Theia 掩膜合并** | 在 QGIS 中打开 2015 年的三个相关掩膜：<br>（1）LSAT_2015_SAT.tif;<br>（2）LSAT_2015_NUA.tif;<br>（3）LSAT_2015_DIV.tif。<br>在 Raster Calculator 中：<br>（1）输入以下表达式。<br>（"LSAT_2015_SAT@1"+"LSAT_2015_NUA@1"+<br>"LSAT_2015_DIV@1"）= 0 |

续表

| 步骤 | QGIS 处理 |
|---|---|
| **Theia 掩膜合并** | （2）将文件保存为 MASK_2015.tif。<br>使用同样的方法，计算 2016 年（LSAT_2016_SAT/NUA/DIV.tif）的掩膜合并，并将输出文件命名为 MASK_2016.tif。 |

### 5.3.3.2 创建森林掩膜

森林掩膜是根据 2012 年的 CORINE 土地覆盖地图制成的。对于法国地区，建议使用更准确的数据库，如 BD Topo®IGN（植被图层）或 BD Foret®IGN 提供的掩膜。创建森林掩膜见表 5.6。

**表 5.6 创建森林掩膜**

| 步骤 | QGIS 处理 |
|---|---|
| **1. 准备矢量图层** | 在 QGIS 中：<br>打开 CORINE 土地覆盖的矢量图层 CLC12_RBFC_RGF.shp。<br>此操作是为了只保留与森林有关的类别；它们使用代码 311、312 和 313 在属性字段“CODE_12”中标识。<br>在 QGIS 菜单栏中：<br>（1）单击图标（使用一个表达式选择特征值）。<br>（2）输入以下表达式。<br>`"CODE_12"="311" OR "CODE_12"= '312' OR"CODE_12"="313"`<br>（3）保存为 CLC_2012_FORET.SHP。 |
| **2. 搜索研究区域边界框坐标** | 目标是将 CLC_2012_FORET.SHP 转换到一个具有相同尺寸（包围框，像素数量）的栅格格式影像作为研究区域影像。<br>在 Layer Panel 中：<br>双击 MASK_2016.tif，出现图层属性窗口。<br>在 layers properties 窗口中：<br>单击标签 Metadata；在 Properties 字段，单击 Layer Extent，并复制坐标。<br>Metadata<br>Layer Extent (layer original source projection)<br>700140.0000000000000000,6611310.0000000000000000 :<br>810150.0000000000000000,6721320.0000000000000000<br>例如，在记事本中粘贴坐标，并且完成以下操作：<br>（1）用空格替换字符‘,’（逗号）和‘:’（冒号）；<br>（2）在行开头插入‘-te'命令；<br>（3）最后的指令为：-te 700140.0 6611310.0 810150.0 6721320.0。 |
| **3. 栅格转换** | 在 menu bar 中：<br>单击 Raster → Conversion → Rasterize（Vector to Raster）…。<br>在 Rasterize 窗口中进行如下操作。<br>（1）选择 Input file（shapefile）：CLC_2012_FORET.SHP。<br>（2）将输出文件保存为 MASK_FORET.tif。 |

续表

| 步骤 | QGIS 处理 |
| --- | --- |
| 3. 栅格转换 | （3）单击 Edit 按钮/修改 Gdal 命令行。<br>（4）在 gdal_rasterize 后复制/粘贴记事本行。<br>（5）另外添加以下说明：<br>a. -tr 30.0 30.0；<br>b. -burn 1。<br>（6）Gdal 命令如下（除了输入和输出文件路径不同外）：<br>`gdal_rasterize-burn 1-tr 30.0 30.0-te 700140.0 6611310.0 810150.0 6721320.0 -l CLC_2012_FORET ../ CLC_2012_FORET.SHP../MASK_FORET.tif`<br>（7）单击 OK。<br>输出文件是一个二值栅格，对于确认为林地的像素分配编码为 1，对于林地之外的像素编码为 0。 |

### 5.3.3.3 合并掩膜

创建掩膜后，将再次进行合并操作，之后将使用它进行变化影像处理（表 5.7）。

**表 5.7 创建最终的掩膜**

| 步骤 | QGIS 处理 |
| --- | --- |
| 合并掩膜 | 在 menu bar 中：<br>（1）单击 Raster → Raster Calculator…。<br>（2）输入以下表达式。<br>`"MASK_2015@1"*"MASK_2016@1"*"MASK_FORET@1"`<br>（3）将输出文件命名为 MASK_FINAL.tif。 |

### 5.3.3.4 对变化影像进行掩膜处理

创建合并的掩膜后，可以叠加到变化影像上（表 5.8）。

**表 5.8 将掩膜应用到变化影像中**

| 步骤 | QGIS 处理 |
| --- | --- |
| 1. 检查导入的数据 | 在 QGIS 中检查以下文件：<br>（1）DIFF_NDVI_2015-2016.tif;<br>（2）MASK_FINAL.tif。 |
| 2. 集成掩膜 | 在 menu bar 中：<br>（1）单击 Raster → Raster Calculator…。<br>（2）输入以下表达式。<br>`"MASK_FINAL@1"*"DIFF_NDVI_2015-2016@1"+ ("MASK_FINAL@1"= 0) * -3`<br>（3）输出文件命名为 DIFF_NDVI_2015-2016_MASK.tif。 |

续表

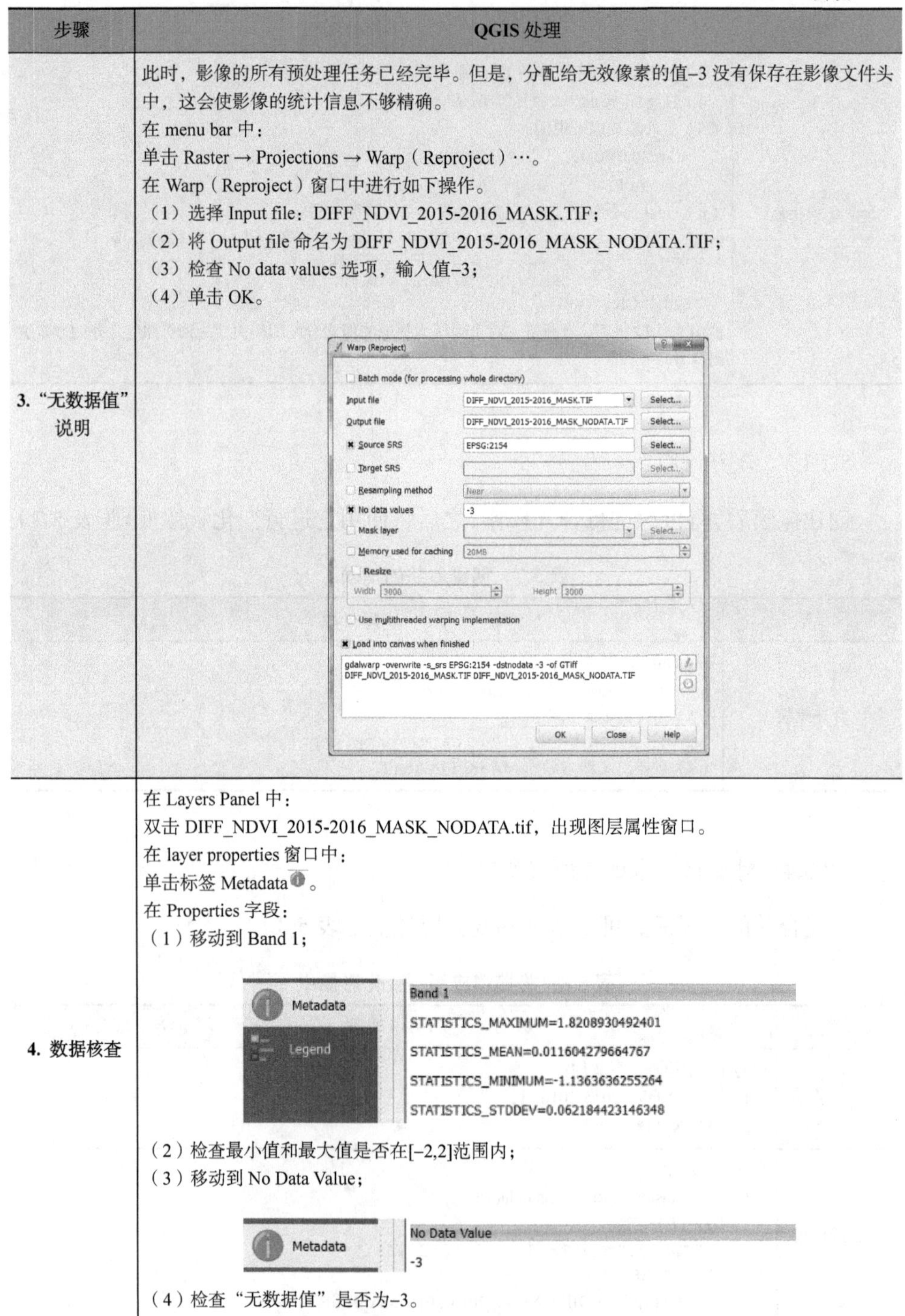


| 步骤 | QGIS 处理 |
| --- | --- |
| **3. “无数据值”说明** | 此时，影像的所有预处理任务已经完毕。但是，分配给无效像素的值-3 没有保存在影像文件头中，这会使影像的统计信息不够精确。<br>在 menu bar 中：<br>单击 Raster → Projections → Warp（Reproject）…。<br>在 Warp（Reproject）窗口中进行如下操作。<br>（1）选择 Input file：DIFF_NDVI_2015-2016_MASK.TIF；<br>（2）将 Output file 命名为 DIFF_NDVI_2015-2016_MASK_NODATA.TIF；<br>（3）检查 No data values 选项，输入值-3；<br>（4）单击 OK。 |
| **4. 数据核查** | 在 Layers Panel 中：<br>双击 DIFF_NDVI_2015-2016_MASK_NODATA.tif，出现图层属性窗口。<br>在 layer properties 窗口中：<br>单击标签 Metadata。<br>在 Properties 字段：<br>（1）移动到 Band 1；<br>（2）检查最小值和最大值是否在[-2,2]范围内；<br>（3）移动到 No Data Value；<br>（4）检查“无数据值”是否为-3。 |

## 5.3.4 皆伐检测

基于 NDVI 的差值而生产的变化影像集，使得识别影像对应的土地覆盖在两个日期之间的变化以及影响土地覆盖的变化因素成为可能。皆伐对应于给定方向的变化，即从植被状态变化到非植被状态。要提取这些信息，需要定义值的范围，换句话说，就是必须确定影像数值变化的阈值。

### 5.3.4.1 离散化已检测的皆伐区域

阈值可以基于视觉或自动根据影像统计信息（不考虑隐藏的像素）确定。事实上对于皆伐区域而言，从 $D_2$ 的 NDVI 减去 $D_1$ 的 NDVI 所得到的结果值，理论上都接近于整幅插值影像上的最小值。如 5.2 节所述，在皆伐的检测过程中对差值影像的数值设置不同的置信度会对提升检测结果精度具有潜在的帮助。皆伐分类见表 5.9。

**表 5.9 皆伐分类**

| 步骤 | QGIS 处理 |
|---|---|
| **1. 搜索变化影像的统计信息** | 在 Layers Panel 中：<br>双击栅格 DIFF_NDVI_2015-2016_MASK_NODATA.tif，会出现“图层属性”窗口。<br>在 layer properties 窗口中：<br>单击标签 Metadata 。<br>在 Properties 字段：<br>（1）移动到 Band 1；<br>（2）注意平均值 $m$ 和标准差$\sigma$的值。 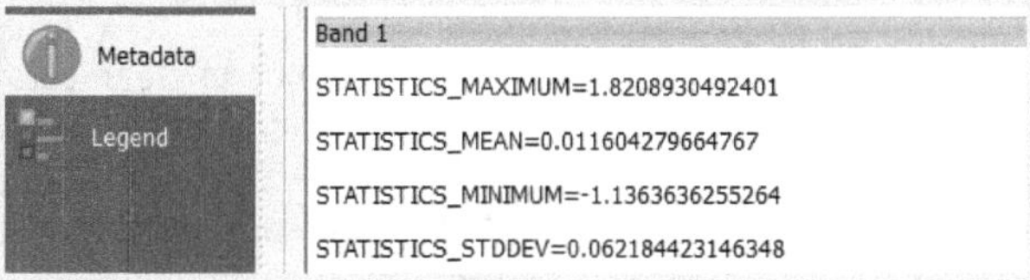<br>Metadata<br>Legend<br>Band 1<br>STATISTICS_MAXIMUM=1.8208930492401<br>STATISTICS_MEAN=0.011604279664767<br>STATISTICS_MINIMUM=-1.1363636255264<br>STATISTICS_STDDEV=0.062184423146348 |
| **2. 皆伐分类** | 检索变化影像的统计信息（均值和标准差）。<br>计算到的被检测森林皆伐的可信度如下。<br>（1）低置信度的皆伐：degré1 $=\left[(m-2\sigma)\leqslant\Delta_{\mathrm{NDVI}}<(m-\sigma)\right]$；<br>（2）中置信度的皆伐：degré2 $=\left[(m-3\sigma)\leqslant\Delta_{\mathrm{NDVI}}<(m-2\sigma)\right]$；<br>（3）高置信度的皆伐：degré3 $=\left[-2\leqslant\Delta_{\mathrm{NDVI}}<(m-3\sigma)\right]$。 |
| **3. 识别皆伐检测及置信度** | 在 menu bar 中：<br>（1）单击 Raster → Raster Calculator…。<br>（2）输入以下表达式。<br>`("DIFF_NDVI_2015-2016_MASK_NODATA@1">= -2AND`<br>`"DIFF_NDVI_2015-2016_MASK_NODATA @1"<(m - 3 *σ))* 3 +`<br>`("DIFF_NDVI_2015-2016_MASK_NODATA @1"> =(m - 3 *σ)AND`<br>`"DIFF_NDVI_2015-2016_MASK_NODATA @1"<(m - 2 *σ))* 2 +` |

续表

| 步骤 | QGIS 处理 |
| --- | --- |
| **3. 识别皆伐检测及置信度** | ("DIFF_NDVI_2015-2016_MASK_NODATA @1"> =(m - 2 *σ)AND "DIFF_NDVI_2015-2016_MASK_NODATA @1"<(m -σ))<br>用元数据中找到的值替代 $m$ 和 $\sigma$ 值。<br>将输出文件命名为 CLEAR_CUTS.tif。<br>结果得到一个像素值在 0～3 之间的栅格影像：<br>（1）0 =没有皆伐；<br>（2）1 =低置信度的皆伐；<br>（3）2 = 中置信度的皆伐；<br>（4）3 = 高置信度的皆伐。<br>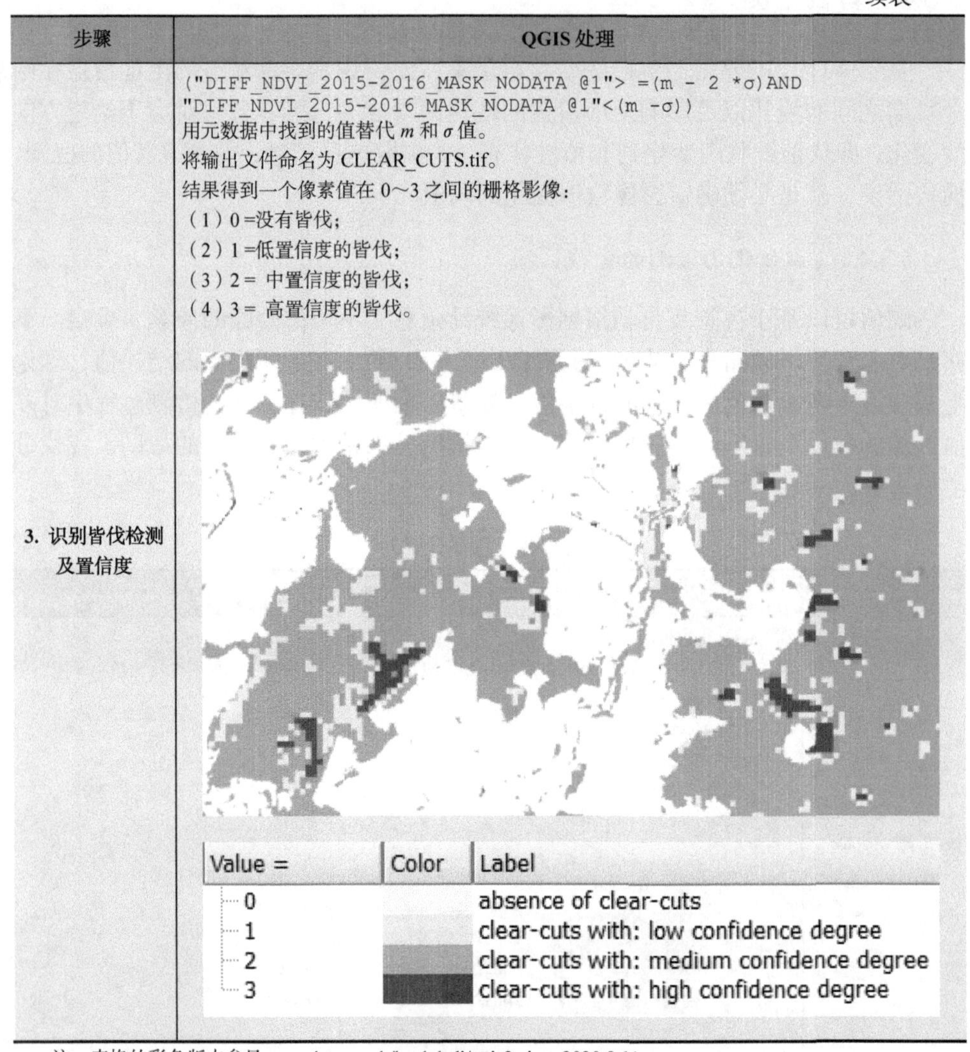<br> |

注：表格的彩色版本参见 www.iste.co.uk/baghdadi/qgis2.zip，2020.8.11。

### 5.3.4.2　过滤

经过阈值处理后，创建的栅格具有编码值 1、2 或 3，这些值代表不同程度的皆伐。但这些数据中包含陆地表面积低于预期的像素组，甚至存在孤立的像素。当以矢量模式导出时，应当用一个过滤器消除这些像素并减少对应实体的数量（表 5.10）。

表 5.10 栅格过滤

| 步骤 | QGIS 处理 |
| --- | --- |
| 后处理 | 在 menu bar 中：<br>单击 Raster → Analysis → Sieve…。<br>在 Sieve 窗口中：<br>（1）选择 Input file，如 CLEAR_CUTS.TIF；<br>（2）Output file 命名为 CLEAR_CUTS_SIEVE.TIF；<br>（3）键入阈值为 11。<br>注意，这里根据影像分辨率对皆伐所需的最小尺寸进行定义，此处分辨率为 30m，则最小尺寸 $1hm^2$ 对应约 11 个像素。<br>（4）输入 Pixel connections 数量为 4。 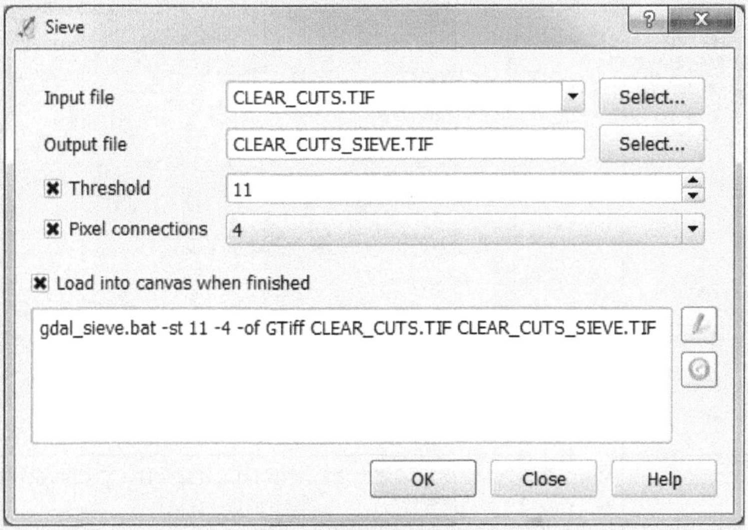<br>Sieve<br>Input file CLEAR_CUTS.TIF Select...<br>Output file CLEAR_CUTS_SIEVE.TIF Select...<br>Threshold 11<br>Pixel connections 4<br>Load into canvas when finished<br>gdal_sieve.bat -st 11 -4 -of GTiff CLEAR_CUTS.TIF CLEAR_CUTS_SIEVE.TIF<br>OK Close Help |

## 5.3.5 矢量转换

检测到的皆伐文件最终以矢量格式导出。此时矢量文件的属性表也已经过更新，并可以在该文件中添加对应的多边形区域要素以及由于云层覆盖作用而对卫星影像产生的潜在错误检测信息。

### 5.3.5.1 矢量导出

使用 GDAL 库将栅格转换到矢量，它默认安装在 QGIS 中。矢量化和目视检查见表 5.11。

**表 5.11 矢量化和目视检查**

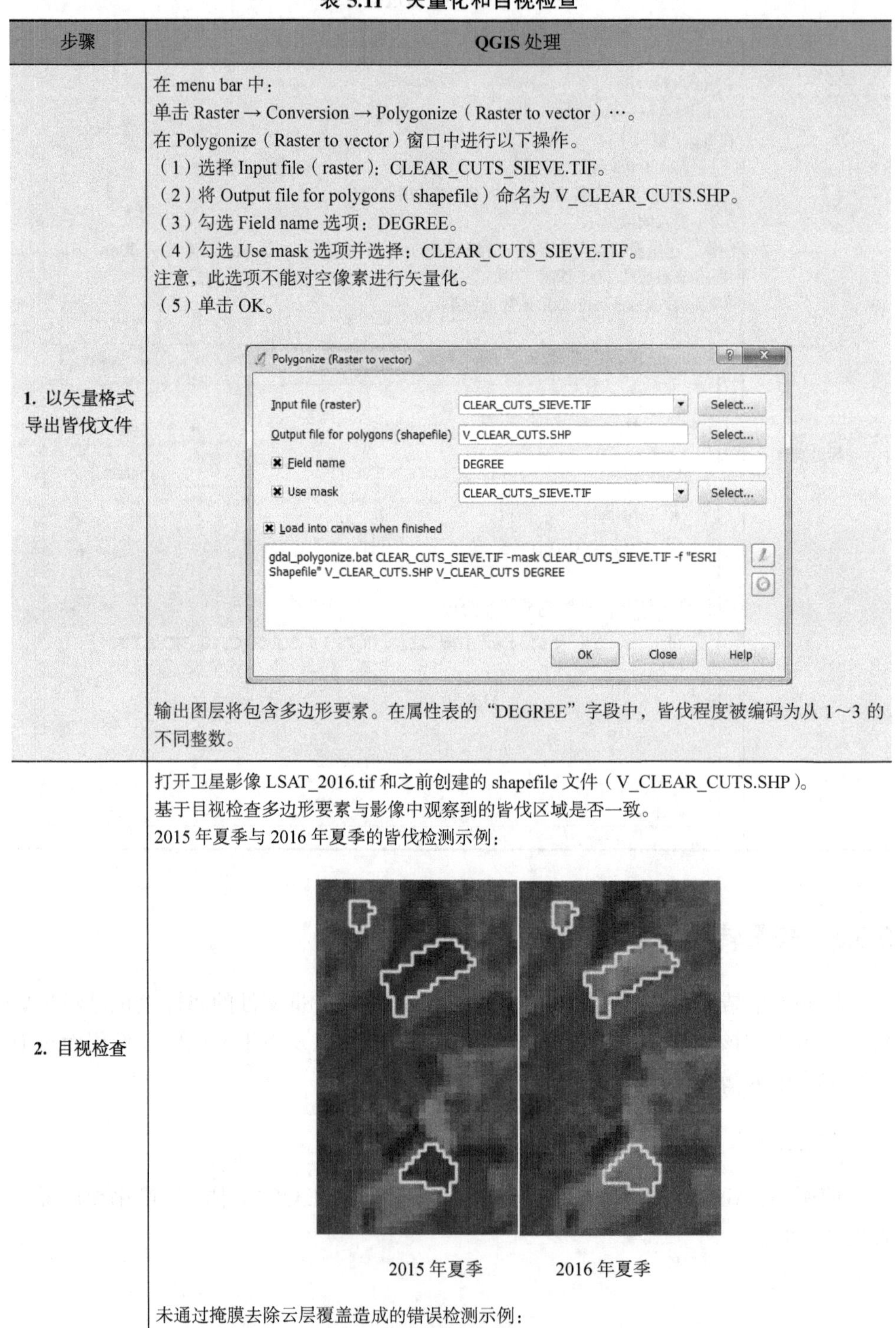

| 步骤 | QGIS 处理 |
|---|---|
| **1.** 以矢量格式导出皆伐文件 | 在 menu bar 中：<br>单击 Raster → Conversion → Polygonize（Raster to vector）…。<br>在 Polygonize（Raster to vector）窗口中进行以下操作。<br>（1）选择 Input file（raster）：CLEAR_CUTS_SIEVE.TIF。<br>（2）将 Output file for polygons（shapefile）命名为 V_CLEAR_CUTS.SHP。<br>（3）勾选 Field name 选项：DEGREE。<br>（4）勾选 Use mask 选项并选择：CLEAR_CUTS_SIEVE.TIF。<br>注意，此选项不能对空像素进行矢量化。<br>（5）单击 OK。<br>Polygonize (Raster to vector)<br>Input file (raster) CLEAR_CUTS_SIEVE.TIF Select...<br>Output file for polygons (shapefile) V_CLEAR_CUTS.SHP Select...<br>Field name DEGREE<br>Use mask CLEAR_CUTS_SIEVE.TIF Select...<br>Load into canvas when finished<br>gdal_polygonize.bat CLEAR_CUTS_SIEVE.TIF -mask CLEAR_CUTS_SIEVE.TIF -f "ESRI Shapefile" V_CLEAR_CUTS.SHP V_CLEAR_CUTS DEGREE<br>OK Close Help<br>输出图层将包含多边形要素。在属性表的“DEGREE”字段中，皆伐程度被编码为从 1～3 的不同整数。 |
| **2.** 目视检查 | 打开卫星影像 LSAT_2016.tif 和之前创建的 shapefile 文件（V_CLEAR_CUTS.SHP）。<br>基于目视检查多边形要素与影像中观察到的皆伐区域是否一致。<br>2015 年夏季与 2016 年夏季的皆伐检测示例：<br>2015 年夏季　　2016 年夏季<br>未通过掩膜去除云层覆盖造成的错误检测示例： |

续表

| 步骤 | QGIS 处理 |
|---|---|
| 2. 目视检查 | 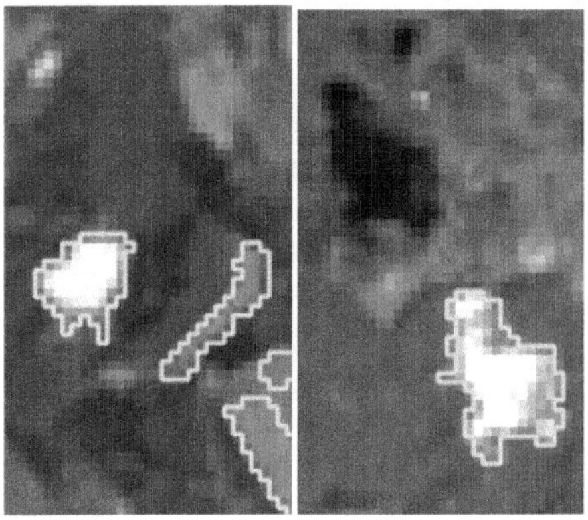 2015 年夏季 2016 年夏季 |

注：表格的彩色版本参见 www.iste.co.uk/baghdadi/qgis2.zip，2020.8.11。

### 5.3.5.2 属性表更新

属性表中增加了一个新的字段“面积”（$hm^2$），这样就可以根据该字段过滤矢量图层的部分要素以进行后续分析（表 5.12）。

**表 5.12 属性表更新**

| 步骤 | QGIS 处理 |
|---|---|
| 计算多边形对应的陆地表面积 | 打开矢量文件 V_CLEAR_CUTS.SHP 的属性表。<br>在 attribute table 中：<br>单击打开字段计算器。<br>在 Field calculator 中进行如下操作。<br>（1）勾选 Create a new field 选项。<br>（2）键入 Output field name，如 SURFACE。<br>（3）选择 Output field type：Decimal number（real）。<br>（4）输入 Precision=2（小数点后面的位数）。<br>（5）在函数列表中，移动到 Geometry 并双击$area。<br>（6）陆地表面面积默认以投影系统的测量单位为计算单位，这里为 m。在字段 Expression 中，添加/10000 将结果的表示单位转换为公顷。<br>（7）单击 OK。 |

续表

| 步骤 | QGIS 处理 |
| --- | --- |
| 计算多边形对应的陆地表面积 | 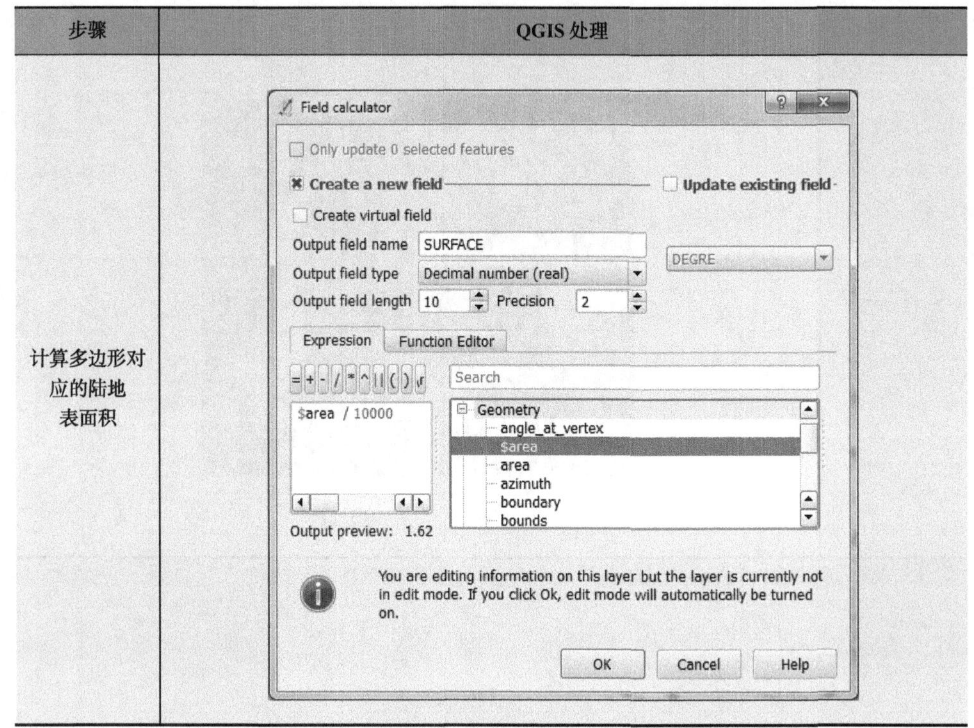 |



# 5.4 参考文献

[OSE 16] OSE K., CORPETTI T., DEMAGISTRI L., “Multispectral satellite image processing”, in BAGHDADI N., ZRIBI M.(eds), Optical Remote Sensing of Land Surface: Techniques and Methods, ISTE Press, London and Elsevier, Oxford, 2016.

# 6
# Sentinel-1 雷达影像植被制图

Pierre-Louis Frison，Cédric Lardeux

## 6.1 概述

遥感技术特别适用于监测陆地表面，特别是植被表面。基于卫星影像的地图制图可以用于估计大面积范围的土地利用情况。在森林监测应用方面，遥感数据已被广泛应用于监测伐木、人工造林以及其他农林类活动[PIK 02; OSU 15; NUS 11]。[PED 12]或[GEB 14]提出的方法表明卫星影像制图尤其适用于 REDD+[①]框架项目。

哨兵 1 号（Sentinel-1）卫星观测计划由两颗携带合成孔径雷达（SAR）传感器的卫星[Sentinel-1A（S1A）和 Sentinel-1B（S1B）]组成，根据该计划，欧洲航天局（ESA）科学网站首次提供免费雷达数据集（https://scihub.copernicus.eu/dhus/#/home，2020.8.12）。陆地表面数据采集主要采用干涉宽条带模式，其空间分辨率约为 20m，条带宽幅为 300km，具有 VV 和 VH 两种极化方式。每颗卫星的轨道周期为 12 天，因此，自 2015 年以来，根据研究区域地理位置不同，数据可以每 6 天或每 12 天获取。在欧洲，数据获取基本是系统化的，导致现在用于时态监测的大量信息无法匹配，结果需要进行大量的数据处理。为了充分利用获取的数据，自动化处理是必不可少的。

在简要回顾遥感中使用的主要分类方法之后，本章将详细介绍用于分类算法的 Sentinel-1 雷达数据（GRD 格式）的预处理方法。分类的目的是对主要的土地利用实体进行制图。本章介绍的处理功能基于 Orfeo 工具箱（OTB）采用 Python 语言开发，同时集成到 QGIS 软件中，这样便于非雷达数据专家使用这些处理功能。这些处理功能以脚本方式分组在 QGIS 工具箱[在 Processing（处理）选项卡中]

① REDD+（reducing emission from deforestation and forest degradation），为减少森林砍伐和森林退化造成的排放，是在后京都背景下制定的一项政策，是由占有大比例森林面积的热带国家于 2005 年在加拿大蒙特利尔签署《联合国气候变化框架公约》期间制定的，旨在减少大气中的碳排放，以应对全球变暖。它的基本原则是，对常规经营基准下因森林砍伐和森林退化而减少排放的国家，能够通过基金或碳市场进行经济补偿。

的 Sentinel-1 IW 批处理（Sentinel-1 IW Batch Processing）条目下。本章采用一个已经配置好的 QGIS 版本（2.18 Las Palmas，适用于 Windows 7、8、10），包括 OTB 和预处理程序，可在以下网址下载：teledetection-radar.u-pem.fr/Book_ISTE_Press/software/QGIS_RemoteSensing_64bits.exe，2020.8.12[①]。

在安装的最后一步，默认情况下需要安装（如果还没有安装的话）Visual Studio 附加库，同时要确保所有软件安装在 C:\QGIS_RemoteSensing 目录之下，如果安装在其他目录中可能会引发更多的问题。图 6.1 展示了使用本章详细说明的处理方法根据 Sentinel-1 影像构成的彩色合成影像。为实现这个目的而开发的程序已经集成到 QGIS 软件，位于处理工具箱选项卡底部脚本的 Sentinel-1 IW 批处理条目下。

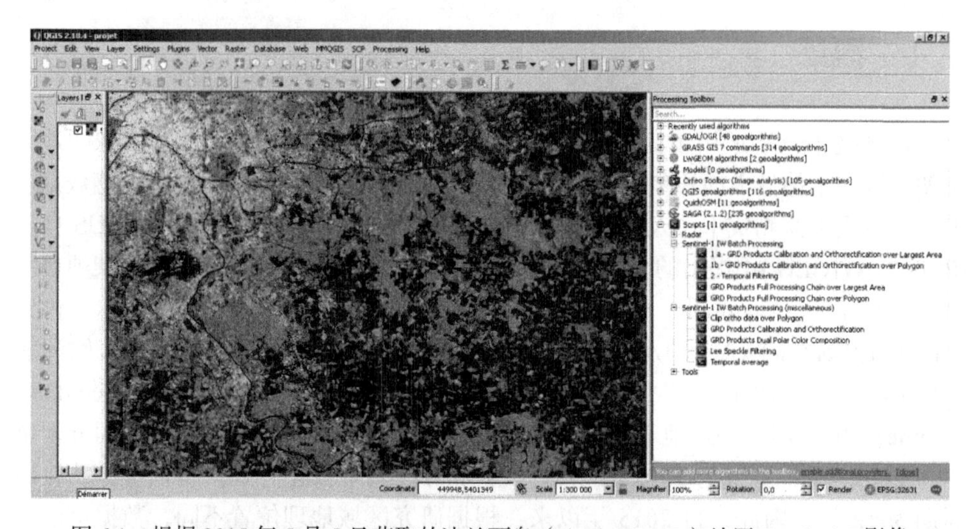


图 6.1　根据 2015 年 5 月 5 日获取的法兰西岛（Ile-de-France）地区 Sentinel-1 影像合成的彩色影像在 QGIS 软件上显示后得到的屏幕截图

6.4 节详细介绍的程序在 Processing Toolbox（处理工具箱）选项卡底部的 Script（脚本）中，具体条目为 Sentinel-1 IW Batch Processing 和 Sentinel-1 IW Batch Processing（miscellaneous）。该图的彩色版本参见 www.iste.co.uk/baghdadi/ qgis2.zip，2020.8.12

值得注意的是，自 2017 年 4 月起，基于 OTB 的 Python 脚本（它也可以处理 Sentinel-1 数据序列）已经放在 tully.ups-tlse.fr/koleckt/s1tiling 目录中。

这个脚本在计算时间方面非常有效，特别适用于需要频繁而重复地进行大面积土地利用监测的项目。

① 对于 32 位的 Window 系统，下载 QGIS_RemoteSensing_32bits.exe。

## 6.2 遥感影像分类

分类算法旨在从一幅或更多幅遥感影像中生成包含不同主题类别的影像（图 6.2）。这些类别根据每个像素的属性特征定义，包括不同极化方式或波长的反射率，或考虑了相邻像素信息的不同纹理参数值等。总体来说，影像分类分为两种：监督分类和无监督分类。

自动分类过程不需要使用任何额外数据辅助目标遥感影像。应用最广泛的方法是 K-means 算法，它是一种迭代算法，首先需将属性空间任意划分为与预期分类数量相同的子区域，每个区域都有一个聚类中心。聚类中心的确定是一个不断迭代的过程。假设当前已经迭代 $N$ 次，那么在第 $N$+1 步中，应将所有像素按照“聚类中心最近”原则重新分配给已经过迭代后的 $N$ 个不同类别，然后对各个类别计算新的聚类中心以及聚类中心的迁移距离。当聚类中心在有限的迭代收敛次数内（小于用户先前给定的最大次数）的迁移距离逐步减小并向特定数值聚拢时，整个

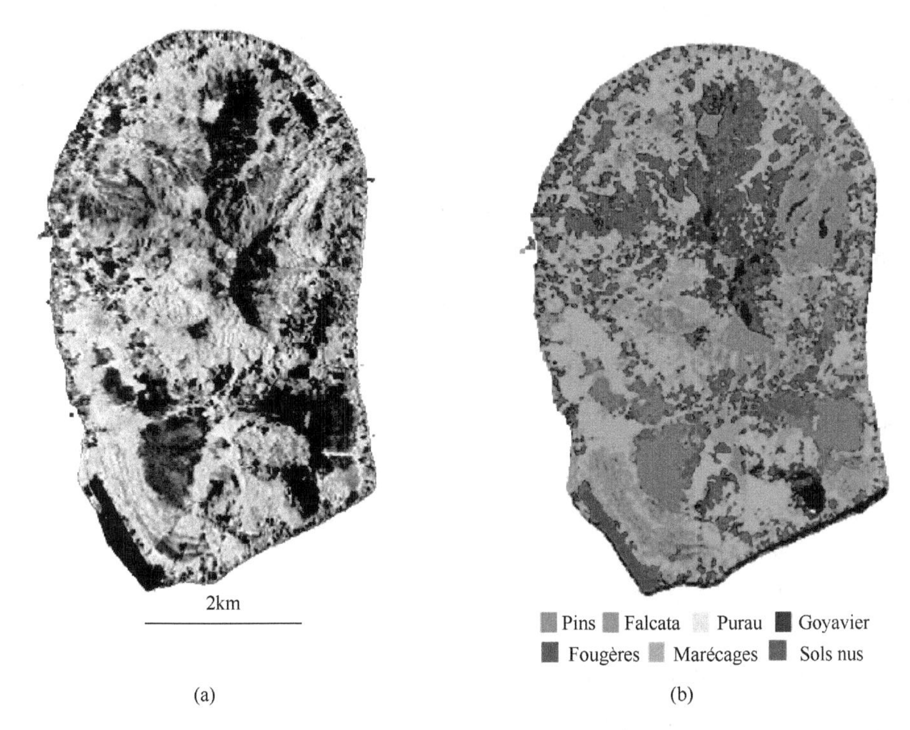


图 6.2 包含不同主题类别的影像

（a）为法属波利尼西亚（French Polynesia）的土布艾岛（Tubuai）在 L 波段（$\lambda$=24cm）采集的 AIRSAR 多极性雷达影像（R:HH，V:VH，B:VV）；（b）为支持向量机（宽边距支持）算法得到的 7 种不同植被类型分类结果[LAR 09]。该图的彩色版本参见 www.iste.co.uk/baghdadi/qgis2.zip，2020.8.12

运算过程结束。以上是对该算法用于分类的简单描述，使用下面介绍的监督分类则可以获得更好的结果。

监督分类需要事先提供全部或部分研究区域信息（通过实地调查，或通过极高空间分辨率影像解译）。基于这些已知信息，操作员可以在影像上定义先验类，称为学习类。这使得在第一步学习阶段可以分析每个类别的统计属性，并得到一个分类模型。然后，在第二步即预测阶段，使用该模型对整幅影像进行分类。最近几年出现的使用最广泛的监督分类算法包括最大似然法、支持向量机（SVM）法和随机森林（RF）法。后两种方法属于判别（discriminative）法，与生成（generative）法不同，不需要假设像素的先验分布。此外，它们特别适用于影像包含较多（>10）属性的情况。

对于给定像素 $p$（具有 $N$ 个属性），分给 $k$ 个类中的一个类时，最大似然法认为像素 $p$ 属于类 $C_i$ 的条件概率 $P$（$C_i$/p）（$1\leqslant i\leqslant k$）最大[CAN 10]。这种方法通常适合在属性不多的情况下使用，因为此时它的分类速度快且结果良好。该方法假设像素的属性服从正态分布，但需要注意的是，事实并非总是如此。

支持向量机法通过估计最优分类超平面进行属性（或要素）空间中不同类别的分类，该超平面可以使两个类别之间的距离（或边距）最大化[BUR 98]。为了寻找最优超平面以完成分类任务，通常需要将要素空间投影到更高维数的空间。投影过程的关键是合理地使用核函数。最常用的核函数是高斯（Gaussian）函数，该函数能够适用于各种不同的特征分布。通过对整个要素空间进行分析可以优化两个基本参数：高斯函数的标准差$\sigma$和属性集的容许误差，或成本参数，称为 C。

RF 法基于大量构建的决策树，而这些决策树可以构成一个森林[BRE 01]。每个决策树都通过对训练点和属性的随机抽样自动创建，它们为每个像素分配一个给定的类别，最后选择的是占多数的类别。

## 6.3 S1 数据处理

使用 Sentinel-1 数据所需要的预处理如图 6.3 所示，包括以下步骤：

（1）数据的辐射校正；

（2）基于辐射校正数据的正射校正；

（3）应用滤波器减少散斑效应；

（4）创建彩色合成影像（可选）。

通过步骤（1）～（3）处理后的 Sentinel-1 数据可以用于分类算法。创建彩色合成影像在散斑滤波过程中自动完成，因此可以对滤波后的数据进行彩色可视化操作。但对未经滤波的数据，目视解译更有效。这就是提出最后一个步骤（4）（尽管它是可选的）的意义所在。

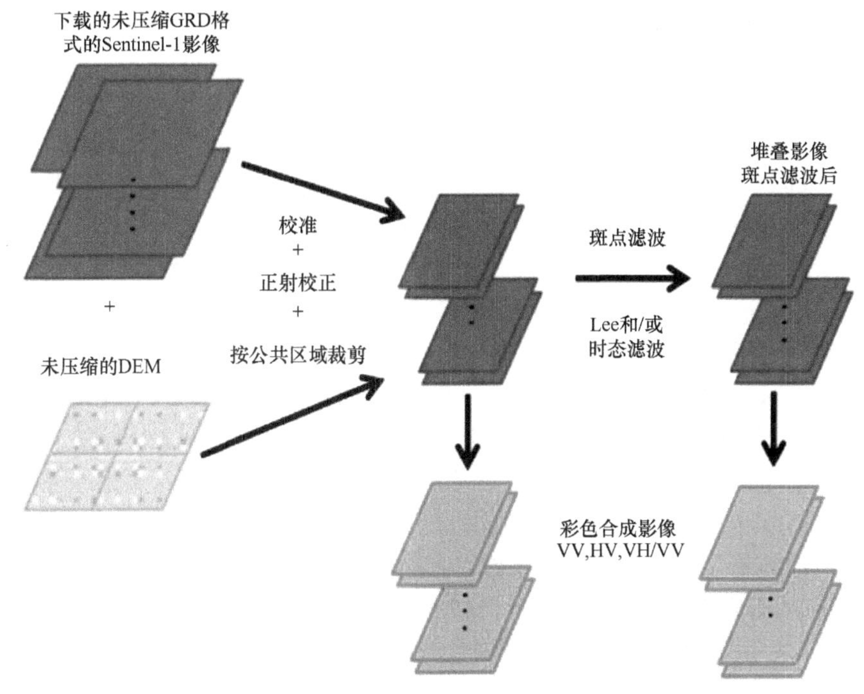


图 6.3 Sentinel-1GRD 数据处理链

该图的彩色版本（英文）参见 www.iste.co.uk/baghdadi/qgis2.zip，2020.8.12

## 6.3.1 辐射校正

雷达影像的辐射校正包括将影像像素对应的原始数字量化值转换成与雷达后向散射过程直接相关的数值。这里可以推导出三个不同的参数：雷达后向散射系数$\sigma_0$、$\gamma_0$和雷达亮度$\beta_0$[POL 97]。

## 6.3.2 校正数据的正射校正

这一步涉及从影像几何坐标系到平面制图几何坐标系的转换，换句话说，就是将影像投影到给定的制图系统中。本章将根据文献[SMA 11]中描述的方法，将雷达影像与数字高程模型（DEM）进行关联，进而实现对雷达影像的正射校正。

## 6.3.3 裁剪公共区域

这里是在研究区中生成大小相同（相同行数和列数，相同像素大小）的影像。单幅影像中的任何一个给定经纬度的像素将与其他影像中相同行列的像素对应。

### 6.3.4 滤波以减少散斑效应

这里使用两个滤波器，它们可以组合使用或者各自独立地使用：一个是只在空间域中工作的滤波器[LEE 09]；另一个则是在时间域上进行操作的滤波器[QUE 01]。对 Sentinel-1 数据的滤波更推荐使用后者，因为通过对不同日期获得的海量数据进行滤波能够特别有效地使其减少散斑。该滤波器的定义如下：

$$J_k = \frac{<I_k>}{M}\sum_{i=1}^{M}\frac{I_i}{<I_i>} \tag{6.1}$$

式中，$M$ 为已获得影像的数量（$M$ 个不同的日期）；$J_k$ 为第 $k$ 幅滤波影像的像素辐射强度（$1 \leqslant k \leqslant M$）；$I_i$ 为要滤波的第 $i$ 幅影像的辐射强度；$<I_i>$（$1 \leqslant i \leqslant M$）为第 $i$ 幅影像在局部邻近空间内呈现的辐射强度平均值；$<I_k>$（$1 \leqslant k \leqslant M$）为第 $k$ 幅影像在局部邻近空间内呈现的辐射度平均值。对于空间维度，在固定大小的邻域进行滤波时，添加了 $M$ 幅影像总和的时间维度。

Lee 滤波器是一种自适应滤波器，它能减少匀质区域上的散斑（仅在空间维度上），同时在保留细节（即非匀质区域）特征的基础上减少邻域大小。在匀质区域中，对用户指定的整个局部邻域使用平均值。在非匀质区域中，其非均匀性越强，则局部邻域的范围越小。匀质和非匀质区域可通过比较变异系数 $C_v = \frac{\sigma}{\mu}$ 区分，$\sigma$ 和 $\mu$ 分别为实际局部邻域的标准差和平均值估计值。处理结果表明，匀质区域的 $\mu$ 是常数，其值等于 $1/\sqrt{L}$。这里的 $L$ 是影像可视次数，具体来说，是指根据原始单视复数影像生成时使用的统计上独立的样本数量。实际考虑的区域一般是非均匀的，即 $C_v$ 会普遍大于 $1/\sqrt{L}$，因此这个值是影像中可以观察到的 $C_v$ 最小值。用户为影像可视次数指定的 $N$ 值是影响滤波效果的一个参数，与局部邻域大小的影响效果相同。如果 $N>L$（$1/\sqrt{L} < 1/\sqrt{1/\sqrt{L}} < 1/\sqrt{N}$），那么滤波的效果就会降低（即原本假设的匀质区域变为实际上的非匀质区域，同时其邻域的大小也会缩减），反之亦然。

图 6.4 显示了根据未经滤波和经滤波后的 GRD 数据合成的两幅彩色影像（6.5 节）。

### 6.3.5 基于不同极化方式的彩色合成

生成的彩色合成影像为进行影像目视解译提供了条件。这些合成影像显示了极化 VV、VH 及其比率 VH/VV[①]，分别对应对数尺度上的红、绿、蓝通道。图 6.5 展示了在法属圭亚那（French Guiana）的库鲁（Kourou）地区根据 RADARSAT-2[②]

---

① 极化率（VH/VV）与线性尺度数据有关。当数据处于对数尺度（分贝）时，该比率变为差值（VH−VV）。

② 与 Sentinel-1 不同，RADARSAT-2 上的 SAR 传感器是完全极化的，因此，它可以同时捕获具有三个极化 HH、VH 和 VV 的同一场景。

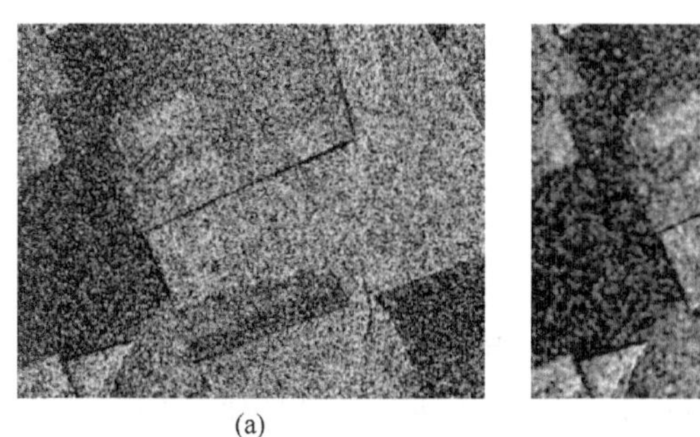

(a)

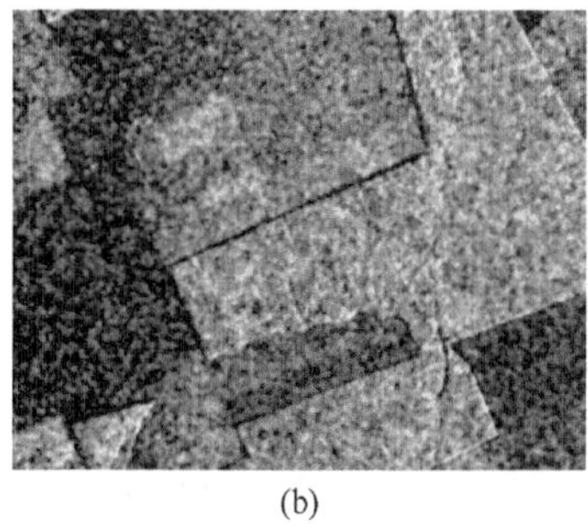

(b)

图 6.4 根据原始 GRD 数据合成的彩色影像（R：VV；G：VH；B：VH/VV）

（a）为在大小为 5 像素×5 像素的邻域上用 Lee 滤波器滤波后；（b）为 2016 年 1 月 19 日采用 IW 模式采集的巴西朱拉（Juara）地区 Sentinel-1 影像。该图的彩色版本参见 www.iste.co.uk/baghdadi/qgis2.zip，2020.8.12

获取的 VV、VH 和 HH 极化合成的彩色影像，显示采用 VV、VH 及 VH/VV 合成的彩色影像[图 6.5（a）]，与包含 HH 极化，而非 VV 极化（也可以从 Sentinel-1 中获得）合成的影像[图 6.5（c）]具有相似的色彩，对应的通道分别是红光、绿光和蓝光。这两种表示与包含三种极化的彩色合成影像[HH、VH 和 VV，图 6.5（b）]进行对比效果更为明显。对于三种极化，体散射（与茂密植被关联）表现为绿色，表面扩射（裸露的土壤或不平整的水面）表现为蓝色，双重约束机制（double bound mechanisms）（面向雷达的城市，淹没的植被，库鲁桥以及桥梁与河流之间）表现为红色。

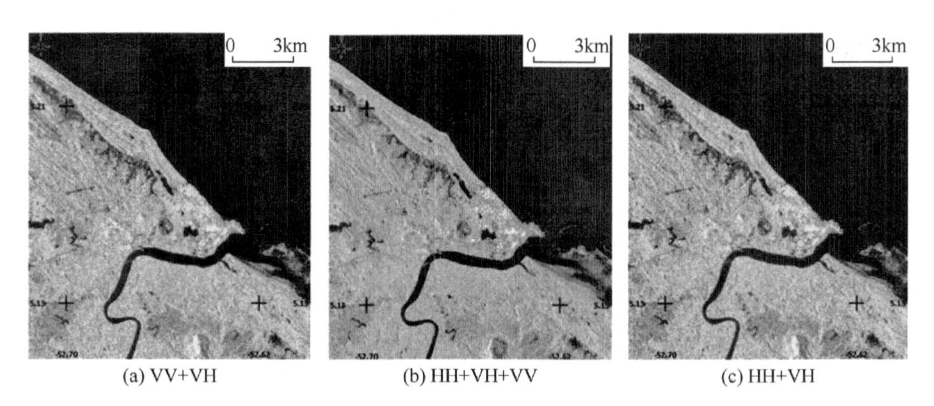


(a) VV+VH (b) HH+VH+VV (c) HH+VH

图 6.5 根据双极化数据生成的彩色合成影像

根据惯例，（a）、（c）中，红色表示：VV（或 HH）；绿色表示：VH；蓝色表示：VH/VV（或 VH/HH），与（b）中数据进行对比（R：HH；G：VH；B：VV）。在圭亚那（Guyana）库鲁（Kourou）地区获得的 RADARSAT-2 影像。该图的彩色版本参见 www.iste.co.uk/baghdadi/qgis2.zip，2020.8.12

在双极化的情况下，无论是 VV+VH 极化组合还是 HH+VH 极化组合，植被密度较大的区域均为青黄色，粗糙度较大的裸土表面则为蓝色或红色，城市地区与洪水淹没的植被为亮橙色。可以看出，在淹没的植被区域中，特别是与北部海岸线平行的区域，HH 极化的检测结果较为清晰，而在 VV+VH 配置情况下低密度植被检测结果较为清晰。

## 6.4 在 QGIS 中实现处理

根据前述配置的版本（将 OTB、Python 和适当的库集成），在 QGIS 中可以实现各种处理功能。在 Windows 操作系统下进行安装的细节如下。

本章给出的数据处理示例使用 2016 年 1 月 19 日、9 月 27 日和 11 月 14 日在巴西马托格罗索（Mato Grosso）州朱拉（Juara）地区获取的 Sentinel-1 数据（表 6.1）。这些数据（以及完成地理配准所需的 SRTM 数据）可在各航天局的网站上免费获得，下面还将具体说明。此外，也可以从以下网站下载打包的数据：teledetection-radar.u-pem.fr/Book_ISTE_Press/data/Juara/，2020.8.12，分别在 Sentinel-1/和 SRTM/目录下。

**表 6.1 QGIS 软件配置版本安装顺序（集成 Orfeo 工具箱和 Python 库）**

| 方法 | QGIS 实现 |
|---|---|
| **安装带有 OTB 集成的 QGIS** | 在文件管理器中，双击在以下地址下载的程序 QGIS_RemoteSensing_64bits.exe：teledetection-radar.u-pem.fr/Book_ISTE_Press/software/QGIS_RemoteSensing_64bits.exe，2020.8.12。<br>（1）安装向导的语言：English。 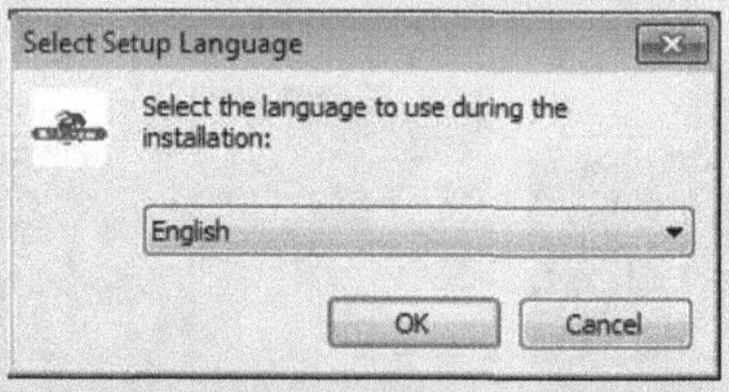<br>Select Setup Language<br>Select the language to use during the installation:<br>English<br>OK Cancel<br>（2）勾选 I accept the agreement，然后单击 Next。 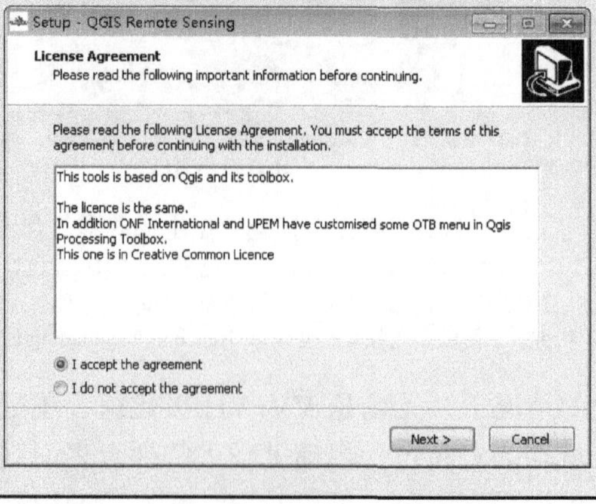<br>Setup - QGIS Remote Sensing<br>License Agreement<br>Please read the following important information before continuing.<br>Please read the following License Agreement. You must accept the terms of this agreement before continuing with the installation.<br>This tools is based on Qgis and its toolbox.<br>The licence is the same.<br>In addition ONF International and UPEM have customised some OTB menu in Qgis Processing Toolbox.<br>This one is in Creative Common Licence<br>I accept the agreement<br>I do not accept the agreement<br>Next > Cancel |

续表

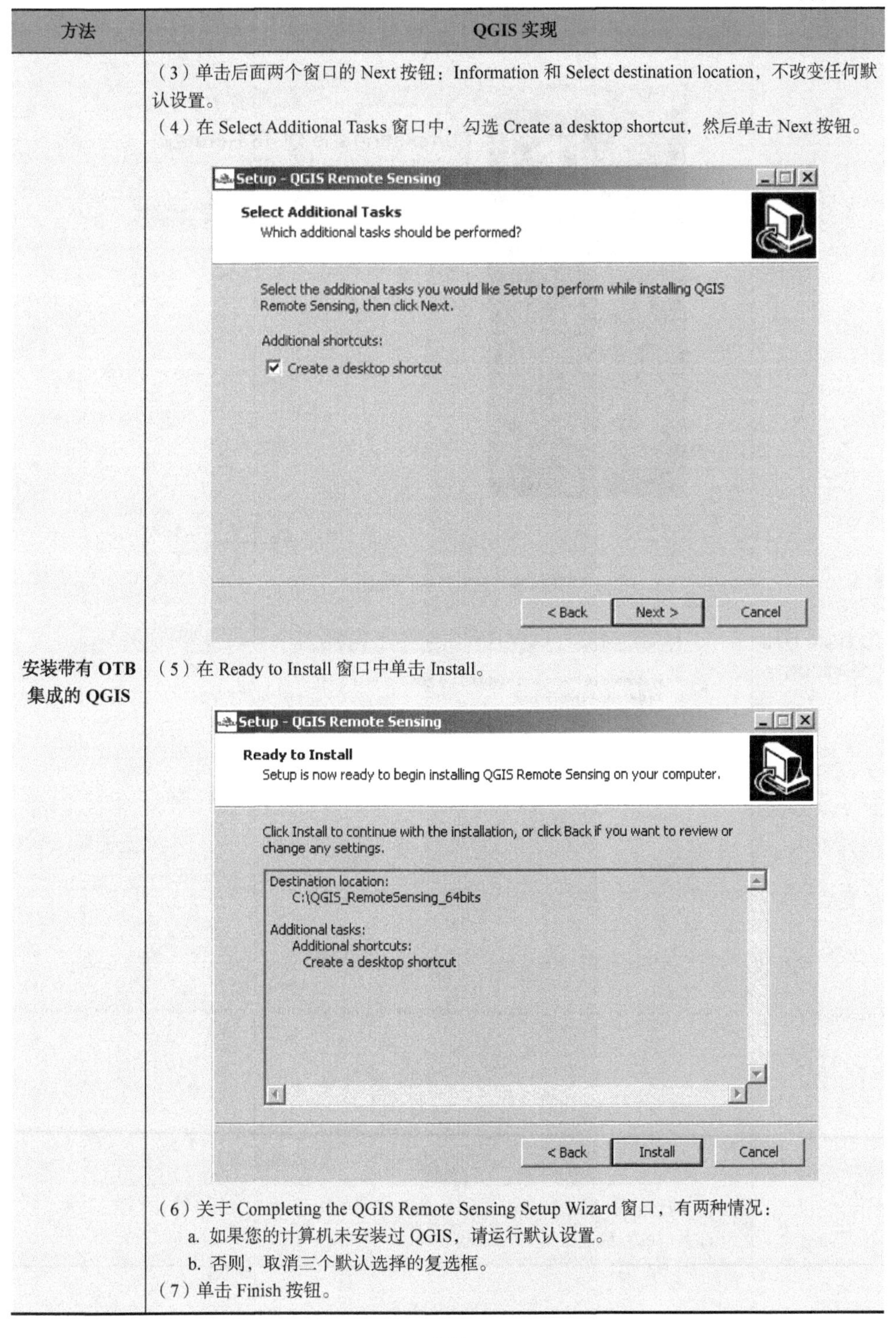

| 方法 | QGIS 实现 |
| --- | --- |
| **安装带有 OTB 集成的 QGIS** | （3）单击后面两个窗口的 Next 按钮：Information 和 Select destination location，不改变任何默认设置。<br>（4）在 Select Additional Tasks 窗口中，勾选 Create a desktop shortcut，然后单击 Next 按钮。<br>（5）在 Ready to Install 窗口中单击 Install。<br>（6）关于 Completing the QGIS Remote Sensing Setup Wizard 窗口，有两种情况：<br>a. 如果您的计算机未安装过 QGIS，请运行默认设置。<br>b. 否则，取消三个默认选择的复选框。<br>（7）单击 Finish 按钮。 |

续表

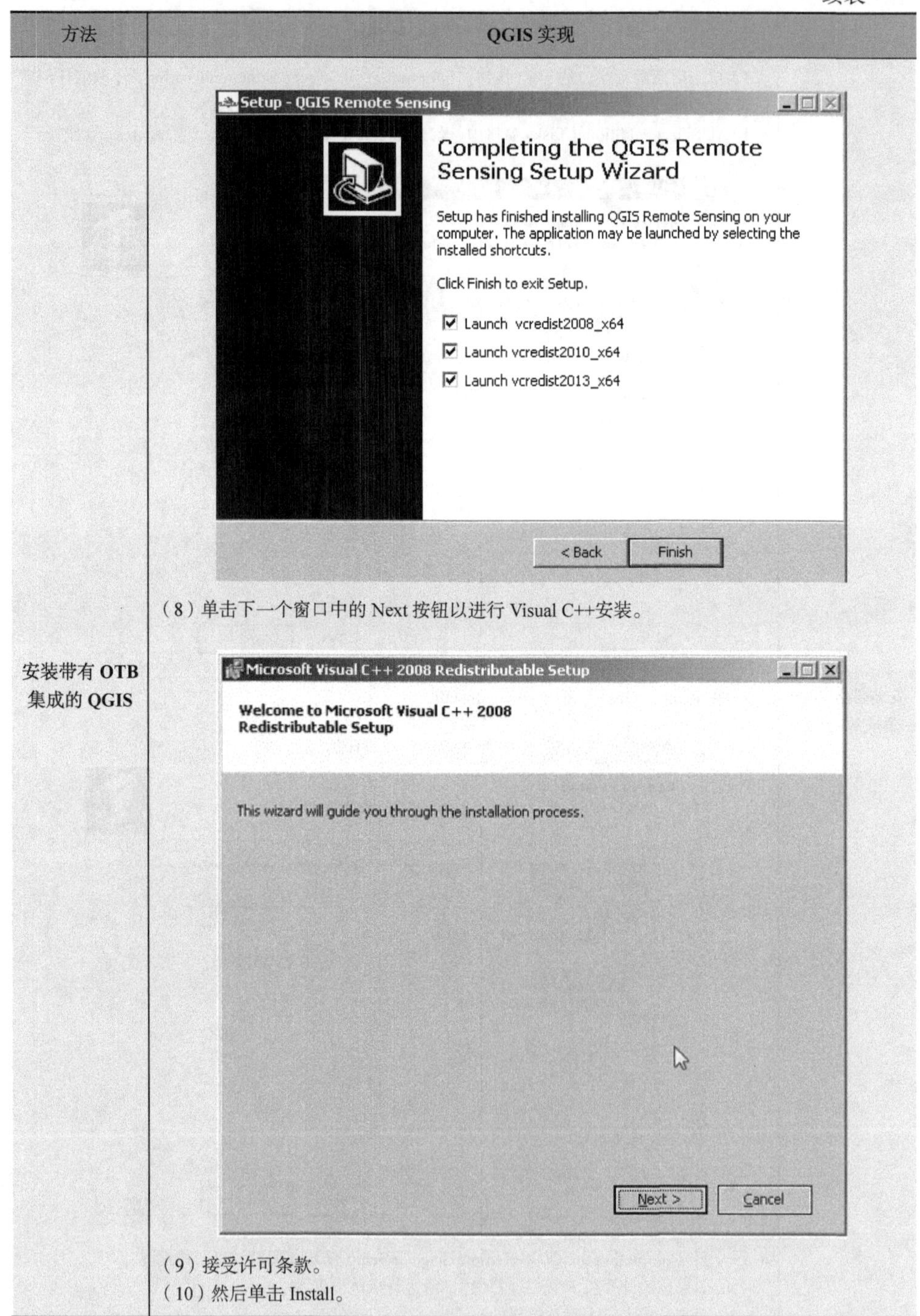


| 方法 | QGIS 实现 |
| --- | --- |
| 安装带有 **OTB** 集成的 **QGIS** | （8）单击下一个窗口中的 Next 按钮以进行 Visual C++安装。<br>（9）接受许可条款。<br>（10）然后单击 Install。 |

续表

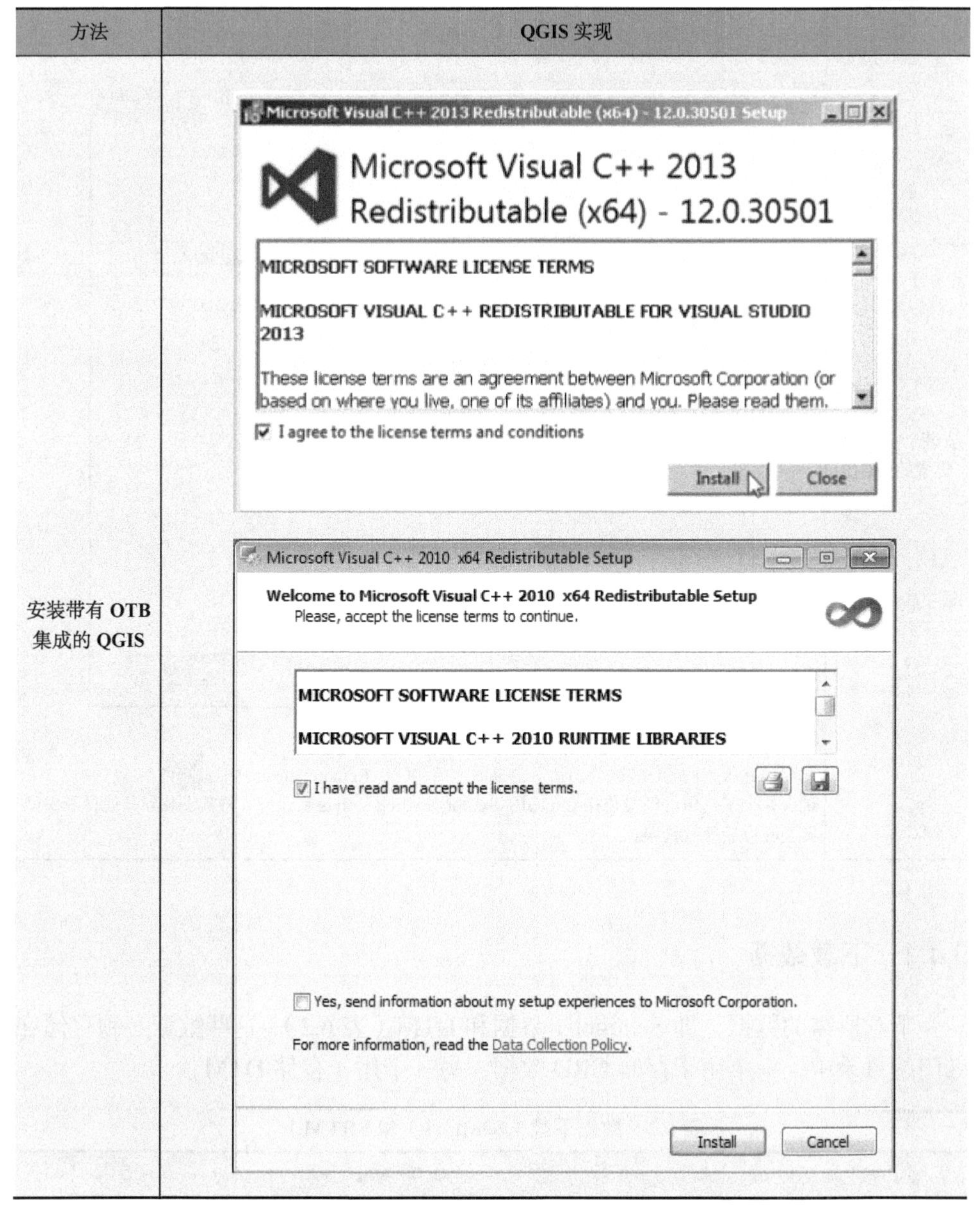


| 方法 | QGIS 实现 |
| --- | --- |
| 安装带有 OTB 集成的 QGIS | |

续表

<table>
<tr><th>方法</th><th>QGIS 实现</th></tr>
<tr><td>安装带有 OTB 集成的 QGIS</td><td>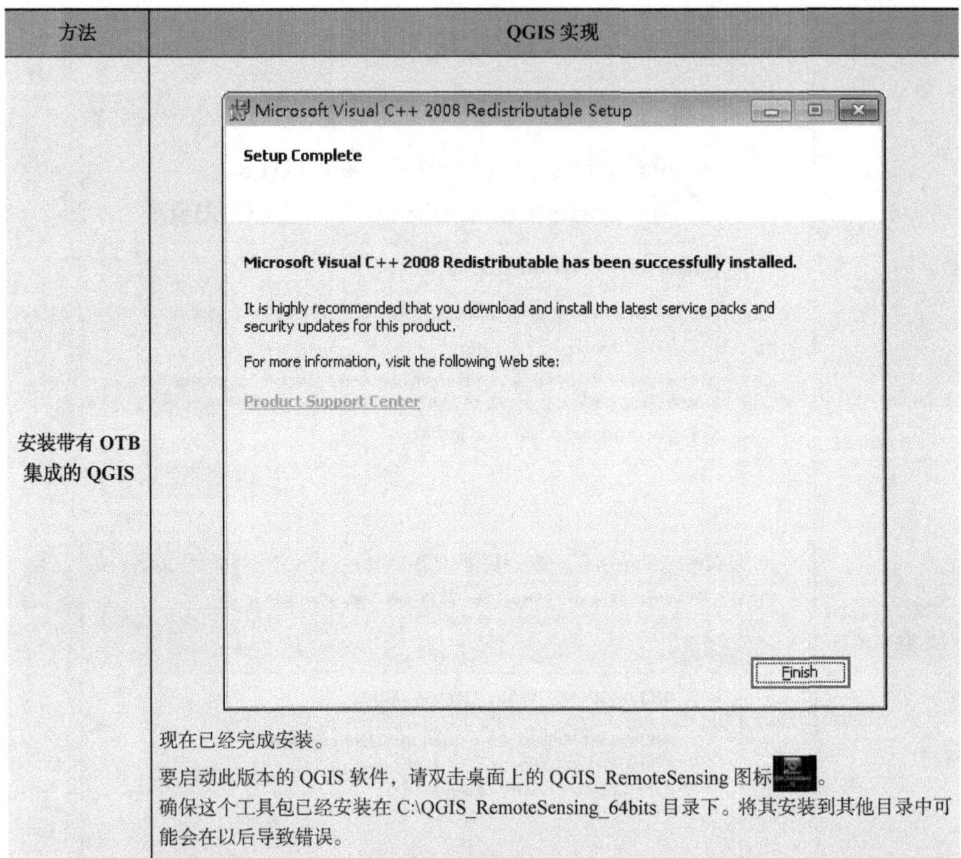
<br>现在已经完成安装。<br>要启动此版本的 QGIS 软件，请双击桌面上的 QGIS_RemoteSensing 图标。<br>确保这个工具包已经安装在 C:\QGIS_RemoteSensing_64bits 目录下。将其安装到其他目录中可能会在以后导致错误。</td></tr>
</table>

### 6.4.1 下载数据

下载所需的数据，即 Sentinel-1 数据和 DTM（表 6.2）。这些数据必须存储在专门的目录中，一个用于存储 GRD 数据，另一个用于存储 DTM。

**表 6.2　数据下载（Sentinel-1 和 SRTM）**

| 方法 | QGIS 实现 |
|---|---|
| 下载 Sentinel-1 数据 | （1）在 Web 浏览器中，访问 ESA 的科学数据门户：https://scihub.copernicus.eu，2020.8.12。<br>（2）单击 Open Hub。<br>（3）通过单击页面右上角的 Login 选项卡登录（第一次登录需要创建一个使用电子邮件地址和密码的账户）。<br>（4）在地图上，导航/缩放到感兴趣的区域，并在左侧选项卡中选择搜索条件。 |

续表

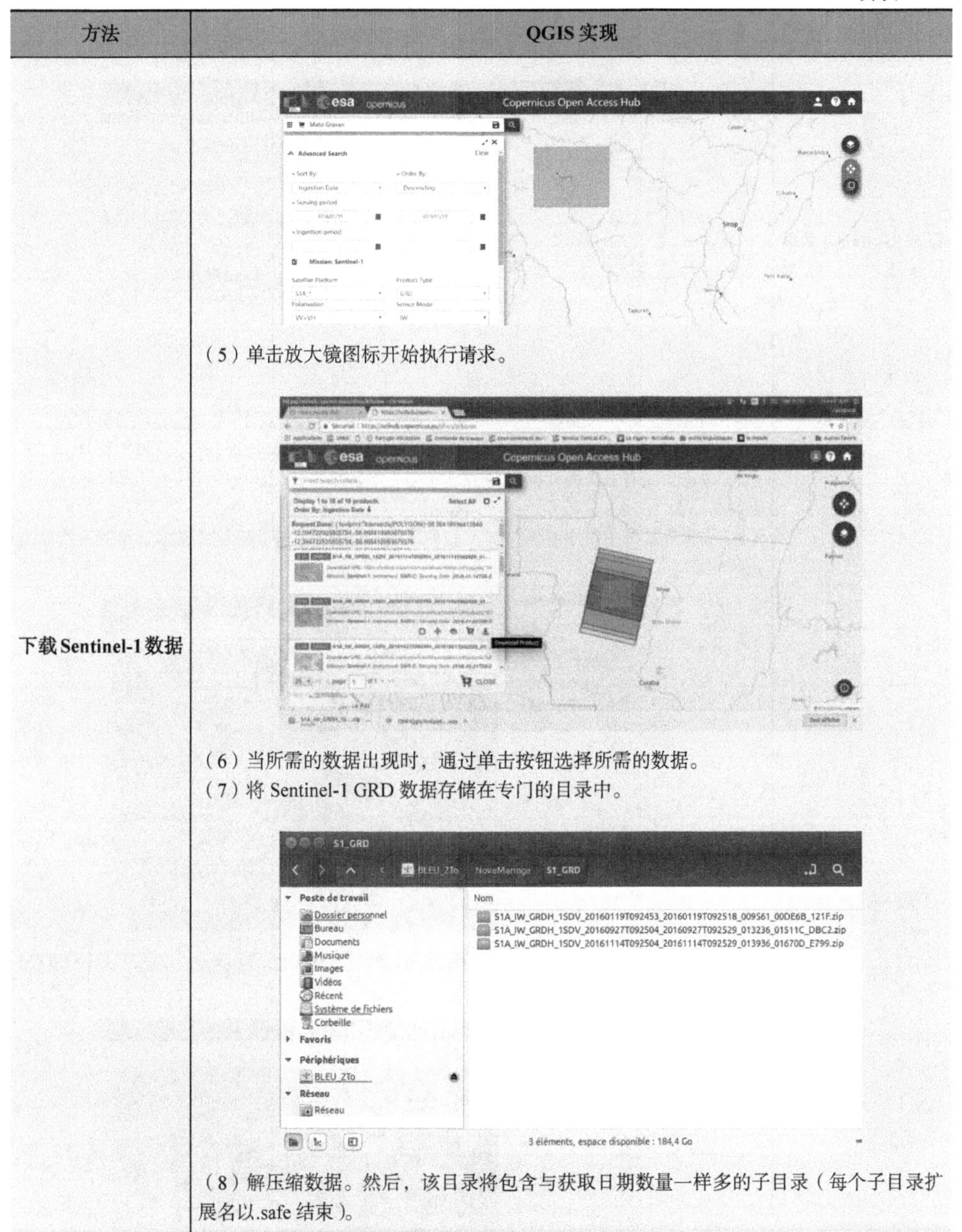


| 方法 | QGIS 实现 |
| --- | --- |
| 下载 Sentinel-1 数据 | （5）单击放大镜图标开始执行请求。<br>（6）当所需的数据出现时，通过单击按钮选择所需的数据。<br>（7）将 Sentinel-1 GRD 数据存储在专门的目录中。<br>（8）解压缩数据。然后，该目录将包含与获取日期数量一样多的子目录（每个子目录扩展名以.safe 结束）。 |

续表

| 方法 | QGIS 实现 |
| --- | --- |
| 下载 Sentinel-1 数据 | 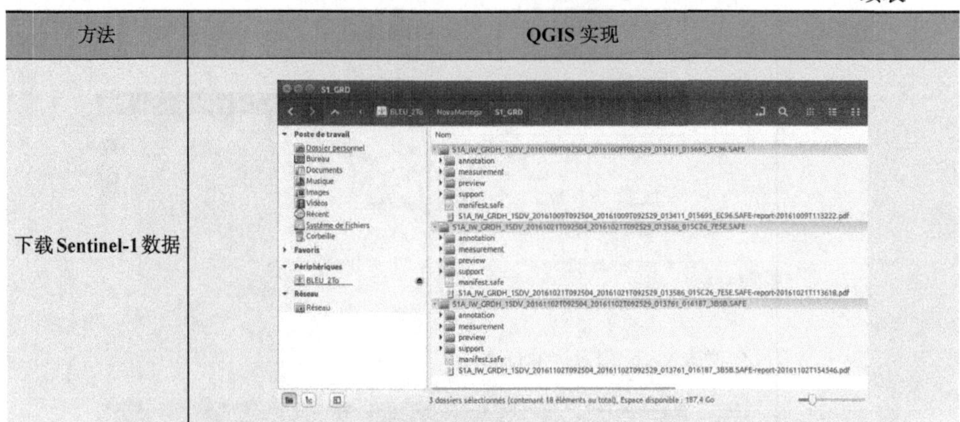 |
| 下载 SRTM DEM | （1）在 Web 浏览器中，访问 USGS 网站：https://earthexplorer.usgs.gov，2020.8.12。<br>（2）单击页面右上角的 Login 选项卡（第一次登录需要创建一个使用电子邮件地址和密码的账户）。<br>（3）在世界影像中，导航/放大感兴趣的区域。通过依次单击标记相关多边形的顶点描绘此区域。<br>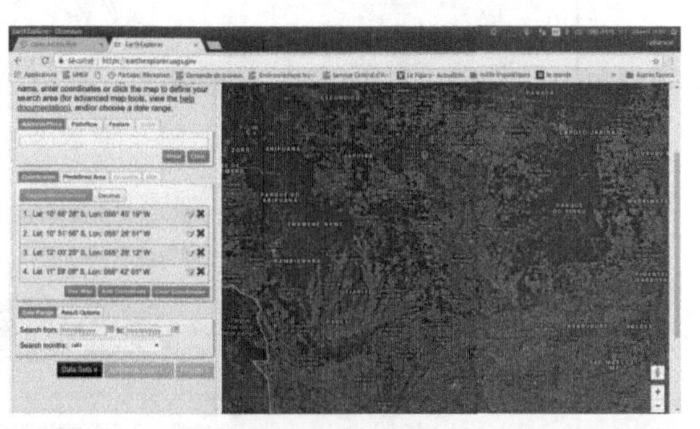<br>（4）在左边的选项卡中单击 Data Sets 按钮，然后选择 Digital Elevation，接着选择 SRTM 1 Arc-Second Global。<br>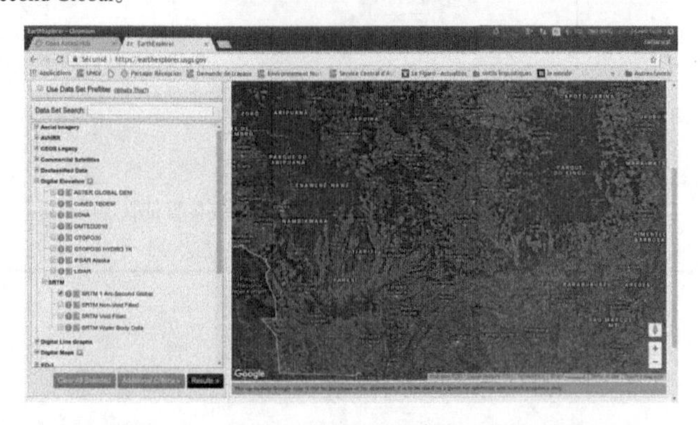 |

续表

<table>
<tr><th>方法</th><th>QGIS 实现</th></tr>
<tr><td>下载 SRTM DEM</td><td>
（5）点击 Results 按钮。<br>
<br>
（6）可以通过单击按钮 查看每个数据的足迹。<br>
<br>
（7）单击 下载所需的数据。<br>
（8）在下一个出现的窗口中选择 TIFF 格式。<br>
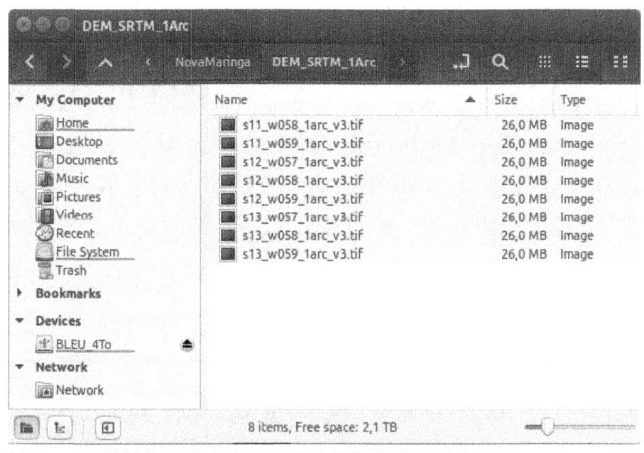
<br>
（9）将所有 SRTM 数据集存储在专门存放这些数据的目录中。<br>
确保 SRTM 数据集包含 Sentinel-1 整个数据获取区域。
</td></tr>
</table>

注：表格的彩色版本参阅 www.iste.co.uk/baghdadi/qgis2.zip，2020.8.12。

使用的处理代码采用 Python 语言编写，并直接集成到使用 OTB 配置的 QGIS 版本中，它们位于 C:\QGIS_RemoteSensing\qgisconfig\processing\scripts 目录下，可以通过 QGIS 的 Processing Toolbox（处理工具箱）选项卡、Scripts（脚本）和 Sentinel-1 IW Batch Processing（Sentinel-1 IW 批处理）条目访问。

### 6.4.2 Sentinel-1 数据在公共区域的校正、正射校正与叠加

此处创建与输入影像数量相同的影像，输出的影像都叠加在一个公共区域上，具有相同的像素大小（因此具有相同的行数和列数），并且采用相同的欧洲石油勘探组织（EPSG）规定的地理投影。使用的程序可以通过 Processing Toolbox（处理工具箱）选项卡下 Scripts（脚本）中的 Sentinel-1 IW Batch Processing 条目访问。

菜单项 1a-GRD Products Calibration and Orthorectification over Largest Area 可以用来根据所有数据集的最大交集定义公共区域。输入目录（待输入）是包含 GRD 数据的目录（简称为 rep0）。后向散射系数可以在 Sigma0（默认情况下）、Beta0 或 Gamma0 之间选择。

在缺乏更精确 DEM 的情况下，进行数据正射校正所需的 DEM 默认是从美国地质调查局（USGS）Earth Explorer（地球索者）网站（https://earthexploer.usgs.gov，2020.8.12）下载的空间分辨率为 30m 的 SRTM。这里需要保证 DEM 数据集覆盖整个 Sentinel-1 数据采集区域。

数据裁剪需要定义相同的像素大小[Output Pixel Size set（输出像素大小设置），默认为 10m]，并在输出投影中选择 QGIS 提供的投影（EPSG）。注意，输出像素大小的值是根据投影系统定义的单位默认给出的。要设置 10m 大小，必须选择以 m 为单位定义的投影系统（如 UTM 投影）。

输出目录（待输入，记为 rep1）包含与获取日期数量相同的子目录，即与目录 rep0 具有相同的目录结构。处理后的影像以 Geotiff 格式保存，并命名为 Sat_date_pol_par_Clip_Ortho.tif，其中 Sat 为卫星 S1A 或 S1B，date（日期）的格式为 yyyymmdd，pol 表示极化方式（VV 或 VH），par 对应于 Sig0、Gam0 或 Bet0，具体取决于后向散射系数是 Sigma0、Gamma0 还是 Beta0。例如，影像 S1A_20161009_VH_Sig0_Clip_Ortho.tif对应于2016年10月9日获得的Sentinel-1A VH 极化影像，根据参数 Sigma0 进行校准，并与同一上级目录下的其他具有相同范围的影像一同进行正射校正。

输出目录还包含一幅彩色合成影像，对应于一系列影像（名为 rep1/TempAverage_VV_VH_VH-VV_dB_firstdate_lastdate.vrt，其中 firstdate 和 lastdate 的格式为 yyyymmdd，表示时间序列中的第一个和最后一个日期）中每个像素的

时间序列平均值，同时也包含以 TempAverage_开头的 VV、VH 和 VH-VV 三幅相关极化影像的 tif 文件。如果时间序列中包含足够多的影像，那么影像的散斑几乎不再可见，因而能够保证空间分辨率。但是这对保留其时间维度上的某些信息却是不利的。在随后的分类步骤中，绘制表征类别的多边形会对整个分类过程具有潜在的帮助。

菜单项 1b-GRD Products Calibration and Orthorectification over Polygon 与之前的菜单项类似，但在表 6.3 中主要用来提取由多边形（输入多边形文件）定义的区域。要输入的所有其他参数与前面的菜单项相同。

**表 6.3　使用菜单项 1a-GRD 进行大范围的产品校正和正射校正**

| 方法 | QGIS 实现 |
| --- | --- |
| **运行处理过程：使用 1a-GRD 进行大范围的产品校正和正射校正** | （1）检查输入数据文件夹目录是否只包含每个 Sentinel-1 数据采集对应的目录。<br>（2）检查 DEM 文件夹是否只包含 DEM 文件（未压缩，Geotiff 格式）。<br>请求目录名称的子标题后缀[optional]label 来自 OTB，不能被删除，这是不需要考虑的。相反，为了运行处理过程必须输入目录名称，如下图所示。<br>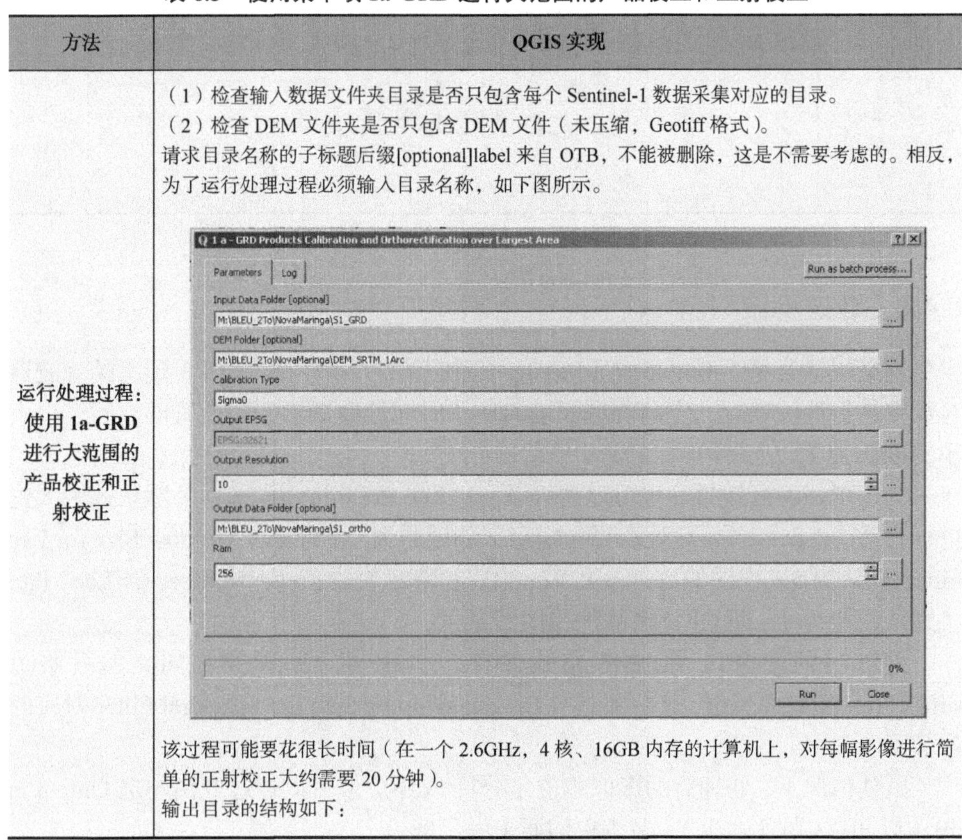<br><br>该过程可能要花很长时间（在一个 2.6GHz，4 核、16GB 内存的计算机上，对每幅影像进行简单的正射校正大约需要 20 分钟）。<br>输出目录的结构如下： |

续表

| 方法 | QGIS 实现 |
| --- | --- |
| 运行处理过程：使用 **1a-GRD** 进行大范围的产品校正和正射校正 | 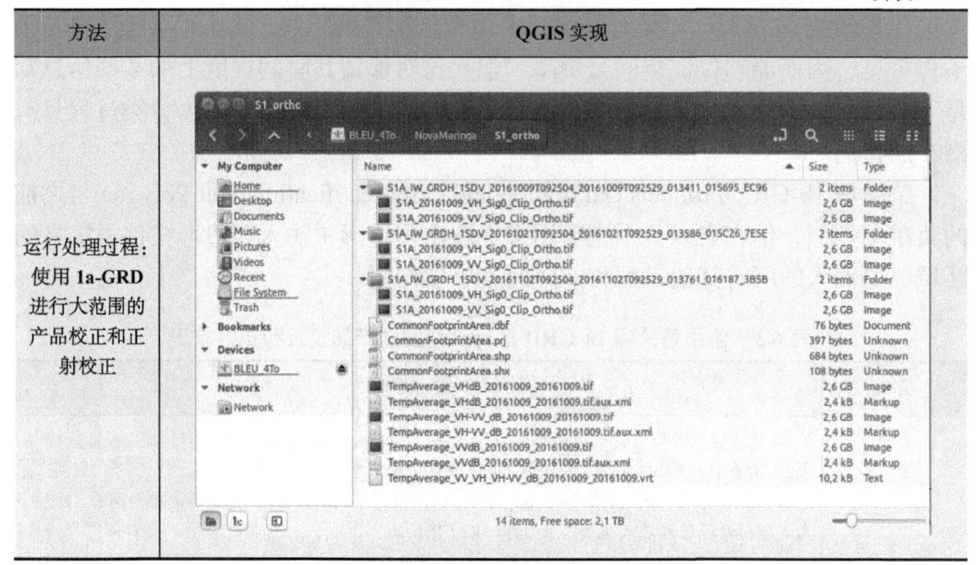 |



## 6.4.3　散斑滤波

这里根据菜单 2-Temporal Filtering（时态滤波）采用式（6.1）定义的滤波器对数据进行滤波处理。空间邻域尺度对应于时间滤波器参数中设置的空间窗口大小，默认为 7（表 6.4）。

为了增强滤波效果，也可以选择 Apply Lee Pre Filtering 选项（默认选中）先进行自适应 Lee 滤波。此处需要指定局部邻域的大小（Spatial Window Size for Lee Filter，默认为 5）、视图的数量以及 Lee 滤波的特定参数 Looks Number for Lee Filter（默认设置为 5，即 GRD 产品的视图数量）。

处理后的影像以 Geotiff 格式保存，名称与原始影像相同，但后缀为 suffix_TempFilt_Wx.tif，其中 x 是与 Spatial Window Size for Temporal Filter 对应的参数。

默认情况下，处理后的影像单位是分贝（dB）。但可以通过取消勾选 Output in dB（以 dB 为单位输出），保留它们原来的尺度。

除了对 VV 和 VH 影像进行滤波外，该处理过程还生成一幅 VH/VV 极化比影像，此外还生成了一个 QGIS 虚拟文件，可以将生成的三幅影像显示为彩色合成影像（6.3.5 节）。

**表 6.4 散斑滤波**

| 方法 | QGIS 实现 |
| --- | --- |
| 散斑滤波 | Input Data Folder[optional]对应于前一步的输出目录。此目录中的所有影像应该包含相同数量的行和列。<br>要输入的 Output Data Folder[optional]将包含与获取日期数量相同的子目录，即与 rep1 目录具有相同的目录结构。<br>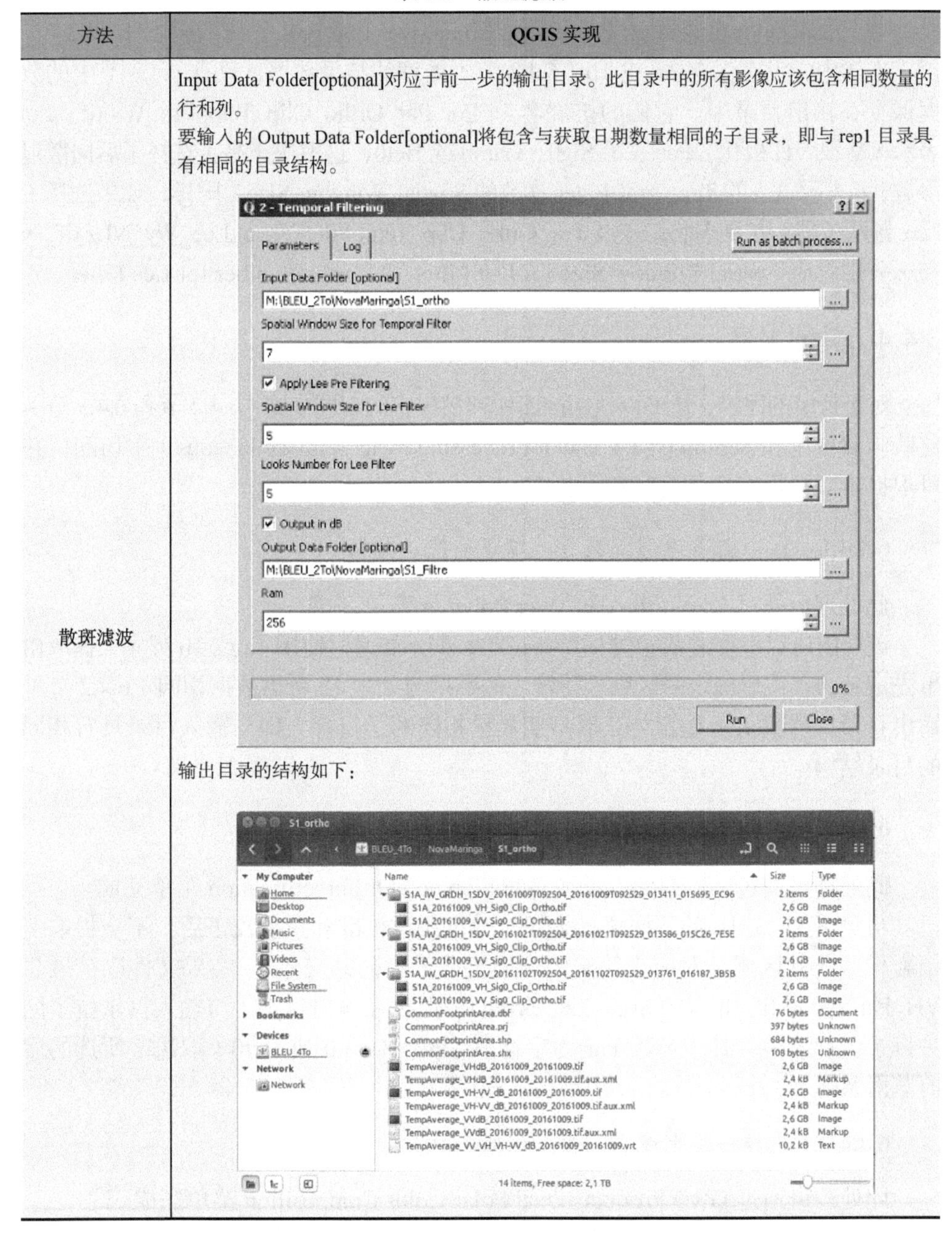<br><br>输出目录的结构如下：<br> |

经过这两个步骤（6.4.2 节和 6.4.3 节）处理后的影像可以用于分类算法。

也可在 Sentinel-1 IW Bath Processing 菜单中找到将 6.4.2 节和 6.4.3 节中描述的步骤组合在一起的对应处理步骤：

（1）GRD Products Full Processing Chain over Largest Area，分组步骤 1a 和 2；

（2）GRD Products Full Processing Chain over Polygon，分组步骤 1b 和 2。

本章中，没有保存 1a 或 1b（6.4.2 节）处理的结果数据，只有 6.4.3 节中的数据保存在输出目录中。它们的扩展名为 Pol_Par_Ortho_Clip_TempFilt_Wx.tif。Pol 表示 VV 或 VH 极化，Par 表示 Sig0、Gam0 或 Bet0，这取决于是否选择了后向散射参数，x 表示输入的 Temporal Filter 参数的 Spatial Window Size。同样，如果选择了 Lee 预滤波器，扩展名将是 Pol_Par_Ortho_Clip_TempFilt_Wx_pkLee_Wy_NLz.tif，y 和 z 分别对应 Spatial Window Size for Lee Filter 和 Looks Number for Lee Filter。

## 6.4.4 其他工具

对于特定的需求，还可以使用前面处理过程中的不同步骤（6.4.2 节和 6.4.3 节）。这些步骤可以在 Sentinel-1 IW Batch Processing menu（miscellaneous）中访问，并可根据本节的详细介绍进行相关操作。

### 6.4.4.1 在给定多边形上裁剪一组正射校正数据

此处理可通过 Clip ortho data over Polygon 菜单完成。

该功能可以根据之前经过正射校正的数据（如通过使用 1a 或 1b 程序）提取由事先定义的多边形确定的区域。待输入的数据与处理 1b 所需数据相同（6.4.2 节）。输出目录（待输入）包含与获取日期数量相同的子目录，即与输入目录具有相同的目录结构。

### 6.4.4.2 对数据集进行校准和正射校正

此处理可通过 GRD Products Calibration and Orthorectification 菜单完成。

与菜单 1a 或 1b 的不同之处在于，数据经过校准和正射校正后，不会提取多幅影像的公共区域（对应于给定的多边形或最大公共交集）。结果文件以扩展名 VH_Par_Ortho.tif 和 VV_Sig0_Par_Ortho.tif 保存在输出目录（与输入目录位于同一目录级别）中，其中参数 Par 为字符串 Sig0、Gam0 或 Bet0（取决于所选的后向散射系数）。

### 6.4.4.3 为数据集生成彩色合成影像

此处理可通过 GRD Products Dual Polar Color Composition 菜单完成。

它在创建未滤波 GRD 数据的彩色合成影像时特别有用，因为与滤波后的数据相比，这些数据更容易进行目视解译。它生成对数尺度（单位：dB）的影像，从而使得人类的视觉更适应其动态变化。结果文件保存在输出目录中（与输入目录的结构相同）。每个目录与一个获取日期对应，包含创建彩色合成影像所需的三个文件（Geotiff 格式），即 VV、VH 文件及其 VV/VH 比值文件（表 6.5）。VV 和 VH 极化文件的名称与原始文件相同，相应的扩展名为_dB.tif。极化比值文件中含有字符串_VHVV_和扩展名_dB.tif。可以在 QGIS 中查看彩色合成影像对应的以 dB.vrt 结尾的虚拟文件，名称中包括字符串 VV_VH_VH-VV。

**表 6.5 生成彩色合成影像**

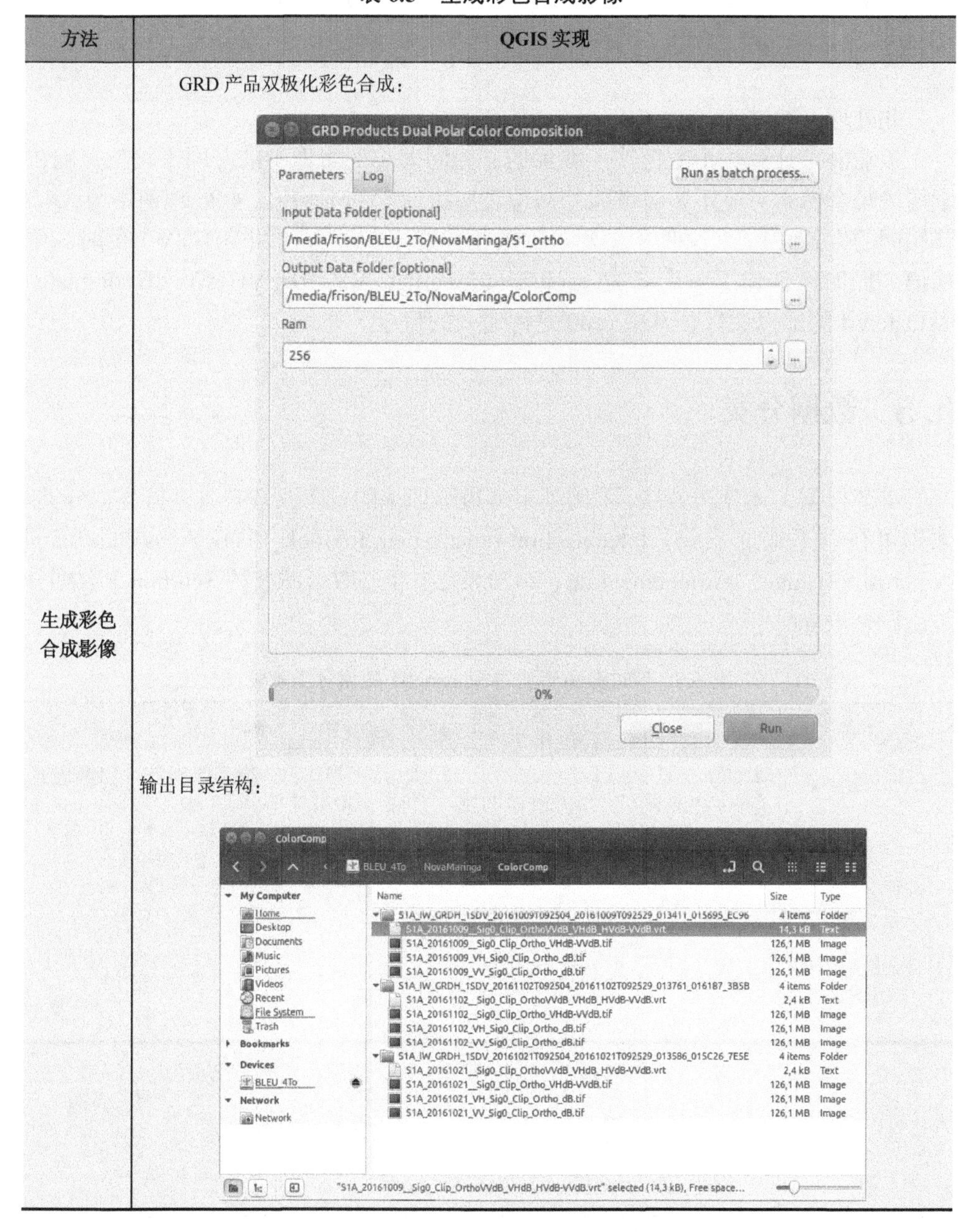


| 方法 | QGIS 实现 |
| --- | --- |
| 生成彩色合成影像 | GRD 产品双极化彩色合成：<br>输出目录结构： |

#### 6.4.4.4 将 Lee 滤波器应用到数据集

此处理可通过 Lee SpeckleFiltering 菜单完成。

与 6.4.3 节中对数据进行系统地时间序列滤波不同，这里只使用 Lee 滤波器。结果文件保存在输出目录（与输入目录具有相同的结构）中，扩展名为 SpkLee_Wx_NLy.tif，x 和 y 表示输入的空间邻域大小（默认为 7）和视图数量（默认为 5）。

#### 6.4.4.5 生成“时间平均”影像

此处理可通过 Temporal Average 菜单完成。

该功能可计算一个数据栈（叠加的、相同大小的影像）的时间平均值。输出影像的每个像素对应于影像堆栈相同位置所有像素的平均值。此处理使用与 6.4.2 节相同的方式，在 tif 文件中创建每种极化方式（VV、VH 和 VH-VV）的时间平均值，同时还创建了一个名为 rep0/TempAverage_VV_VH_VH-VV_dB_firstdate_lastdate.vrt 的虚拟文件，其中 rep0 是待输入的目录。

## 6.5 数据分类

本节根据上述分类方法，采用基于多边形训练的（监督）RF 法进行数据分类。数据可在以下地址下载：teledetection-radar.u-pem.fr/Book_ISTE_Press/data/Juara/vecteurs/polygones_entrainement.tar，2020.8.12。经过散斑滤波的 Sentinel-1 数据分类阶段见表 6.6。

**表 6.6 经过散斑滤波的 Sentinel-1 数据分类阶段**

| 方法 | QGIS 实现 |
| --- | --- |
| 1. 创建包含所有波段的影像 | 通过单击 Add Raster Layer 按钮 ，将每个采集日期对应的滤波后的 Sentinel-1 VV、VH 及 VH/VV 极化比影像加载到 QGIS 中。在 Open a GDAL Supported Raster Data Source 窗口中，首先移动到 S1_Filter 目录，然后在放大镜图标旁边的右上角方框中输入*.tif。最后即可在 ColorComp_Filt 目录的子目录中看到扩展名为.tif 的所有文件（总共 9 个）。  |

续表

| 方法 | QGIS 实现 |
| --- | --- |
| 1. 创建包含所有波段的影像 | 选择所有文件。<br>（1）由于直方图的默认设置错误，QGIS 中的影像可能会变成黑色。在这种情况下，首先通过单击按钮以全分辨率放大影像。然后通过单击按钮调整影像的直方图到查看的区域（如果影像仍然是黑色的，放大或移动到另一个区域，重复操作）。最后通过单击返回到整个影像视图。<br>（2）这里仍然需要将这 9 幅影像分组到一个单独的虚拟文件中，该文件由 9 个波段组成，将应用于分类处理。操作过程如下：<br>a. 首先，按照日期递增对 VV，VH，VH/VV 序列影像进行排序；<br>b. 然后，检查每个波段的显示框是否被选中（即每个波段是可见的）；<br>c. 最后，依次操作为 Raster→Miscellaneous→Build Virtual Raster（Catalog），并将虚拟影像命名为 S1A_IW_3dates.vrt，保存在分类目录下。 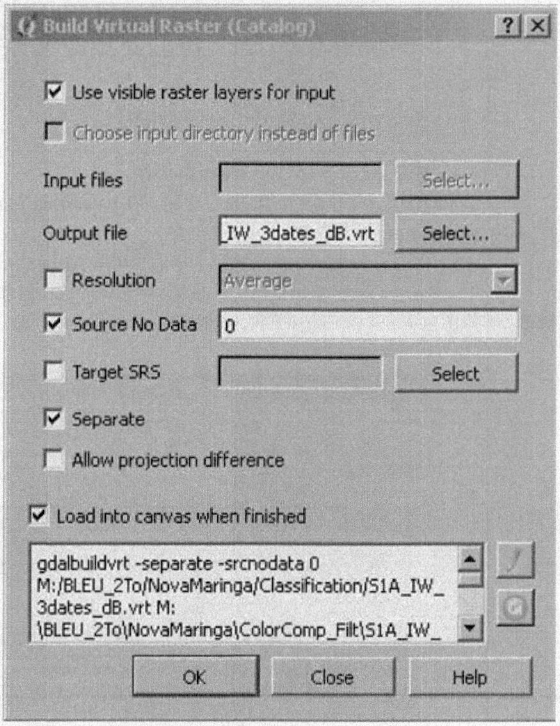 |
| 2. 提取子影像 | 为了缩短处理时间，可以提取一幅子影像。<br>（1）根据下面的地址下载训练多边形：<br>teledetection-radar.u-pem.fr/Book_ISTE_Press/data/Juara/vecteurs/polygones_entrainement.tar，2020.8.12。<br>（2）将该文件移动到分类目录，解压缩并加载 polygon_training.shp 矢量图层。放大整个 polygon_training layer.shp。<br>（3）在 Raster→Extraction→Clipper 菜单中，选中 Clipping mode 的 Extent 框，将鼠标拖放到显示的整幅影像上，并将其命名为 extrait_S1A_IW_3dates.tif，保存在分类目录下。 |

续表

<table>
<tr><th>方法</th><th>QGIS 实现</th></tr>
<tr><td>

**2. 提取子影像**

</td><td>

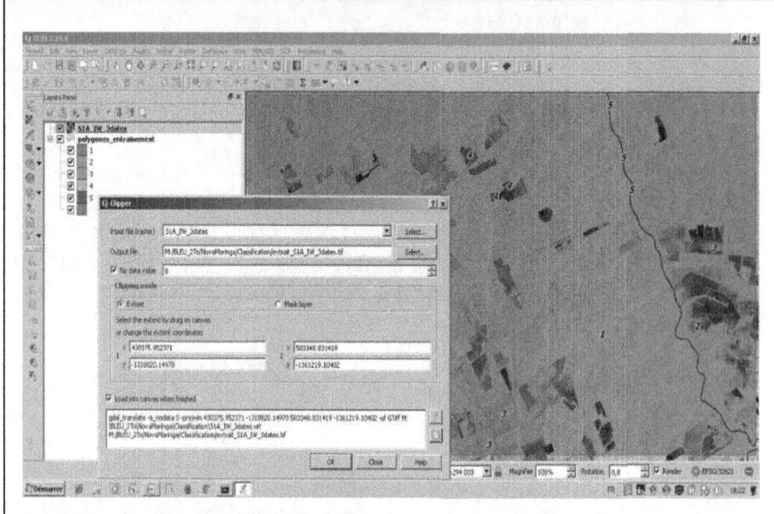

（4）打开 extrait_S1A_IW_3dates.tif 影像。

基于 OTB 的不同阶段分类算法已经集成在 Processing Toolbox 选项卡中 Orfeo Toolbox 下的 1-Classification 菜单中。

（5）在 Processing Toolbox 选项卡中的子菜单 1-Classification 1 of the Orfeo Toolbox menu 中，单击 1-Compute Images statistics 计算影像的统计信息。选择 extract_S1A_IW_3dates 影像作为输入影像，输出文件为 Classification/statistics_S1_3dates.xml。

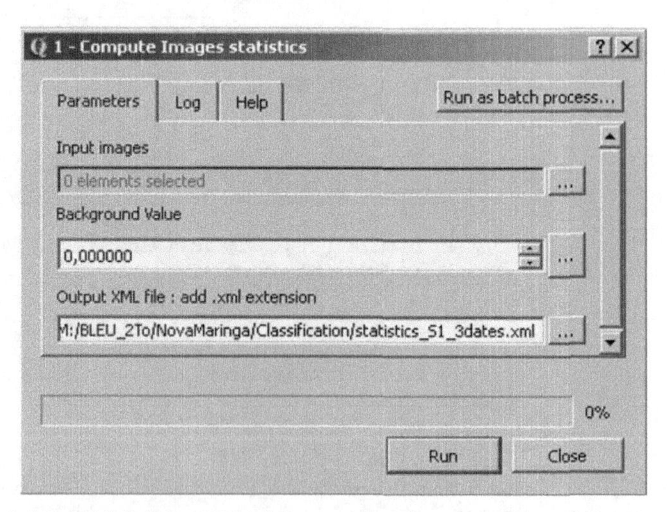


（6）在随机森林分类的学习阶段，单击 Orfeo 工具箱 1-Classification 菜单中的 2-Train Random Forest Image Classifier。

（7）此学习阶段使用的多边形文件必须包含一个表示类别编码的字段。此字段必须编码为整数（而不是默认的文本）。然后必须在 Field Name containing…字段中输入字段名。填写如下屏幕截图所示的字段：

</td></tr>
</table>

续表

<table>
<tr><th>方法</th><th>QGIS 实现</th></tr>
<tr><td>2. 提取子影像</td><td>


（8）然后单击在 1-Orfeo Toolbox classification 菜单中的 3-Create Image Classification，并填写如下窗口所示的字段：

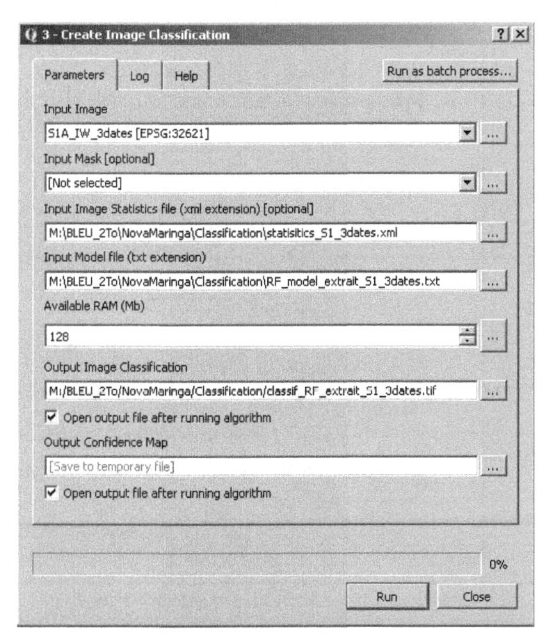


（9）在 QGIS 中打开 classif_RF_extrait_S1_3dates 影像后，打开属性窗口，然后在 Style 缩略图中，填入如下窗口所示的字段：
</td></tr>
</table>

续表

<table>
<tr><th>方法</th><th>QGIS 实现</th></tr>
<tr><td>2. 提取子影像</td><td>
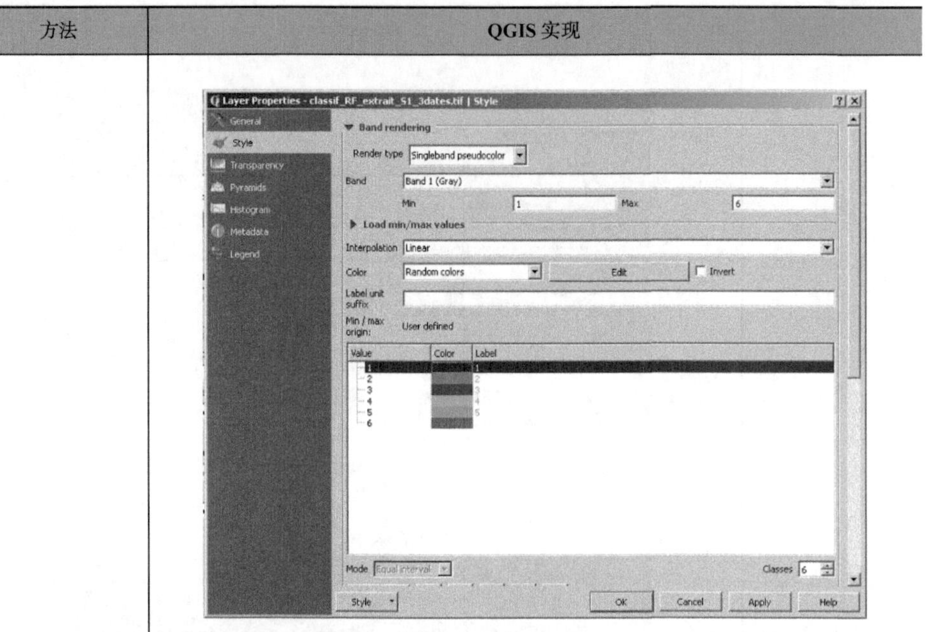

<br>（10）通过双击每种颜色，将它们更改为与 polygones_entrainement 图层中用于训练分类的多边形匹配的颜色。<br>
（11）为了减少各组的孤立像素数量，可以应用后处理算法 Sieve，操作为 Raster→Analysis→Sieve，并填写如下字段（本表中最小尺寸为 50 像素，即 0.5hm²，像素分辨率为 10m）：<br>
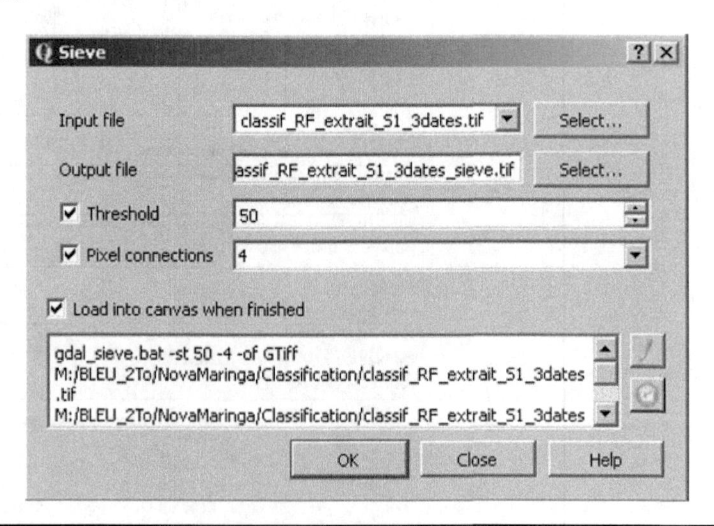

</td></tr>
</table>

注：表的彩色版本参阅 www.iste.co.uk/baghdadi/qgis2.zip，2020.8.12。

图 6.6 展示了分类的结果。

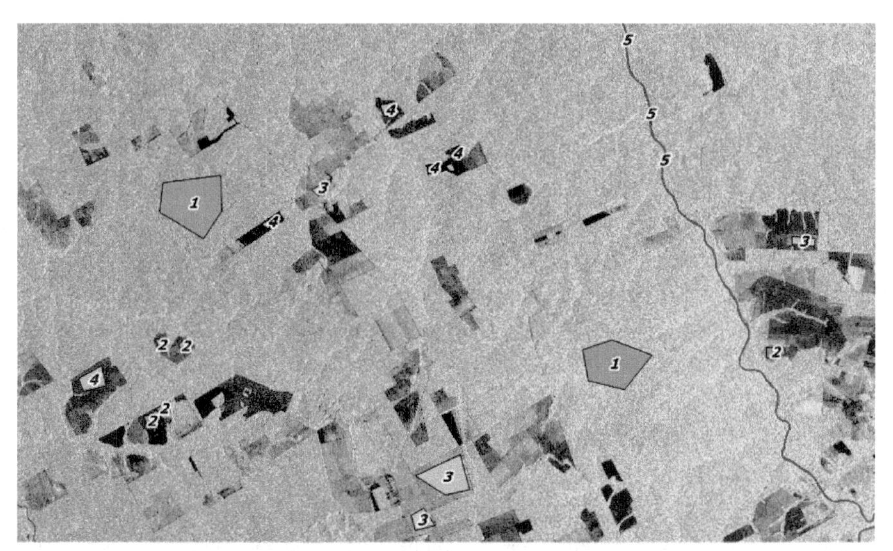


(a) 2016年1月19日根据巴西朱拉(Juara)地区Sentinel-1影像提取的彩色合成影像

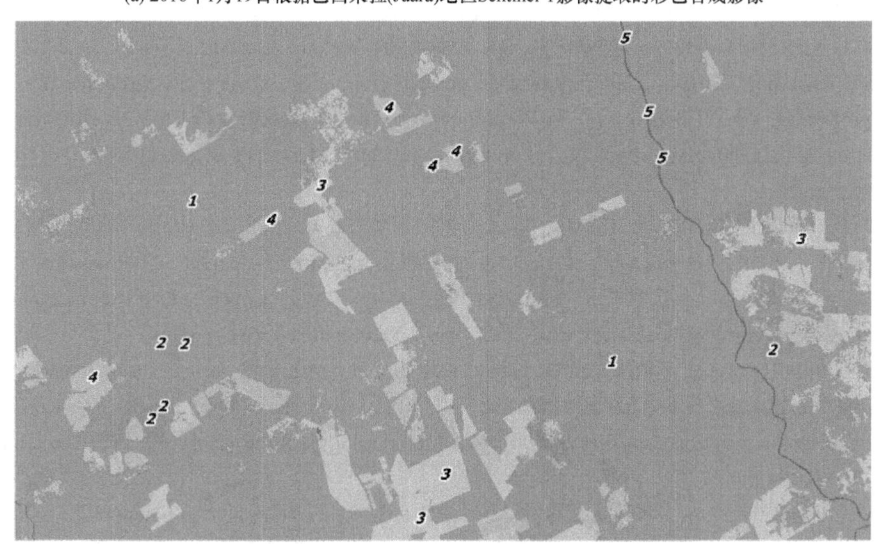


(b) 根据三次获取的Sentinel-1影像进行随机森林分类的结果

图 6.6 根据 Sentinel-1 影像提取的彩色合成影像和根据三次获取的 Sentinel-1 影像进行随机分类的结果

1-森林，2-农田 A，3-农田 B，4-裸地，5-水体。根据时令不同，区分了两类农田。该图的彩色版本参见 www.iste.co.uk/ baghdadi/qgis2.zip，2020.8.12

# 6.6 参考文献

[BRE 01] BREIMAN L., “Random forests”, Machine Learning, vol. 45, p. 5, 2001.

[BUR 98] BURGES C. J. C., "A tutorial on support vector machines for pattern recognition",Data Mining and Knowledge Discovery, vol. 2, pp. 121-167, 1998.

[CAN 10] CANTY M. J., "Image Analysis, Classifications, and Change Detection in Remote Sensing", CRC Press, Taylor and Francis, 2010.

[GEB 14] GEBHARDT S., WHERMANN T., RUIZ M. A. M. et al.,"MAD-MEX: automatic wall-to-wall land cover monitoring for the Mexican REDD-MRV Program using all Landsat data", Remote Sensing, vol. 6, pp. 3923-3943, 2014.

[LAR 09] LARDEUX C., FRISON P.-L., TISON C. et al.,"Support vector machine for multifrequency SAR polarimetric data classification", IEEE Transactions on Geoscience and Remote Sensing, vol. 47, no. 12, pp. 4143-4152, 2009.

[LEE 09] LEE J. S., WEN J. H., AINSWORTH T. L. et al.,"Improved sigma filter for speckle filtering of SAR imagery", IEEE Transactions on Geoscience and Remote Sensing, vol. 47, no. 1, pp. 202-213, 2009.

[MAC 09] MACQUEEN J. B. "Some methods for classification and analysis of multivariate observations", Proceedings of 5th Berkeley Symposium on Mathematical Statistics and Probability, vol. 1, pp. 281-297, 2009.

[NUS 11] NUSCIA TAIBI A., MUNOZ N., BALLOUCHE A. et al., "Désertification en Zone Soudano-Sahélienne(pays Dogon, Mali)? Apport de la Cartographie et du Suivi Diachronique des Parcs Agroforestiers par Télédétection Satellitaire et Aérienne", Proceedings of the 25th International Cartographic Conference, Paris, 2011. Available at: https://hal.archives-ouvertes.fr/hal-01105201/document.

[OSU 15] O'SULLIVAN R., ESTRADA M., DURSCHINGER L. et al.,"FCMC/Terra Global Capital and VCS Staff, Technical Guidance for Jurisdictional and NestedREDD+Programs", VCS Guidance, 2015. Available at: http://database.v-c-s.org/sites/vcs.benfredaconsulting.com/files/JNR%20Guidance%20-%20Part%20B_%20final%202%20June%2015.pdf.

[PED 12] PEDRONI L., "Verified carbon standard-a global benchmark for carbon-methodology for avoided unplanned deforestation VM0015-v1.1", 2012. Available at: http://database.v-c-s.org/sites/vcs.benfredaconsulting.com/files/VM0015%20Methodology%20for%20Avoided%20Unplanned%20Deforestation%20v1.1.pdf.

[PIK 02] PIKETTY M.-G., VEIGA J. B., POCCARD-CHAPUIS R., et al.,"Le potentiel des systèmes agroforestiers sur les fronts pionniers d'Amazonie brésilienne", Bois et Forêts des Tropiques, vol. 2, pp. 75-87, 2002. Available at: bft.cirad.fr/cd/BFT_272_75-87.pdf.

[POL 97] POLIDORI L., "Cartographie Radar", Gordon and Breach Science Publisher, Taylorand Francis, 1997.

[QUE 01] QUEGAN S., YU J. L.,"Filtering of multichannel SAR images", IEEE Transactions on Geoscience and Remote Sensing, vol. 39, no. 11, pp. 2373-2379, 2001.

[SMA 11] SMALL D.,"Flattening gamma: radiometric terrain correction for SAR imagery", IEEE Transactions on Geoscience and Remote Sensing, vol. 49, no. 8, pp. 3081-3093, 2011.

# 7

# 圭亚那亚马孙公园特有植被的遥感分析

Nicolas Karasiak，Pauline Perbet

## 7.1 背景和定义

### 7.1.1 全球背景

圭亚那亚马孙公园（图 7.1）领地范围内均有卫星影像覆盖。SPOT-5 传感器能够提供 10m 左右分辨率的影像，可用于检测与热带森林迥异的特种植被（从高空中看更像花椰菜）[GRA 94]。遥感技术很早就被用于检测和区分这种不同类别的植被群。检测的目标是，基于光谱特征准确识别这些独特物种，并在圭亚那亚马孙公园区域内进行准确的地图绘制。生成的地图可以为法属圭亚那其他研究项目，如森林景观项目[GON 11]和森林栖息地地图制作项目等[GUI 15]，提供帮助。

最终该方法可应用于监测植被的演化过程，包括气候变化适应性分析[HOL 17]以及对应的中长期演化。目前人们对这些植被的起源知之甚少。竹子的寿命一般在 30 年左右[NEL 05]，但现有的少量数据无法详细研究它们的空间演化过程[OLI 07]。

### 7.1.2 物种

让-雅克·德·格兰维尔（Jean-Jacques de Granville）在法属圭亚那南部发现了几个植被物种[GRA 94]。本章研究只关注聚集面积至少超过 $1000m^2$（图 7.2）的物种，即非零散植被。

（1）低矮植被（cambrouses——河边的竹子或蝎尾蕉，或 Pripris——河边的湿地植被）；

（2）毛里塔尼亚（Mauritia）曲叶矛榈林；

（3）巴西棕榈树林（巴西莓）；

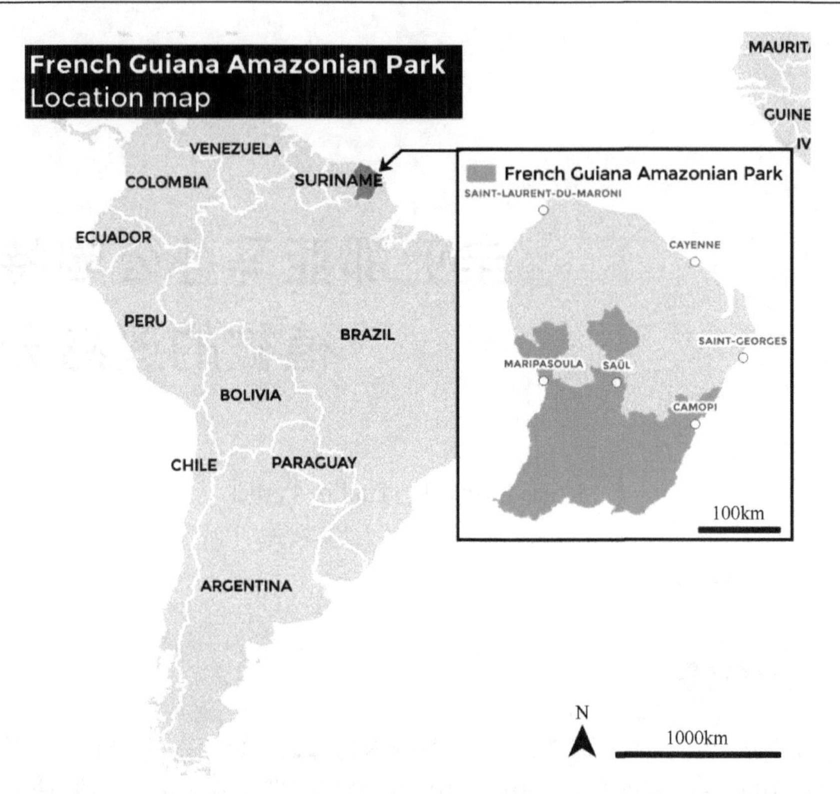


图 7.1　法属圭亚那亚马孙公园的位置

该图的彩色版本参见 www.iste.co.uk/baghdadi/qgis2.zip，2020.8.13

(a) 巴西棕榈树林　　(b) 孤山和森林　　(c) 竹林

图 7.2　公园植被群

图片提供：研究促进发展研究所（Institute of Research for Development，IRD）Daniel Sabatier（丹尼尔·萨巴蒂埃）。该图的彩色版本参见 www.iste.co.uk/baghdadi/qgis2.zip，2020.8.13

（4）露出地面的岩石（长有植被的孤山）；

（5）生长在 djougoune-pété 土壤上（坑直径 1m，深度 30～50cm）的姜饼（Parinari）林[发现于瓦基河（Waki）流域]。

### 7.1.3 可用的遥感影像

在法属圭亚那，有不同类型的影像可用于本节研究（表 7.1）。本章选择 SPOT-5 影像用于这项工作，因为它们是 2014 年项目开始时可用的分辨率最高的影像。但由于 SPOT-5 已不再运行，该方法被进行了部分调整，以使它能够与 Sentinel-2 和 Landsat-8 等其他影像兼容。

**表 7.1 可用的遥感影像**

| 传感器 | 时期 | 空间分辨率/m | | 覆盖国家公园的程度*/% |
|---|---|---|---|---|
| | | 多光谱 | 全色 | |
| Landsat-5/7/8 | 1990 年开始 | 30 | 15 | 100 |
| SPOT-4 | 1998～2013 年 | 20 | — | 100 |
| SPOT-5 | 2002～2015 年 | 10 | 2.5 | 100 |
| SPOT-6/7 | 2014 年开始 | 6 | 1.5 | 70 |
| Pléiade | 2012 年开始 | 2 | 0.5 | 5 |
| Sentinel-2** | 2016 年开始 | 10 | — | 100 |
| Lidar | 2014 年 | 1 | | 两座山（Itoupe 和 Inini） |
| SAR Sentinel-1** | 2016 年开始 | 10 | | 100 |

*所有可用影像的覆盖范围。

**该项目开始后可用。

研究区处于赤道气候区，全年大部分时间都受云层影响。为了避免云覆盖导致的区域缺失，该方法使用了多幅影像叠加在一起的集合。最后共使用了包含 23 景 SPOT-5 的 55 幅影像，覆盖范围包含整个法属圭亚那亚马孙公园（图 7.3）。

Landsat-8 和 Sentinel-2 数据经评估后可继续用于该方法，它们可以免费和轻松获得。Sentinel-2 的优点是具有 5 天的高时效分辨率，因而能够较容易地获得该地区每年的全覆盖影像。

### 7.1.4 软件

以上所有工作使用开源软件完成（表 7.2），可以用最简单的方式重复执行。为便于整个研究中可以反复运行，需要使用业内较为流行的分类算法。基于这一原因，专业人员开发了 Dzetsaka 插件。这个名字在 Teko 语[一种在法属圭亚那东

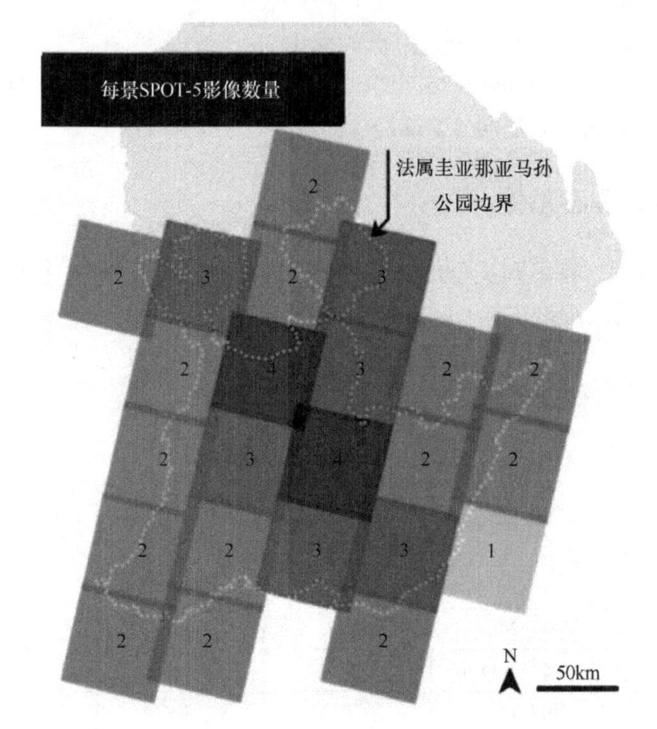


图 7.3　每景 SPOT-5 可用的无云层覆盖影像的数量
该图的彩色版本（英文）参见 www.iste.co.uk/baghdadi/qgis2.zip，2020.8.13

南部的奥亚波基（Oyapock）河附近美洲印第安人（Amerindian）说的语言]中的意思是“用来观察世界的物体”（如照相机或卫星）。

**表 7.2　用于此项目的软件**

| 软件（版本） | 扩展插件 |
|---|---|
| Monteverdi | 光学校准 |
| QGIS（2.14.14）* | GDAL 库<br>Dzetsaka<br>GRASS6.4.3<br>Orfeo 工具箱[波段计算（Band Math）和计算混淆矩阵（Compute Confusion Matrix）] |

*只列出了需要激活或默认不显示的扩展插件。

## 7.1.5　实现方法

在本章方法的整个演示过程中，将详细说明使用 SPOT-5 影像的示例。

SPOT-5 卫星影像通过 SEAS Guiana 项目获取。SEAS 为该区域的公共组织提供免费的法属圭亚那 SPOT-5 档案影像（参见 http://www.guyane-sig.fr/?q=node/88，2020.8.13）。

同样的方法也适用于 Sentinel-2 和 Landsat-8。Sentinel-2 提供和 SPOT-5 空间分辨率接近的影像，但具有更高的时间分辨率（每 10 天重访一次）。过去使用 SPOT-5 影像开展的工作可以继续使用新传感器。

根据操作系统或使用的 QGIS 版本不同,处理流程和工具的位置可能略有不同。本章以下部分的使用环境为：Windows 10、QGIS 2.14.14、GRASS 6.4.3 和 Orfeo Toolbox 5。

# 7.2 软件的安装

为了完成这项工作，需要从 QGIS 扩展列表中安装 Dzetsaka 插件。但在这之前还应先安装依赖项，包括 Python-pip、Scikit-learn、SciPy、Grass 6.4.3、Orfeo Toolbox 5 和 Monteverdi 等插件。

Dzetsaka 插件用于直接在 QGIS 中进行影像分类。要解锁它的所有功能，需要先安装几个依赖项才能使用所有著名的分类算法，如随机森林（RF）法和支持向量机（SVM）法。对于 Windows 系统，最好使用 OsGeo 安装程序。

## 7.2.1 使用 OsGeo 安装可用的依赖项

为了更新或安装所有的 QGIS 依赖项，需要运行 OsGeo 安装程序（可从 Qgis.org 的下载页面获得），然后选择高级安装。有几个库的安装是自定义（非必须）的，完成 Dzetsaka 插件的安装只需要 Python-pip 和 SciPy 两个库，不过在做大气校正时推荐安装 Monteverdi 库。

设置 OsGeo 依赖项：

- Advanced installation→Select Packages→Check Python-pip, scipy,Monteverdi,grass 6,otb-bin

要安装依赖项，请在搜索框中输入依赖项名称，单击“库”（Libs）类别而不是“默认”（Default），然后选择“安装”（Install）进行安装。使用 OsGeo 安装依赖项如图 7.4 所示。

完成安装依赖项后，打开 QGIS，并单击 Menu→Processing options→Providers，然后激活 GRASS 命令。GRASS 的默认目录是：

（1）C:\OSGeo4W64\apps\grass\6.4.3，对应 GRASS 6.4.3 版本的路径；

（2）C:\OSGeo4W64\apps\msys，对应 MSYS 的路径，是连接 GRASS 和 QGIS

所必需的。

处理工具箱的设置如图 7.5 所示。

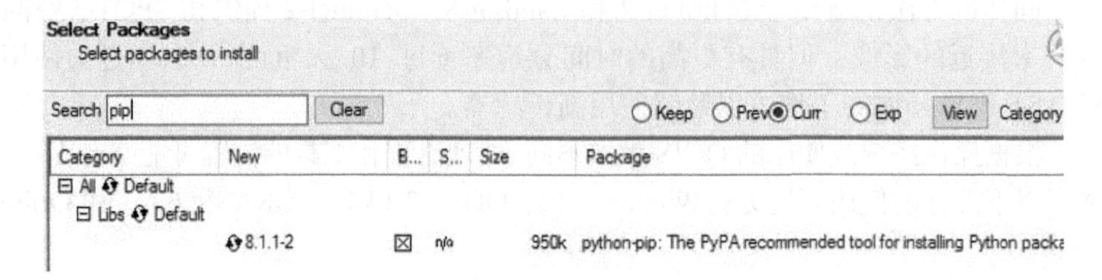


图 7.4　使用 OsGeo 安装依赖项

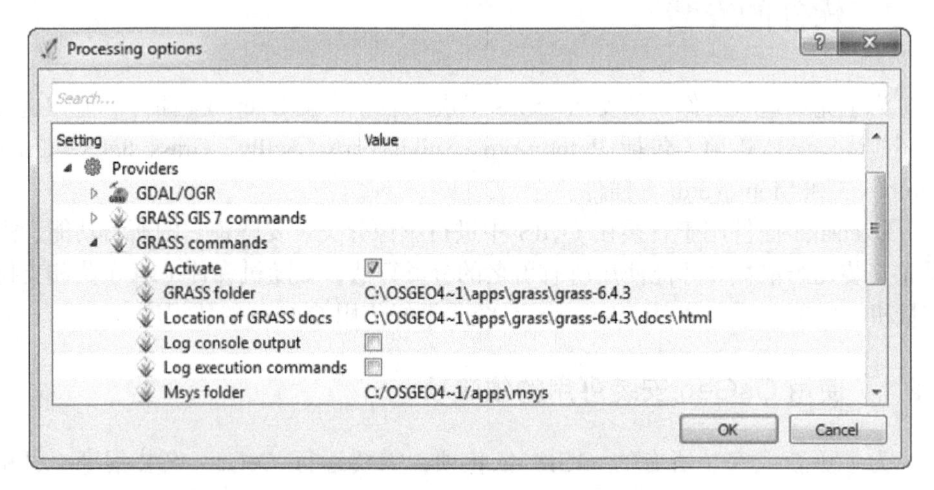


图 7.5　处理工具箱的设置

如果需要，Orfeo 工具箱的默认目录是：

（1）C:\OSGeo4W64\bin（工具目录）；

（2）C:\OSGeo4W64\apps\orfeotoolbox\applications（应用程序目录）。

QGIS 中的 Orfeo 工具箱设置如图 7.6 所示。

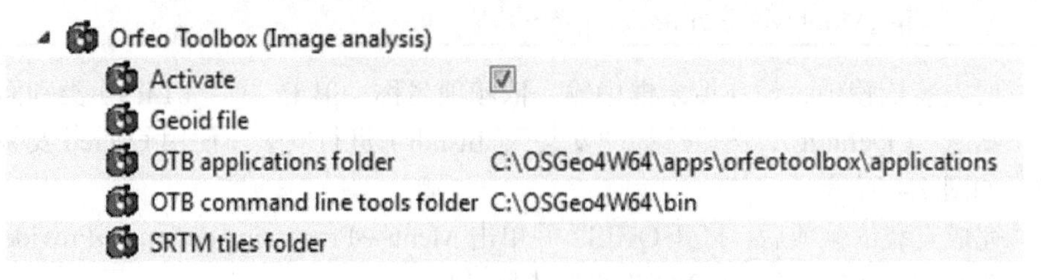


图 7.6　QGIS 中的 Orfeo 工具箱设置

### 7.2.2 安装机器学习算法库

机器学习算法库（Scikit-learn）是用于自动学习（分类）的 Python 标准库，本章使用最为常用或流行的分类算法，如 RF、SVM 或 $K$ 最邻近（KNN）算法等。机器学习方法在 OsGeo 工具箱中不可用，需要在 OsGeo 终端中编写一些操作命令实现此功能。

设置机器学习算法库：

- Windows Start Menu→Open OsGeo4W Shell in administrator mode…

在 windows 开始菜单中，打开 OsGeo4W Shell（在管理员模式下），并执行以下命令：

```
pip install scikit-learn
```

在 Linux 中，如果没有安装 pip，只需在计算机终端中输入：

```
sudo apt-get install Python-pip
sudo pip install scikit-learn
```

### 7.2.3 Dzetsaka 安装

与安装所有 QGIS 插件一样，安装 Dzetsaka 插件时，只需打开 QGIS 菜单 /Plugin/Install and search，搜索 Dzetsaka，并点击安装，插件会自动下载并安装。

自 Dzetsaka 版本 2.1 发布以来，该插件已经能够与处理工具箱兼容，这意味着用户可以在通用的工具箱处理流程中使用 Dzetsaka 插件。

QGIS 功能：

- 安装 Dzetsaka：Plugin→Setup or manage plugin→Search for dzetsaka

## 7.3 方法

本节使用的词汇包括以下几点。

（1）NDCI：归一化云层指数（normalized difference cloud index），用于分离云层及其阴影和影像中的其他信息；

（2）TOA：大气表观，对应的是大气表观反射率值；

（3）ROI：感兴趣区域，包含用于对分类影像进行分类训练的多边形区域或点位置。

图 7.7 展示了森林树制图过程中 6 个主要步骤的处理流程：

（1）将影像原始信号转换成 TOA 反射率；

（2）使用 NDCI 创建云层掩膜；

（3）创建 ROI；

（4）分类；

（5）结果校正（噪声过滤）；

（6）将所有结果合并成一幅影像。

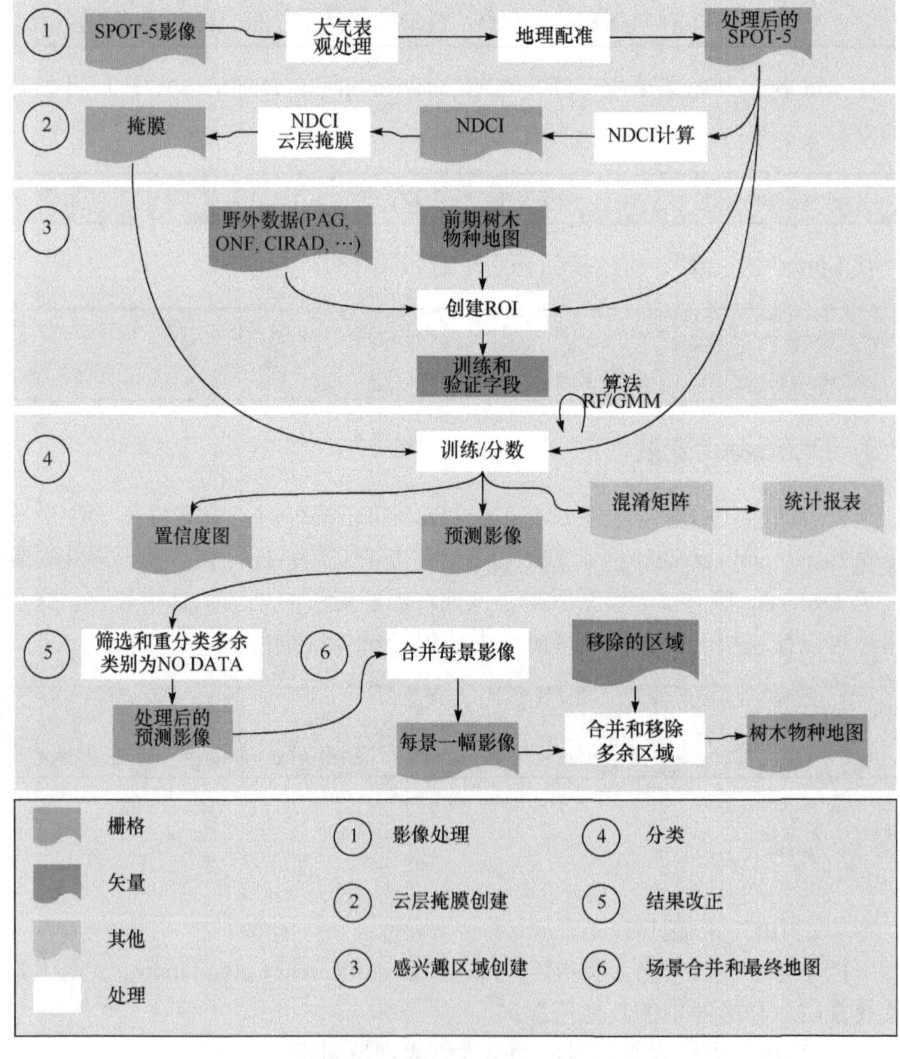


图 7.7　圭亚那亚马孙公园的森林制图处理过程

GMM 为高斯混合模型（Gaussian mixed model）。该图的彩色版本（英文）参见 www.iste.co.uk/baghdadi/qgis2.zip，2020.8.13

## 7.3.1 影像处理

影像处理（图 7.8）包括获取原始 SPOT-5 影像，并将其像素信号转换为 TOA 反射率信号。然后，如果影像还存在空间位置畸变的情形，则还需要对 TOA 影像进行地理配准。

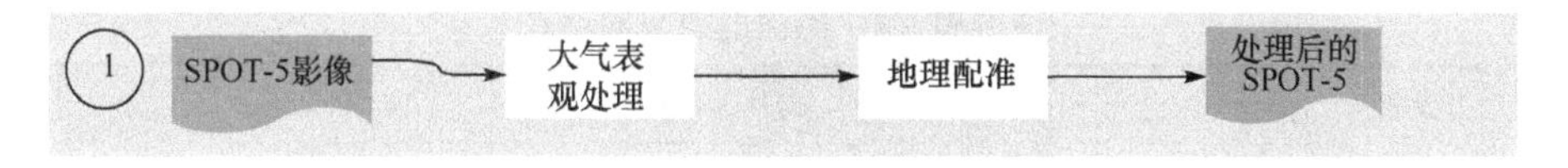


图 7.8 将影像转换为 TOA 反射率

该图的彩色版本（英文）参见 www.iste.co.uk/baghdadi/qgis2.zip，2020.8.13

#### 7.3.1.1 TOA 反射率

SPOT-5 影像原始信号需要转换成 TOA 反射率，目的是使不同影像之间的光谱信息能够匀质化。为实现这一目的，可以使用来自 Monteverdi 库的 Optical Calibration（光学校准）工具，因为该工具可以智能地搜索转换所需的元数据信息。

Monteverdi 功能如下。
- 转换到 TOA：View→OTB Application→Optical Calibration

对于 Sentinel-2 影像不需要进行这种预处理，因为下载的 S2 影像属于 1C 级别（该级别影像已经是 TOA 反射率数据，下载地址：https://scihub.copernicus.eu/dhus/#/home，2020.8.13）。计算 TOA 的反射率见表 7.3。

**表 7.3 计算 TOA 的反射率**

| 步骤 | Monteverdi 操作 |
|---|---|
| **将原始数据影像转换为 TOA 反射率** | 在 Monteverdi 中：<br>单击 View→OTB Application。<br>在 OTB Application 中，打开：<br>Optical Calibration。<br>加载 SPOT-5 影像并检查元数据是否正确满足参数要求。 |

#### 7.3.1.2 在 QGIS 中对影像进行地理配准

正确地对影像进行地理配准能够有效防止影像像素位置的空间畸变。如果没有数量充足的地理配准数据，则需要使用已经经过地理配准的某些影像完成对目标影像的空间畸变校正。本节中将使用法国国家地理和森林信息研究所（IGN）提供的法属圭亚那 SPOT-5 镶嵌影像。

QGIS 功能如下。

- 激活插件：Plugin→Manage and install plugins→Select Gdal Georeferencer
- 影像地理配准：Raster→Georeferencer→Georeferencer…

影像地理配准见表 7.4。

**表 7.4 影像地理配准**

| 步骤 | QGIS 操作 |
|---|---|
| 影像地理配准 | 在 QGIS 中：<br>（1）加载地理配准参考影像；<br>（2）打开地理配准工具如下。<br>Raster→Georeferencer→Georeferencer。<br>在 Georeferencer 工具中操作如下。<br>（1）File→Open Raster。<br>（2）Settings→Transformation Settings：<br>a. 选择与标准栅格影像相同的坐标参考系统；<br>b. 选择变换类型，多项式（Polynomial）（1 或 2）。<br>（3）添加至少三个点后，激活地理配准功能和 QGIS 之间的连接：<br>a. View→Link Georeferencer to QGIS；<br>b. 该操作根据配准参考影像为待配准影像创建相同的空间范围。<br>（4）平均误差显示在窗口边缘的右下角，误差越接近 0，表明地理配准的效果越好。 |

## 7.3.2 创建云层掩膜

步骤 2（图 7.9）主要对每个影像进行云层掩膜处理。

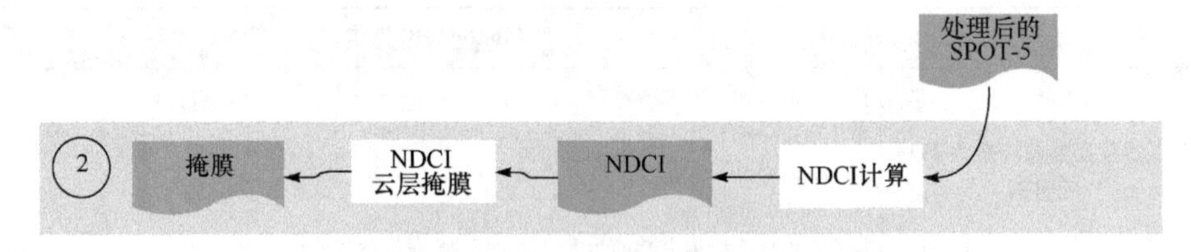


图 7.9 计算云层掩膜

该图的彩色版本（英文）参见 www.iste.co.uk/baghdadi/qgis2.zip，2020.8.13

### 7.3.2.1 计算用于创建云层掩膜的指数（NDCI）

法属圭亚那的气候特点决定了这里通常有明显的云层覆盖现象，即便是在旱季（8～11 月）也同样如此。一般情况下，云层覆盖率高于 50%，因此有必要对云层进行掩膜操作。

NDCI 用于去除云层和阴影。该指数考虑了短波红外（SWIR，SPOT-5 影像的第 4 波段）和红光（第 2 波段）的差异特征：

$$\mathrm{NDCI}=\frac{\mathrm{Red}-\mathrm{SWIR}}{\mathrm{Red}+\mathrm{SWIR}} \tag{7.1}$$

NDCI 可以使用 Orfeo 工具箱中提供的 Band Math 工具计算。虽然该工具不支持直接计算 NDCI，但它支持类似的 NDVI 计算。简单来说，如果设定波段 2 和波段 4 计算 NDCI（红光波段和短波红外波段），而通过波段 2 和波段 3 计算 NDVI（红光波段和近红外波段），那么无论哪种设定，均可以采用相同函数名称（有可能错误），即“NDVI”进行计算。

QGIS 功能如下。

- 计算 NDCI：Processing Toolbox→Orfeo Toolbox→Miscellaneous→Band Math…

计算 NDCI 见表 7.5。

**表 7.5 计算 NDCI**

| 步骤 | QGIS 操作 |
|---|---|
| 计算 NDCI | 在 Processing Toolbox 中：<br>单击 Orfeo Toolbox→Miscellaneous→Band Math。<br>在 Band Math 中输入以下表达式：<br>"ndvi(im1b2,im1b4)"<br>使用 NDCI 名称后缀保存结果（如 SPOT5_NDCI.tif）。 |

#### 7.3.2.2 云层掩膜

NDCI 取值范围为–1～1。为了获得高质量的云层掩膜，需要手动检查阈值，超过阈值的云层将被完全过滤掉。一般来说，云层过滤的阈值在 0.40～0.45 之间变化。对于每幅影像，这个阈值应该准确定义并进行目视验证。

在 Band Math 工具中使用的公式是

```
im1b1<=0.40?0:1
```
（7.2）

式（7.2）将值大于 0.4 的像素替换为 1，否则替换为 0。

QGIS 功能如下。

- 创建掩膜：Processing Toolbox→Orfeo Toolbox→Miscellaneous→Band Math…

Sentinel-2 和 Landsat-8 影像提供了云层和阴影掩膜。但在法属圭亚那地区，缺失了许多云层和阴影掩膜。根据 NDCI 进行掩膜处理的方法也可应用于这些传感器。

掩膜影像可以直接用于 Dzetsaka 插件进行分类，除了文件名之外，插件还会自动检测_mask 文件名后缀。创建云层掩膜见表 7.6。

**表 7.6　创建云层掩膜**

| 步骤 | QGIS 操作 |
| --- | --- |
| 创建掩膜 | 在 Processing Toolbox 中：<br>单击 Orfeo Toolbox→Miscellaneous→Band Math。<br>在 Band Math 中输入以下表达式：<br>"im1b1<=0.4?0:1"<br>验证阈值（这里是 0.40）是否足以移除云层和阴影，然后使用_mask 后缀保存结果文件（如 SPOT5_mask.tif）。 |

# 7.4　处理

## 7.4.1　创建训练集

步骤 3（图 7.10）为每幅影像创建一个包含 ROI（用于影像分类的多边形几何数据，又称为训练集）的 shapefile 图层。训练集属性表的命名规则见表 7.7。

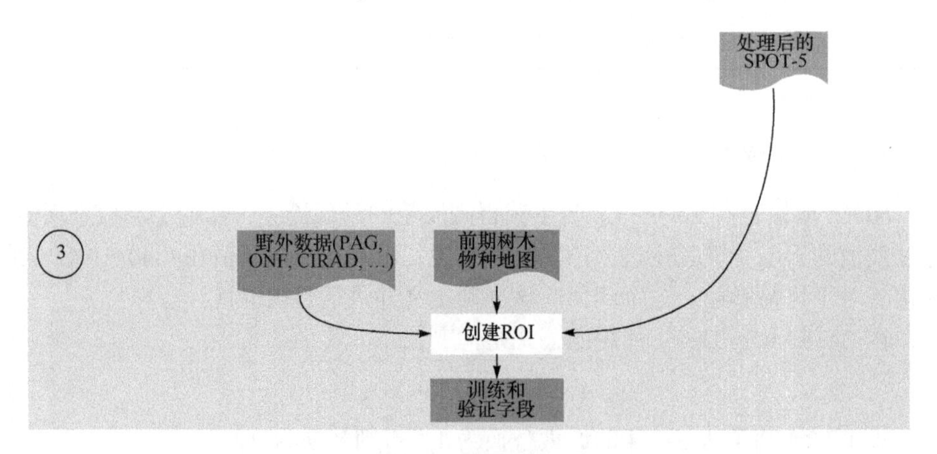


图 7.10　创建 ROI

该图的彩色版本（英文）参见 www.iste.co.uk/baghdadi/qgis2.zip，2020.8.13

**表 7.7　训练集属性表的命名规则**

| 类别 | 类型 |
| --- | --- |
| 1 | 姜饼木 |
| 2 | 低矮的植被 |

续表

| 类别 | 类型 |
|---|---|
| 3 | 毛里塔尼亚曲叶矛榈林 |
| 4 | 孤山 |
| 5 | 巴西棕榈树林 |
| 6 | 云层 |
| 7 | 阴影 |
| 8 | 薄云 |
| 9 | 水体 |
| 10 | 标准林冠 |
| 11 | 非标准林冠 |

注：绿色表示要绘制的植被类别。该表格的彩色版本参阅 www.iste.co.uk/baghdadi/qgis2.zip，2020.8.13。

这些多边形可通过实地调查数据识别，或通过解译影像直接识别。不同类别必须用清晰明确的整数数字表示。为了获得最佳分类效果，需要创建准确的 ROI 范围（表 7.8）。这里必须遵循的规则包括：

（1）ROI 中选择的像素集合必须具有均匀统一的光谱特征，必须避开包含混合植被的边界像素。

（2）每个研究类别中必须有足够的像素。

（3）为避免生物地理效应所导致的误差，应当在整幅影像对应的范围中选取分布均匀的 ROI 区域。

为了提高对研究地区的认识，在开展本章研究的前期已经通过数次直升机飞行，实地收集了用于参考验证的地物覆盖数据。

**表 7.8　创建 ROI**

| 步骤 | QGIS 操作 |
|---|---|
| **1. 创建矢量** | 在 QGIS 中新建一个矢量文件：<br>（1）Layer→Create Layer→New Shapefile Layer；<br>（2）选择多边形类型；<br>（3）选择与影像相同的坐标参考系统（CRS）；<br>（4）创建一个名为 whole number 类的新字段，以及一个字段 Text data，见表 7.7；<br>（5）保存（如 SPOT5_ROI.shp）。 |

续表

| 步骤 | QGIS 操作 |
|---|---|
| **1. 创建矢量** | 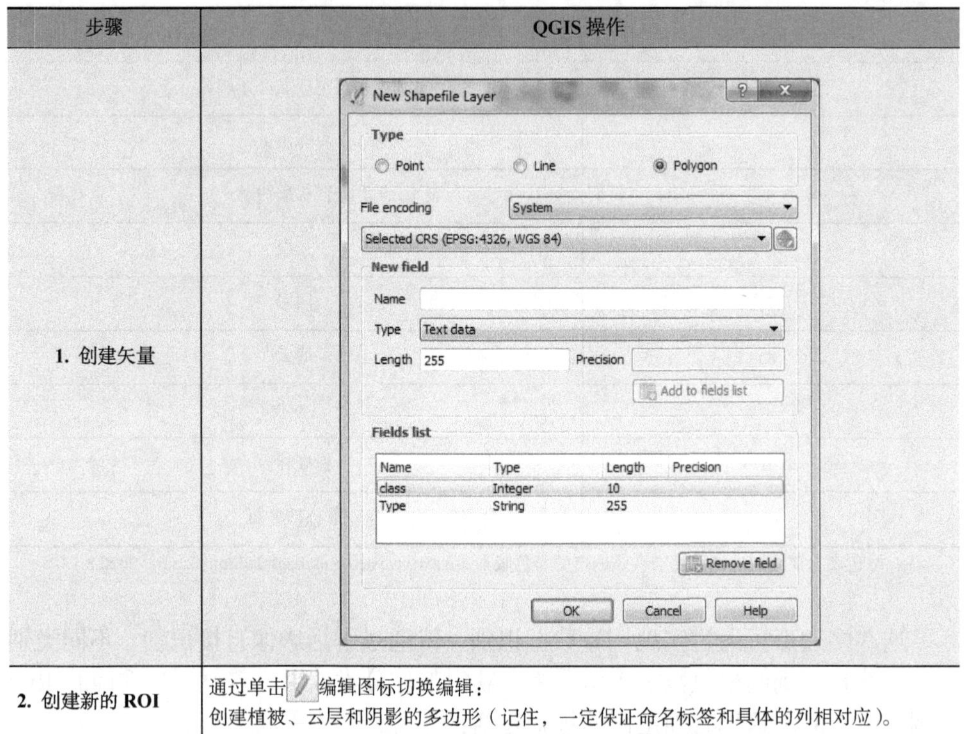 |
| **2. 创建新的 ROI** | 通过单击编辑图标切换编辑：<br>创建植被、云层和阴影的多边形（记住，一定保证命名标签和具体的列相对应）。 |

QGIS 功能如下。

- 创建矢量：Layer→Create Layer→New Shapefile Layer…

## 7.4.2 使用 Dzetsaka 插件进行分类

步骤 4 的处理流程（分类）如图 7.11 所示。

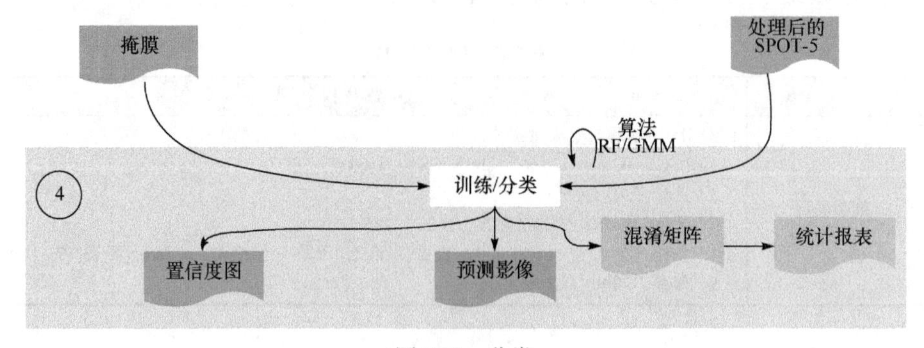


图 7.11　分类

该图的彩色版本（英文）参见 www.iste.co.uk/baghdadi/qgis2.zip，2020.8.13

7.4.2.1 可用的算法列表

1）随机森林（RF）法

随机森林（RF）法是一种基于不同决策树进行自动学习的算法。该算法已在多项研究中得到验证和应用，如树种的分类等[FAS 16]。

图 7.12 展示了具有三棵决策树的随机森林：用其中的两棵树（$x_2<5$ 和 $x_3<5$）可预测第 2 类。$x_1$ 是第 1 波段的像素值，$x_2$ 是第 2 波段的像素值，$x_3$ 是第 3 波段的像素值。其中一棵树根据红外影像波段像素值的变化（如 $x_2<5$）进行判断，本节中，分类的判断依据是在这个波段的像素值是否低于 5，如果低于 5，则相应像素可被预测为水体，或者通过对这棵树的枝叶进一步加入更详细的区分条件（枝叶），将其划分为更多不同种类。

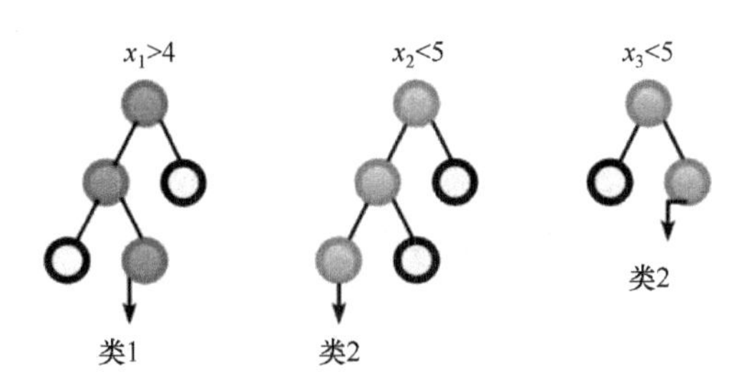


图 7.12 随机森林算法的工作原理

该图的彩色版本（英文）参见 www.iste.co.uk/baghdadi/qgis2.zip，2020.8.13

2）支持向量机（SVM）法

支持向量机法是一种是基于多内核（线性、多项式、高斯等）解决模式识别问题的常见算法。Dzetsaka 库中自带的内核函数为径向基函数（高斯内核），它能够为树种分类运算提供高精度的结果[SHE 16]。

支持向量（图 7.13 中在虚线上的圆圈）是最接近不同样本群体边缘的样本（实线），所以也是对分类计算过程具有重要意义的样本。实线左右的圆圈代表两个不同的类别，$x_1$ 和 $x_2$ 则是它们在两个不同光谱波段（如红光波段和红外波段）中对应的值。

3）$K$ 最邻近（KNN）法

KNN 法是最古老的算法之一。该算法在定义了邻域的数量后，根据最邻近样本的采样值对像素进行分类。这个算法运行速度非常快，只需要邻域数量一个参数。在 Dzetsaka 库中，这个参数通过交叉验证方法确保其准确性。在图 7.14 中，蓝色和绿色的圆圈表示两个地物类别。$x_1$ 和 $x_2$ 代表不同光谱波段维度（如红光波段和红外波段）。可以看到，如果将邻域数量设置为 3（$K$=3）或 6（$K$=6），则黄色圆圈对应的被预测类别仍为绿色分类。准确地说，三个邻域中两个来自绿色的分类，一个来自蓝色分类。

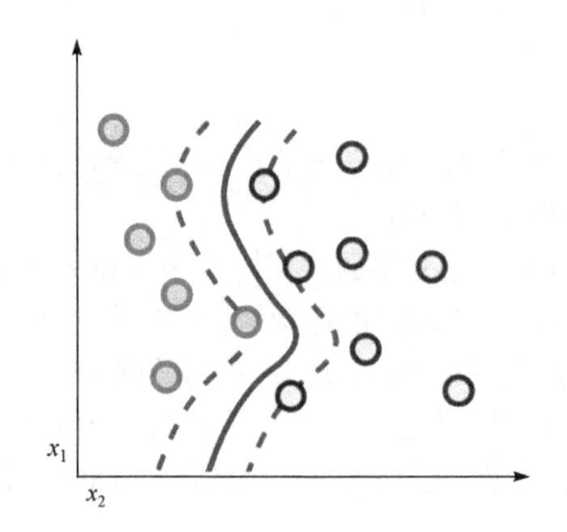


图 7.13 支持向量机工作模式

该图的彩色版本参见 www.iste.co.uk/baghdadi/qgis2.zip，2020.8.13

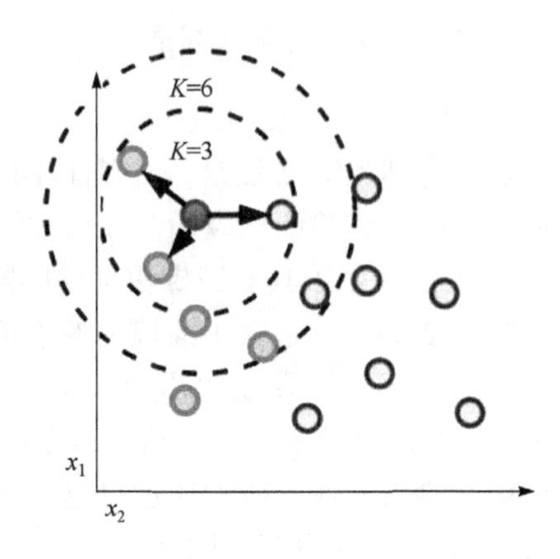


图 7.14 基于 $K$ 最邻近区域的分类原理

该图的彩色版本参见 www.iste.co.uk/baghdadi/qgis2.zip，2020.8.13

4）高斯混合模型（GMM）

GMM 是一种基于多个高斯分布函数的像素分类算法，在该算法中，（反射率值）在某一类函数中分布越集中的像素对于该函数所对应的地物类别来说就越重要。这个算法是 Dzetsaka 库中最快速的算法，并且可以直接使用（不需要安装多个依赖项）。但 GMM 不适用于高光谱或多时相影像（需要编写代码手动配置），所以要谨慎使用。因此建议仅在多光谱影像上使用 GMM 算法。

5）选择算法

没有一种特定的算法会绝对优于其他算法。算法好坏取决于要开展的工作和进行分类的数据种类。以下几个指标可用于评估算法的质量，包括科恩（Cohen）的 kappa 系数和全局精度。这些指数的值越高，表明分类效果越好。虽然支持向量机法通常最有效，但它不适用于过大的 ROI（超过 10000 个像素）。RF 法也是一个很好的选择，但使用其他算法（如 GMM）可能同样会很有效，因为 GMM 的执行速度更快。

#### 7.4.2.2 Dzetsaka 插件的使用

1）分类

Dzetsaka 插件可以让用户使用不同的算法对影像进行分类（表 7.9）。分类的第一步是要将 ROI 的投影转换为与输入影像相同的投影。

使用 Dzetsaka 完成分类以后会生成一幅栅格影像，并且每个像素都会被标记为特定的地物类别。同时，相应的算法模型（即分类规则，便于使用该模型对另一幅新影像开展地物类别分类）、混淆矩阵和置信度图（每个像素对其预测类别都会赋予一个置信度值，数值范围已被缩放到 0～1 之内；1 表示完全可靠，0 表示完全不可靠）都可以手动保存。

> QGIS 功能如下。
> - 影像分类：Dzetsaka interface→Perform the classification…

**表 7.9 使用 Dzetsaka 插件进行分类**

| 步骤 | QGIS 操作 |
| --- | --- |
| **1. 影像分类** | 在 Dzetsaka 插件中：<br>（1）选择需要分类的影像；<br>（2）选择包含 ROI 的 shapefile 文件；<br>（3）选择包含类型的字段（class 列）；<br>（4）在 optional 选项卡中，如果名称没有以 yourImageName_mask.tif 结尾的选项，则选择掩膜；<br>（5）单击设置按钮 选择算法：<br>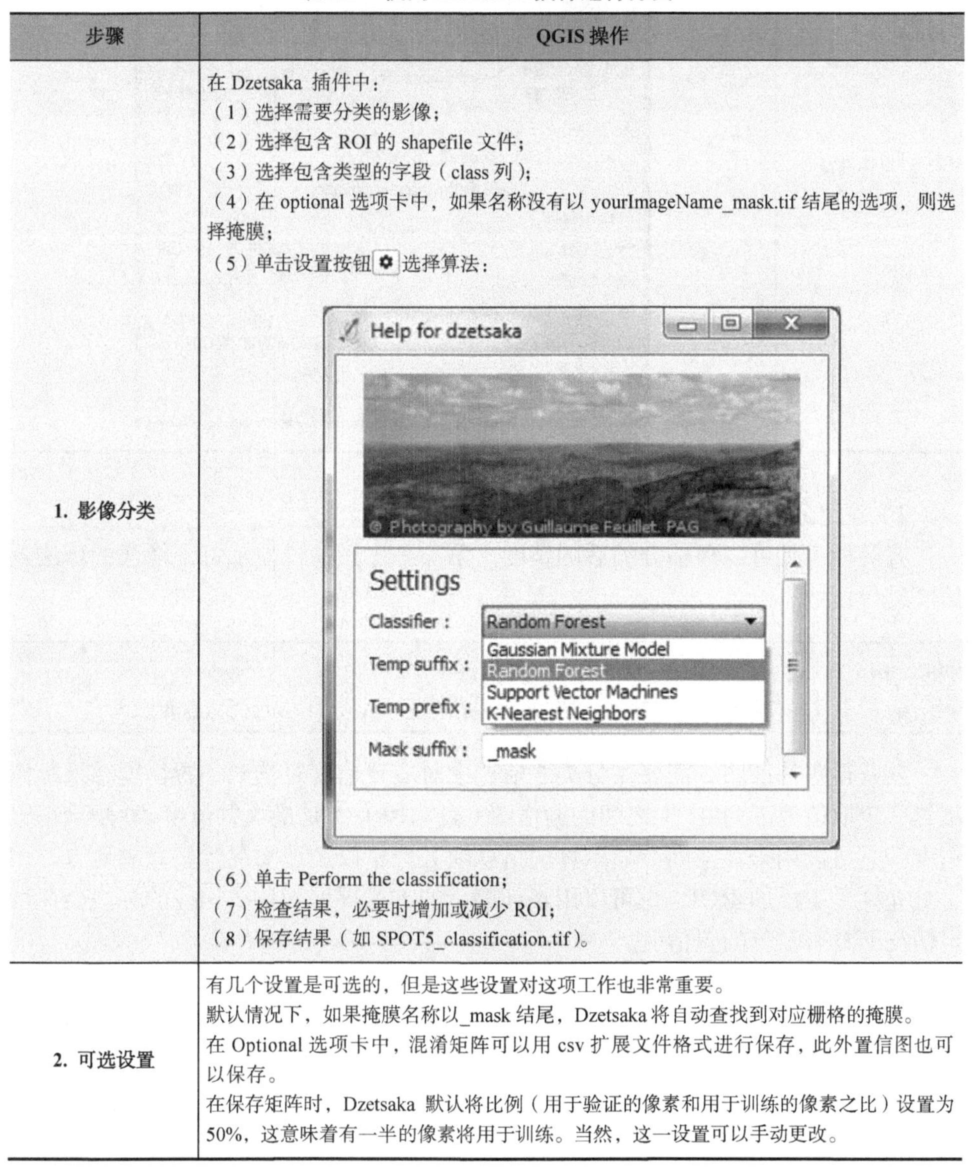<br>（6）单击 Perform the classification；<br>（7）检查结果，必要时增加或减少 ROI；<br>（8）保存结果（如 SPOT5_classification.tif）。 |
| **2. 可选设置** | 有几个设置是可选的，但是这些设置对这项工作也非常重要。<br>默认情况下，如果掩膜名称以_mask 结尾，Dzetsaka 将自动查找到对应栅格的掩膜。<br>在 Optional 选项卡中，混淆矩阵可以用 csv 扩展文件格式进行保存，此外置信图也可以保存。<br>在保存矩阵时，Dzetsaka 默认将比例（用于验证的像素和用于训练的像素之比）设置为 50%，这意味着有一半的像素将用于训练。当然，这一设置可以手动更改。 |

续表

<table>
<tr><th>步骤</th><th>QGIS 操作</th></tr>
<tr><td>2. 可选设置</td><td>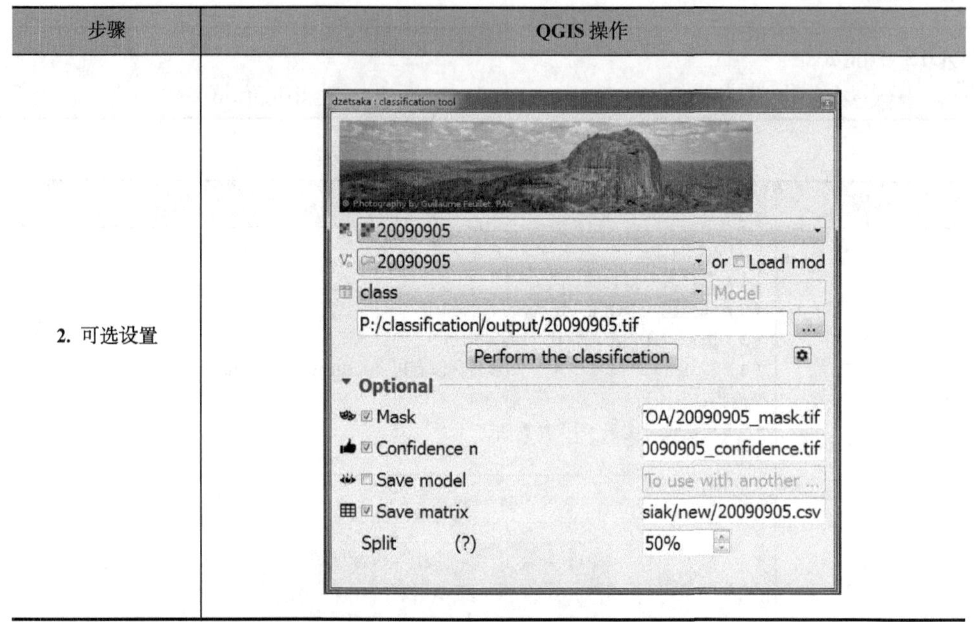
</td></tr>
</table>

2）评定分类质量

有两种工具可以评估分类后的精度。第一个工具通过显示每个像素的算法置信度进行评估。

> QGIS 功能如下。
> - 分类精度评估：Check the case confidence map box in dzetsaka

要获得置信度图，需要在分类之前选中对应置信度复选框。置信度结果影像图是一个取值范围为 0～1 之间的栅格图（表 7.10），1 是最大置信度，0 是最小置信度。它可以用来在空间上显示算法信息缺失严重以及地物混淆较高的地方。该工具允许手工添加 ROI，也可以用实地展示的方式揭示为什么相应的算法会在特定情况下具有较低的置信度。

**表 7.10　制作评估分类质量的置信度图**

| 步骤 | QGIS 操作 |
| --- | --- |
| 获取置信度图 | 在 Dzetsaka 插件中：<br>（1）在界面中，勾选置信度图框；<br>（2）分类完成后，生成一个栅格： |

续表

| 步骤 | QGIS 操作 |
|---|---|
| 获取置信度图 | 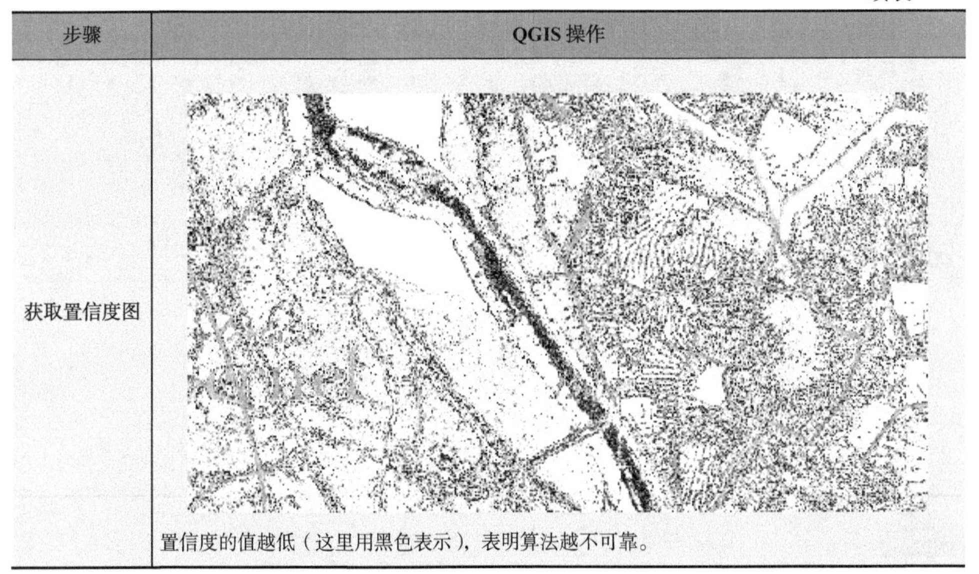<br>置信度的值越低（这里用黑色表示），表明算法越不可靠。 |

QGIS 功能如下。

- 分类精度评估：Dzetsaka→Confusion matrix…

第二种方法是创建混淆矩阵。勾选混淆矩阵对应的方框，分割比例（即保留除分类使用外的像素所占的百分比）默认设置为 50%，这意味着 50%的像素将用于分类，另外的 50%将用于验证分类。这样算法只使用一半的像素对影像进行分类。

要获得全局精度（成功分类的像素的百分比）或 kappa 系数（全局精度减去危害效应），需要打开 Dzetsaka 菜单，然后打开混淆矩阵。这个工具需要使用 ROI、分类标记序列表和分类后的栅格影像。之后运行该工具就能获得 kappa 系数和全局精度值（表 7.11）。

**表 7.11 计算融合矩阵**

| 步骤 | QGIS 操作 |
|---|---|
| **获取 kappa 系数和全局精度** | 在 QGIS 中：<br>单击 Dzetsaka→Confusion Matrix（Kappa/OA）。<br>在 Confusion matrix（Kappa/OA）窗口中：<br>（1）加载已分类的栅格；<br>（2）加载 shapefile 文件；<br>（3）选择包含类型的字段（Class 列）；<br>（4）单击 Compare。<br>在此处，kappa 系数为 89.14%，而全局精度为 95.17%，这意味着 95.17%的分类后像素和训练像素被标记为相同的类别。 |

续表

| 步骤 | QGIS 操作 |
|---|---|
| 获取 kappa 系数和全局精度 | Confusion Matrix (Kappa/OA)<br>Prediction : map_class<br>ROI : train<br>ROI column : Class<br>Compare<br>Kappa : 89.14%  Overall Accuracy : 95.17%  Save as...<br><br>\| \| 1 \| 2 \| 3 \| 4 \|<br>\| 1 \| 29527 \| 1118 \| 0015 \| 0000 \|<br>\| 2 \| 0429 \| 7988 \| 0008 \| 0465 \|<br>\| 3 \| 0000 \| 0005 \| 2508 \| 0001 \|<br>\| 4 \| 0003 \| 0005 \| 0005 \| 0486 \| |

## 7.4.3 分类后处理

在分类后的影像上可以观察到一些噪声。要消除这些噪声，需对栅格影像应用过滤器，也就是将小于一定尺寸（像素数量或面积）的对象的原始值更改为该对象邻域中所占数量比重最大的值。图 7.15 实现了对分类默认结果的校正，接下来便是分类工作的最后一步。

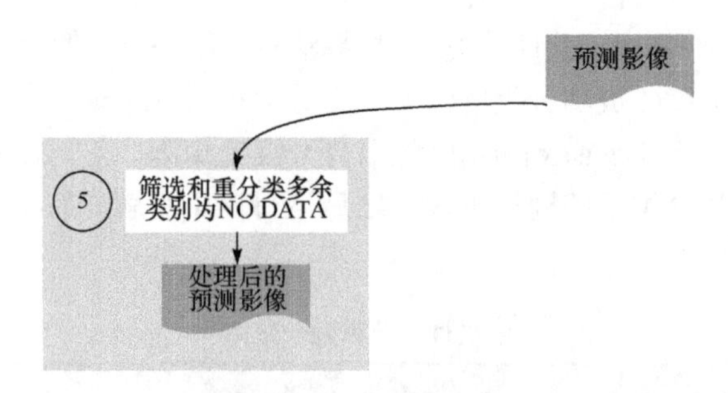


图 7.15 分类后处理

该图的彩色版本（英文）参见 www.iste.co.uk/baghdadi/qgis2.zip，2020.8.13

为了实现对多幅影像的合并，不需要类别的值将被更改为“空值”。在节中，云层、阴影和水体对应像素值将被转换为 0。

Band Math 工具可对类别 6、7、8 和 9（对应于云层、阴影、薄云和水体）重新赋值为 0，表达式如下：

```
im1b1>=6&&im1b1<=9?0:im1b1        (7.3)
```

为了编写表达式，需要设计一个包含多个判断条件的问题（“&&”表示“和/并且”，“||”表示“或”）。问题（“？”）之后紧跟的是不同判断结果对应的答案，紧跟的第一个答案对应的是前边判断条件的结果为“真”（在本节中为“0”），如果该判断结果不为“真”，则对应“:”后的答案。在节中，如果前边的判断条件没有得到满足（如 im1b1 为 3），则 Band Math 仍为 im1b1 保留其原始值（因此值为“3”）。

为避免重复进行相同处理，可以使用 QGIS 处理工具箱创建一个模型。这个功能允许将不同的函数连接起来并进行批处理。例如，可以构造一个用于创建 NDCI 影像的模型，然后利用该模型计算云层掩膜并对影像进行分类。为了更好地说明模型的创建过程，这里将通过构建一个简单的模型演示如何对已分类影像进行离散像素过滤，并对不需要的类别进行重分类处理（表 7.12）。

QGIS 特征如下。

- 创建模型：Processing Toolbox→Models→Tools→Create new model…
- 根据大小过滤对象：GDAL/OGR→[GDAL]Analysis→Sieve…
- 影像重分类：Orfeo Toolbox→Miscellaneous→Band Math

**表 7.12　对分类结果进行离散像素过滤和重分类处理**

| 步骤 | QGIS 操作 |
|---|---|
| 1. 创建模型 | 在 Processing Toolbox 中：<br>单击 Models→Tools→Create new model。 |
| 2. 过滤筛除小尺寸的对象 | 在 Model creation tool 中操作如下。<br>（1）双击右边的栅格。<br>（2）选择算法选项卡并搜索：<br>GDAL/OGR→[GDAL] Analysis→Sieve。 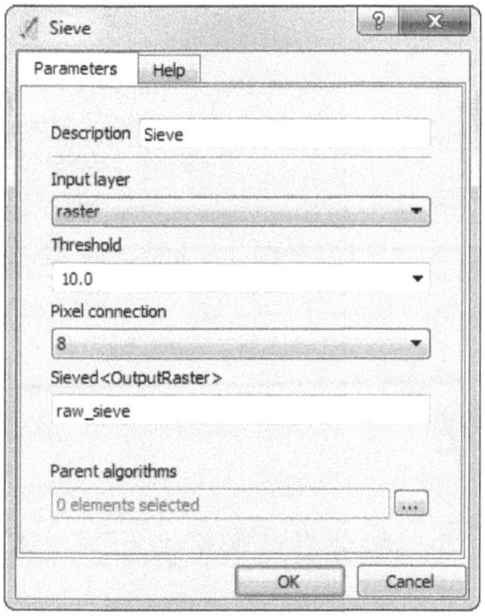 |

续表

| 步骤 | QGIS 操作 |
| --- | --- |
| **2. 过滤筛除小尺寸的对象** | 在 Sieve 窗口中：<br>（1）选择影像（分类后的影像）；<br>（2）设置 Threshold 为 10.0，表示像素连续面积在 1000m$^2$ 以下的单个类别对象都将被删除，这一处理适用于森林这种大面积连续区域；<br>（3）设置 Pixel connection 为 8，即该像素 8 个临近方向必须全部被同类像素所连通。Pixel connection 为 4 时表面只考虑正向相邻（上下左右）的 4 个像素；<br>（4）筛选后记为 raw_sieve；<br>（5）单击 OK。 |
| **3. 影像重分类** | 在 Model creation tool 中操作如下。<br>（1）选择 Band Math 算法：<br>单击 Orfeo Toolbox→Miscellaneous→Band Math。<br>（2）在输入影像时，使用之前处理过的 raw_sieve 文件。<br>（3）输入以下表达式：<br>`"im1b1>=6 &&im1b1<=9?0:im1b1"`<br>（4）在 OutputImage 字段中，填写输出结果名称，这里为 reclass_sieve。 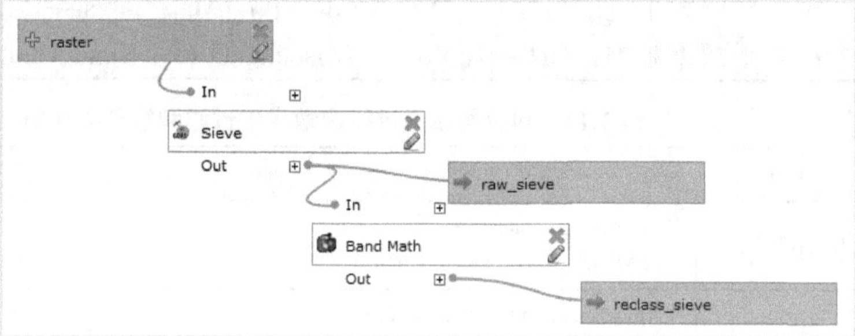 |
| **4. 运行模型** | 在 Processing Toolbox 中：<br>（1）查找 Model→Group Name→Model Name；<br>（2）算法会出现在处理工具箱的模型列表中。 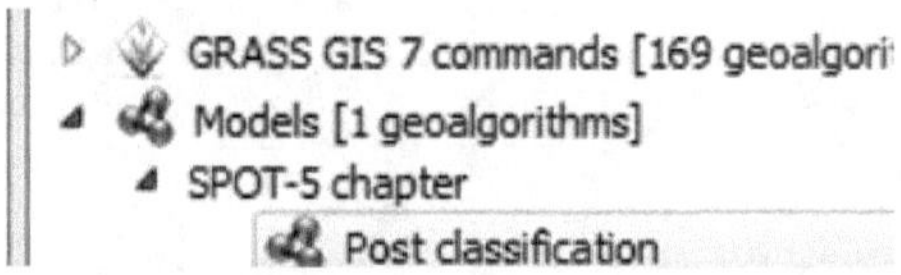 |

注：表格的彩色版本参阅 www.iste.co.uk/baghdadi/qgis2.zip，2020.8.13。

# 7.5 最后处理

图 7.16 包括合并每幅分类后的影像并删除不需要的区域，如栖息地或矿区。

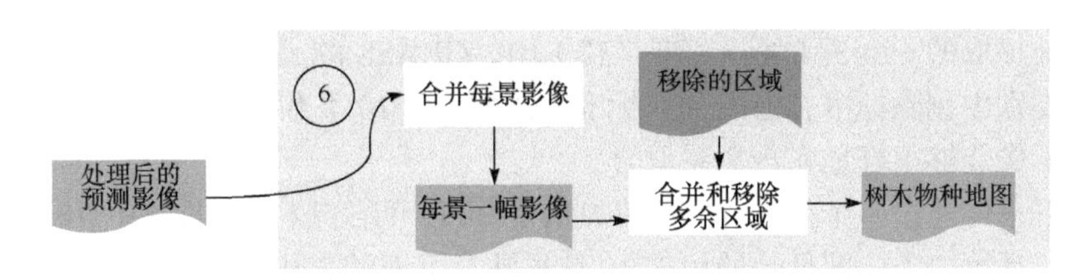


图 7.16 合并结果并进行最后的处理
该图的彩色版本（英文）参见 www.iste.co.uk/baghdadi/qgis2.zip，2020.8.13

### 7.5.1 分类后影像合成

热带潮湿森林的气候特征会使得该地区在影像中的对应位置会有大量云层。为了在该地区获得更准确的影像分类结果，有必要对不同日期的分类结果进行叠加和优化。为避免引入更多的干扰因素[如尖裂（cuts）]，最理想的状况是这些影像的获取时间足够接近。然而，圭亚那的气候条件使得每年能获得的影像数量非常有限。

使用 GRASS 中的 r.mapcalculator 工具可以基于多幅分类后影像计算每个场景的合成产品，并同时去除与标准林冠层相对应的像素。使用 GRASS 进行处理的原因在于它能同时处理分辨率不同的影像，这对于处理具有不同空间范围的多时相影像非常有用。如果正在使用的多幅影像具有相似的空间范围，则推荐使用 Orfeo 工具箱的分类合并工具 Fusion Of Classification（多数投票法，或使用混淆矩阵的 Dempster-Shafer 方法）。

干燥季节（10 月左右）的孤山地区在影像上得到了最佳显示效果，因此在图 7.17 中的影像中，2009 年对应的数据显然是最重要的。但是由于卫星传感器在这一天存在校准问题，所以最终仅仅提取了孤山所属地区。

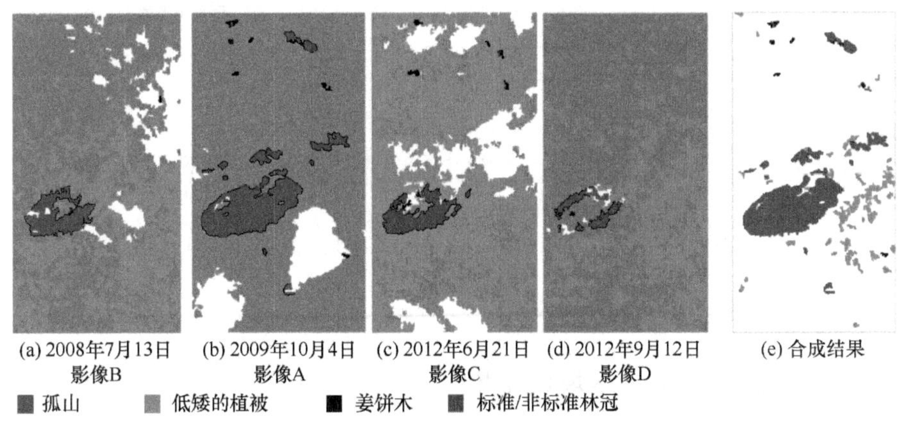


图 7.17 在同一个 SPOT-5 场景中由四个日期的影像合成示例
该图的彩色版本参见 www.iste.co.uk/baghdadi/qgis2.zip，2020.8.13

在被提取的 690-344 场景（图 7.17）中，GRASS 的 r.mapcalculator 工具可以从所有类别中剔除标准林冠层和非标准林冠层（第 10 类和第 11 类），以便后续不同场景影像能够很好地实现场景融合。

接下来可通过一个优先级分类准则处理 2009 年影像（即影像 A）中的剩余类别（不包括第 2 类，即低矮的植被）。这里注意下面的表达式末尾不能出现空格，否则脚本在运行时会报错。

```
if((isnull(A)   |||   A==0   |||   A==2 |||   A==10   |||
A==11),if((isnull(B)   |||   B==0   |||   B==10   |||
B==11),if((isnull(C)   |||   C==0   |||   C==10   |||
C==11),null(),C),B),A)
```

这个表达式可以理解为：如果影像 A 的像素为空值，或者值为 2、10 或 11，那么就要判断影像 B 是否有一个不等于空值、10 或 11 的值，或者判断影像 C（如果不等于空值、10 或 11）。如果以上所有条件均未被满足（即所有像素的值均为 10），则该区域将被分类为空值（图 7.17 所示的白色背景）。这里必须使用三道竖杠“|||”表示“或”的含义，因为在 GRASS 中它也意味着可以使用空值。

QGIS 功能如下。

- 数据合成：Processing Toolbox→GRASS commands→ Raster→ r.mapcalculator…

场景合成见表 7.13。

**表 7.13　场景合成**

| 步骤 | QGIS 操作 |
| --- | --- |
| 选择要优先处理的影像和类别 | 从混淆矩阵或置信度图等分类结果中，确定要优先处理的类别和影像的顺序。<br>在 Processing Toolbox 中：<br>单击 GRASS commands→Raster→r.mapcalculator。<br>在 r. mapcalculator 中：<br>（1）加载影像；<br>（2）输入表达式（A 是影像 1,B 是影像 2），注意表达式末尾不要留任何空格，示例如下。<br>`if((isnull (A) ||| A = =0 ||| A = =2 ||| A = = 10 |||A= = 11),`<br>`if((isnull (B) ||| B = = 0 ||| B = = 10 ||| B = = 11),if(`<br>`(isnull (C) ||| C = = 0 ||| C = = 10 |||`<br>`C = = 11),null(),C),B),A)` |

## 7.5.2　全局合成和多余区域的删除

合并每个场景的最终结果进而可以得到整个研究区域的唯一全局地图。然而，一些人类活动区在这一制图结果中无法得到很好的体现。此外，森林砍伐区域在分类时很容易与孤山混淆。因此，依然有必要结合其他土地覆盖数据，对当下的分类结果进行最后一步综合处理。这里将根据土地覆盖图层中的农业地区和采矿区范围创建一个掩膜。全局合成和删减整理见表 7.14。

QGIS 功能如下。

- 全局合成：Processing Toolbox→GDAL/OGR→Miscellaneous→Build Virtual Raster…
- 合并矢量层：Processing Toolbox→QGIS geoalgorithms→Vector general tools→Merge vector layers…
- 缓冲区：Processing Toolbox→QGIS geoalgorithms→Vector geometry tools→Variable distance buffer…
- 矢量栅格化：Processing Toolbox→Orfeo Toolbox→Vector Data Manipulation→Rasterization（image）…
- 删除不需要的区域：Processing Toolbox→Orfeo Toolbox→Miscellaneous→Band Math…

**表 7.14　全局合成和删减整理**

| 步骤 | QGIS 操作 |
|---|---|
| 1. 全局合成 | 在 Processing Toolbox 中：<br>单击 GDAL/OGR→Miscellaneous→Build Virtual Raster。<br>在 Build Virtual Raster 工具中：<br>（1）加载所有场景（每个合成后的场景）；<br>（2）给拟定的全局合成栅格命名；<br>（3）取消选择 Layer Stack；<br>（4）单击 OK。 |
| 2. 缓冲区 | 在 Processing Toolbox 中：<br>单击 QGIS geoalgorithms→Vector geometry tools→Fixed distance buffer。<br>在 Fixed distance buffer 中：<br>（1）如果不确定将要移除的区域范围，那么最好创建一个相应的缓冲区。然后按需要选择合适的缓冲区距离（这里的数字 100 代表 100m，因为这是一个带度量单位的投影系统。如果要检查距离单位，请参考相关的空间参考坐标系信息所在网站。例如，Lambert-93（EPSG：2154）的信息网址为：http://spatialreference.org/ref/epsg/2154/，2020.8.13）；<br>（2）检查经过融合后的结果以合并缓冲区；<br>（3）保存结果。 |
| 3. 矢量栅格化 | 在 Processing Toolbox 中：<br>单击 Orfeo Toolbox→Vector Data Manipulation→Rasterization（image）。<br>在 Rasterization（image）工具中：<br>（1）加载要删除的矢量区域；<br>（2）加载全局合成制图结果；<br>（3）设置背景值为 1； |

续表

| 步骤 | QGIS 操作 |
|---|---|
| **3. 矢量栅格化** | （4）选择栅格化模式为二值模式；<br>（5）设置前景值为 0；<br>（6）保存结果。 |
| **4. 临时存放的最终结果** | 在 QGIS 菜单栏中：<br>单击 Raster→Raster Calculator…。<br>在 Raster Calculator 工具中：<br>（1）加载名为 areasToRemove@1（表示 areasToRemove 影像中的波段 1）的图层；<br>（2）将加载后的图层与 fusion_scenes 影像对应相乘：<br>“areasToRemove@1” × “fusion_scenes@1”；<br>（3）保存结果。 |
| **5. 最终结果** | 在 Processing Toolbox 中：<br>单击 GDAL/OGR→Conversion→Translate。<br>在 Translate 工具中：<br>（1）Input image 中选择最后的处理结果数据；<br>（2）Null value 选项设置为 0。<br>在高级参数中：<br>（1）栅格类型为 byte（字节）型；<br>（2）GeoTIFF 压缩类型选项为 LZW；<br>（3）保存最终结果。 |

## 7.5.3 统计验证及局限性

在圭亚那南部很难获得实地数据。尽管有一些直升机和实地观测任务，但已收集的数据仍不够精确。实际上，直升机上获得的信息具有严重的空间位置误差，而地面数据可能更关注狭小的空间尺度特征，因而无法对空间分辨率达到 100m$^2$ 的面状区域特征进行精确测量。

为了解决这个问题，本章使用 2015 年的 SPOT-6 镶嵌影像进行包含新选训练点的分类训练测试。这些 ROI 的选择均可直接通过影像目视解译完成，它们可被用作之前获得的最终分类结果的验证数据集。上述镶嵌影像已经过合理的地理投影处理，并且（比其他未镶嵌影像）具有更高的空间分辨率。

使用来自 Orfeo 工具箱的 ComputeConfusionMatrix 工具可以获得混淆矩阵，结果显示，孤山、低矮的植被和姜饼木地区对应的分类精度非常高。然而，孤山和低矮的植被还应更进一步进行类别细化，因为它们均包含多个物种亚类。以上结果对姜饼木地区的物种和巴西棕榈树林的分类并不可靠。这些分类中的不确定性主要和以下事实有关：巴西棕榈树林区域通常面积过小，并且针对这些类别可提供用于进行类别训练的样本数过少。验证最终分类见表 7.15。

QGIS 功能如下。

- 计算混淆矩阵：Processing Toolbox→Orfeo Toolbox→Learning→ComputeConfusionMatrix（vector）…

表 7.15 验证最终分类

| 步骤 | QGIS 操作 |
| --- | --- |
| 1. 创建参考图层 | 与创建训练样点时的方法相同，需要将新影像中的多边形样本选择区域进行数字化处理（理想情况下可以得到更高的空间分辨率），或者只使用实地测量数据作为参考验证数据。 |
| 2. 计算混淆矩阵 | 在 Processing Toolbox 中：<br>单击 Orfeo Toolbox→Learning→Compute Confusion Matrix（vector）。<br>在 Compute Confusion Matrix 中依次操作：<br>（1）输入影像（最终分类）；<br>（2）输入参考矢量数据（ROI）；<br>（3）设置 Field name（类别）；<br>（4）设定 nodata 为 0；<br>（5）将结果保存为 csv 格式。 |

# 7.6 总结

本章讲解的分类流程基于一种标准的土地覆盖制图方法，并进一步对遥感影像实现了多步自动分析处理。本章的贡献在于，为使用开源的和对用户友好的工具（即 QGIS）实现上述方法提供了明确的指导流程。另外，本章使用的处理工具箱，可以对多种现有算法进行模块组合和执行批处理任务。该功能对于大尺度以及海量影像的遥感任务处理具有非常重要的意义，法属圭亚那地区的处理应用就是一个很好的例子。

# 7.7 参考文献

[FAS 16] FASSNACHT F., LATIFI H., STEREŃCZAK K. et al.,"Review of studies on tree species classification from remotely sensed data", Remote Sensing of Environment, vol. 186, p. 64, 2016.

[GON 11] GOND V., FREYCON V., MOLINO J. F. et al.,"Broad-scale spatial pattern of forest landscape types in the Guiana Shield", International Journal of Applied Earth Observation and Geoinformation, vol. 13, p. 357, 2011.

[GRA 94] GRANVILLE J. J.,"Les formations végétales primaires de la zone intérieure de Guyane", Forêt guyanaise: gestion de l'écosystème forestier et aménagement de l'espace régional, SÉPANGUY, p. 244, 1994.

[GUI 15] GUITET S., BRUNAUX O., DE GRANVILLE J. J. et al.,"Catalogue des habitats forestiers de Guyane, DEAL Guyane", available at http://www.onf.fr/lire_voir_ecouter/++oid++4cc4/@@display_media.html, 2015.

[HOL 17] HOLM J., KUEPPERS L., CHAMBERS J.,"Novel tropical forests: response to globalchange", New Phytologist, vol. 213, no. 3, pp. 988-992, 2017.

[NEL 05] NELSON B. W., BIANCHINI M. C.,"Complete life cycle of southwest Amazon bamboos (Guadua spp)detected with orbital optical sensors", XII Simpósio Brasileiro de Sensoriamento Remoto, Goiânia, Brazil, pp. 1629-1636, 2005.

[OLI 07] OLIVIER J.,"Etude spatio-temporelle de la distribution de bambous dans le Sud-ouest amazonien (Sud Pérou)-Histoire, Dynamique et Futur d'une végétation 'monodominante' en forêt tropicale humide", PhD Thesis, Paul Sabatier University, Toulouse, 2007.

[SHE 16] SHEEREN D., FAUVEL M., JOSIPOVIĆ V. et al.,"Tree species classification in temperate forests using Formosat-2 satellite image time series", Remote Sensing, vol. 8, no. 9, p. 734, 2016.

# 8 自然植被地貌图

Samuel Alleaume，Sylvio Laventure

## 8.1 概述

本章所描述的方法源自法国环境、能源和海洋事务部资助的一个国家级项目框架内所进行的工作。在《国家生物多样性战略（2011—2020 年）》框架内，法国政府制定了丰富生物多样性知识和评估生物多样性的目标。由于缺乏关于法国自然和半自然栖息地分布与演变的精确及全面的信息，法国生态部门于 2011 年启动了 CarHAB 项目。该项目的一个重要阶段是利用光学遥感数据绘制植被地图，其目标是根据植被地貌方法，实现自然栖息地的地理分区，即揭示其结构、高度或生物量。在部署团队野外工作之前，需要制作自然植被地貌图，为野外工作者提供一个清晰而同质的空间框架。

## 8.2 方法

该工作采用单个日期的极高空间分辨率（VHSR，米级分辨率）影像和年度时间序列高空间分辨率（HSR，10m 级分辨率）影像融合的方法绘制自然植被地貌图。该方法主要包括 5 个步骤，第 1 步将 VHSR 影像分割成对象，并根据面向对象和分层方法进行特征描述。第 2 步是基于 HSR 影像的年度时间序列影像提取自然栖息地。这种方法基于一个事实，即自然环境中有一个以年为周期循环收获作物的过程（除了积雪期），这与其他土地利用方式（作物、建筑物等）不同。事实上，作物在收获后的一年中，至少有一次是处于裸地状态或者是犁地状态，而在城市地区，全年的作物产量几乎为零。第 3 步，VHSR 影像将自然环境中的植被分为三个密度级别：草地（开放）、混合林（半开放）和密集林。第 4 步，再次利用时间序列表征草本植物区域（草坪或草地）的植物生物量生产率。第 5 步，经过所有这些处理后得到植被图。为实现这一目标，现总结如下（图 8.1）：

（1）将单日 VHSR 影像分割或自动分割成同质区域；
（2）从 HSR 影像时间序列中提取自然介质；
（3）提取介质的开放程度，即自然植被的密度；
（4）提取植物生物量生长水平；
（5）最终得到植被地图。

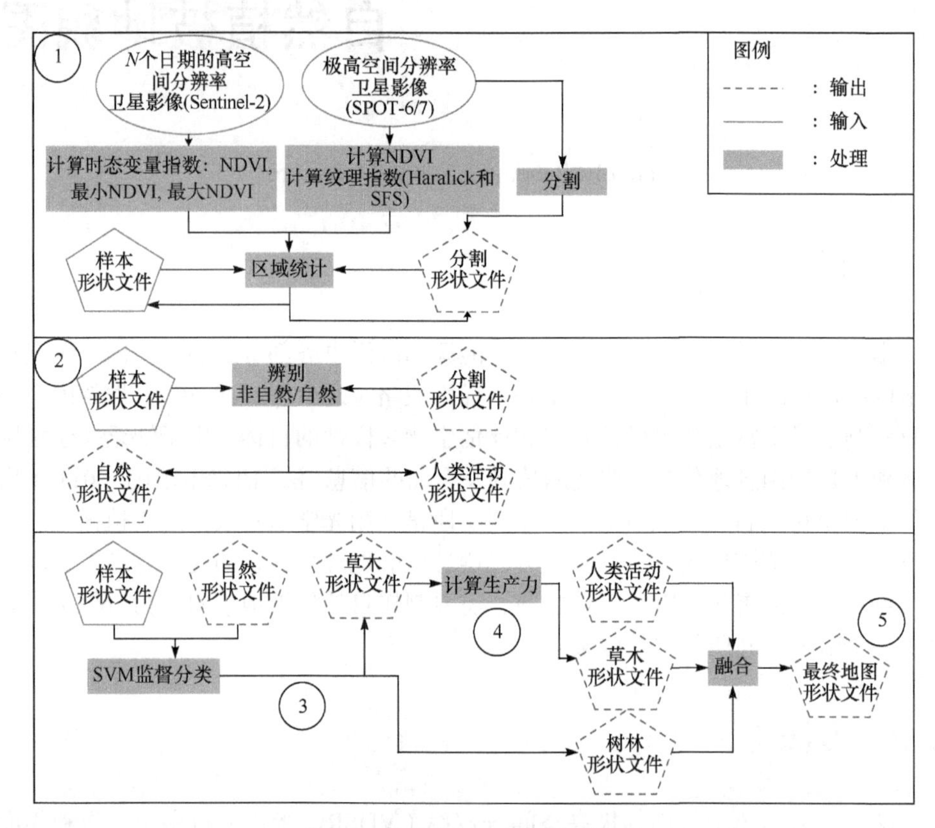


图 8.1　自然植被地貌图处理流程

SFS 为结构特征集（structural feature set）。该图的彩色版本（英文）参见 www.iste.co.uk/baghdadi/qgis2.zip，2020.8.14

## 8.2.1　单个日期 VHSR 影像分割

分割后的影像由一组具有相同预定义属性的像素组成。像素首先根据区域进行分组（也称为对象或片段），然后通过模仿影像解译器描绘同质区域，与人类感知建立概念上的联系。有多种生成分割影像的算法。由此创建的片段，或者说对象，是面向对象分类的基础。同时，产生的分割影像图层，将作为后续处理和分类的空间参考。

本章采用均值漂移（mean-shift）算法，它基于影像像素的空间和光谱特征联合分析，其中每个像素的特征包括其辐射信息及对应位置。算法有两个主要的参数可用于调整分割能力：半径范围参数根据像素值定义了一个接近程度；空间半径参数根据像素数量定义了空间半径。因此，该算法可以在辐射精度和空间紧凑度（分割的规模）两方面进行相对折中处理。均值漂移分割是目前 Orfeo 工具箱（OTB）中已实现的分割技术之一。

OTB 分割功能如下。

- OTB→Segmentation→Segmentation（meanshift）···

## 8.2.2 时间变异指数计算

利用光学影像的年度时间序列，可以估计植被的时间变异性。随着时间的推移，自然植被比作物植被在光谱上更稳定。

#### 8.2.2.1 归一化植被指数（NDVI）

通过归一化植被指数可以根据光学遥感影像观察和分析植被覆盖情况。该指数反映了活跃植被的光谱特征，在可见光谱波段，特别是红光波段（0.6～0.7μm），植被强烈地吸收太阳辐射以促进水溶性叶绿素活动，但这种效应会在近红外波段（0.7～0.9μm）消失，相反，植被会强烈地反射太阳辐射。由于裸露的土壤在红光和近红外波段之间的反射率差异较小，区分裸土和有植被覆盖的土地通常并非难事：

$$\mathrm{NDVI}=\frac{\rho_{\mathrm{NIR}}-\rho_{\mathrm{Red}}}{\rho_{\mathrm{NIR}}+\rho_{\mathrm{Red}}} \tag{8.1}$$

式中，$\rho_{\mathrm{NIR}}$ 为近红外波段反射率；$\rho_{\mathrm{Red}}$ 为红光波段反射率。

分母是一个归一化因子，它部分地补偿了与太阳高度或卫星拍摄影像角度有关的表面反射率差异。使用这样的计算公式时，NDVI 的取值范围在–1～1 之间。

计算 NDVI 的 OTB 功能如下。

- OTB→Feature Extraction→Radiometric Indices···

#### 8.2.2.2 时间变异指数计算

当对时间序列影像进行大气效应校正时，有可能需要计算出该序列中 NDVI 的时间变异性，即计算 NDVI 时间序列的最小值（$\mathrm{NDVI}_{\min}$）、最大值（$\mathrm{NDVI}_{\max}$）或年度标准差（图 8.2，图 8.3）。

日期1影像

| | | |
|---|---|---|
| 0.47 | 0.25 | −0.03 |
| 0.10 | 0.51 | −0.29 |
| 0.29 | 0.80 | −0.12 |
| 0.74 | 0.30 | −0.47 |
| 0.73 | 0.15 | 0.37 |

日期2影像

| | | |
|---|---|---|
| 0.46 | 0.77 | 0.90 |
| 0.87 | 0.10 | −0.52 |
| 0.32 | 0.25 | −0.29 |
| −0.13 | 0.25 | −0.47 |
| 0.83 | 0.04 | 0.18 |

日期3影像

| | | |
|---|---|---|
| −0.13 | 0.72 | −0.09 |
| 0.32 | −0.47 | 0.01 |
| 0.79 | 0.74 | −0.42 |
| −0.19 | −0.48 | 0.19 |
| 0.69 | 0.19 | −0.49 |

最小值函数

结果影像

| | | |
|---|---|---|
| −0.13 | 0.25 | −0.09 |
| 0.10 | −0.47 | −0.52 |
| 0.29 | 0.25 | −0.42 |
| −0.19 | −0.48 | −0.47 |
| 0.69 | 0.04 | −0.49 |

图 8.2　计算 NDVI 时间序列上最小值函数的示例

计算 NDVI 最小值的 OTB 功能如下。

- OTB→Miscellaneous→Band Math

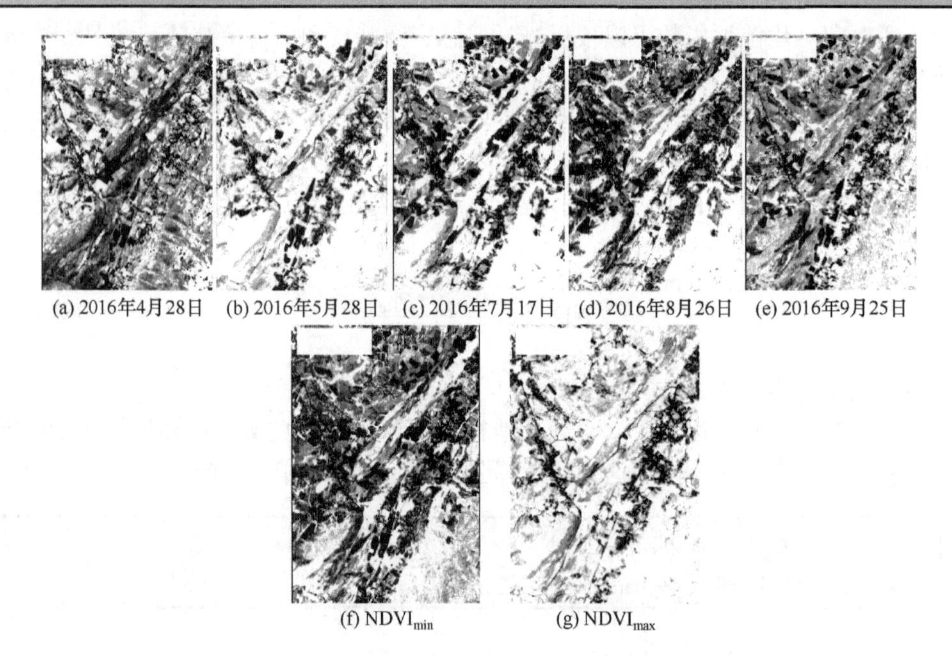

(a) 2016年4月28日　(b) 2016年5月28日　(c) 2016年7月17日　(d) 2016年8月26日　(e) 2016年9月25日

(f) $NDVI_{min}$　(g) $NDVI_{max}$

图 8.3　根据 Sentinel-2 时间序列创建时间指数 $NDVI_{min}$ 和 $NDVI_{max}$

## 8.2.3　利用时间序列提取自然植被

### 8.2.3.1　流程

通常使用整个营养生长期（春季和夏季）的时间序列区分自然植被。实际上，年度的 NDVI 最小值（$NDVI_{min}$）可用于从高度人为因素形成的地块（如裸地、城区、采石场）中检测出水溶性叶绿素活动极低的区域。作物种植区比较特别，因为在一年中，它们有与收获和耕种行为所对应的一个植被生长阶段和裸土阶段。同时除冬季外，自然环境可以在其他季节保持水溶性叶绿素活动。

因此，可以使用代表“作物”和“自然植被”的校准站点，找到常年植被和人类活动区域之间的阈值。其方法是通过校准多边形与 $NDVI_{min}$ 影像相交进行区域统计，从而计算出每个校准多边形的平均 $NDVI_{min}$。下面详细说明使用可分离性和阈值（separability and thresholds，SEaTH）方法搜索两个类别之间分离阈值的过程。然后，根据该阈值将“自然植被”类或“人类活动区域”类赋值给分割影像中的多边形。

#### 8.2.3.2 使用 SEaTH 方法进行类别分离

SEaTH 方法可以计算一组类别（$C_1$ 和 $C_2$）的可分性，并获得区分变量的阈值。该方法适用于面向对象的影像分类。根据“巴氏距离”（Bhattacharyya distance）$B$，在样本站点（对象）之间比较两个类别：

$$B=\frac{1}{8}(m_1-m_2)^2\frac{2}{\sigma_1^2+\sigma_2^2}+\frac{1}{2}\ln\left[\frac{\sigma_1^2+\sigma_2^2}{2\sigma_1\sigma_2}\right] \tag{8.2}$$

为了获得更好的可比性，将 $B$ 值转化为可分性检验距离（Jeffries-Matusita），即 $J$：

$$J=2(1-e^{-B}) \tag{8.3}$$

式中，$m_1$、$m_2$、$\sigma_1$、$\sigma_2$ 分别为两个类别 $C_1$ 和 $C_2$ 对应的均值和变量分布的标准差，因此 $J$ 取值介于 0～2。$J$ 值越接近 2，可分性越好。图 8.4 展示了两个类别变量的概率分布和可分性的三种情况。

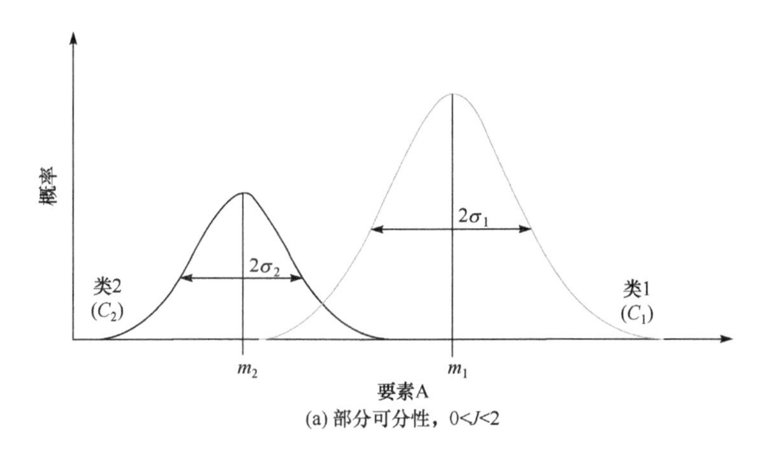

(a) 部分可分性，0<J<2

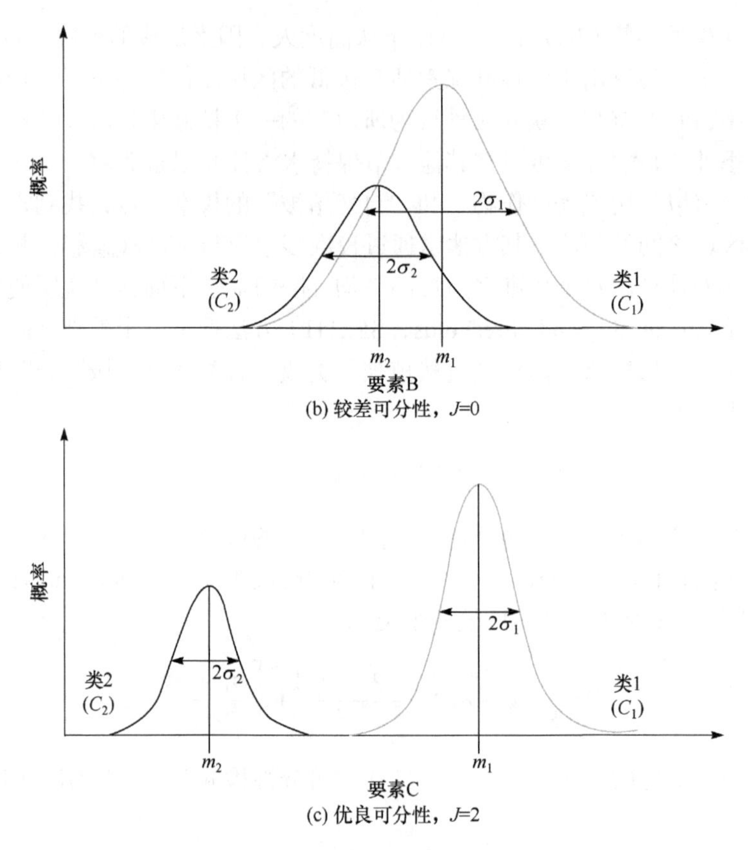


图 8.4　可分性检验距离（$J$）的概率分布和可分性系数的值

（a）、（b）、（c）分别对应一个特定值。该图的彩色版本（英文）参见 www.iste.co.uk/baghdadi/qgis2.zip，2020.8.14

最优阈值是 $J$ 取最大值时的估计，通过贝叶斯统计方法求解混合高斯概率模型方程的 $x$ 值得到。

## 8.2.4　植被密度

植被密度的分类，即确定介质（草本、开放木本、密集木本）的开放程度，使用的是 VHSR 影像纹理数据。

### 8.2.4.1　纹理指数

极高的空间分辨率可用于确定待识别植被镶嵌影像的纹理。纹理是指影像色调的变化，可以很好地模拟植被的结构。纹理分析不仅要区分草本（草地和草坪）区域和木本层，还要区分混合（开放）木本层与密集木本层。在 OTB 中可以使用两种纹理指数：Haralick 指数和结构特征集（SFS）指数。

1）Haralick 指数

纹理指数包含了一个波段色调变化的空间分布信息。色调的概念是基于灰度的变化，而纹理的概念则与这些色调的空间分布有关[HAR 79]。首先从灰度矩阵[也称灰度共生矩阵（gray level cooccurence matrix，GLCM）]中提取一组 Haralick 纹理指数，捕捉影像中灰度值的空间依赖性。共生矩阵计算某一灰度级的像素在指定方向上及该像素与具有特定灰度级的相邻像素在给定距离内出现的次数。利用 OTB 可以计算 7 个简单的 Haralick 指数：群阴影、相关、能量、熵、Haralick 相关性、逆差矩（inverse difference moment，IDM）和惯性。

用于 Haralick 纹理提取的 OTB 功能如下。

- OTB→Feature Extraction→Haralick Texture Extraction

2）SFS 指数

SFS 是一种用于纹理计算的定向方法，主要是对分析窗口的中心像素应用定向分析[HUA 07]。定向分析可以减小计算规模和从方向线的直方图中统计提取实体。方向线可以定义为一部分预定义的从中心像素开始的等间距线，其延展基于邻域像素的灰度水平与以中心像素为起点沿不同方向出发的线条之间的相似性。OTB 可计算 SFS 的长度、宽度、PSI、加权平均值、比值以及标准差。

用于 SFS 纹理提取的 OTB 功能如下。

- OTB→Feature Extraction→SFS Texture Extraction

8.2.4.2 支持向量机分类

采用监督分类方法对三类植被密度（草本、混合木本、密集木本）进行判别。监督分类方法基于已知的样本站点。本章使用的技术是支持向量机（SVM）技术，也称为大型边缘分离器，通过估计数据空间中的最佳超平面作为两个类之间的决策边界来解决监督分类问题[OSE 16]。超平面使用支持矢量（图 8.5）最大化两类最近点之间的距离（较大的边距）。

这种监督分类方法可由 OTB 提供。

实现支持向量机监督分类的 OTB 功能如下。

- OTB→Learning→TrainImagesClassifier（SVM）

## 8.2.5 草本植物区域的最大可生产指数

为了分析草本植物区域生物量的最大生产率，确定属于“草本”类别的片段需要进行多时相分析。由于需要区分草本植物区域的年生产率，因此该分类使用的是 Sentinel-2 影像 NDVI 年度最大值（$NDVI_{max}$）。

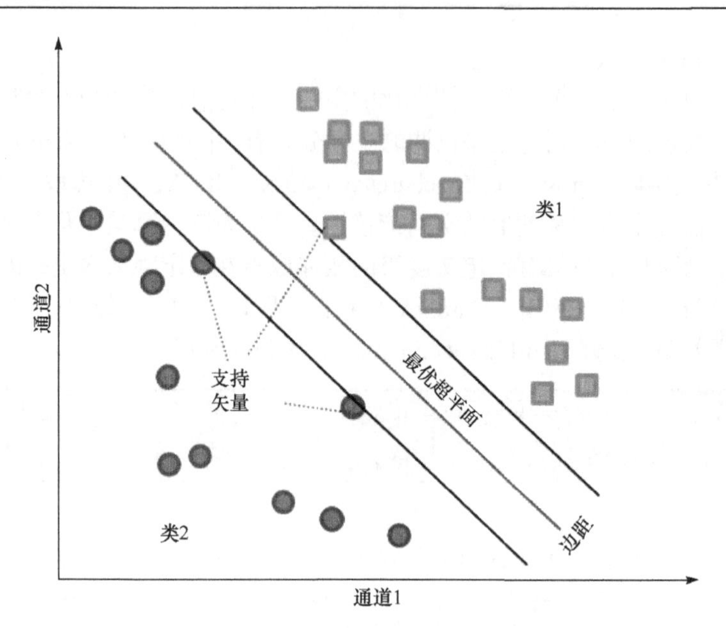


图 8.5　使用支持向量机技术寻找最优超平面
该图的彩色版本（英文）参见 www.iste.co.uk/baghdadi/qgis2.zip，2020.8.14

由于没有参考样本，无法使用野外观测数据校准 $NDVI_{max}$ 时间指数。因此，根据 NDVI 分布直方图，将 $NDVI_{max}$ 分为三类。该方法基于一个强有力的假设，即最大生物量生产率与每年的 $NDVI_{max}$ 指数直接相关。该指标分为三个生产率水平：较低生产力、中等生产力、较高生产力（图 8.6），各阈值根据作物生产指数值的统计分布计算。从理论上讲，对于一个正态分布（或者说钟形分布），区间[$\mu-\sigma$, $\mu+\sigma$]（其中$\mu$是平均值，$\sigma$是标准差）的值占总体分布值的 68.2%。

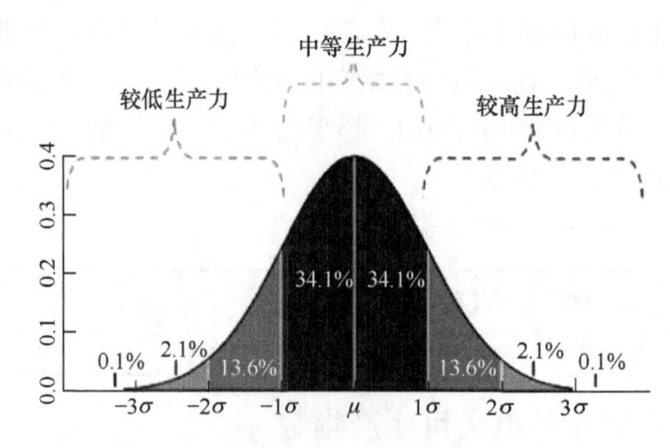


图 8.6　正态分布下三个生产水平的理论阈值
该图的彩色版本（英文）参见 www.iste.co.uk/baghdadi/qgis2.zip，2020.8.14

# 8.3　应用实现

## 8.3.1　研究区域

研究区域位于法国的伊泽尔（Isère）省，沿东南方向距格勒诺布尔（Grenoble）市约 10km，北邻赫比斯（Herbeys）公社，南抵 Vaulnareys-the Bas。所关注的区域（45°07′N，5°48′E）面积约 25km²，涵盖了从北部农业平原的梯度景观到南部的半山地景观，最大海拔为 1000m（图 8.7）。

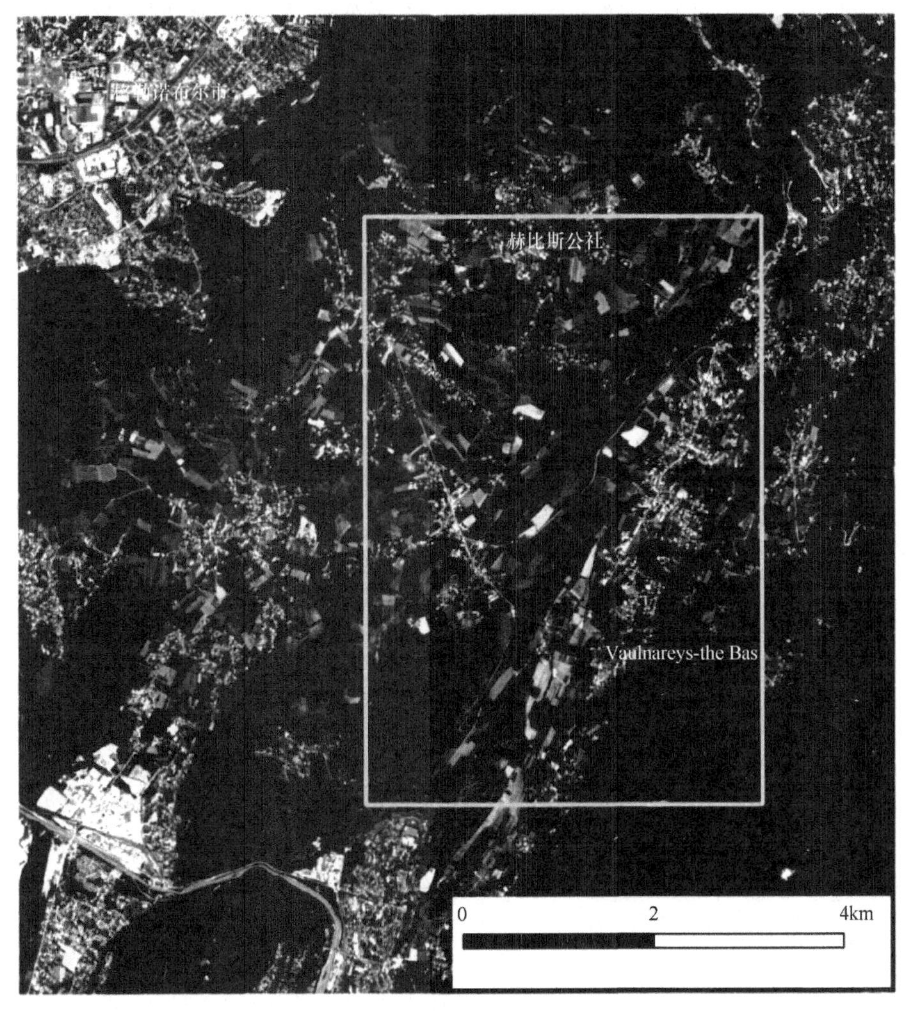


图 8.7　研究区域的位置

该图的彩色版本（英文）参见 www.iste.co.uk/baghdadi/qgis2.zip，2020.8.14

## 8.3.2 软件和数据

### 8.3.2.1 所需软件

植被制图方法中的处理使用了 QGIS 软件（版本 2.16）的基本功能，以及 CNES 开发的集成影像处理库 OTB[CRE 17]。

### 8.3.2.2 遥感数据

本章遥感影像由 Theia 大陆表面极地（http://www.theia-land.fr，2020.8.14）空间数据基础设施项目提供。

所使用的时间序列为 2016 年 Sentinel-2A 系列影像，可以在网站 https://theia.cnes.fr/atdistrib/rocket/#/home,2020.8.14 上免费获得。欧洲航天局（ESA）的“Sentinel-2”任务根据欧盟哥白尼计划发射，由 Sentinel-2A 和 Sentinel-2B 两颗卫星组成：第一颗发射于 2015 年 6 月，第二颗发射于 2017 年 3 月。每颗卫星每 10 天能够从可见光到红外线的 13 个波段上对整个地球进行一次观测。结合两颗卫星的数据，每个像素每 5 天观测到一次。使用的影像是 2A 级数据，它们经过了大气效应校正，并对云层和云层阴影进行了良好的掩膜。本章使用空间分辨率为 10m 的四个波段 B02，B03，B04 和 B08，分别对应蓝光（通道 1）、绿光（通道 2）、红光（通道 3）和近红外（通道 4）波段。这些影像在 Lambert 93 坐标系中进行了重新投影。5 幅时间序列影像分别拍摄于 2016 年 3 月 26 日、5 月 28 日、7 月 17 日、8 月 26 日和 10 月 22 日，分别命名为 S2A_20160428.tif；S2A_20160528.tif；S2A_20160717.tif；S2A_20160826.tif；S2A_20160925.tif。

使用的极高空间分辨率影像（VHSR）从 SPOT-7 影像中提取，在整个法国范围内采样，由 Equipex Geosud（http://ids.equipex-geosud.fr，2020.8.14）提供。该影像在全色模式下的空间分辨率为 1.5m，在蓝、绿、红、近红外波段组成的多光谱模式下空间分辨率为 6m。首先，将该影像（ORT_SPOT7_20160719_101448900_000）根据感兴趣区域进行裁剪；然后，进行全色锐化预处理，即将多光谱影像与全色影像融合，进而得到空间分辨率为 1.5m 的彩色影像。此外，需要使用“Geosud reflectance TOA”QGIS 扩展插件对影像进行大气表观（TOA）辐射校正。像素的数值以千倍的反射率（16 位）表示。2016 年 7 月 19 日的 SPOT-7 影像也投影到 Lambert 93，影像命名为 SPOT7_20160719.tif。各波段分布如下：红光（通道 1）、绿光（通道 2）、蓝光（通道 3）和近红外（通道 4）。

### 8.3.2.3 矢量数据

本章使用四个矢量文件，包含用于阈值计算或监督分类校准与验证的样本点。

（1）sample_anthropic_natural.shp：支持向量机区分“人类活动区域”类和“自

然植被”类所需要的训练样本。“人类活动区域”类对应的是城市化地区和耕种地区，“自然植被”类则包括永久性草地、荒野和森林。

（2）validation_anthropic_natural.shp：评估“人类活动区域”类和“自然植被”类区分结果的验证样本。

这些样本以 SPOT-7 影像为基础，根据法国地块识别系统（RPG）数据衍生的矢量图层，通过影像解译获得。RPG 是在共同农业政策（CAP）下由土地利用申报形成的矢量数据，通过法国支付服务管理局（ASP）非传播性提供，每年按全岛屿尺度 20 个类发布公告。这些文件的属性表由三个字段组成：对应多边形唯一标识符的 ID；SAMPLE 文本字段：“人类活动区域”类为“A”，“自然植被”类为“N”；同时这两个类别还分别对应数值字段 CLASS 的 1 和 2。

（3）sample_density_veg.shp：半自然植被密度类别的训练样本。

（4）validation_density_veg.shp：半自然植被密度类别所对应的验证样本。

这些样本通过 SPOT-7 影像解译和多边形分割结果获得，属性表由三个字段组成：ID、SAMPLE 和 CLASS；ID 对应于多边形的唯一标识符。文本字段 SAMPLE 中，“H”表示“草本”，“M”表示“混合林”，“D”表示“密集林”，分别对应于数值字段 CLASS 的 3、4、5。

## 8.3.3 VHSR 影像处理

将 2016 年 SPOT-7 光学影像（SPOT7_20160719.tif）分割为同质区域。

### 8.3.3.1 影像分割

分割流程见表 8.1。

**表 8.1 分割流程**

| 流程 | QGIS 实现 |
| --- | --- |
| **根据均值漂移（mean-shift）算法对 VHSR 影像进行分割** | 在 QGIS 中：<br>打开名为 SPOT7_20160719.tif 的影像。<br>启动 Processing Toolbox 中的分割工具如下。<br>Orfeo Toolbox：Segmentation→Segmentation（meanshift）。<br>选择分割参数如下。<br>（1）Spatial radius：像素的空间搜索半径。<br>（2）Range radius：以像素值表示的辐射距离。<br>可以修改这两个参数，以分析其对分割的影响。增大这些参数会得到更大的分割结果。<br>（1）Mode convergence threshold：该算法用于寻找像素的空间和辐射分布模式。阈值越高，计算时间越短，同时会生成一个子分割结果。<br>（2）Maximum number of iterations：在达到这一项设定的迭代次数之后停止算法执行。<br>后处理选项如下。<br>（1）Minimum region size：小对象（不超过这个大小）与辐射意义上更为相近的邻近对象进行融合。 |

续表

| 流程 | QGIS 实现 |
|---|---|
| **根据均值漂移（mean-shift）算法对 VHSR 影像进行分割** | （2）8-neighbor connectivity：考虑 8 个相连的邻近区域，而不是默认的 4 个。<br>（3）Tile size：分割将按块（或瓦片）完成，以像素个数表示。<br>将输出矢量文件命名为 segments.sqlite。<br>注意，在当前版本中，尽管算法提供了 shapefile 输出格式（shp），但是矢量输出必须为 sqlite 格式。 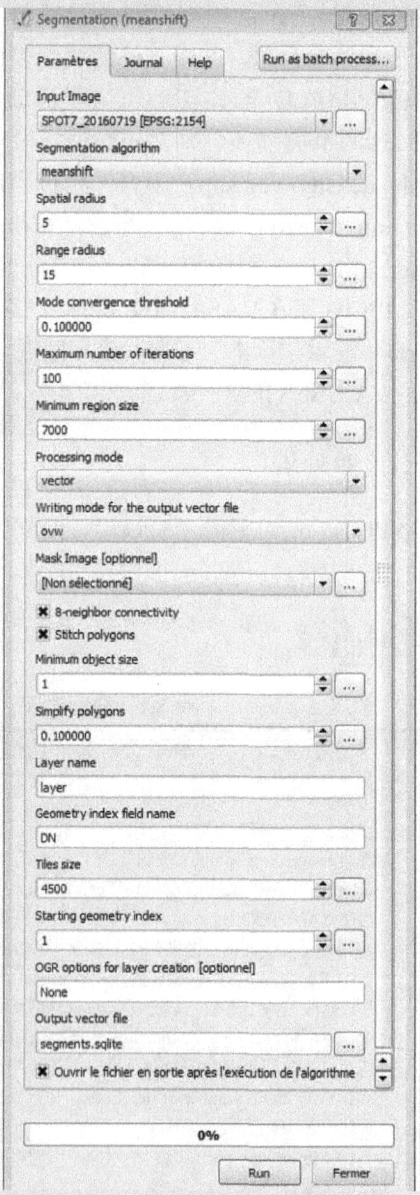 |

续表

| 流程 | QGIS 实现 |
| --- | --- |
| **根据均值漂移（mean-shift）算法对 VHSR 影像进行分割** | 由此得到的矢量分割结果如下。<br>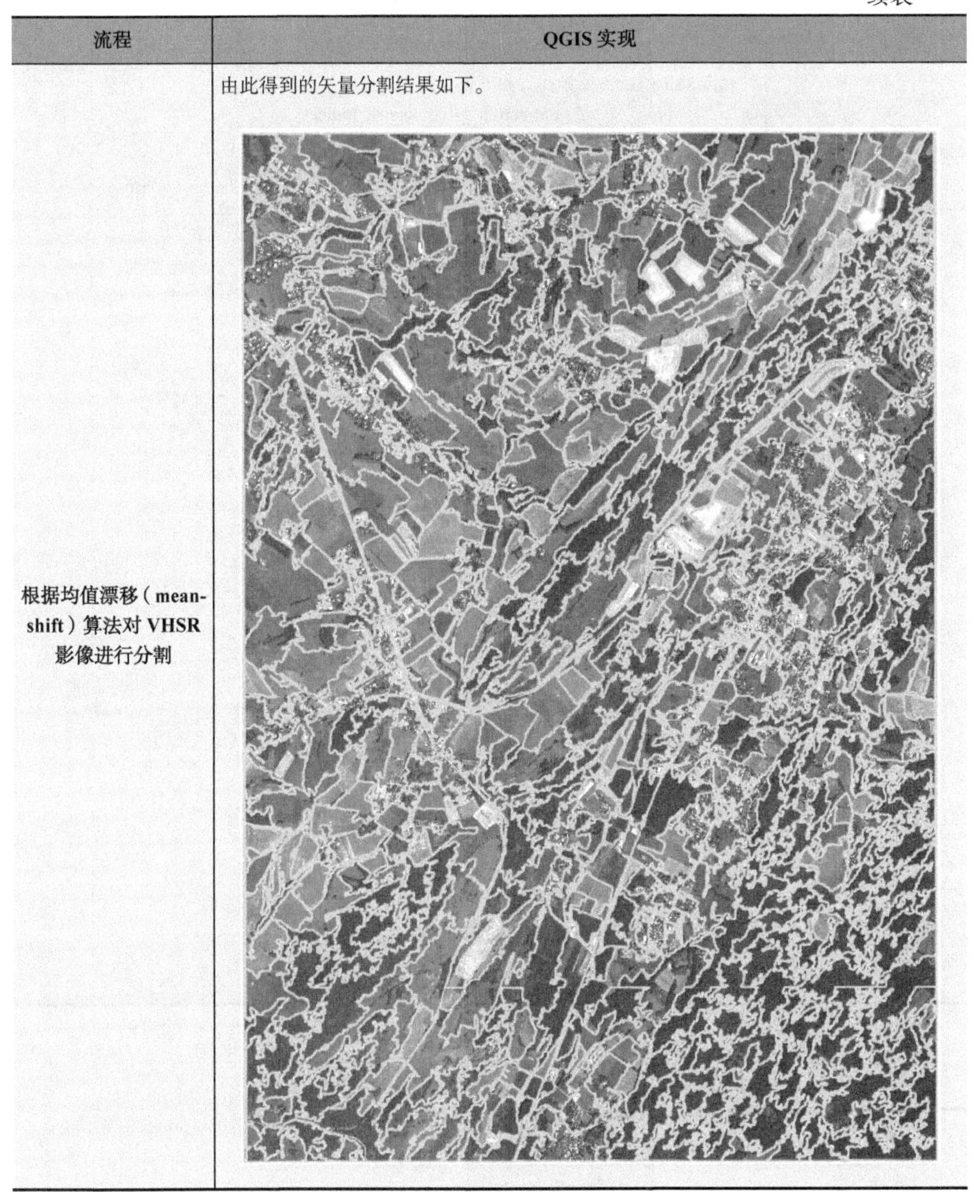 |

8.3.3.2 根据 VHSR 影像计算植被指数（NDVI）

计算植被指数（NDVI）见表 8.2。

表 8.2　计算 NDVI

| 流程 | QGIS 实现 |
| --- | --- |
| **计算 VHSR 影像的 NDVI** | 在 Processing Toolbox 中操作如下。<br>Orfeo Toolbox：Feature Extraction→Radiometric Indices。<br>将通道号分配给每个光谱波段（Blue Channel：3；Green Channel：2；Red Channel：1；NIR Channel：4），并在下拉列表中选择计算 NDVI 指数。 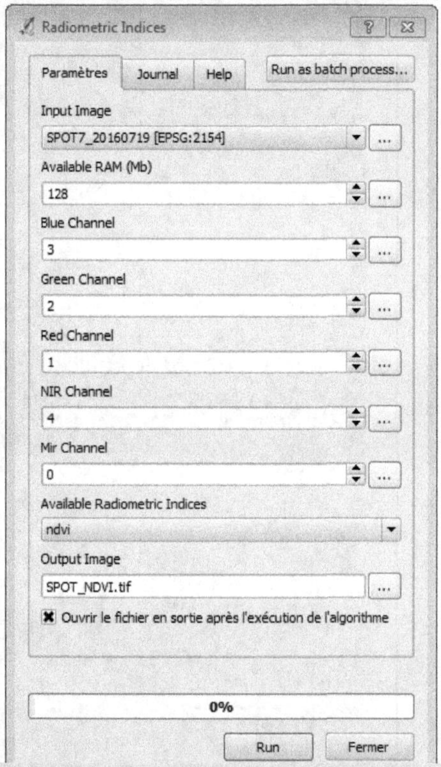<br>Radiometric Indices<br>Paramètres　Journal　Help　Run as batch process...<br>Input Image<br>SPOT7_20160719 [EPSG:2154]<br>Available RAM (Mb)<br>128<br>Blue Channel<br>3<br>Green Channel<br>2<br>Red Channel<br>1<br>NIR Channel<br>4<br>Mir Channel<br>0<br>Available Radiometric Indices<br>ndvi<br>Output Image<br>SPOT_NDVI.tif<br>Ouvrir le fichier en sortie après l'exécution de l'algorithme<br>0%<br>Run　Fermer |

#### 8.3.3.3　计算纹理指数

计算纹理指数流程见表 8.3。

表 8.3　纹理指数

| 流程 | QGIS 实现 |
| --- | --- |
| **1. 根据 VHSR 影像计算 Haralick 纹理指数** | 在 SPOT-7 影像的红光波段（通道 1）上计算简单的 Haralick 纹理指数。<br>在 Processing Toolbox 中操作如下。<br>Orfeo Toolbox：Feature Extraction→Haralick Texture Extraction。<br>应用下图所示的基本参数。 |

续表

<table>
<tr><th>流程</th><th>QGIS 实现</th></tr>
<tr><td>1. 根据 VHSR 影像计算 Haralick 纹理指数</td><td>（1）X Radius、Y Radius：分析窗口的大小（如果 X Radius/Y Radius=2，那么窗口的大小将为 5 像素 × 5 像素）。<br>（2）X Offset、Y Offset：用于计算共生矩阵的坐标偏移量（分析方向）。<br>输出影像命名为 SPOT_haralick。<br>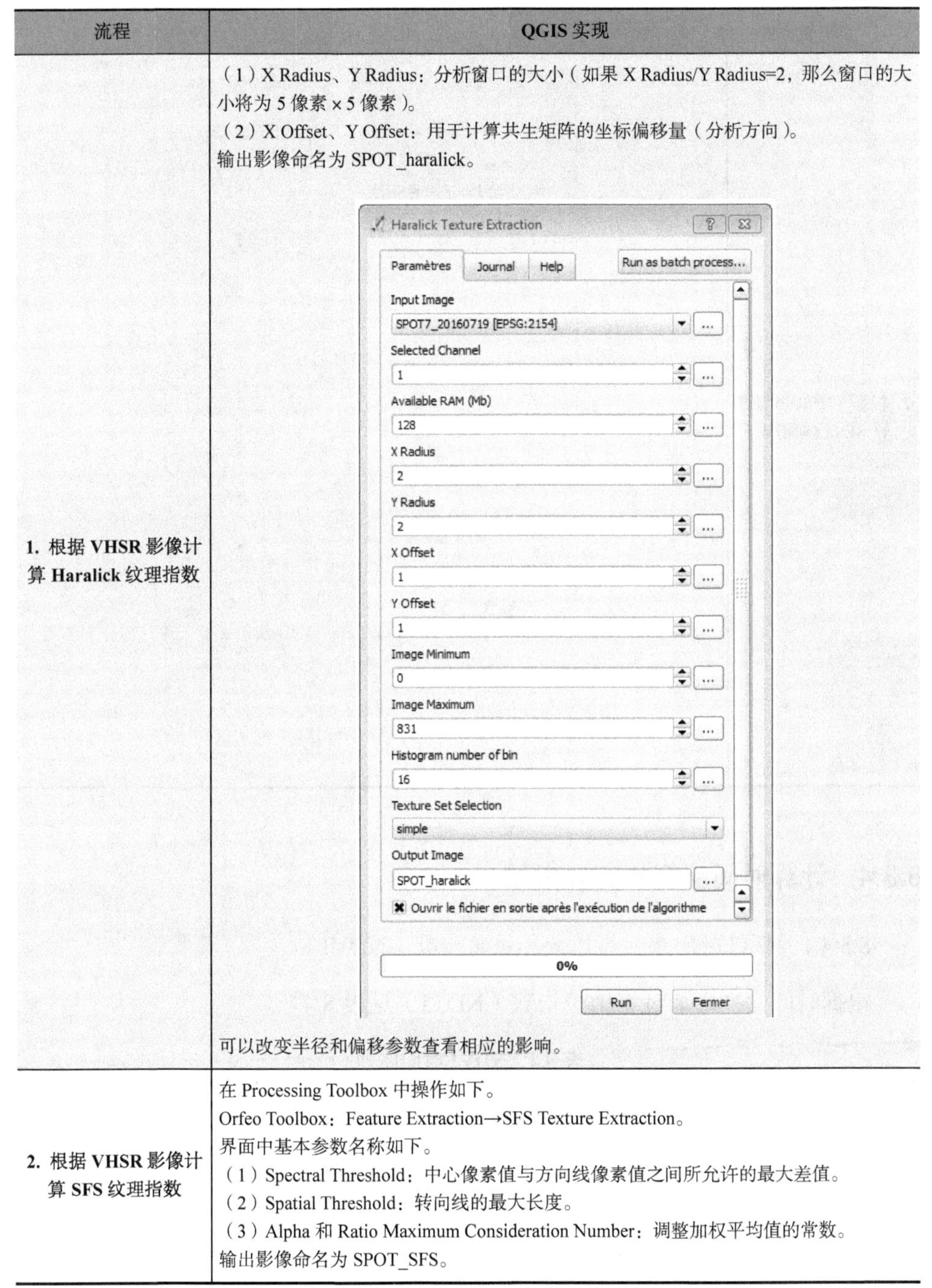
<br>可以改变半径和偏移参数查看相应的影响。</td></tr>
<tr><td>2. 根据 VHSR 影像计算 SFS 纹理指数</td><td>在 Processing Toolbox 中操作如下。<br>Orfeo Toolbox：Feature Extraction→SFS Texture Extraction。<br>界面中基本参数名称如下。<br>（1）Spectral Threshold：中心像素值与方向线像素值之间所允许的最大差值。<br>（2）Spatial Threshold：转向线的最大长度。<br>（3）Alpha 和 Ratio Maximum Consideration Number：调整加权平均值的常数。<br>输出影像命名为 SPOT_SFS。</td></tr>
</table>

续表

| 流程 | QGIS 实现 |
|---|---|
| **2. 根据 VHSR 影像计算 SFS 纹理指数** | 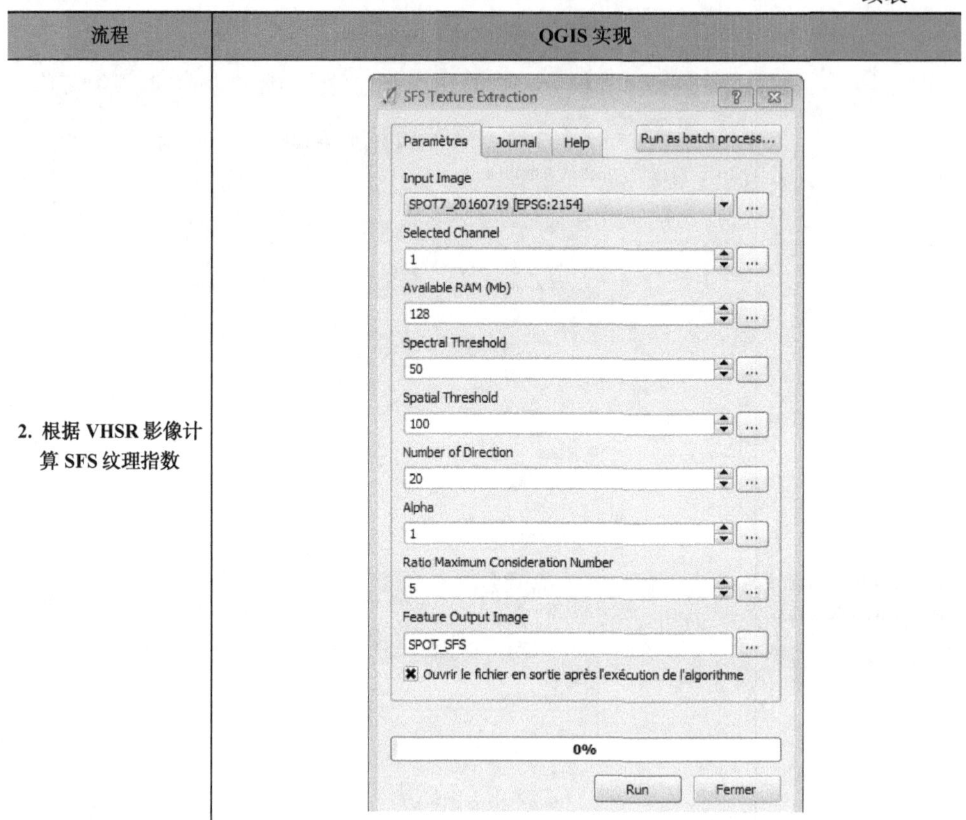 |



## 8.3.4 计算时间序列的变异指数

### 8.3.4.1 根据时间序列影像计算植被指数（NDVI）

根据时间序列影像计算植被指数（NDVI）见表 8.4。

**表 8.4 NDVI 时间序列**

| 流程 | QGIS 实现 |
|---|---|
| **计算所有 Sentinel-2 时间序列影像的 NDVI** | 打开 Sentinel-2 的 5 幅影像：<br>S2A_20160428.tif;S2A_20160528.tif;S2A_20160717.tif;S2A_20160826.tif;<br>S2A_20160925.tif。<br>在 Processing Toolbox 中操作如下。<br>Orfeo Toolbox：Feature Extraction→Radiometric Indices。<br>将通道编号分配给每个光谱波段（Blue Channel:1；Green Channel：2；Red Channel：3；NIR Channel：4），并在下拉列表中选择计算 NDVI 指数。 |

续表

| 流程 | QGIS 实现 |
| --- | --- |
| 计算所有 Sentinel-2 时间序列影像的 NDVI | 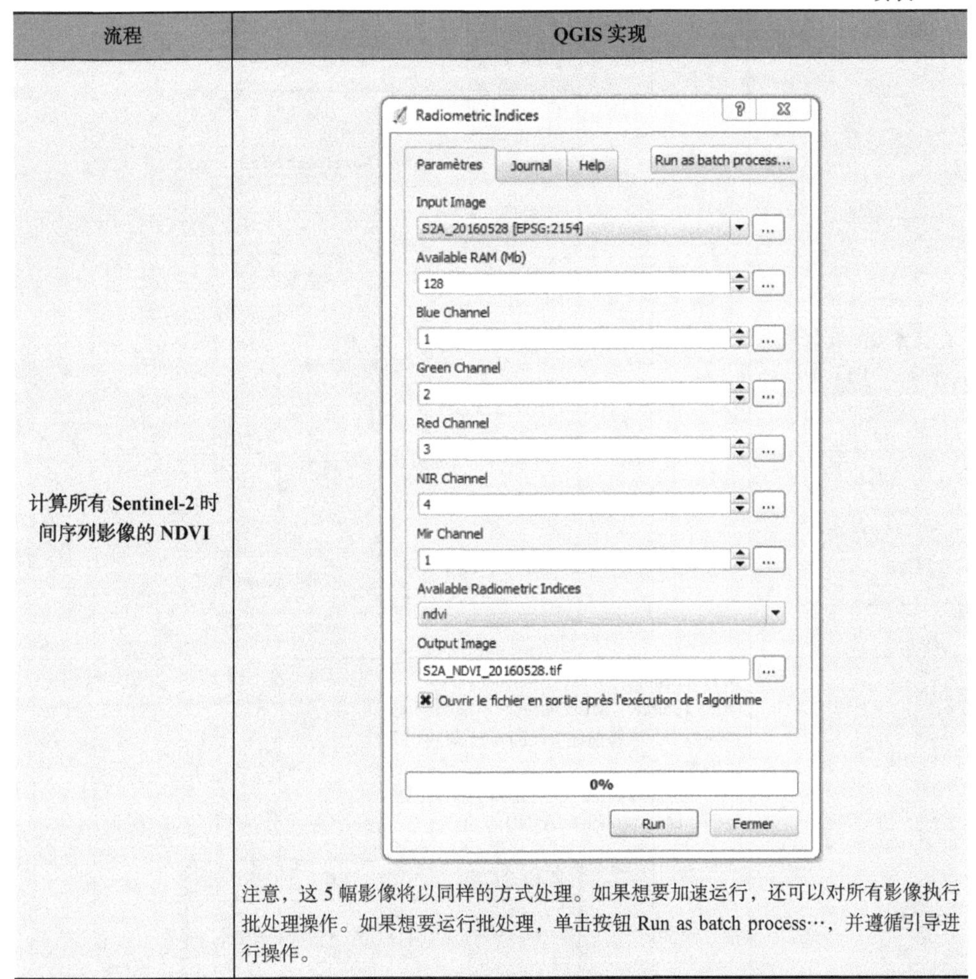 <br>注意，这 5 幅影像将以同样的方式处理。如果想要加速运行，还可以对所有影像执行批处理操作。如果想要运行批处理，单击按钮 Run as batch process…，并遵循引导进行操作。 |

### 8.3.4.2 计算时间序列的最小值和最大值

计算时间序列的最小值和最大值见表 8.5。

**表 8.5 NDVI 时间序列的最小值和最大值**

| 流程 | QGIS 实现 |
| --- | --- |
| **1. 计算 Sentinel-2 系列影像的 NDVI 最小值** | 在 Processing Toolbox 中操作如下。<br>Orfeo Toolbox：Miscellaneous→Band Math。<br>在列表中，选择前面步骤中生成的 5 幅 NDVI 影像。<br>使用表达式：<br>`min(im1b1,im2b1,im3b1,im4b1,im5b1)`<br>将影像保存为 min_S2A_NDVI.tif。 |

续表

| 流程 | QGIS 实现 |
| --- | --- |
| **1. 计算 Sentinel-2 系列影像的 NDVI 最小值** | 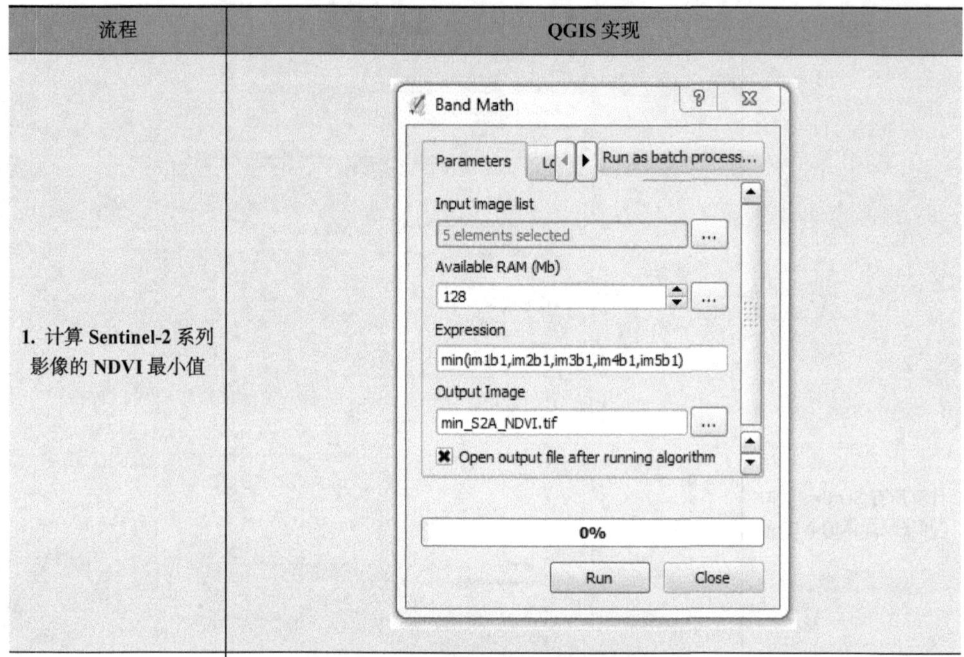 |
| **2. 计算 Sentinel-2 系列影像的 NDVI 最大值** | 在 Processing Toolbox 中操作如下。<br>Orfeo Toolbox：Miscellaneous→Band Math。<br>在列表中，选择前面生成的 5 幅 NDVI 影像。<br>使用表达式：<br>`max(im1b1,im2b1,im3b1,im4b1,im5b1)`<br>将影像保存为 max_S2A_NDVI.tif。<br>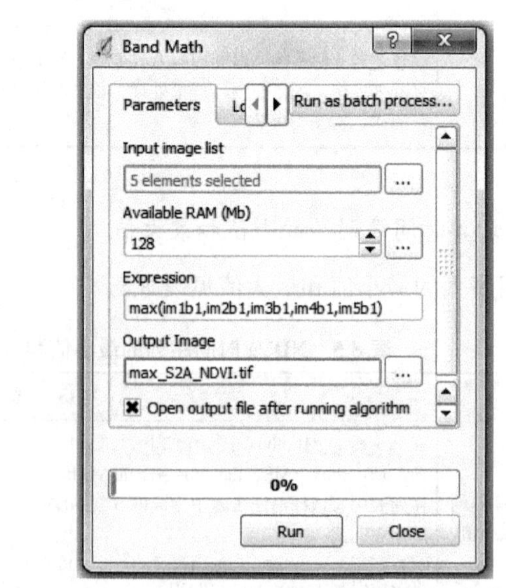 |

## 8.3.5　利用阈值法从 Sentinel-2 影像时间序列中提取自然植被

利用阈值法提取自然植被见表 8.6。

**表 8.6　利用阈值法提取自然植被**

| 流程 | QGIS 实现 |
| --- | --- |
| **1. Sentinel-2 时间序列的 NDVI 最小值区域统计** | 在这个层次上,需要提取每年 NDVI 最小值的平均值（影像 min_S2A_NDVI.tif）,一方面是统计包含在训练样本文件（sample_anthropic_natural.shp）中的多边形，另一方面是统计根据 VHSR 影像获取的分割影像中的对象（segments.sqlite）。<br>在菜单栏中安装 QGIS 插件：<br>单击 Plugins→Manage and Install Plugins。<br>搜索 Statistics，选择 Zonal Statistics Plugin 并安装。<br>在菜单栏中：<br>单击 Raster→Zonal Statistics→Zonal Statistics。<br>选择文件 min_S2A_NDVI 作为栅格图层，选择样本文件 sample_anthropic_natural 作为包含计算区域的多边形图层。输入一个有效的列名如 min，选择需要计算的统计信息，即 Mean。 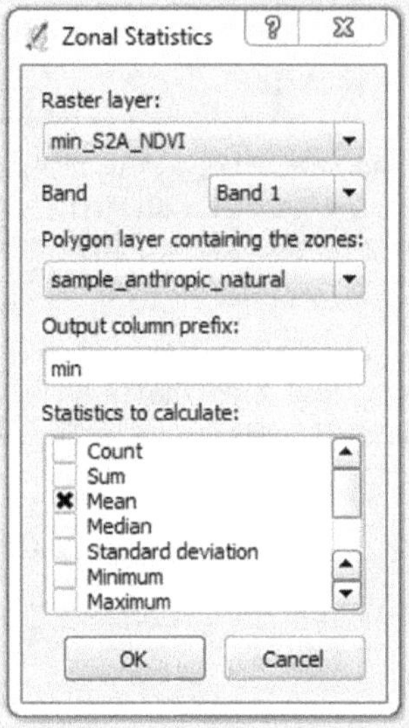 |
| **2. 使用脚本启动 SEaTH 算法** | 本章使用的一些方法在 QGIS 中并不存在，但可以通过编写正式的 Python 脚本并集成到工具箱中创建。<br>本章已经在 Python 中创建了表示 SEaTH 算法的 seath_qgis.py 脚本。<br>添加一个脚本到 QGIS 操作如下。<br>在 Processing Toolbox 中：<br>（1）单击 Scripts→Tools→Add scripts from file。<br>（2）选择脚本 seath_qgis.py。<br>运行脚本操作如下。<br>在 Processing Toolbox 中：<br>单击 Scripts→User script→seath qgis en。 |

续表

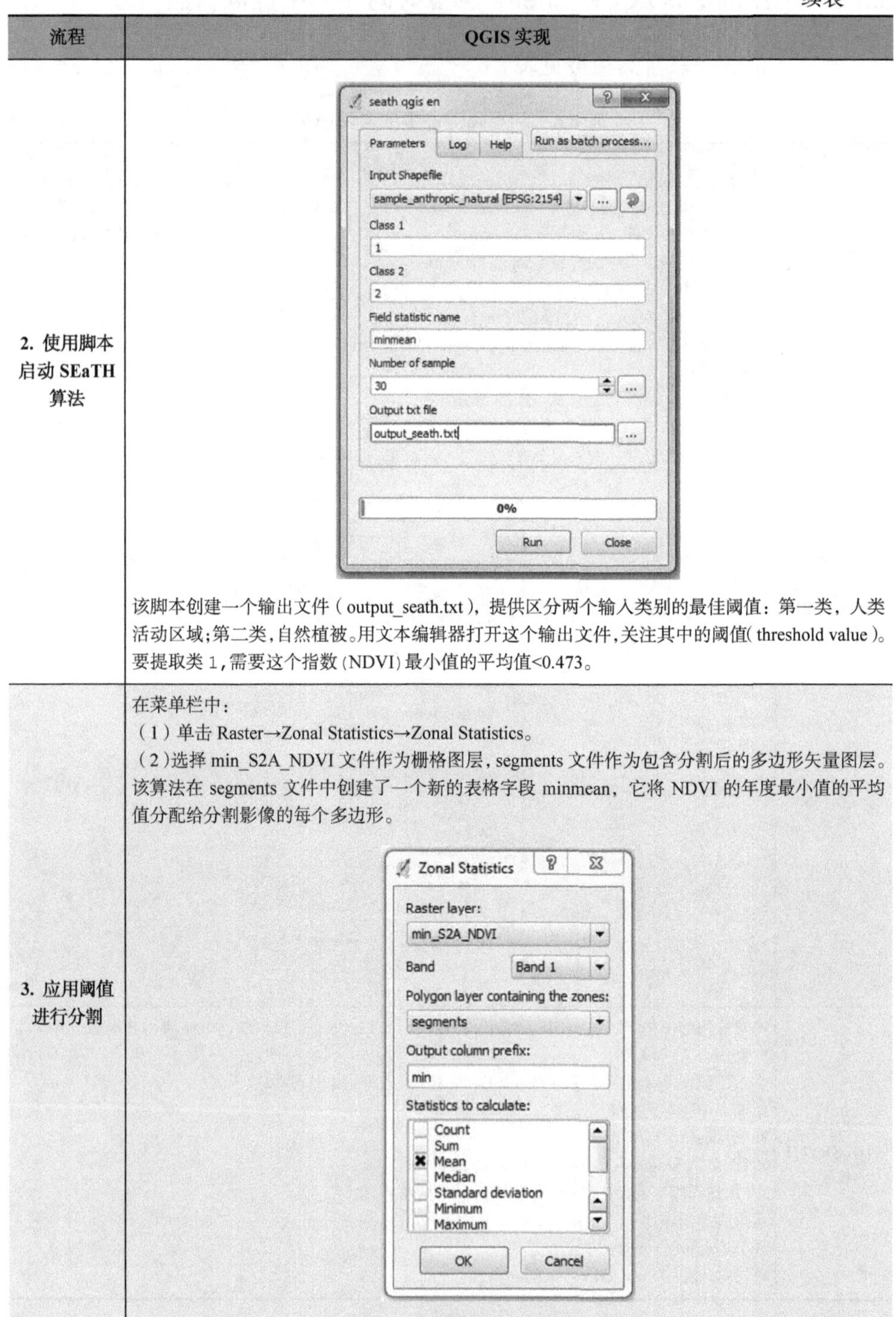

| 流程 | QGIS 实现 |
| --- | --- |
| 2. 使用脚本启动 SEaTH 算法 | 该脚本创建一个输出文件（output_seath.txt），提供区分两个输入类别的最佳阈值：第一类，人类活动区域；第二类，自然植被。用文本编辑器打开这个输出文件，关注其中的阈值（threshold value）。要提取类 1，需要这个指数（NDVI）最小值的平均值<0.473。 |
| 3. 应用阈值进行分割 | 在菜单栏中：<br>（1）单击 Raster→Zonal Statistics→Zonal Statistics。<br>（2）选择 min_S2A_NDVI 文件作为栅格图层，segments 文件作为包含分割后的多边形矢量图层。该算法在 segments 文件中创建了一个新的表格字段 minmean，它将 NDVI 的年度最小值的平均值分配给分割影像的每个多边形。 |

续表

| 流程 | QGIS 实现 |
| --- | --- |
| **3. 应用阈值进行分割** | 在分割影像上使用之前确定的阈值。<br>在文件 output_seath.txt，记录着：<br>`"To extract the class 1,we need this index minmean<0.473"`<br>因此，在一个名为 ant1_nat2 的新字段中，选择 minmean 值小于阈值（这里是 0.473）的多边形并分配代表 anthoropic（人类活动区域）类的值 1，并为其他多边形分配代表 natural（自然区域）类的值 2。<br>打开属性表（右键单击 segments.sqlite 图层）。<br>打开 Field Calculator ：<br>创建一个新的名为 ant1_nat2 的整数字段。<br>使用表达式：<br>`CASE WHEN "minmean"<0.473 THEN 1 ELSE 2 END`<br>图层被自动设置为编辑模式，因此在计算完成后将退出此模式。 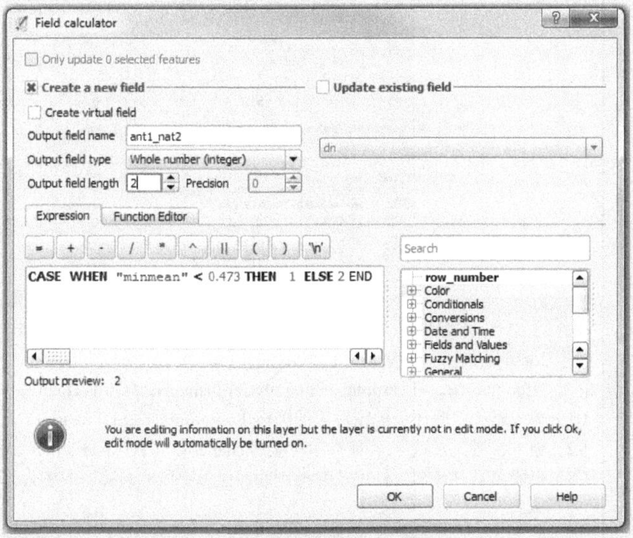 |
| **4. 验证结果** | 为评估结果，构建一个可将预测值与验证样本进行比较的矩阵。<br>对应 Processing Toolbox 中有一个计算这个矩阵的模块：ComputeConfusionMatrix。<br>该工具请求输入一个与待评估的影像对应的栅格和一个与验证样本对应的矢量。<br>因此需要将在 ant1_nat2 字段中存储了分类结果的 segments 文件转换为栅格。<br>segments 文件必须事先转换并保存为 shapefile 文件：右键单击该文件并另存为 segments.shp。<br>在 Processing Toolbox 中：<br>单击 GDAL/OGR→Conversion→Rasterize（vector to raster）<br>注意：<br>（1）输出文件名为 anthropic_natural_map.tif。<br>（2）选择一个足够好的分辨率，以减少栅格化造成的偏差（如 2m）。 |

续表

| 流程 | QGIS 实现 |
| --- | --- |
| 4. 验证结果 | 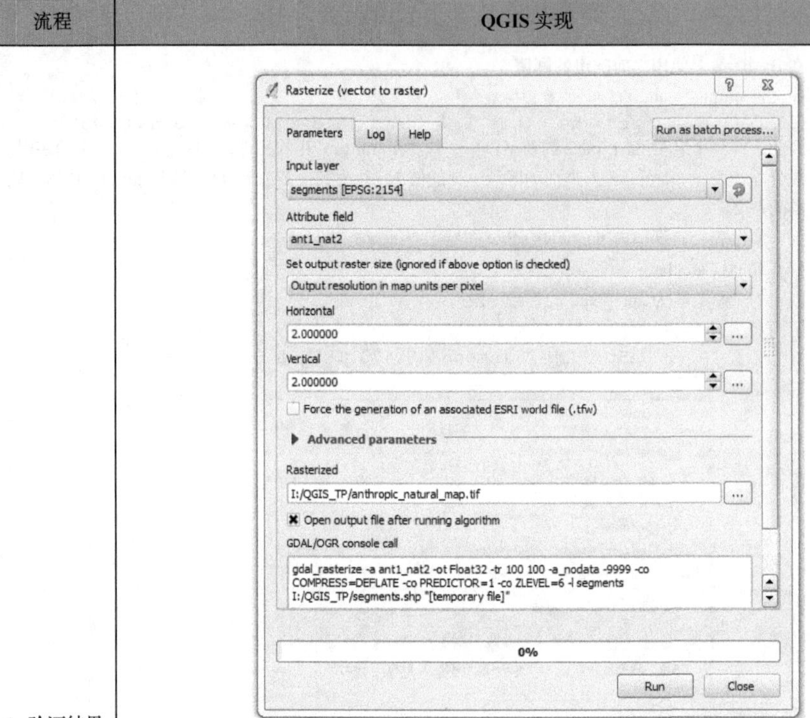<br><br>打开 ComputeConfusionMatrix（Vector）：<br>单击 Orfeo Toolbox→Learning→ComputeConfusionMatrix（Vector）。<br>（1）输入影像：待评价地图对应的栅格（anthropic_natural_map）；<br>（2）输入参考矢量数据:验证样本对应的 shapefile 文件（validation_anthropic_natural.shp）；<br>（3）字段名：在评估文件中代表类别的数值型字段的名称，或者为 CLASS 字段。<br>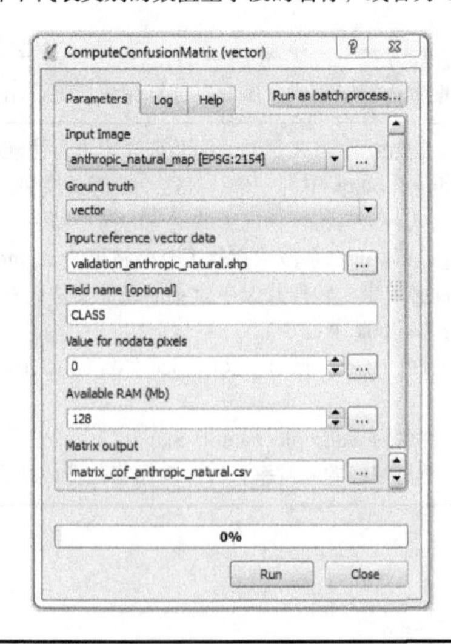<br> |

续表

<table>
<tr><th>流程</th><th>QGIS 实现</th></tr>
<tr><td>4. 验证结果</td><td>
打开输出文件（matrix_cof_anthropic_natural.csv），用文本编辑器读取：

```
#Reference labels(rows):1,2
#Produced labels(columns):1,2
71469,30374
214,203750
```

为了以足够的精度提取这个文件，可以据此构造自己的混淆矩阵：

<table>
<tr><td colspan="2" rowspan="2">类别</td><td colspan="4">分类</td></tr>
<tr><td>1</td><td>2</td><td>总数（像素）/个</td><td>生产者精度/%</td></tr>
<tr><td rowspan="4">参考</td><td>1</td><td>71469</td><td>30374</td><td>101843</td><td>70.2</td></tr>
<tr><td>2</td><td>214</td><td>203750</td><td>203964</td><td>99.9</td></tr>
<tr><td>总数（像素）/个</td><td>71683</td><td>234124</td><td>305807</td><td></td></tr>
<tr><td>用户精度/%</td><td>99.7</td><td>87.0</td><td></td><td>90.0</td></tr>
</table>

整体准确率达 90.0%。
</td></tr>
<tr><td>5. 将分割图层划分为人类活动区域图层（.shp）和自然植被图层（.shp）</td><td>
创建图层 anthropic.shp：<br>
（1）打开已分类好的分割影像的属性表 segments.sqlite；<br>
（2）启动 selection tool ；<br>
（3）使用表达式"ant1_nat2"=1；<br>
（4）单击 Select ▾ ；<br> 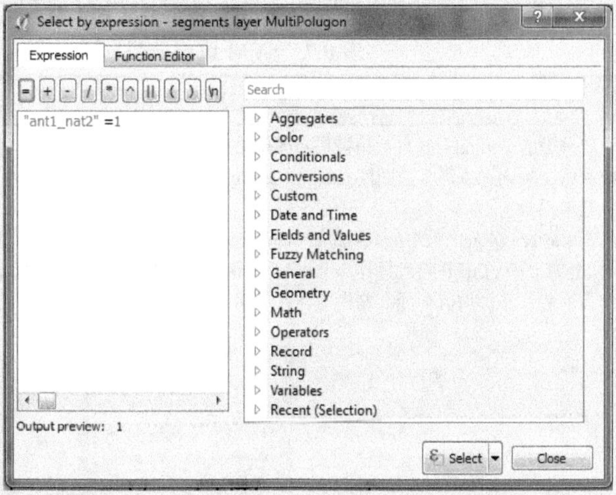
Select by expression - segments layer MultiPolygon<br>
Expression | Function Editor<br>
"ant1_nat2" =1<br>
Search<br>
Aggregates<br>
Color<br>
Conditionals<br>
Conversions<br>
Custom<br>
Date and Time<br>
Fields and Values<br>
Fuzzy Matching<br>
General<br>
Geometry<br>
Math<br>
Operators<br>
Record<br>
String<br>
Variables<br>
Recent (Selection)<br>
Output preview: 1<br>
Select | Close<br>
（5）然后通过右键单击图层 segments.sqlite/Save as…/anthropic.shp，勾选选项 ✖ Save only selected features，保存这个选择为 anthropic.shp。
</td></tr>
</table>

续表

| 流程 | QGIS 实现 |
| --- | --- |
| **5. 将分割图层划分为人类活动区域图层（.shp）和自然植被图层（.shp）** | 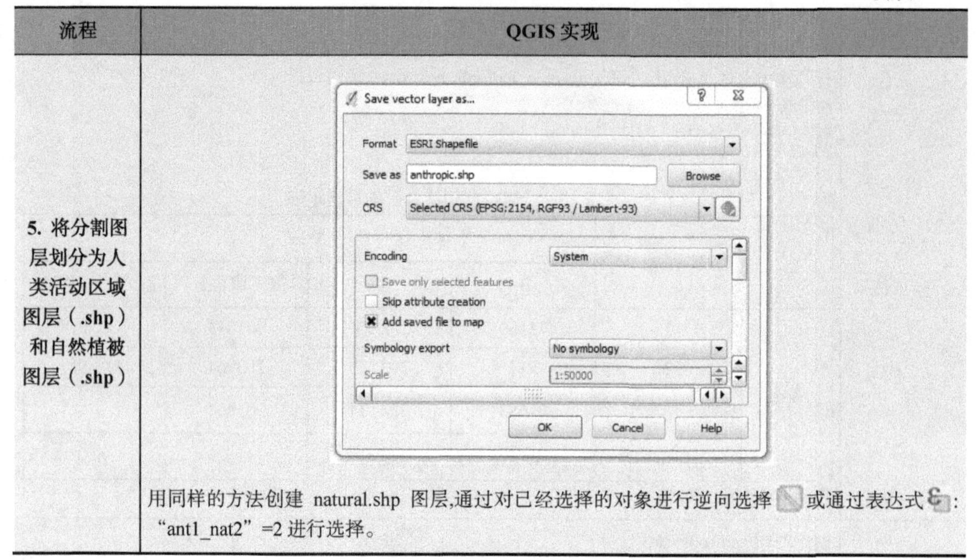<br>用同样的方法创建 natural.shp 图层,通过对已经选择的对象进行逆向选择 或通过表达式 :“ant1_nat2” =2 进行选择。 |

## 8.3.6　利用监督分类中的支持向量机法对植被密度进行分类

这里基于 SVM 方法对自然环境中的密度等级进行监督分类（表 8.7）。

**表 8.7　SVM 监督分类**

| 流程 | QGIS 实现 |
| --- | --- |
| **1. 对将要分类的分割影像和训练区域进行区域统计** | 对要分类的 natural.shp 自然植被矢量图层进行区域统计（平均值和标准差），然后再对包含半自然植被密度类别训练样本的图层 sample_density_veg.shp 进行相同操作。<br>在菜单栏中：<br>单击 Raster→Zonal Statistics→Zonal Statistics。<br>对 SPOT_NDVI.tif 执行此操作（与 8.3.3.2 节根据 VHSR SPOT-7 影像计算 NDVI 类似）；使用 ndvi 作为列名，选择均值和标准差作为计算目标。<br>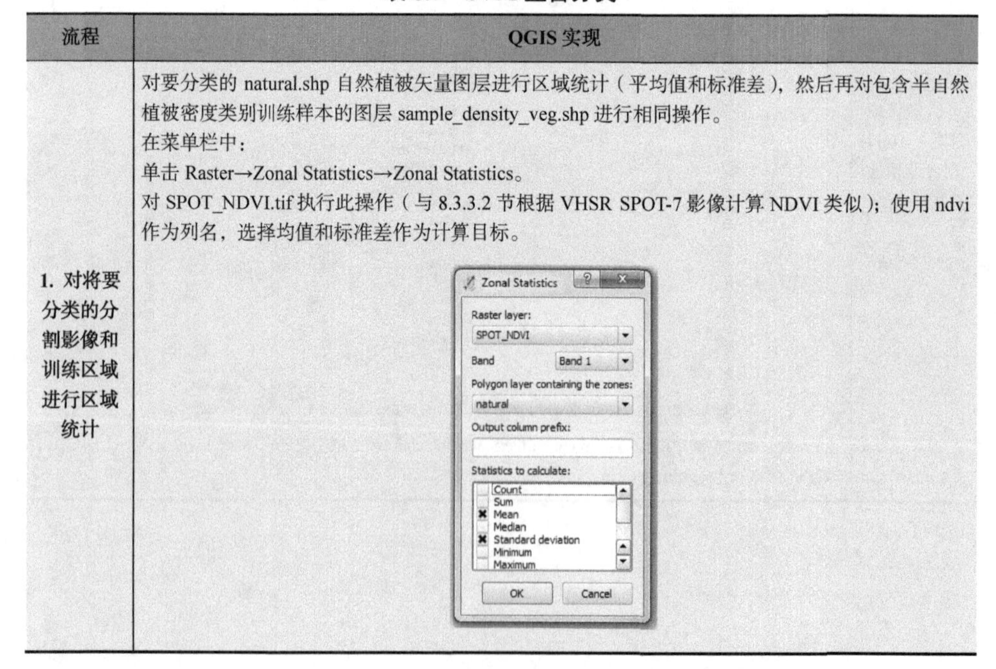 |

续表

| 流程 | QGIS 实现 |
| --- | --- |
| 1. 对将要分类的分割影像和训练区域进行区域统计 | 然后，在纹理指数（8.3.3.3 节根据 VHSR SPOT-7 影像计算的影像纹理指数）中：<br>（1）SPOT_haralick.tif，波段 1，前缀 nrj（表示能量）；<br>（2）SPOT_haralick.tif，波段 2，前缀 ent（表示熵）；<br>（3）SPOT_SFS.tif，波段 3，前缀 psi（表示 PSI）；<br>（4）SPOT_SFS.tif，波段 6，前缀 sd（表示标准差）。<br>文件 sample_density_veg.shp 和 natural.shp 的两个属性表有 10 个新的字段，其中包含将用于 SVM 分类的预测变量（features）：<br>"ndvimean" "ndvistdev" "nrjmean" "nrjstdev" "entmean"<br>"entstdev" "psimean" "psistdev" "sdmean" "sdstdev"<br>注意：<br>（1）使用小写的字段名。<br>（2）不要忘记在两个矢量图层 sample_density_veg.shp 和 natural.shp 上进行相同操作。 |
| 2. 创建一个变量统计文件 | 计算要分类的矢量图层 natural.shp 的总体统计量。<br>在 Processing Toolbox 中操作如下。<br>Orfeo Toolbox：Segmentation→ComputeOGRLayerFeaturesStatistics。 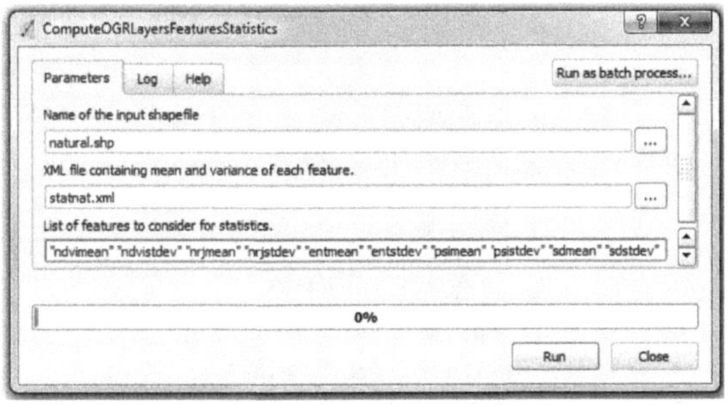<br>注意：<br>（1）列出的预测（features）变量的名称必须用双引号括起来。<br>（2）手动输入.xml 输出文件的路径，不要单击[...]，否则它会需要一个输入文件，这是没有意义的。 |
| 3. 创建分类模型 | 使用前面创建的.xml 文件在训练样点的矢量图层 sample_density_veg.shp 中训练 SVM 进行分类。<br>在 Processing Toolbox 中操作如下。<br>Orfeo Toolbox：Segmentation→TrainOGRLayerClassifier。 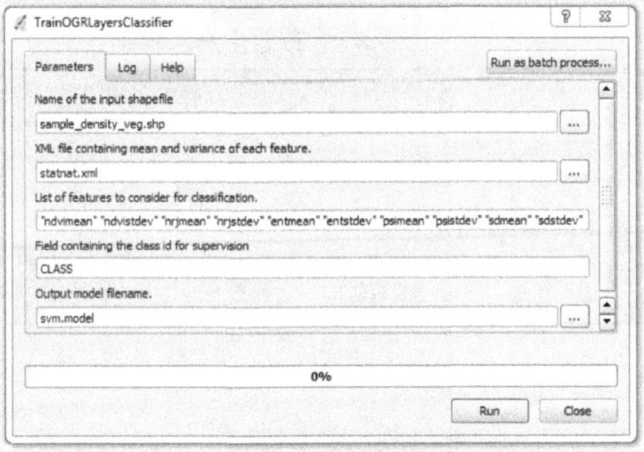 |

续表

| 流程 | QGIS 实现 |
|---|---|
| **4. 预测完成后类别的分配** | （1）前面的步骤可以创建一个预测模型，该模型可以应用于要分类的对象（natural.shp）。<br>在 Processing Toolbox 中操作如下。<br>Orfeo Toolbox：Segmentation→OGRLayerClassifier。 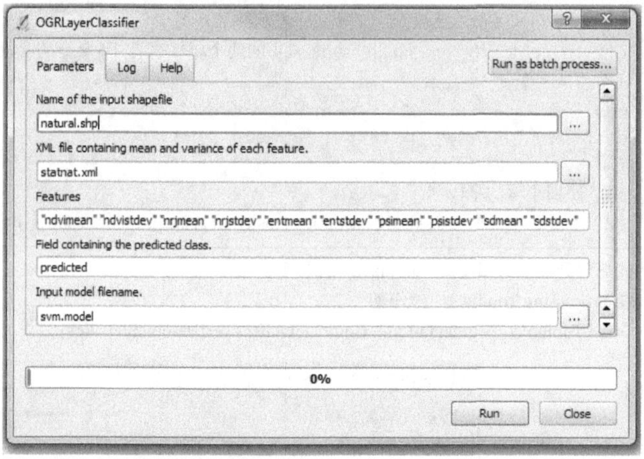<br>OGRLayerClassifier<br>Parameters Log Help Run as batch process...<br>Name of the input shapefile<br>natural.shp<br>XML file containing mean and variance of each feature.<br>statnat.xml<br>Features<br>"ndvimean" "ndvistdev" "nrjmean" "nrjstdev" "entmean" "entstdev" "psimean" "psistdev" "sdmean" "sdstdev"<br>Field containing the predicted class.<br>predicted<br>Input model filename.<br>svm.model<br>0%<br>Run Close<br>（2）手动输入 svm.model 的输入文件路径。不要单击 ... ，否则它会需要输出文件，这是没有意义的。<br>图层 natural.shp 的属性表包含一个新的字段（称为 predicted），其值包括预测的三个类别值：3、4、5，分别对应于草本类、混合林类或密集林类。<br>注意，如果文件 natural.shp 已经在 QGIS 中打开，新字段可能不会出现在打开的表格中。在这种情况下，先关闭该图层，然后重新打开以刷新显示。 |

## 8.3.7 提取草地生产率水平

提取草地生产率水平见表 8.8。

**表 8.8 草地生产率水平**

| 流程 | QGIS 实现 |
|---|---|
| **1. 根据 Sentinel-2 时间序列计算的 NDVI 最大值进行区域统计** | 这里是提取自然环境中每个分类对象的年度 NDVI 的最大值平均值。<br>在菜单栏中：<br>单击 Raster→Zonal Statistics→Zonal Statistics。<br>选择文件 max_S2A_NDVI（8.3.4.2 节）作为栅格图层，natural 文件作为包含着自然区域的多边形图层。输入一个有效的列名前缀 max，并检查所需的统计信息，即 Mean。 |

续表

<table>
<tr><th>流程</th><th>QGIS 实现</th></tr>
<tr><td>1. 根据 Sentinel-2 时间序列计算的 NDVI 最大值进行区域统计</td><td>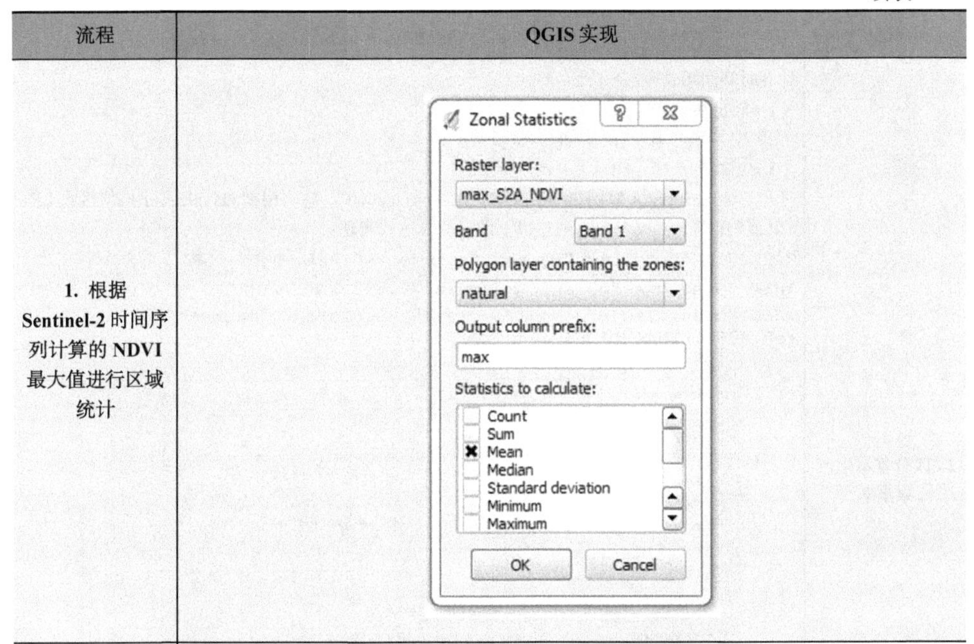
</td></tr>
<tr><td>2. 区分草本生产率水平</td><td>根据对应于草本（或自然草地）的 natural.shp 文件多边形集合的 $NDVI_{max}$ 均值和标准差，对不同的生产率水平进行了分类。<br>要提取这些信息：<br>（1）在属性表中，通过选择查询 ，选择第 3 类（herbaceous）所对应的多边形中的“predicted”字段。<br>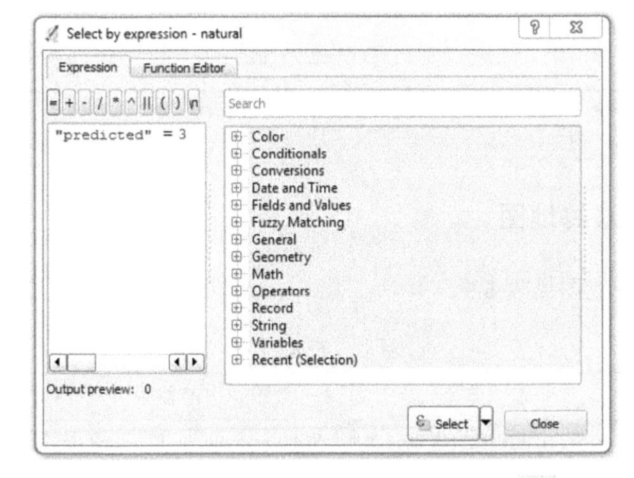
<br>（2）在主菜单中，选择 View→Statistics Summary 选项卡或直接单击 Σ 。<br>如此将打开一个名为 Statistics Panel 的窗口。选择 natural.shp 矢量图层的 maxmean 字段并勾选 ✖ Selected features only 。<br>注意，均值（$\mu$）和标准差（$\sigma$）将马上用到。</td></tr>
</table>

续表

<table>
<tr><th>流程</th><th>QGIS 实现</th></tr>
<tr><td>2. 区分草本生产率水平</td><td>计算时间间隔：<br>（1）较低生产率（LP）$<\mu-\sigma$;<br>（2）中等生产率（MP）为$[\mu-\sigma, \mu+\sigma]$;<br>（3）极高生产率（HP）$>\mu+\sigma$。<br>打开 Field calculator 以创建一个文本字段“production”，它将根据 maxmean 字段值接收 LP、MP 或 HP 值计算结果。这通过以下形式的表达式实现：<br>CASE WHEN"predicted"=3 and "maxmean"<0.825, THEN 'LP'<br>WHEN "predicted"=3 and "maxmean">0.835, THEN 'HP'<br>WHEN "predicted"= 3 and "maxmean">=0.825 and "maxmean"<br><=0.835 THEN 'MP' END<br>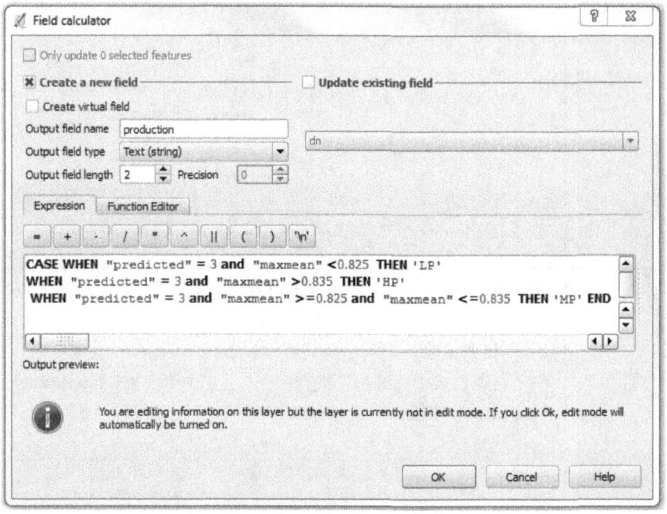
</td></tr>
</table>

注：表格的彩色版本参见 www.iste.co.uk/baghdadi/qgis2.zip，2020.8.14。

## 8.3.8 最终地图

最终地图见表 8.9。

**表 8.9 最终地图**

| 流程 | QGIS 实现 |
|---|---|
| 1. 图层合并 | 最终的植被图对应 8.3.5 节所提取的 anthropic.shp 和 natural.shp 矢量图层。<br>为此，将这两个图层联合起来，合成为一个名为 physio_vegetation_map.shp 的独立图层。<br>（1）在 QGIS 中打开两个图层。<br>（2）在 menu 中：单击 Vector→Geoprocessing Tools→Union。 |

续表

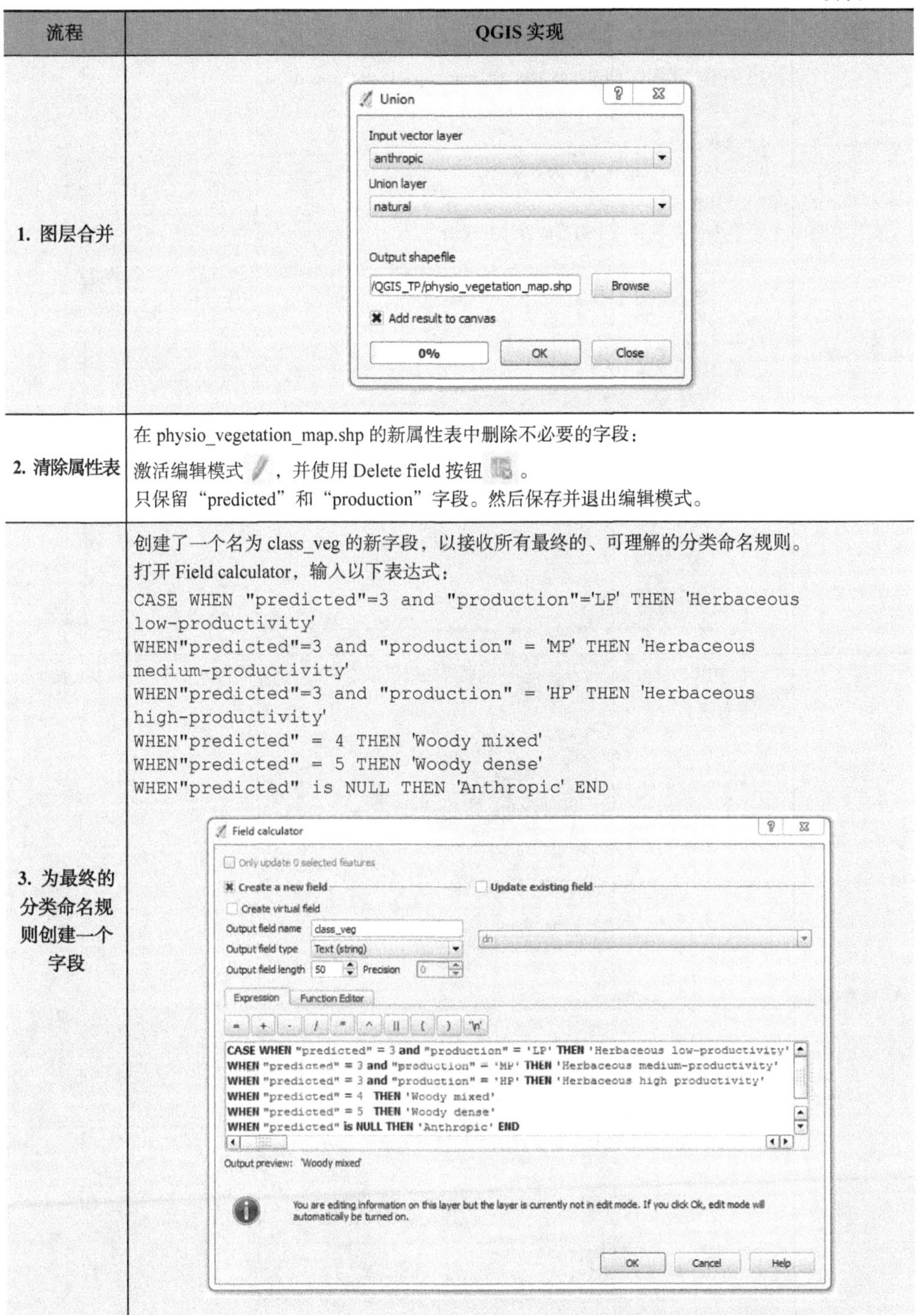

| 流程 | QGIS 实现 |
| --- | --- |
| 1. 图层合并 | |
| 2. 清除属性表 | 在 physio_vegetation_map.shp 的新属性表中删除不必要的字段：<br>激活编辑模式 ，并使用 Delete field 按钮 。<br>只保留“predicted”和“production”字段。然后保存并退出编辑模式。 |
| 3. 为最终的分类命名规则创建一个字段 | 创建了一个名为 class_veg 的新字段，以接收所有最终的、可理解的分类命名规则。<br>打开 Field calculator，输入以下表达式：<br>CASE WHEN "predicted"=3 and "production"='LP' THEN 'Herbaceous low-productivity'<br>WHEN"predicted"=3 and "production" = 'MP' THEN 'Herbaceous medium-productivity'<br>WHEN"predicted"=3 and "production" = 'HP' THEN 'Herbaceous high-productivity'<br>WHEN"predicted" = 4 THEN 'Woody mixed'<br>WHEN"predicted" = 5 THEN 'Woody dense'<br>WHEN"predicted" is NULL THEN 'Anthropic' END |

续表

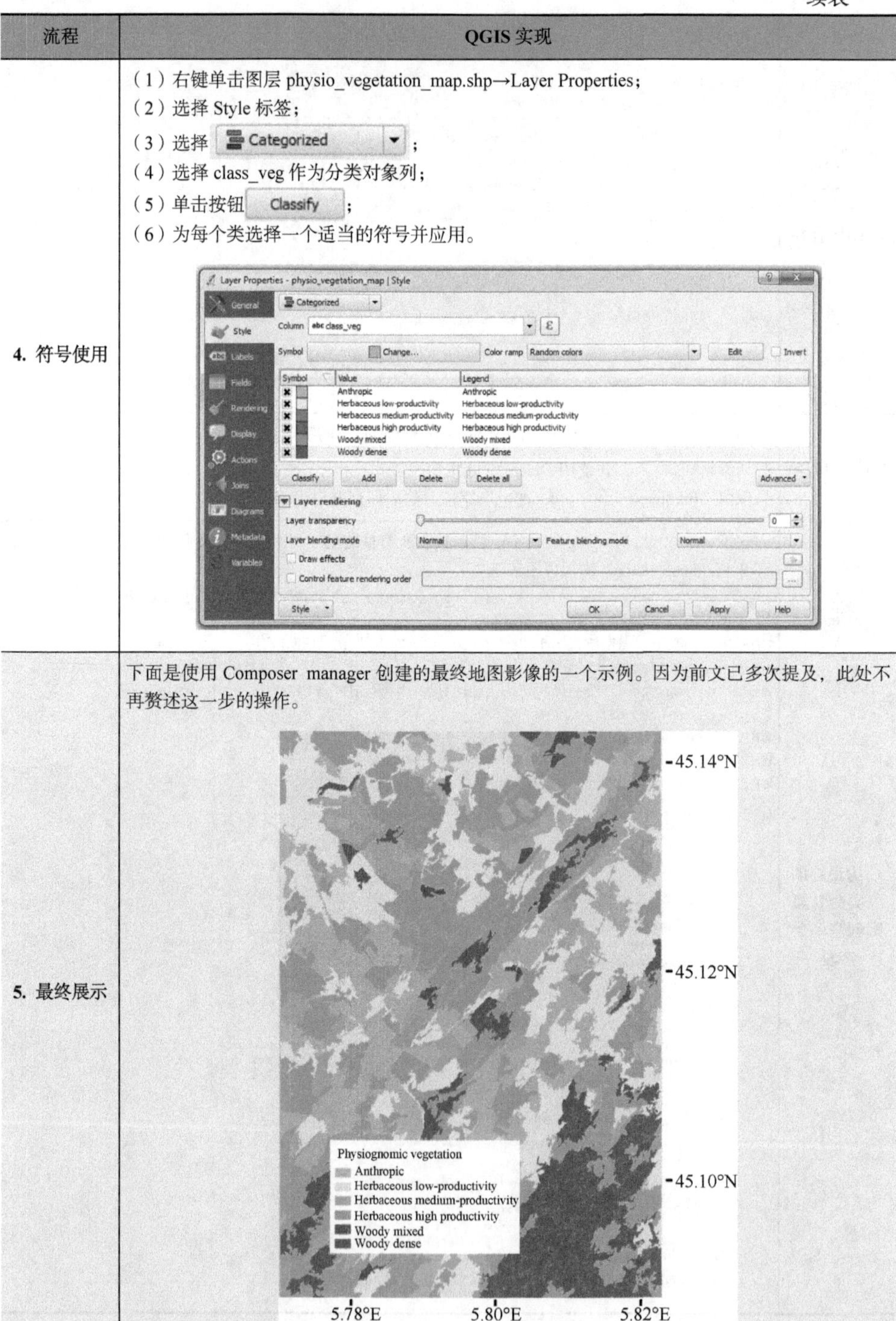


| 流程 | QGIS 实现 |
| --- | --- |
| **4. 符号使用** | （1）右键单击图层 physio_vegetation_map.shp→Layer Properties；<br>（2）选择 Style 标签；<br>（3）选择 Categorized；<br>（4）选择 class_veg 作为分类对象列；<br>（5）单击按钮 Classify；<br>（6）为每个类选择一个适当的符号并应用。 |
| **5. 最终展示** | 下面是使用 Composer manager 创建的最终地图影像的一个示例。因为前文已多次提及，此处不再赘述这一步的操作。 |

续表

| 流程 | QGIS 实现 |
|---|---|
| **6. 评估最后的地图** | 用与评估“人类活动区域”和“自然植被”分类地图相同的方法评估最终的地图（8.3.5 节）。 |

注：表格的彩色版本参见 www.iste.co.uk/baghdadi/qgis2.zip，2020.8.14。

## 8.4　参考文献

[CRE 17] CRESSON R., GRIZONNET M., MICHEL J.,“Orfeo ToolBox Applications”, in BAGHDADI N., ZRIBI M., MALLET C. (eds), QGIS and Generic Tools, ISTE Ltd, London and John Wiley & Sons, New York, 2017.

[HAR 79] HARALICK R. M.,“Statistical and structural approaches to texture”, Proceedings of the IEEE, vol. 67, pp. 786-804, 1979.

[HUA 07] HUANG X., ZHANG L., LI P.,“Classification and extraction of spatial features in urban areas using high-resolution multispectral imagery”, IEEE Geoscience and Remote Sensing Letters, vol. 4, no. 2, pp. 260-264, 2007.

[NUS 06] NUSSBAUM S., NIEMEYER I., CANTY M.J.,“SEATH-A new tool for automated feature extraction in the context of object-based image analysis”, Proceedings of the 1st International Conference on Object-based Image Analysis (OBIA), ISPRS vol. XXXVI 4/C42, Salzburg, July 2006.

[OSE 16] OSE K., CORPETTI T., DEMAGISTRI L.,“Multispectral Satellite Image Processing”, in BAGHDADI N., ZRIBI M. (eds), Optical remote sensing of land surface: Techniques and Methods, ISTE Press, London and Elsevier, Oxford, 2016.

# 9 面向对象分类在山地植被地貌制图中的应用

Vincent Thierion，Marc Lang

## 9.1 定义和背景

理解、监测和养护自然栖息地的管控义务，促使欧盟成员国制定了关于生物多样性的长期项目[LEE 03]。为解决半自然栖息地空间分布地图匮乏的问题，法国启动了 CarHAB 计划（栖息地制图），开始实施国家级的生物多样性战略部署（2011～2020 年）。该计划旨在以 1：25000 制图比例尺，在整个法国领土上使用景观和动态植物社会学方法绘制陆地自然栖息地地图。分类命名规则沿用《法国植被导论》（*Prodrome of French vegetation*）中关联的方法[BAR 04]。该国家级栖息地制图项目需要制定一个地貌生态单元轮廓，以便生态学家根据该轮廓在野外实地调查和评估栖息地区域。遥感拥有自动检测大面积土地覆盖的潜力，是实现 CarHAB 计划管控目标的有力工具。

尽管从亚高山带起始的地理环境只占法国领土的少部分，它们却有着许多研究团体感兴趣的栖息地区域，这些地区动植物的生物多样性水平很高。山地景观地貌的形成受自然和半自然因素影响。在这些影响因素中，生态变异性、极端气象条件和人为因素（牧场，林业等）使山地景观地貌在多尺度水平上都具有高度异质性。因此，极高空间分辨率（VHSR）光学卫星影像对于描述镶嵌状景观形成的地貌和推动大面积土地覆盖图的制图工作必不可少。这些山地地区的极端地形条件（陡坡和有限的交通网络）限制了研究人员对稀有或受保护栖息地进行识别和制图。

本章中，这种镶嵌状的景观被认为是从亚高山地带起始的开放环境（即不包括封闭的森林）。它对应于亚高山、高山和积雪带区域一直延伸到由矿物、草本和木本植物梯度组成的林木线。

# 9.2 山地植被地貌的检测方法

山地植被地貌自动遥感探测主要基于 VHSR 影像，这类影像虽然具有较高的空间精度，但也具有较高的光谱异质性，通常会对影像自动解译产生不良影响。针对这些影像的分析应使用特定的方法，如面向对象方法。通过这种方法，基本的语义单位不再是像素，而是一组光谱同质性好的像素，即所谓的对象。

专用于山地开放景观的面向对象分析法基于以下命名规则（分类）:

（1）裸露的土壤;

（2）矿物草原;

（3）草原;

（4）茂密的沼泽/荒地;

（5）宽阔的沼泽/荒地;

（6）茂密的灌木;

（7）宽阔的针叶林（人造林）。

它由 6 个步骤组成（图 9.1）:

（1）影像预处理;

（2）影像分割;

（3）对象采样;

（4）分类模型学习;

（5）对象分类;

（6）分类精度计算。

每个步骤的原理将在下面几节中详细说明。将该基于对象的方法应用到开源 QGIS 软件实现，可以促进遥感和计算机编程在非专业领域中的推广使用。大多数使用 Orfeo 工具箱（OTB）应用程序的处理操作可以通过编程方式实现接口访问（C++、Python 等）或通过 Monteverdi 软件进行访问[ING 09]。9.3 节阐述了每个处理的步骤和详细操作。

## 9.2.1 影像预处理

影响预处理的目的是通过对卫星影像进行前期处理，为后期进行分割和分类操作奠定基础（图 9.2）。在本章中，影响预处理阶段主要是将影像的有效像素（即无掩膜像素）与山地开放环境联系起来。

在山地开放环境框架中，空间分辨率和光谱分辨率非常重要。研究景观的异质性、矿物和植被覆盖的变异性需要影像具有较高的空间分辨率，但这也意味着

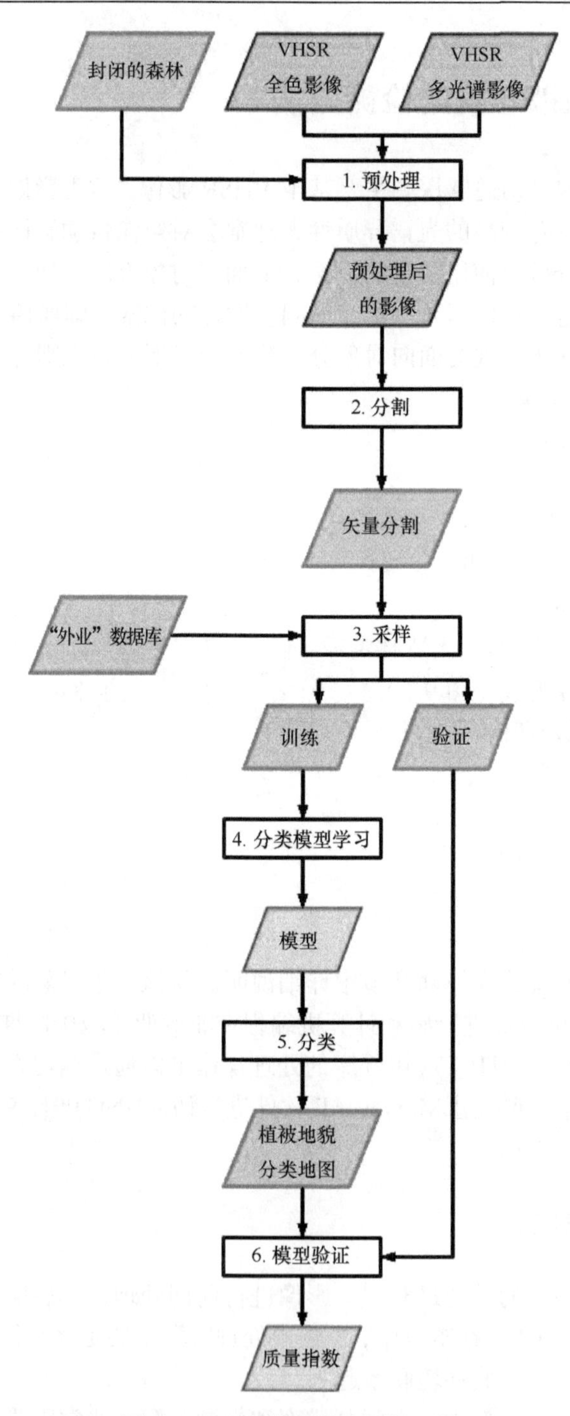


图 9.1　山地开放环境制图处理链

该图的彩色版本（英文）参见 www.iste.co.uk/baghdadi/qgis2.zip，2020.8.14

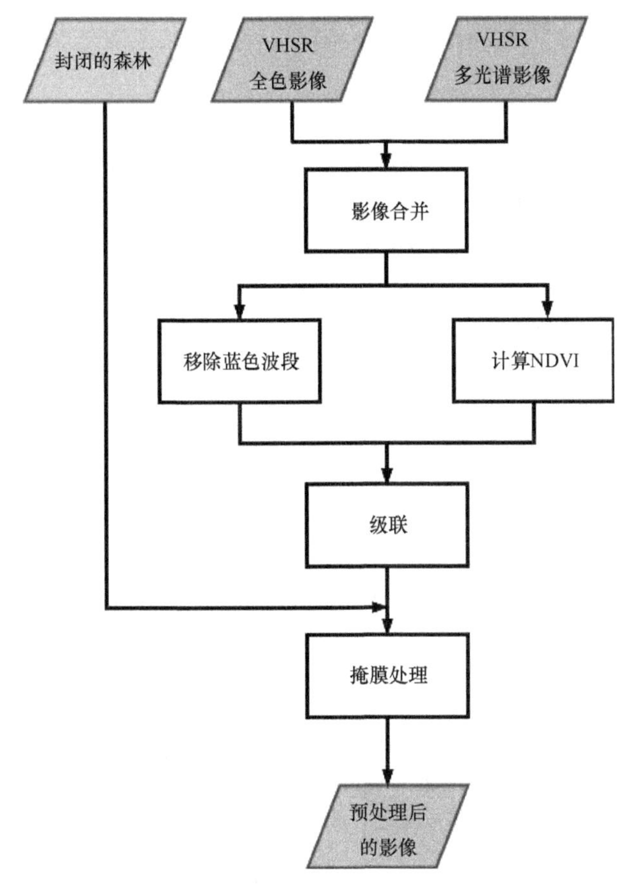


图 9.2 SPOT-6 影像预处理方法

该图的彩色版本（英文）参见 www.iste.co.uk/baghdadi/qgis2.zip，2020.8.14

它们的波长光谱带比较宽。因此，处理链中，首先需要使用影像融合技术进行影像合并，然后计算 NDVI（归一化植被指数）使得植被区与矿产区之间的光谱差异更为显著，接下来移除蓝光波段以限制可见光谱波段间的相关性，最后将原始的影像波段（蓝光除外）和 NDVI 波段并排放置（级联），并对森林地区进行掩膜处理，以便在感兴趣的地区（开放环境）执行后续处理。

#### 9.2.1.1 合并全色影像和多光谱影像

通过卫星影像融合，能够从光谱影像和空间异质影像中创建新的影像。最常见和有效的方法是将同一卫星星座提供的全色影像和多光谱影像进行融合，从而将全色影像的高空间分辨率和多光谱影像的光谱深度结合起来。有效的影像融合操作是用几乎相同的光谱深度融合全色和多光谱波段。例如，本章使用的 SPOT-6 影像，影像融合是一个可行的解决方案，因为全色影像覆盖的波长范围是 0.450～

0.745μm（空间分辨率为 1.5m），多光谱波段覆盖的波长范围是 0.450～0.890μm（空间分辨率为 6m）。

文献中有很多种不同的影像融合与全色锐化方法[KPA 14]。为避免烦琐的叙述，本章只引用其中主要的两类方法。一类方法是“分量替换”（component substitution），或称为 RCS，主要原理是将其中一个多光谱波段替换为全色波段，如主成分分析可以用来转换多光谱影像，用全色波段代替其第一主成分。同样地，可以对多光谱影像的可见波段（R、G、B）进行强度（I）、色调（H）和饱和度（S）分量的转换。另一类方法基于影像统计，称为贝叶斯方法。在本章中，主要使用已在 OTB 库中实现的全色锐化 RCS[①]方法。融合后新影像的光谱和空间质量通常可以通过可视化方法进行检验验证。

全色和多光谱卫星影像融合的 QGIS 功能如下。

- 影像融合：Orfeo Toolbox→Geometry→Pansharpening（RCS）

#### 9.2.1.2 归一化植被指数（NDVI）

NDVI 是一种光谱指数，可作为光合作用的替代指标。它能增强植被覆盖层和非植被覆盖层之间的光谱对比度，并提供生物量梯度相关的信息。该指数对应于卫星影像的红外波段和红光波段之间的归一化比率。在 0.6～0.7μm（红光波段）的波长范围内，辐射被植物高度吸收但会被矿物反射，而在 0.7～0.9μm（红外波段）之间的辐射则被植物全部反射：

$$\mathrm{NDVI} = \frac{\rho_{\mathrm{NIR}} - \rho_{\mathrm{Red}}}{\rho_{\mathrm{NIR}} + \rho_{\mathrm{Red}}} \tag{9.1}$$

式中，$\rho_{\mathrm{NIR}}$ 为红外辐射反射率，$\rho_{\mathrm{Red}}$ 为红光辐射反射率。

NDVI 取值范围在−1～1 之间，负值对应于水体，而在 0 附近的值对应于裸露土壤。植被表面 NDVI 值可以达到 0.2 或更高。当该指数高于 0.8 时，会由于饱和而具有较强的不可操作性；但它应该是对应于具有较强光合作用活性的密集落叶林。

计算 NDVI 的 QGIS 功能如下。

- NDVI 计算：Orfeo Toolbox→Feature Extraction→Radiometric Indices

#### 9.2.1.3 提取、掩膜和级联

如前所述，在去除蓝光波段之后，需要将光学融合影像和 NDVI 影像级联起来。蓝光波段对应于 SPOT-6 卫星影像中 0.450～0.520μm 的较短波长范围，这个

① http://www.orfeo-toolbox.org/CookBook/Application/app_Pansharpening.html，2020.8.14。

波段主要用于探测湖泊和海洋地区①。

在级联之前，与封闭森林相对应的像素应该进行掩膜处理，并使用极高值（影像编码所允许的像素最大值或与非掩膜像素值相比而言较大的像素值）对它们进行编码。本章使用 IGN 研究所[IFN 16]提供的法国地理数据库 BD Foret®（第 2 版），它是绘制林区地图最可靠的数据库。通过保留其他像素（非掩膜）执行分割和分类操作。

为提取出蓝光波段并将“森林”掩膜应用到融合影像中，必须把融合影像的所有波段进行拆分。因此，需要获取每个光谱波段对应的栅格影像。

分离光谱波段的 QGIS 功能如下。

- 光谱波段：Orfeo Toolbox→Image Manipulation→Split Image

融合影像掩膜通过在栅格（影像和掩膜）之间逐波段应用简单矩阵操作实现。首先，对 IGN 数据库（BD Foret®）中的主题矢量图层进行栅格化。

矢量转换到栅格文件的 QGIS 功能如下。

- 矢量转换到栅格：Orfeo Toolbox→Vector Data Manipulation→Rasterization（image）

掩膜操作是将融合影像（先前分离的）的每个光谱波段和 NDVI 光谱波段分别与“森林”掩膜相乘（0：封闭森林，1：山地开放环境）。

应用掩膜的 QGIS 功能如下。

- 栅格数学运算：Orfeo Toolbox→Miscellaneous→Band Math

在对所有光谱波段（绿光、红光、红外和 NDVI）进行分组之前，应该对像素值进行归一化处理，以便更有效地计算分割结果。在归一化操作之前，NDVI 光谱的像素值在−1～1 之间，而融合影像的光谱波段像素值在 0～255 之间或 0～65536 之间，这取决于影像的像素格式（分别是 8 位或 16 位）。通过对每个波段的像素值进行归一化（如在 0～1 之间），每个波段的所有像素在分割时就会具有相同的权重。在归一化处理之前，需要计算每个波段的均值和标准差。

计算每个光谱波段统计数据的 QGIS 功能如下。

- 波段统计数据计算：QGIS geoalgorithms→Raster tools→Raster layer statistics

① 蓝光波段的提取步骤仅用于演示。由于山地开放环境中可能存在大量的水体，遥感专家应该保留该光谱波段以绘制更大的地理区域。

然后对像素值进行归一化处理。

> 对光谱波段像素值进行归一化处理的 QGIS 功能如下。
> - 栅格数学运算：Orfeo Toolbox→Miscellaneous→Band Math

## 9.2.2 影像分割

在上一步骤中生成的融合影像，目前在光谱和空间上都可以很好地用于山地开放环境分类。山地地区的特点是具有高度镶嵌状的景观，植被栖息地的面积往往在几十平方米以内。VHSR 影像，如 SPOT-6，具有适合捕捉这种空间异质性的空间分辨率。基于特定像素分析的像素分类法的一个缺点是制图效果异质性过强，会存在大量孤立像素，即所谓的“椒盐”噪声[GUO 07, YU 06]。因此，正如文献[BEN 04, BOC 03, LAL 04, LAN 09, LUC 07, WEI 08]中多次展示的那样，面向对象的方法通常更适用于通过 VHSR 影像绘制植被地图。

因此，分类的基本原始语义不再对应于某一特定像素，而是对应于一个定义的对象，包含一组相邻的、频谱上相当同质的像素[COR 04]。因此，分类算法会自动确定此对象属于命名规则（分类）中的哪个类别。对象根据预处理后的卫星影像执行自动分割操作得到。文献[BLA 10，HOO 96，MIK 15]中介绍了大量的分割算法。

商业软件 eCognition Developer®[TRI 17]中提供了区域增长分割方法，即根据光谱同质性准则（尺度因子）和形状约束对像素进行迭代合并。这种方法属于“连接组件”（connected component）分割算法，主要基于用户所定义的邻域准则。虽然“分水岭”（watershed）方法能分析影像直方图的形状，但是 OTB 库中提供的具有多线程能力的“均值漂移”（mean-shift）分割方法[COM 02]对高维影像（大面积地理区域和大量的光谱波段）分割特别有效。它是一种非参数性的特征空间分析方法，通过定位与谱密度函数模式或最大值相对应的像素划分多维数据。通过连续迭代，该算法将具有相同密度梯度的相邻像素聚集为约定大小的类。

在本章中使用了上述有效算法。分割操作分为 4 个步骤（图 9.3）。它可以基于融合后原始影像（平均值、标准差、模式等）的像素值，生成一个主属性对应于光谱统计数据的对象矢量图层：

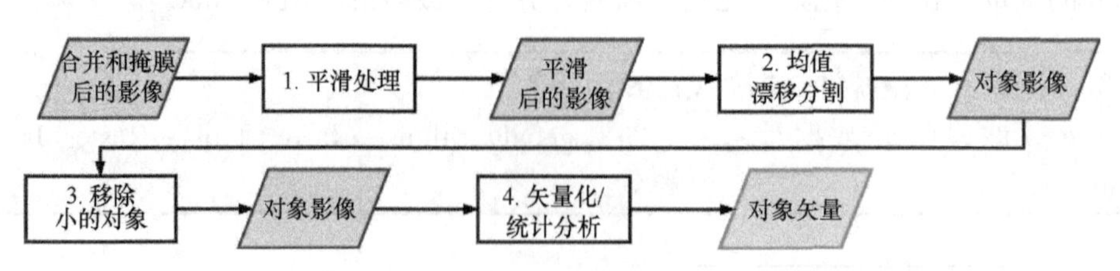


图 9.3　使用 Orfeo 工具箱库中的均值漂移方法生成对象的 4 个步骤

该图的彩色版本（英文）参见 www.iste.co.uk/baghdadi/qgis2.zip，2020.8.14

（1）均值滤波以平滑融合后的影像；

（2）mean-shift 分割；

（3）通过邻域分析去除小的对象（用户自定义阈值）；

（4）对象矢量化以及计算像素和形状统计数据。

分割的质量直接影响分类的准确性。换句话说，为进行区分，对象的形状应该与类保持一致。有好几种已公开的可用于评估分割质量的方法，它们通常基于分割对象与用户定义参考对象的空间一致性，如评价是否识别不足或过度分割[HOO 96]。本章对此不作详细叙述。一般情况下，只需通过对分割结果进行可视化检查，就可以逐步找到最佳参数和对象分割结果。对于较大的地理区域，一个有效的方法是选择可以代表研究区域景观异质性的子区域。在找到每个子区域的最佳分割参数后，再确定分割整个区域的最佳参数。

应用均值过滤的 QGIS 功能如下。

- 平滑滤波操作：Orfeo Toolbox→Image Filtering→Exact Large-Scale（均值漂移分割），步骤 1（平滑）

应用均值漂移分割的 QGIS 功能如下。

- 分割操作：Orfeo Toolbox→Segmentation→Exact Large-Scale（均值漂移分割），步骤 2

删除小于尺寸阈值的对象/分割的 QGIS 功能如下。

- 尺寸滤波操作：Orfeo Toolbox→Segmentation→Exact Large-Scale（均值漂移分割），步骤 3（可选）

矢量化栅格分割的 QGIS 功能如下。

- 矢量化操作：Orfeo Toolbox→Segmentation→Exact Large-Scale（均值漂移分割），步骤 4

如前所述，用于分割的融合影像已被掩膜。掩膜像素的分割结果是与未掩膜像素（如代表山地开放环境的像素）完全不同的极值编码所产生的完全同质的对象（即像素值完全相同，标准差等于零），这些对象可以很容易地通过 GIS 操作删除。

### 9.2.3 分割影像、采样、学习和分类

影像分割完成后，对象可以用于分类，即将其分配给用户定义的命名规则中的类别（图 9.4）。命名规则的选择与卫星影像或使用何种处理类型的选择一样重要。命名规则的定义应根据所选卫星影像的光谱和空间特性确定。用户应该在影像隐含的信息和研究目标之间找到最佳的平衡。卫星影像自动分类前应考虑以下几个问题：恢复尺度是多大？期望的最小制图单元是什么？需要哪些类别？应该使用哪些卫星影像？

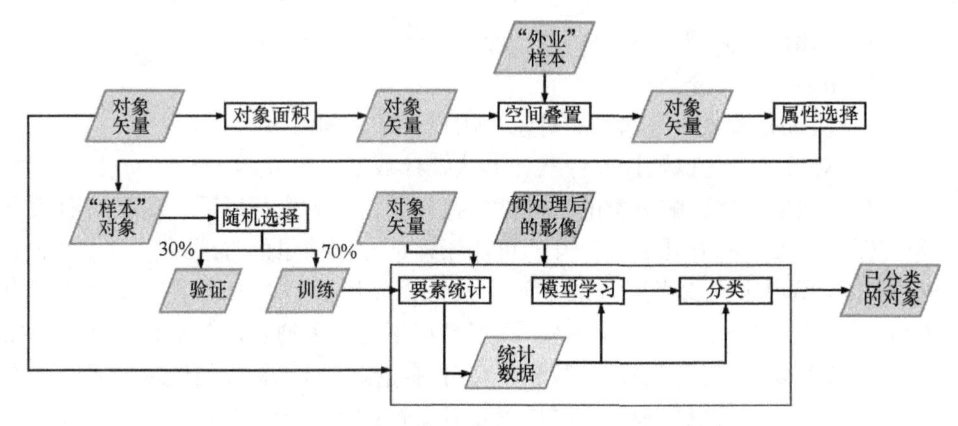


图 9.4 基于分割矢量图层进行采样和分类的步骤

该图的彩色版本（英文）参见 www.iste.co.uk/baghdadi/qgis2.zip，2020.8.14

由于矿物、草本和木本植被之间存在地貌梯度，山地开放环境制图至关重要。比较山地地区高对比度的景观、矿物和山地区域植被地貌，可以发现它们类似于从裸露的土壤、异质草地和沼泽地到森林覆盖地区等元素构成的一系列梯度。遥感专家可能会试图将这些地貌梯度分解成几个异构类别。最大的问题之一是规模/分辨率问题。例如，通过 SPOT-6 影像能够检测到精细的景观元素，但在 SPOT-6 卫星影像上，草地和矿物混合物等复合体表现为同质地貌，而在野外表现为异质地貌。因此可以在 SPOT-6 影像上定义一个在光谱上同质而实际上异质的类别，称为“矿物草地”，从而使得该种地貌可以在影像中被检测到。

#### 9.2.3.1 采样

用于分类的样本可以使用不同的数据源获得。可以使用现有的地理数据库，如 IGN 数据库（如 BD Topo®）、法国地块识别系统（RPG）[CAN 14]或欧盟环境协调土地覆盖（CORINE Land Cover，CLC）[EEA 07]。例如，CLC 提供了具有大量土地覆盖和土地利用类型的大型地理区域样本。但是，在更具体的情况下，如山地环境，从地理和语义的角度来看，国家数据库不太可靠，因此需要进行实地调查和/或人工影像解译。一个有效的解决方案是执行前面的处理步骤（影响预处理和影响分割），使用分割产生的矢量图层作为实地调查或影像解译的样本。该方法确实可以对分割矢量图层进行验证，同时保证样本与用于分类的分割对象完全兼容。

在本章中，通过地理信息系统根据预处理获得的分割图层制作样本矢量图层，首先进行手工数字化和影像解译，然后根据用户定义的空间重叠阈值将这些样本与分割对象整合到一起（图 9.5）。为进行统计验证和减少错误，整合后样本被分成两组，一组用于训练，另一组用于验证。

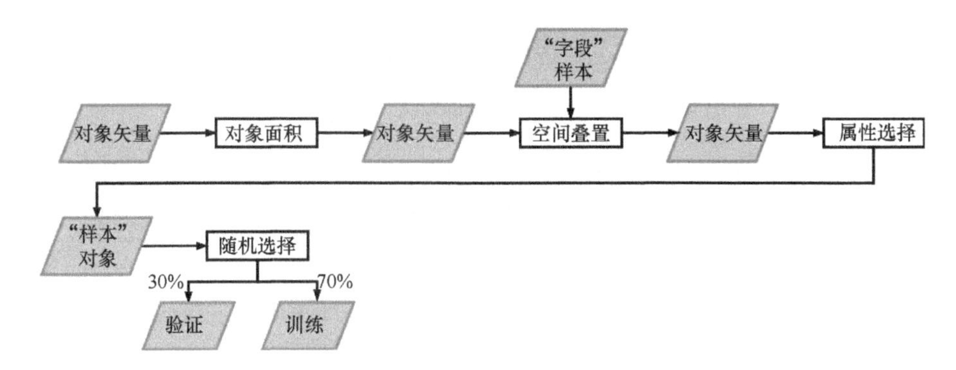


图 9.5 准备学习和验证样本的步骤

该图的彩色版本（英文）参见 www.iste.co.uk/baghdadi/qgis2.zip，2020.8.14

随机分割一个样本数据的 QGIS 功能如下。

- 随机抽样操作：QGIS Geoalgorithms→Vector Selection Tools→Random selection within subsets

9.2.3.2 训练和分类

分类阶段的第一步是根据训练样本以及从卫星光谱波段和光谱指数（如 NDVI）中提取的光谱特征，生成分类模型，称为分类图元（图 9.6）。

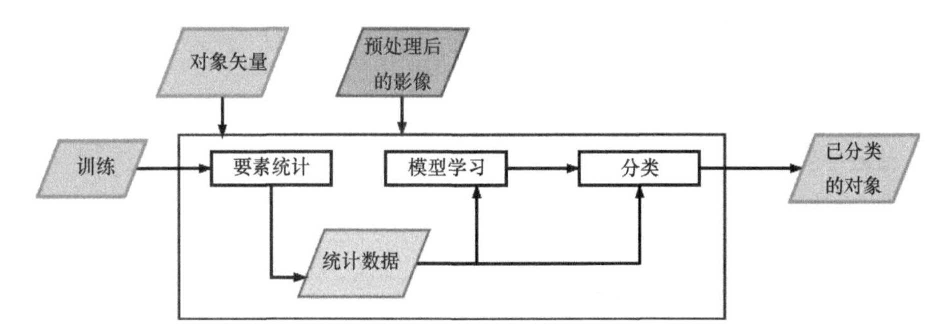


图 9.6 使用分割矢量图层和训练样本进行 SPOT-6 卫星影像分类的步骤

该图的彩色版本（英文）参见 www.iste.co.uk/baghdadi/qgis2.zip，2020.8.14

为进行分类，需要计算每个分割对象的图元描述性统计数据，即平均值、标准差、模式等，对训练样本也要进行同样的计算。

计算分割对象统计数据的 QGIS 功能如下。

- 统计数据计算操作：Orfeo Toolbox→Segmentation→ComputeOGRLayersFeaturesStatistics

然后，使用统计数据集生成分类模型或分类器。该模型定义了每个土地覆盖类别的光谱特征，即每个图元的平均值及其标准差，并根据分类方法定义了分类规则。

> 训练分类模型的 QGIS 功能如下。
> - 分类模型训练操作：Orfeo Toolbox→Segmentation→TrainOGRLayersClassifier

与分割一样，也存在着许多分类算法，如最大似然分类器和随机森林分类器是研究自然环境最常用的分类器[PAL 05]，它们对训练样本的错误标记不太敏感，还有支持向量机（SVM）分类算法，它在样本数量较少的情况下分类效率特别高[HUA 02]。本章使用基于面向对象方法的 SVM 分类器进行分类。与基于像素的方法不同，OTB 库中只实现了使用支持向量机分类器处理基于对象的分类。为使用其他基于对象的分类算法，如 R（https://cran.r-project.org，2020.8.14）或 Scikit-learn（http://scikit-learn.org/，2020.8.14）算法，需要使用其他外部库。基于分割对象的光谱统计数据可以很容易地导入 QGIS 软件并在这些外部库中使用。

> 对分割矢量图层进行分类的 QGIS 功能如下。
> - 分类操作：Orfeo Toolbox→Segmentation→ComputeOGRLayersFeaturesStatistics

为尽可能获得最好的分类结果，需要对几种分类算法进行试验，最后可以通过可视化和统计验证甄选出最有效的方法。

### 9.2.4　分类统计验证

植被地貌分类的统计性验证是该方法的最后阶段，可以使用几个指标实现这个验证。第一步是计算混淆矩阵，混淆矩阵是分类样本和验证样本之间的关联矩阵。从这个混淆矩阵中可以计算出其他指标：每个分类的精度、召回率、F 分数（F-score 或 F-measure）以及 kappa 系数（图 9.7）。

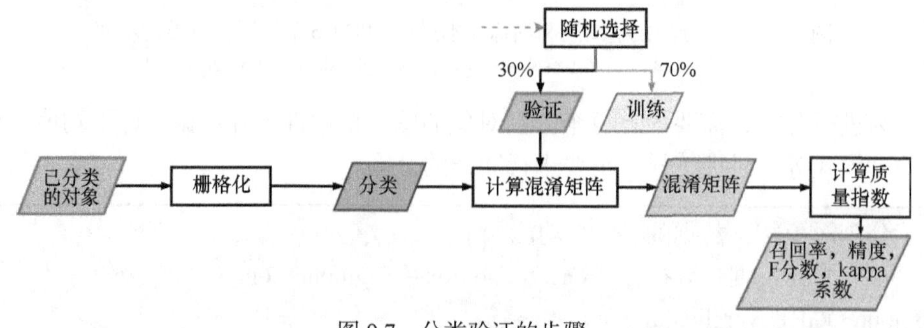


图 9.7　分类验证的步骤

图中包括计算混淆矩阵和质量指标（kappa 系数，召回率，精度和 F 分数）。
该图的彩色版本（英文）参见 www.iste.co.uk/baghdadi/qgis2.zip，2020.8.14

在本章中，如前所述，为执行统计性验证保留了一个样本子集，该子集不用于训练，因此也不用于分类阶段。

9.2.4.1　混淆矩阵和总体精度

通过混淆矩阵可以比较分类结果与参考数据集。图 9.8 为一个混淆矩阵示例，参考/验证样本按行显示，而分类数据则按列显示。它等价于一个权变矩阵，对角线元素（a、b、c 和 d）对应于正确分类的像素（或区域），而其他所有单元格都是错误的分类结果，称为混淆。

生成混淆矩阵的 QGIS 功能如下。

- 混淆矩阵计算操作：Orfeo Toolbox→Learning→ComputeConfusionMatrix（vector）

混淆矩阵可以通过不同的工具自动生成（9.3.3.4 节），但是通过对验证样本和分类矢量图层进行简单的 GIS 图层求交叉运算可以建立两个数据集之间的相关关系。

| | 分类 | | | | | | |
|---|---|---|---|---|---|---|---|
| | | 类1 | 类2 | 类3 | 类4 | 总计 | 遗漏误差 |
| 参考 | 类1 | $a$ | … | … | … | $A'$ | $1-(a/A')$ |
| | 类2 | … | $b$ | … | … | $B'$ | $1-(b/B')$ |
| | 类3 | … | … | $c$ | … | $C'$ | $1-(c/C')$ |
| | 类4 | … | … | … | $d$ | $D'$ | $1-(d/D')$ |
| | 总计 | $A$ | $B$ | $C$ | $D$ | $N$ | |
| | 委托误差 | $1-(a/A)$ | $1-(b/B)$ | $1-(c/C)$ | $1-(d/D)$ | | |

图 9.8　理论上的混淆矩阵

该图的彩色版本（英文）参见 www.iste.co.uk/baghdadi/qgis2.zip，2020.8.14

从混淆矩阵（图 9.8）中可以衍生出第一个全局质量指数，称为总体精度：

$$\text{总体精度} = \frac{a+b+c+d}{N} \tag{9.2}$$

其中

$$N = A' + B' + C' + D' = A + B + C + D$$

该质量指数给出了分类总体质量概况，但它不能反映类别之间样本数量的差异。kappa 系数通过统计调整可以更有效地反映出这种经常出现的不平衡：

$$\text{kappa} = \frac{P_0 - P_\mathrm{e}}{1 - P_\mathrm{e}} \tag{9.3}$$

式中，$P_0$ 为总体分类精度；$P_e$ 为一致性的估计值，称为修正因子：

$$P_e = \frac{(A \times A') + (B \times B') + (C \times C') + (D \times D')}{N^2} \quad (9.4)$$

#### 9.2.4.2 类别的统计精度

还有几个指数用来确定类别的统计精度。首先值得注意的是，混淆矩阵中按行或列所观察到的分类精度结果不一样，即将参考数据视为分类结果或验证样本时，精度结果不相同。按行表示生产者精度，即所谓的分类精度，是对遗漏误差的逆向度量，对应于某一特定类别中被正确分类的验证样本数量与该类别中验证样本总数的比值：

$$生产者精度 = \frac{a}{A'}；遗漏误差/精度 = 1 - \frac{a}{A'}$$

按列表示用户精度，即所谓的召回率，是对委托误差的逆向度量。它等于某一类别被正确分类的样本数目与被归为该类别的样本总数的比值：

$$用户精度 = \frac{a}{A}；委托误差/召回率 = 1 - \frac{a}{A}$$

分类精度最具代表性的统计指标是 F-score（或 F-measure），它是精度和召回率的调和平均值，结合了委托误差和遗漏误差的测量结果：

$$\text{F-score} = 2 \times \frac{精度 \times 召回率}{精度 + 召回率} \quad (9.5)$$

### 9.2.5 方法的局限性

山地开放环境遥感地貌制图在栖息地保护状况和生物多样性水平评估领域是一个重要的挑战。山地环境空间覆盖范围广，地形条件极端，人类足迹难以深入，因此自动遥感方法可以满足大规模制图的需要。基于对象的方法可以有效地防止在分类阶段由山地景观的固有结构产生孤立像素，从而得到负责植被制图的运营服务机构（如植物园）所期望的最佳制图效果。

尽管如此，地貌相似度和山地土地覆盖类别的梯度还是限制了精细描绘这一地貌的可能性。然而，该方法的应用结果证明了其有效性，统计精度达到 90%。但是这个验证基于与一些样本（约 5%的分割对象）的分类结果的比较。通过可视化检查可以识别分类错误，如可以看到经常混淆的“草原”和“茂密的灌木”（图 9.9）。这种混淆在遥感植被分类中经常发生，而在 7 月底采集的 SPOT-6 影像混淆程度更甚。在此期间，山地草原在低海拔地区已经被放牧或老化，而在高海拔地区则完全被植被覆盖。因此，可能会在更高的海拔观察到这些混淆。使用纹理或时间图元进行分类，应该会得到更好的结果。

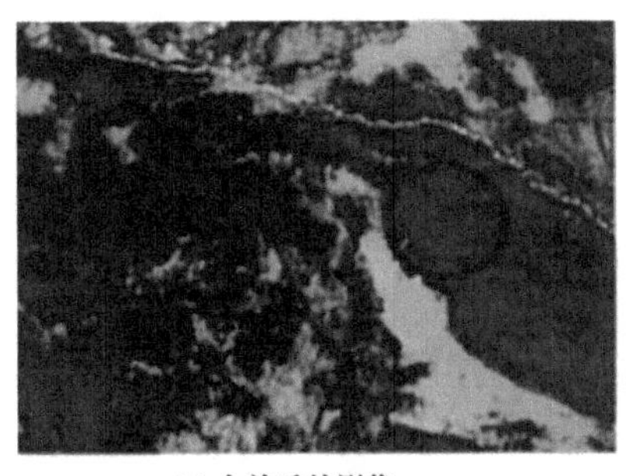

(a) 合并后的影像

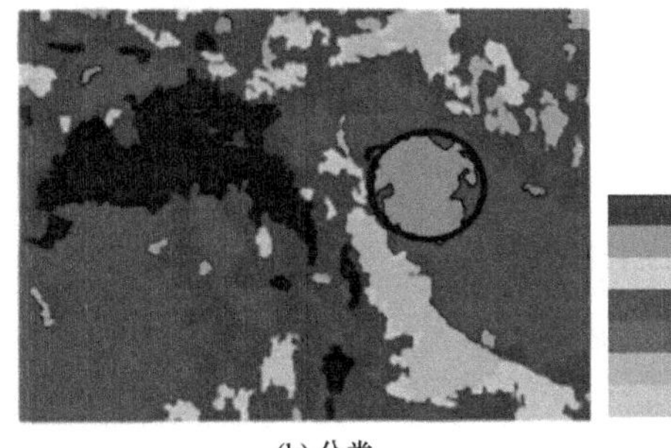


(b) 分类

图 9.9 融合影像的分类混淆和分类制图结果

DS：茂密的灌木；CF：宽阔的针叶林；MG：矿物草原；DH：茂密的荒地；OH：宽阔的荒地；GL：草原；BS：裸露的土壤。黑色圆圈表示应该划分为草原而非茂密的灌木区域。该图的彩色版本（英文）参见 www.iste.co.uk/baghdadi/qgis2.zip，2020.8.14

在任何情况下，通过考虑差异（如使用实地调查样本），对该制图结果进行批判性分析至关重要。目前的土地覆盖类型代表山地开阔环境地貌。该参考地图以相对精确的边界（空间分辨率为 1.5m）描绘了同质的地貌区域，生态学家可以从中匹配野外的栖息地/植被覆盖区域。

# 9.3 QGIS 中的应用

本节基于面向对象的分类方法在山地地貌制图中的应用，使用一幅 2013 年 7 月 31 日获取的 SPOT-6 卫星影像（1 个全色波段和 4 个多光谱波段）作为示例。

所有影像和矢量数据处理均使用 QGIS2.18 “Las Palmas” 软件进行，它可以访问 OTB 的影像处理应用程序，统计分析和验证使用 LibreOffice Calc5.0.6.2 软件。所有处理在 Linux 操作系统进行，使用 Ubuntu 16.04 “Xenial Xerus” 发行版。如果配置条件无法完全满足，使用一些集成到 QGIS 的 OTB 应用程序时可能会出现一些问题。

在这种情况下，可以直接从 OTB 安装路径的 “bin” 文件夹中使用 OTB 应用程序（otbgui_Tool_Name_QGIS）。在 Windows 操作系统中，可以双击应用程序图标。在 Linux 操作系统中，可以找到位于 OTB 安装根目录中的 otbenv.profile 文件，然后执行该应用程序。

## 9.3.1 预处理

准备用于分类的原始影像，下面几个步骤是必要的：

（1）从原始影像中创建融合影像；

（2）计算 NDVI；

（3）在影像上进行森林掩膜处理；

（4）标准化光谱波段值。

#### 9.3.1.1　创建融合影像

本节目的是创建一个空间分辨率为 1.5m 的多光谱影像。其方法是合并两幅影像：空间分辨率为 1.5m 的单波段全色影像和空间分辨率为 6m 的多光谱四波段影像（蓝光、绿光、红光和近红外）（表 9.1）。

**表 9.1　影像融合**

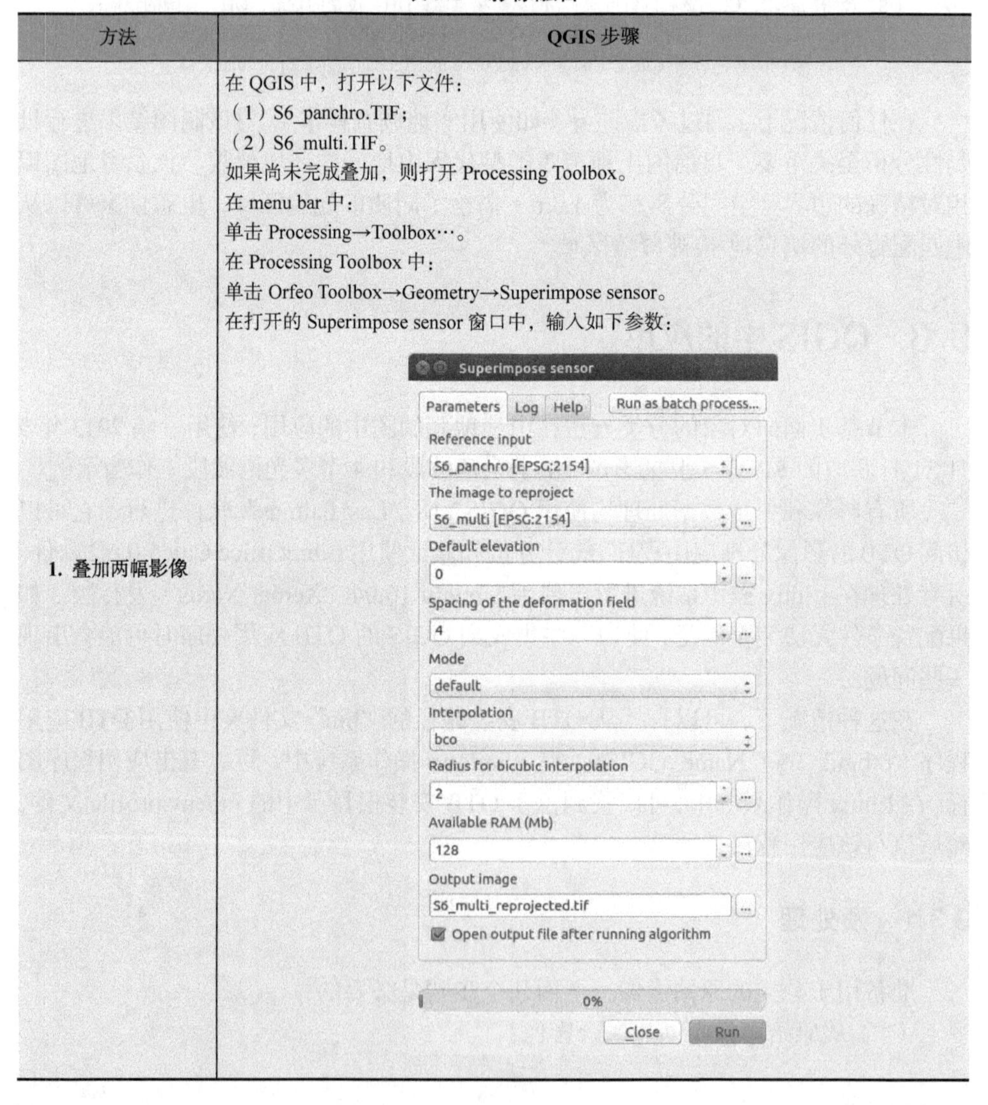

| 方法 | QGIS 步骤 |
| --- | --- |
| **1. 叠加两幅影像** | 在 QGIS 中，打开以下文件：<br>（1）S6_panchro.TIF；<br>（2）S6_multi.TIF。<br>如果尚未完成叠加，则打开 Processing Toolbox。<br>在 menu bar 中：<br>单击 Processing→Toolbox…。<br>在 Processing Toolbox 中：<br>单击 Orfeo Toolbox→Geometry→Superimpose sensor。<br>在打开的 Superimpose sensor 窗口中，输入如下参数：<br>Superimpose sensor<br>Parameters / Log / Help / Run as batch process...<br>Reference input: S6_panchro [EPSG:2154]<br>The image to reproject: S6_multi [EPSG:2154]<br>Default elevation: 0<br>Spacing of the deformation field: 4<br>Mode: default<br>Interpolation: bco<br>Radius for bicubic interpolation: 2<br>Available RAM (Mb): 128<br>Output image: S6_multi_reprojected.tif<br>Open output file after running algorithm<br>0%<br>Close / Run |

续表

| 方法 | QGIS 步骤 |
| --- | --- |
| **2. 融合两幅影像** | 此时，完成了两幅影像像素配准，可以开始影像的融合操作。<br>在 QGIS 中，检查以下文件是否打开；<br>（1）S6_panchrome.TIF；<br>（2）S6_multi_reprojected.TIF。<br>在 Processing Toolbox 中：<br>单击 Orfeo Toolbox→Geometry→Pansharpening（rcs）。<br>在打开的 Pansharpening（rcs）窗口中，输入如下参数： 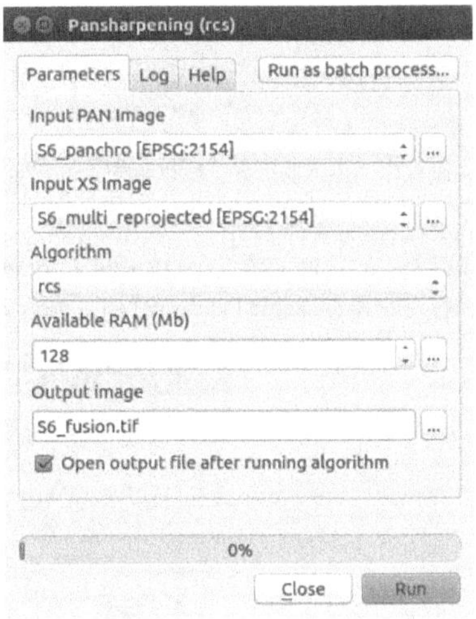<br> |

9.3.1.2　计算 NDVI

NDVI 是一个归一化指数，取值在−1～1 之间。接近 1 的 NDVI 值表示植被活跃的和/或稠密地区。接近 0 时，它对应于裸露的土壤，小于 0 时则对应于湿地或水体。计算 NDVI 见表 9.2。

**表 9.2　计算 NDVI**

| 方法 | QGIS 步骤 |
| --- | --- |
| **1. 检查波段顺序** | 在 QGIS 中，检查以下文件是否打开：<br>S6_fusion.TIF。<br>在 Layers panel 中：<br>双击 S6_fusion.TIF 以显示图层属性窗口。<br>在 Layer properties 窗口中，单击 Metadata 选项卡，在 Dataset Description 字段中可以看到：<br>（1）第一个波段对应蓝光波段可见范围（485nm）；<br>（2）第二个波段对应绿光波段可见范围（560nm）；<br>（3）第三个波段对应红光波段可见范围（660nm）；<br>（4）第四个波段对应近红外波段范围（825nm）。 |

续表

| 方法 | QGIS 步骤 |
| --- | --- |
| **1. 检查波段顺序** | 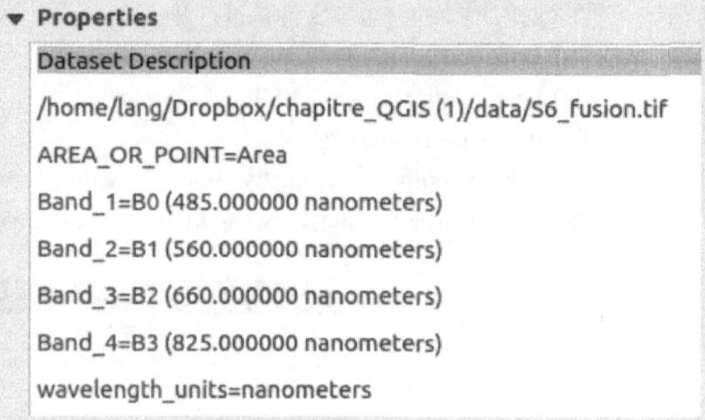 ▼ **Properties**<br>Dataset Description<br>/home/lang/Dropbox/chapitre_QGIS (1)/data/S6_fusion.tif<br>AREA_OR_POINT=Area<br>Band_1=B0 (485.000000 nanometers)<br>Band_2=B1 (560.000000 nanometers)<br>Band_3=B2 (660.000000 nanometers)<br>Band_4=B3 (825.000000 nanometers)<br>wavelength_units=nanometers<br>波段顺序因传感器而异，所以事先了解它对于进一步的处理十分重要。 |
| **2. 计算 NDVI** | 在 Processing Toolbox 中：<br>单击 Orfeo Toolbox→Feature Extraction→Radiometric Indices。<br>在打开的 Radiometric Indices 窗口中，输入如下所示的参数： 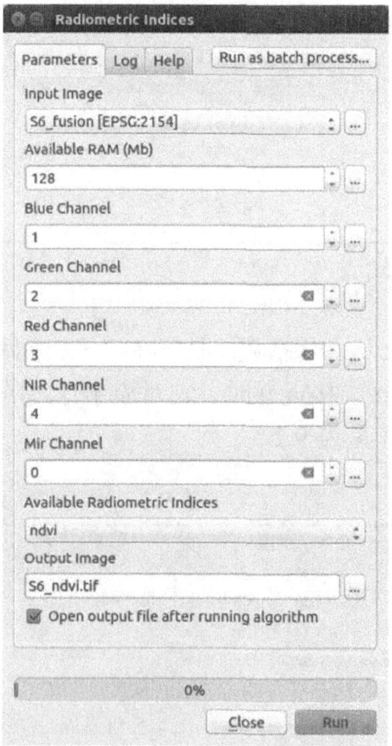<br>Radiometric Indices<br>Parameters Log Help Run as batch process...<br>Input Image: S6_fusion [EPSG:2154]<br>Available RAM (Mb): 128<br>Blue Channel: 1<br>Green Channel: 2<br>Red Channel: 3<br>NIR Channel: 4<br>Mir Channel: 0<br>Available Radiometric Indices: ndvi<br>Output Image: S6_ndvi.tif<br>Open output file after running algorithm<br>0%<br>Close Run<br>注意，在前一个步骤中已经检查过波段顺序。SPOT-6 影像没有 MIR 通道（中红外范围）。由于计算 NDVI 时并不考虑 MIR，所以它可以是任意值（这里是 0），计算时将被忽略。 |

#### 9.3.1.3 在影像上进行森林掩膜处理

在这个阶段，将会用到 S6_fusion.tif 影像（4 个通道的多波段影像），S6_ndvi.tif 影像（单波段影像）。在这里，融合影像的 4 个波段被分割成 4 个单独的文件。然后，对绿光、红光、红外和 NDVI 单波段影像进行森林掩膜处理（表 9.3）。蓝光波段影像不会在这个掩膜处理中使用，并且它也不会用于其余处理阶段。

**表 9.3 应用森林掩膜**

| 方法 | QGIS 步骤 |
|---|---|
| **1. 分割波段** | 在 QGIS 中，检查以下文件是否打开：<br>S6_fusion.TIF。<br>在 Processing Toolbox 中：<br>单击 Orfeo Toolbox→Image Manipulation→Split Image。<br>在打开的 Split Image 窗口中，输入如下所示的参数： 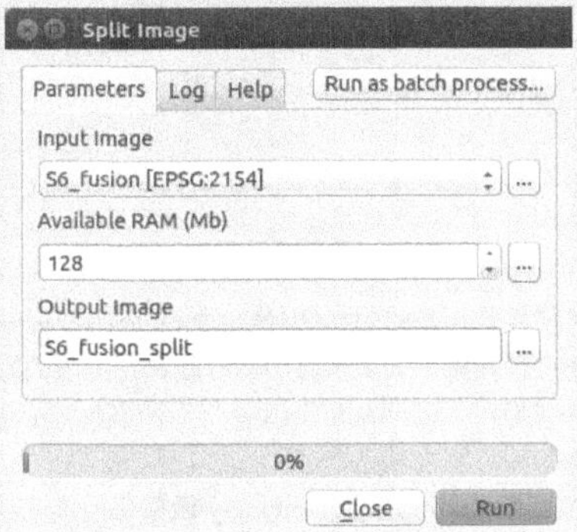<br>Output Image 参数对应于所创建的输出文件名。<br>4 个文件分别输出为：<br>（1）S6_fusion_split_0.tif，对应于蓝光波段；<br>（2）S6_fusion_split_1.tif，对应于绿光波段；<br>（3）S6_fusion_split_2.tif，对应于红光波段；<br>（4）S6_fusion_split_3.tif，对应于红外波段。 |
| **2. 森林掩膜栅格化** | 此处将在单波段影像上使用 Band Math 应用程序进行森林掩膜，它需要输入栅格格式的掩膜。因此掩膜数据 forest.shp 需要首先进行栅格化，即从矢量格式（shapefile 格式）转换为栅格格式（geotiff 格式）。<br>在 QGIS 中，检查以下文件是否打开：<br>forest.shp。<br>在 Processing Toolbox 中：<br>单击 Orfeo Toolbox→Vector Data Manipulation→Rasterization（image）。<br>在打开的 Rasterization（image）窗口中，输入如下所示的参数： |

续表

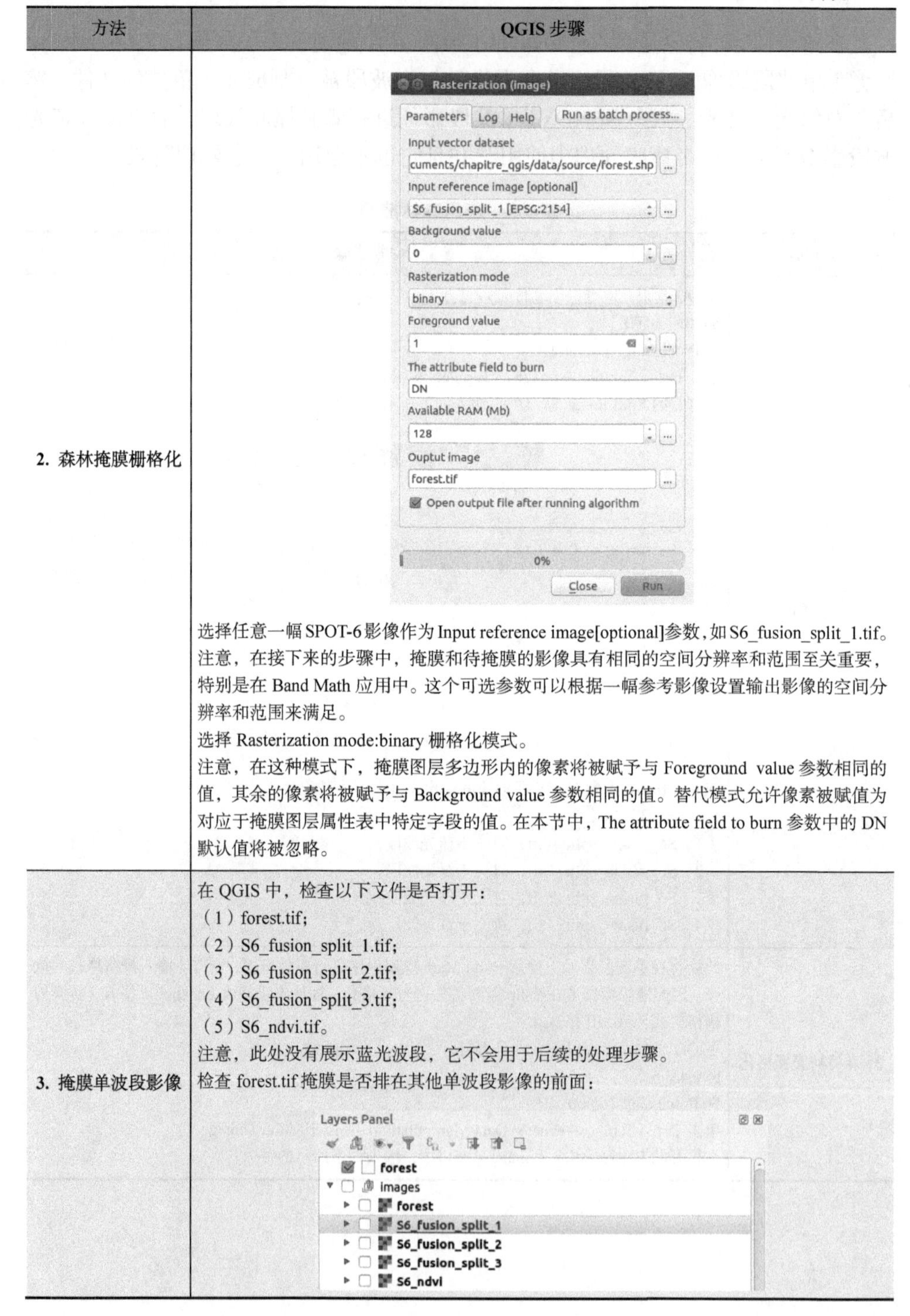


| 方法 | QGIS 步骤 |
| --- | --- |
| **2. 森林掩膜栅格化** | 选择任意一幅 SPOT-6 影像作为 Input reference image[optional]参数，如 S6_fusion_split_1.tif。注意，在接下来的步骤中，掩膜和待掩膜的影像具有相同的空间分辨率和范围至关重要，特别是在 Band Math 应用中。这个可选参数可以根据一幅参考影像设置输出影像的空间分辨率和范围来满足。<br>选择 Rasterization mode:binary 栅格化模式。<br>注意，在这种模式下，掩膜图层多边形内的像素将被赋予与 Foreground value 参数相同的值，其余的像素将被赋予与 Background value 参数相同的值。替代模式允许像素被赋值为对应于掩膜图层属性表中特定字段的值。在本节中，The attribute field to burn 参数中的 DN 默认值将被忽略。 |
| **3. 掩膜单波段影像** | 在 QGIS 中，检查以下文件是否打开：<br>（1）forest.tif;<br>（2）S6_fusion_split_1.tif;<br>（3）S6_fusion_split_2.tif;<br>（4）S6_fusion_split_3.tif;<br>（5）S6_ndvi.tif。<br>注意，此处没有展示蓝光波段，它不会用于后续的处理步骤。<br>检查 forest.tif 掩膜是否排在其他单波段影像的前面： |

续表

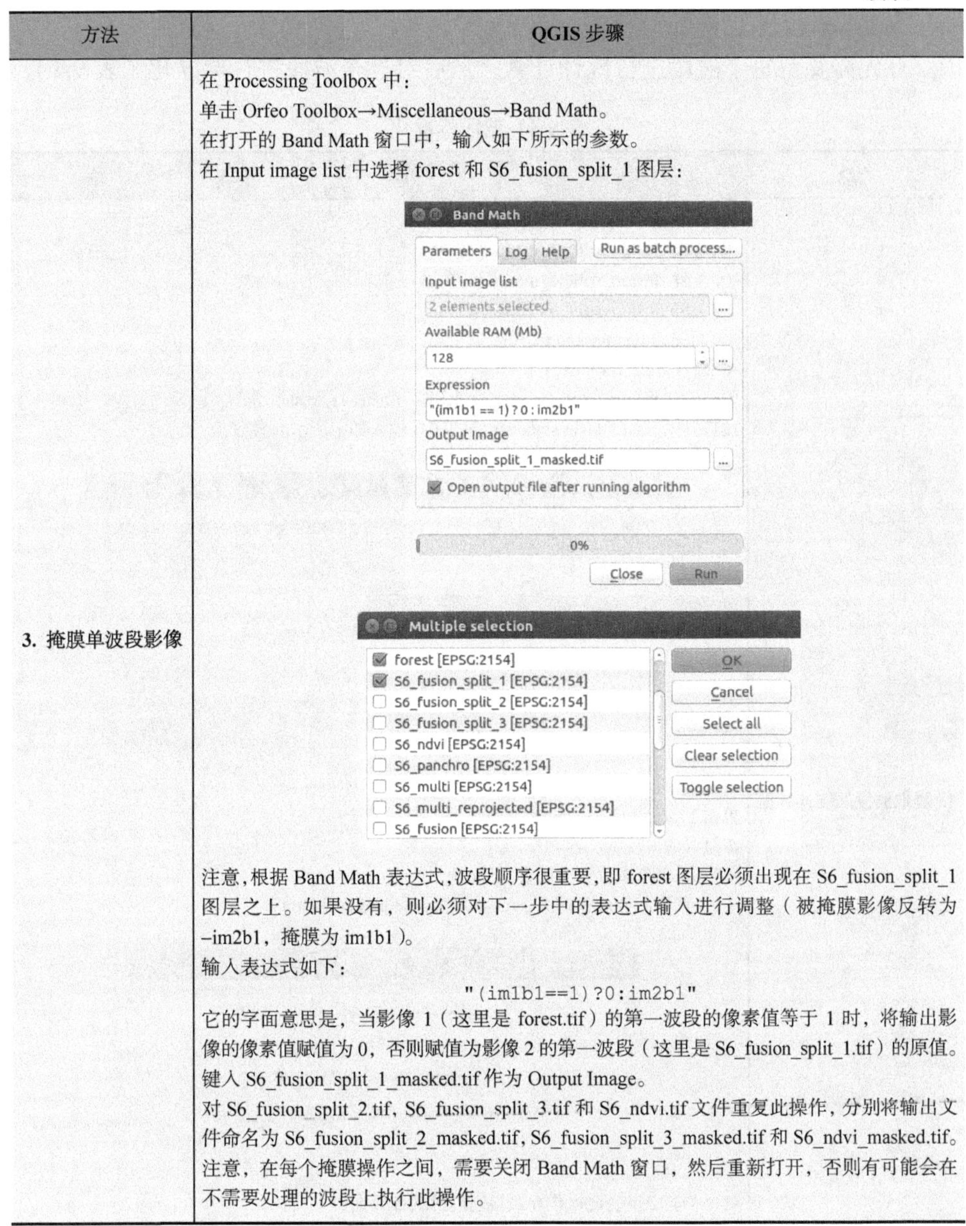


| 方法 | QGIS 步骤 |
| --- | --- |
| **3. 掩膜单波段影像** | 在 Processing Toolbox 中：<br>单击 Orfeo Toolbox→Miscellaneous→Band Math。<br>在打开的 Band Math 窗口中，输入如下所示的参数。<br>在 Input image list 中选择 forest 和 S6_fusion_split_1 图层：<br>注意，根据 Band Math 表达式，波段顺序很重要，即 forest 图层必须出现在 S6_fusion_split_1 图层之上。如果没有，则必须对下一步中的表达式输入进行调整（被掩膜影像反转为 –im2b1，掩膜为 im1b1）。<br>输入表达式如下：<br>`"(im1b1==1)?0:im2b1"`<br>它的字面意思是，当影像 1（这里是 forest.tif）的第一波段的像素值等于 1 时，将输出影像的像素值赋值为 0，否则赋值为影像 2 的第一波段（这里是 S6_fusion_split_1.tif）的原值。<br>键入 S6_fusion_split_1_masked.tif 作为 Output Image。<br>对 S6_fusion_split_2.tif、S6_fusion_split_3.tif 和 S6_ndvi.tif 文件重复此操作，分别将输出文件命名为 S6_fusion_split_2_masked.tif、S6_fusion_split_3_masked.tif 和 S6_ndvi_masked.tif。<br>注意，在每个掩膜操作之间，需要关闭 Band Math 窗口，然后重新打开，否则有可能会在不需要处理的波段上执行此操作。 |

#### 9.3.1.4 标准化光谱波段值

波段标准化操作是从波段 $B$ 的每个像素中减去波段均值 $\mu$ ，然后除以波段标

准差 $\sigma$ $\left(\frac{B-\mu}{\sigma}\right)$。具体如下操作：

首先需要对每个波段进行统计计算，然后对逐个波段进行标准化（表 9.4）。

**表 9.4 波段标准化**

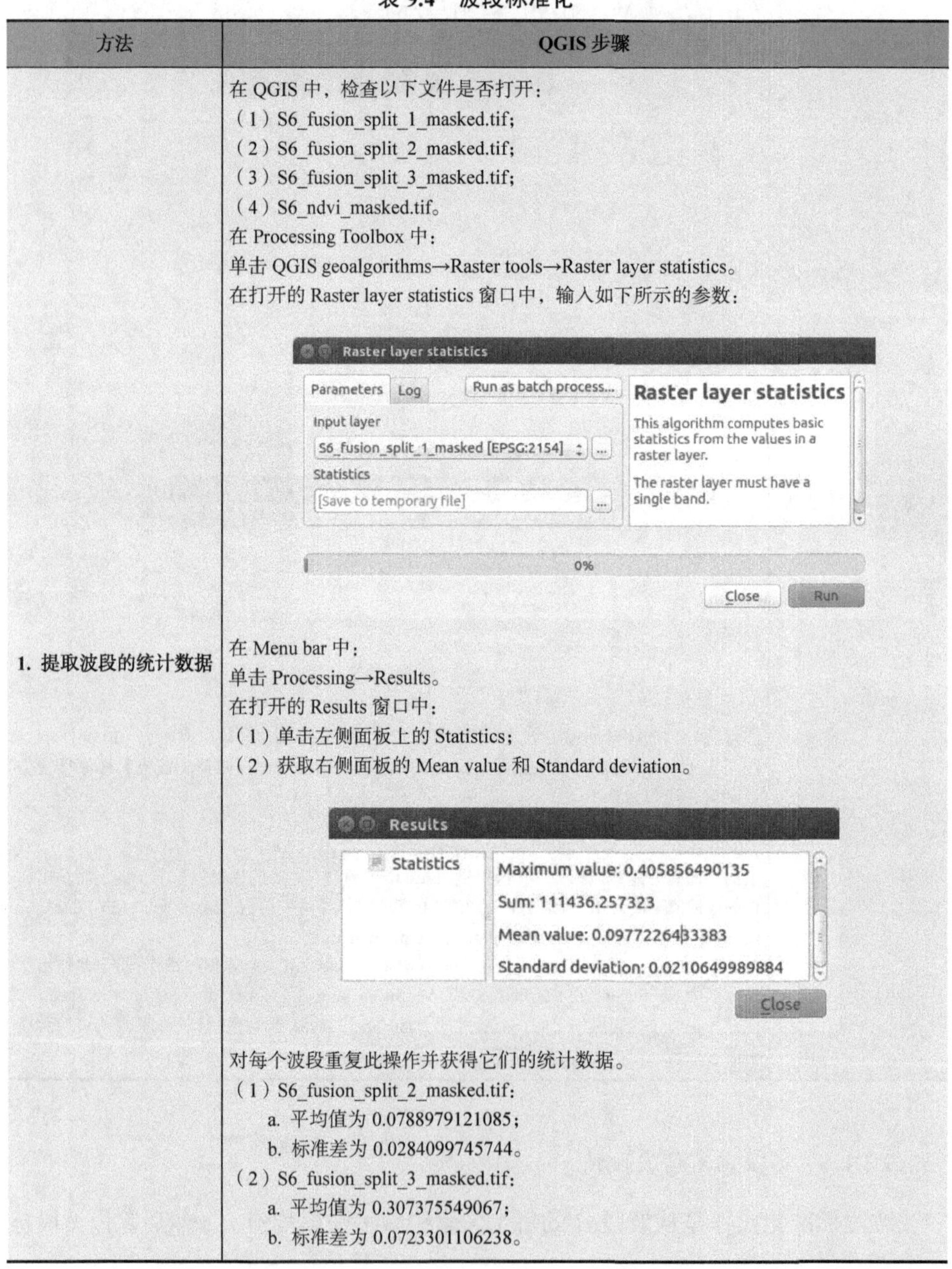

| 方法 | QGIS 步骤 |
| --- | --- |
| 1. 提取波段的统计数据 | 在 QGIS 中，检查以下文件是否打开：<br>（1）S6_fusion_split_1_masked.tif；<br>（2）S6_fusion_split_2_masked.tif；<br>（3）S6_fusion_split_3_masked.tif；<br>（4）S6_ndvi_masked.tif。<br>在 Processing Toolbox 中：<br>单击 QGIS geoalgorithms→Raster tools→Raster layer statistics。<br>在打开的 Raster layer statistics 窗口中，输入如下所示的参数：<br>在 Menu bar 中：<br>单击 Processing→Results。<br>在打开的 Results 窗口中：<br>（1）单击左侧面板上的 Statistics；<br>（2）获取右侧面板的 Mean value 和 Standard deviation。<br>对每个波段重复此操作并获得它们的统计数据。<br>（1）S6_fusion_split_2_masked.tif：<br>a. 平均值为 0.0788979121085；<br>b. 标准差为 0.0284099745744。<br>（2）S6_fusion_split_3_masked.tif：<br>a. 平均值为 0.307375549067；<br>b. 标准差为 0.0723301106238。 |

续表

| 方法 | QGIS 步骤 |
| --- | --- |
| **1. 提取波段的统计数据** | （3）S6_ndvi_masked.tif：<br>a. 平均值为 0.575990857521；<br>b. 标准差为 0.178182842055。 |
| **2. 波段标准化** | 在 Processing Toolbox 中：<br>单击 Orfeo Toolbox→Miscellaneous→Band Math。<br>在打开的 Band Math 窗口中，输入以下参数。<br>在 Input image list 中输入 S6_fusion_split_1_masked 图层：<br>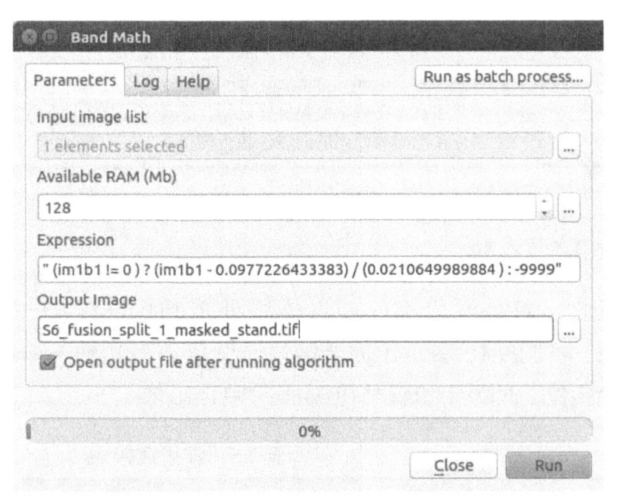<br><br>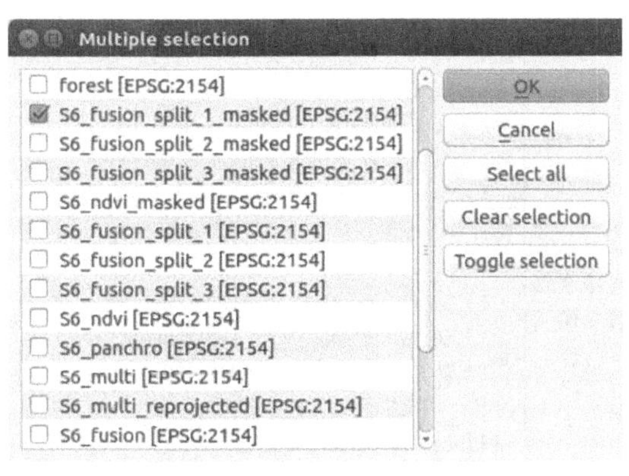<br><br>输入以下表达式：<br>`"(im1b1 != 0)?(im1b1-0.0977226433383)/(0.0210649989884):-9999"`<br>它的字面意思是，当影像 1（这里是 S6_fusion_split_1_masked.tif）的第一波段的像素不等于 0 时（即没有被掩膜），对该值进行标准化，否则给它分配一个新值-9999。<br>键入 S6_fusion_split_1_masked_stand.tif 作为 Output Image。 |

续表

| 方法 | QGIS 步骤 |
| --- | --- |
| 2. 波段标准化 | 对以下文件重复此操作：<br>（1）S6_fusion_split_2_masked.tif；<br>（2）S6_fusion_split_3_masked.tif；<br>（3）S6_ndvi_masked.tif。<br>在表达式中，注意替换被处理波段所对应的均值和标准差。<br>在前面的步骤中已经记录了这些值，如 NDVI 影像的平均值不再是 0.0977，而是 0.575990857521。<br>将输出文件分别命名为：<br>（1）S6_fusion_split_2_masked_stand.tif；<br>（2）S6_fusion_split_3_masked_stand.tif；<br>（3）S6_ndvi_masked_stand.tif。<br>注意，在每个掩膜操作之间，需要关闭 Band Math 窗口然后重新打开，否则有可能会在不需要处理的波段上执行该操作。 |

#### 9.3.1.5 级联

至此，每个波段都已经过掩膜处理和标准化操作，可以叠加为单幅影像（表 9.5）。图 9.10 展示了原始波段（全色和多光谱）和预处理步骤中产生的影像（融合影像、NDVI 和森林掩膜后的融合影像）。

**表 9.5 波段连接**

| 方法 | QGIS 步骤 |
| --- | --- |
| 将单波段影像级联成一幅多波段影像 | 在 QGIS 中，检查以下文件是否打开：<br>（1）S6_fusion_split_1_masked_stand.tif；<br>（2）S6_fusion_split_2_masked_stand.tif；<br>（3）S6_fusion_split_3_masked_stand.tif；<br>（4）S6_ndvi_masked_stand.tif。<br>检查单波段影像是否按以下顺序排列：<br>（1）S6_fusion_split_1_masked_stand.tif；<br>（2）S6_fusion_split_2_masked_stand.tif；<br>（3）S6_fusion_split_3_masked_stand.tif；<br>（4）S6_ndvi_masked_stand.tif。<br>注意，如果影像没有按正确顺序排列，它们将使用与上方不同的顺序进行叠加。<br>在 Processing Toolbox 中：<br>单击 Orfeo Toolbox→Image Manipulation→Images Concatenation。<br>在打开的 Images Concatenation 窗口中，输入以下参数。<br>在 Input images list 中输入以下影像： |

续表

<table>
<tr><th>方法</th><th>QGIS 步骤</th></tr>
<tr><td>将单波段影像级联成一幅多波段影像</td><td>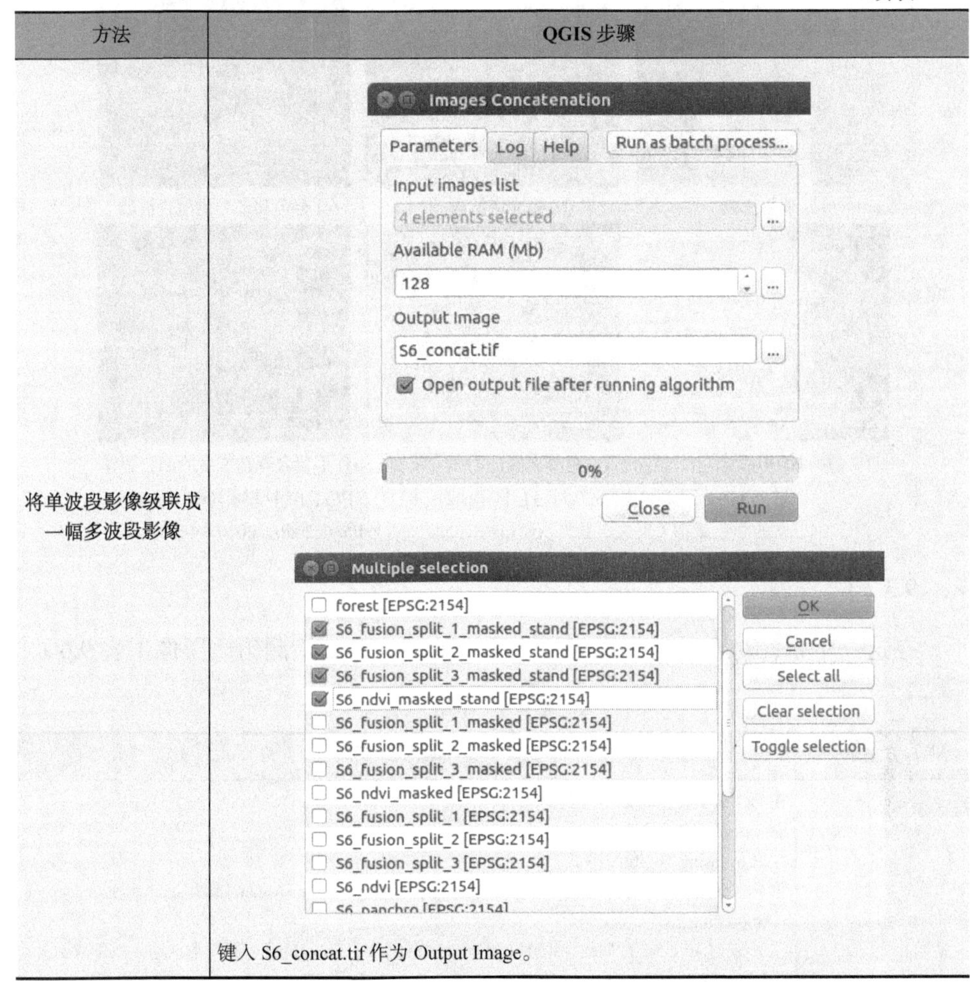

<br>键入 S6_concat.tif 作为 Output Image。</td></tr>
</table>

## 9.3.2 分割

在这个阶段，已经有一幅标准化的多波段影像，可在匀质的区域中进行分割。分割处理的步骤分为以下 4 步：

（1）应用平滑过滤器；

（2）影像在匀质区域分割；

（3）清除小面积区域；

（4）将分割后的影像矢量化，并对每幅分割影像的像素值进行统计计算。

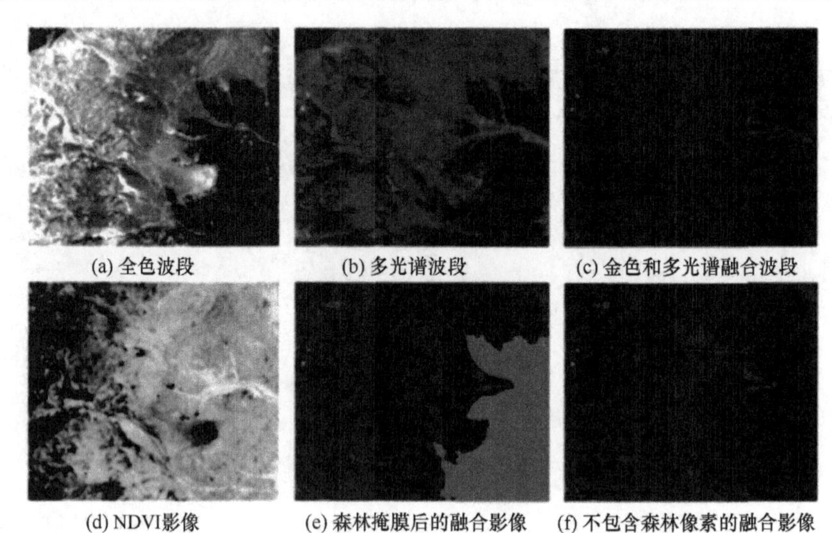


图 9.10　于 2013 年 7 月 31 日获取的原始 SPOT-6 卫星影像

该图的彩色版本（英文）参见 www.iste.co.uk/baghdadi/qgis2.zip，2020.8.14

#### 9.3.2.1　平滑

在这一步中，对合并后的影像进行平滑处理，便于检测匀质影像（表 9.6）。

**表 9.6　平滑**

| 方法 | QGIS 步骤 |
| --- | --- |
| 平滑 | 在 QGIS 中，检查以下文件是否打开：<br>S6_concat.tif。<br>在 Processing Toolbox 中：<br>单击 Orfeo Toolbox→Image Filtering→Exact Large-Scale Mean-Shift segmentation,step 1（smoothing）。<br>在 Exact Large-Scale Mean-Shift segmentation,step 1（smoothing）窗口中，输入以下参数。<br>（1）Input Image：S6_concat.tif；<br>（2）Spatial radius：15；<br>（3）Range radius：0.25；<br>（4）Mode convergence threshold：0.100000（默认值）；<br>（5）Maximum number of iterations：100；<br>（6）Range radius coefficient：0；<br>（7）Mode search：禁用；<br>（8）Filtered output：S6_smoothed.tif；<br>（9）Spatial image：S6_smoothed_pos.tif。 |

续表

| 方法 | QGIS 步骤 |
| --- | --- |
| 平滑 | Exact Large-Scale Mean-Shift segmentation, step 1 (smoothing)<br>Parameters Log Help Run as batch process...<br>Input image<br>S6_concat [EPSG:2154]<br>Available RAM (Mb)<br>128<br>Spatial radius<br>15<br>Range radius<br>0<br>Mode convergence threshold<br>0.100000<br>Maximum number of iterations<br>100<br>Range radius coefficient<br>0<br>Mode search.<br>Filtered output<br>S6_smoothed.tif<br>Open output file after running algorithm<br>Spatial image<br>S6_smoothed_pos.tif<br>Open output file after running algorithm<br>0%<br>Close Run<br>注意，当 Range radius 参数输入为 0.25 时，显示的值为 0，但在处理时确实是 0.25。可以在运行算法后，在 Log 选项卡中检查这个值。<br>Exact Large-Scale Mean-Shift segmentation, step 1 (smoothing)<br>Parameters Log Help Run as batch process...<br>**Algorithm Exact Large-Scale Mean-Shift segmentation, step 1 (smoothing) starting...**<br>/home/lang/otb/OTB-5.8.0-Linux64/bin/otbcli_MeanShiftSmoothing<br>-in<br>"/home/lang/Dropbox/chapitre_QGIS (1)/data/S6_concat.tif"<br>-ram<br>128<br>-spatialr<br>15<br>-ranger<br>0.25<br>-thres<br>0.1<br>-maxiter<br>0%<br>Close Run |

#### 9.3.2.2　分割

在本节中，对平滑后的影像进行匀质区域分割（表 9.7）。

**表 9.7　分割**

| 方法 | QGIS 步骤 |
| --- | --- |
| 平滑影像分割 | 在 QGIS 中，检查以下文件是否打开：<br>（1）S6_smoothed.tif；<br>（2）S6_smoothed_pos.tif。<br>在 Processing Toolbox 中：<br>单击 Orfeo Toolbox→Image Filtering→Exact Large-Scale Mean-Shift segmentation,step2。<br>在 Exact Large-Scale Mean-Shift segmentation,step 2 窗口中，输入以下参数。<br>（1）Filtered image：S6_smoothed.tif；<br>（2）Spatial image[optional]：S6_smoothed_pos.tif；<br>（3）Range radius：0.08；<br>（4）Size of tiles in pixel（X-axis）和 Size of tiles in pixel（Y-axis）：500；<br>（5）Output Image：S6_segmentation_step2.tif。 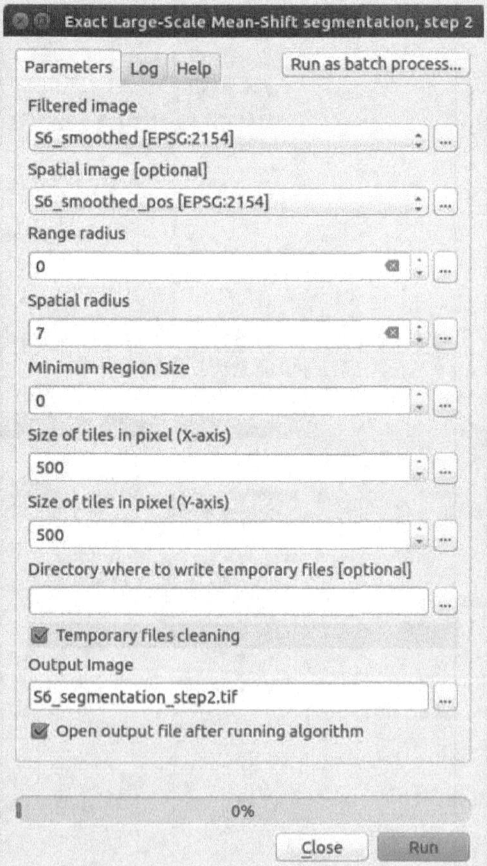<br>Exact Large-Scale Mean-Shift segmentation, step 2<br>Parameters　Log　Help　Run as batch process...<br>Filtered image<br>S6_smoothed [EPSG:2154]<br>Spatial image [optional]<br>S6_smoothed_pos [EPSG:2154]<br>Range radius<br>0<br>Spatial radius<br>7<br>Minimum Region Size<br>0<br>Size of tiles in pixel (X-axis)<br>500<br>Size of tiles in pixel (Y-axis)<br>500<br>Directory where to write temporary files [optional]<br>Temporary files cleaning<br>Output Image<br>S6_segmentation_step2.tif<br>Open output file after running algorithm<br>0%<br>Close　Run |

续表

<table>
<tr><th>方法</th><th>QGIS 步骤</th></tr>
<tr><td>平滑影像分割</td><td>注意，当 Range radius 参数输入 0.08 时，显示的值为 0，但在处理时确实是 0.08。可以在运行算法后，在 Log 选项卡中检查这个值。

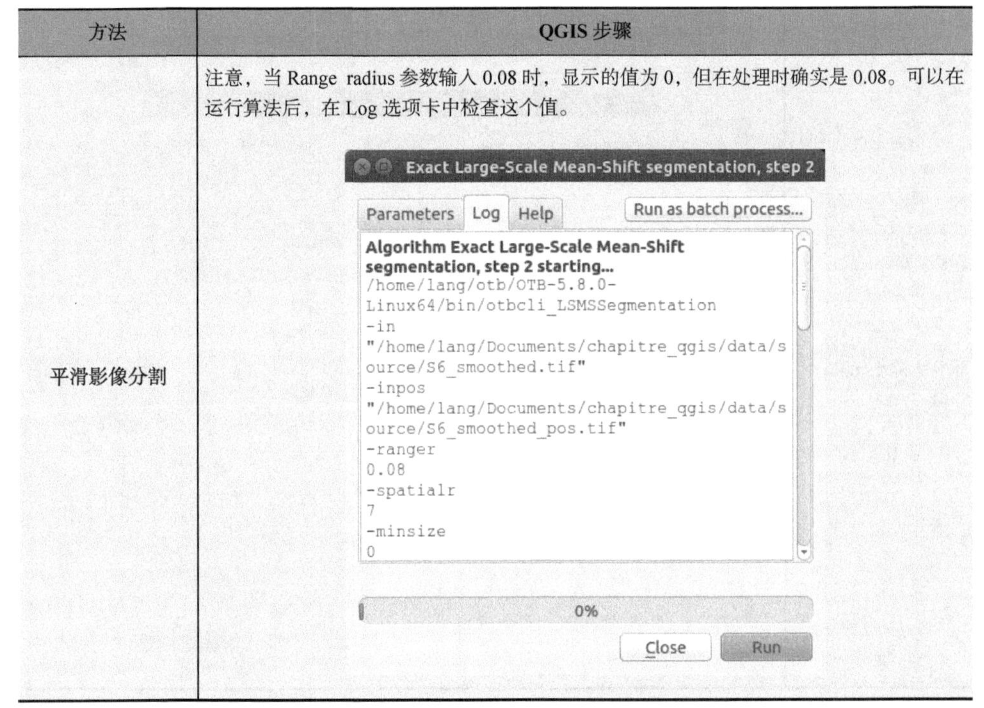
</td></tr>
</table>

### 9.3.2.3 去除小元素

太小的分割部分将根据辐射值与其最相似的邻近分割部分进行合并（表 9.8）。

**表 9.8 去除小元素**

| 方法 | QGIS 步骤 |
| --- | --- |
| 去除小元素 | 在 QGIS 中，检查以下文件是否打开：<br>（1）S6_concat.tif;<br>（2）S6_segmentation_step2.tif。<br>在 Processing Toolbox 中：<br>单击 Orfeo Toolbox→Image Filtering→Exact Large-Scale Mean-Shift segmentation,step 3（optional）。<br>在 Exact Large-Scale Mean-Shift segmentation,step 3（optional）窗口，输入如下参数： |

续表

| 方法 | QGIS 步骤 |
|---|---|
| 去除小元素 | 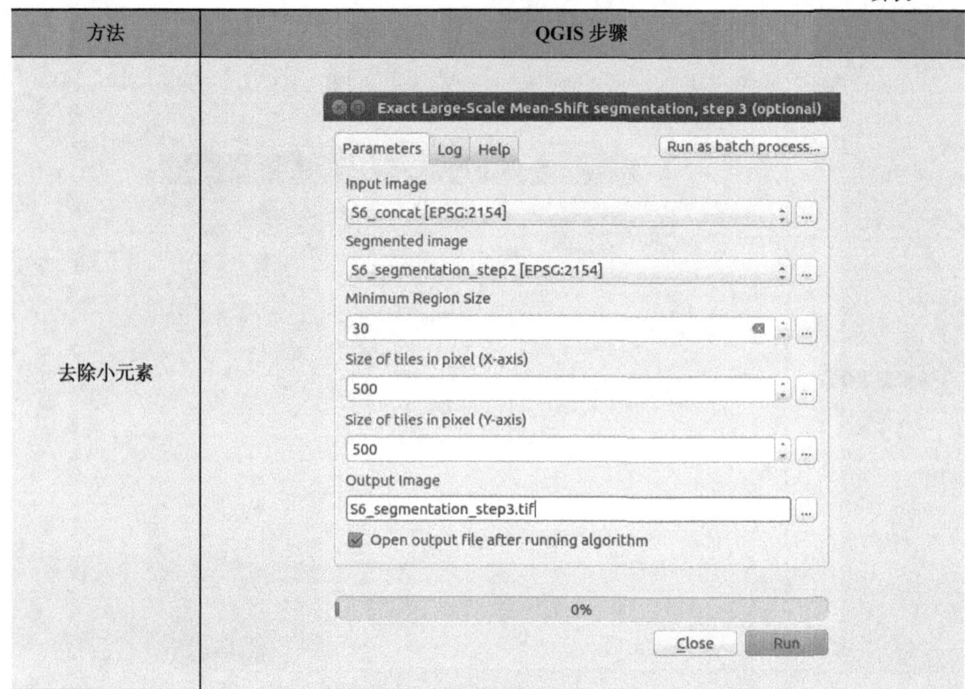 |

9.3.2.4 矢量化

在此步骤中对分割影像进行矢量化（表 9.9），同时还对四个波段中每个波段的各个分割部分计算像素均值和标准差（图 9.11）。

**表 9.9 获得矢量格式的分割**

| 方法 | QGIS 步骤 |
|---|---|
| **1. 分割矢量化** | 在 QGIS 中，检查以下文件是否打开：<br>（1）S6_concat.tif;<br>（2）S6_segmentation_step3.tif。<br>在 Processing Toolbox 中：<br>单击 Orfeo Toolbox→Image Filtering→Exact Large-Scale Mean-Shift segmentation,step 4。<br>在打开的 Exact Large-Scale Mean-Shift segmentation,step 4 窗口中，输入如下参数： |

续表

| 方法 | QGIS 步骤 |
| --- | --- |
| 1. 分割矢量化 | 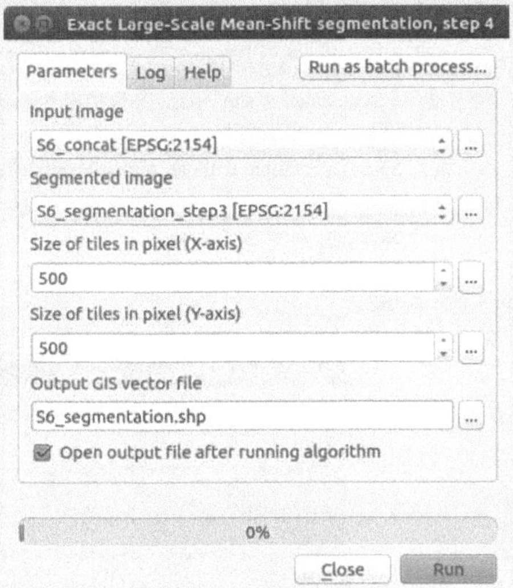 在属性表中（右键单击图层可以打开），可以看到 4 个波段的均值和标准差（meanb0、meanb1、meanb2、meanb3、varb0、varb1、varb2、varb3）都已计算。 |
| 2. 删除与掩膜区域对应的分割影像 | 分割结果包括三个与掩膜区域对应的分割部分，这些部分不应该参与分类过程。相反，它们需要被移除。<br>在 QGIS 中：<br>（1）在 Layers Panel 中单击 S6_segmentation.shp；<br>（2）使用 Select Features 工具，选择与掩膜区域对应的三个分割部分（下图中的 1,2,3）。 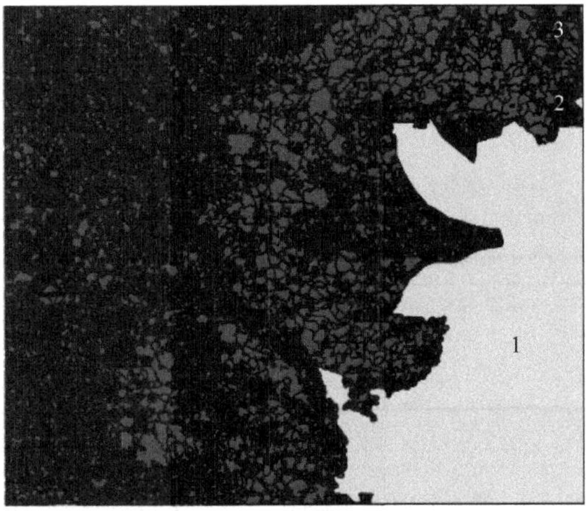<br>在 S6_segmentation.shp 的 Attribute table 中（右键单击图层查看）： |

续表

<table>
<tr><th>方法</th><th>QGIS 步骤</th></tr>
<tr><td>2. 删除与掩膜区域对应的分割影像</td><td>单击 Invert selection 。<br>除了之前选择的三个片段外，所有的片段都会被选中。<br>在 Layers Panel 中：<br>右键单击 S6_segmentation.shp 图层，然后单击 Save As…。<br>在打开的 Save vector layer as…窗口中，操作如下：<br>（1）键入 S6_segmentation_without_forest.shp 作为输出图层的 File name；<br>（2）选择 RGF93 CRS；<br>（3）勾选 Save only selected features；<br>（4）保留其余选项的默认值；<br>（5）单击 OK。<br>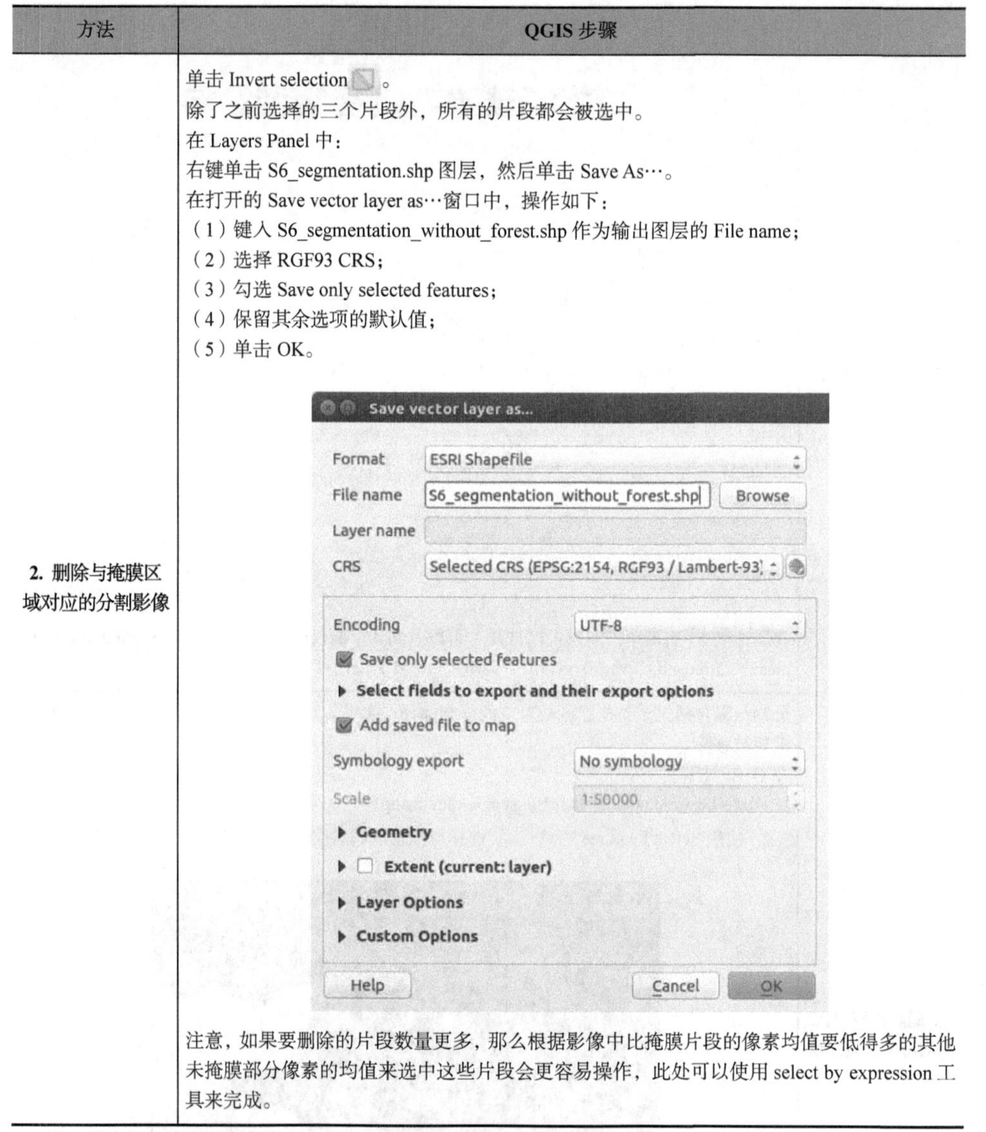
<br>注意，如果要删除的片段数量更多，那么根据影像中比掩膜片段的像素均值要低得多的其他未掩膜部分像素的均值来选中这些片段会更容易操作，此处可以使用 select by expression 工具来完成。</td></tr>
</table>

注：该表格的彩色版本参阅 www.iste.co.uk/baghdadi/qgis2.zip，2020.8.14。

## 9.3.3 分类

至此，融合影像已经分割完成，可以对分割影像进行分类操作。为此需要选择两组分割：一组用于训练分类模型，另一组用于评估分类结果图的质量。

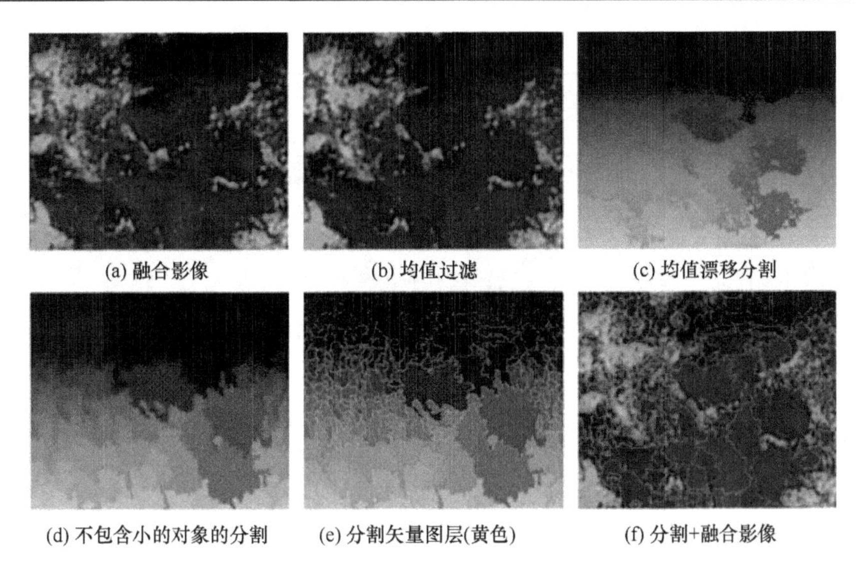

(a) 融合影像　(b) 均值过滤　(c) 均值漂移分割

(d) 不包含小的对象的分割　(e) 分割矢量图层(黄色)　(f) 分割+融合影像

图 9.11　用于分割的影像和矢量图层

该图的彩色版本（英文）参见 www.iste.co.uk/baghdadi/qgis2.zip，2020.8.14

#### 9.3.3.1　准备样本

本章提供一个矢量格式的样本数据库，通过人工影像解译和实地考察产生。提取样本对应的片段，分成两组：30%用于验证，70%用于训练。准备样本见表 9.10。

**表 9.10　准备样本**

| 方法 | QGIS 步骤 |
|---|---|
| **1. 对片段区域进行计算** | 在 QGIS 中，检查以下文件是否打开：<br>（1）S6_segmentation_without_forest.shp；<br>（2）sample.shp。<br>在 S6_segmentation_without_forest.shp 图层的属性表中（右击图层打开）：<br>单击 打开 Field calculator。<br>在 Field calculator 中：<br>（1）勾选 Create a new field；<br>（2）键入 Output field name：Area；<br>（3）定义 Output field type：Decimal number（real）；<br>（4）在 Precision 中键入 2（小数点位数）；<br>（5）右侧面板中，双击 Geometry→$area；<br>（6）面积在测量投影系统单位中默认计算，单位是 m²；<br>（7）单击 OK。 |

续表

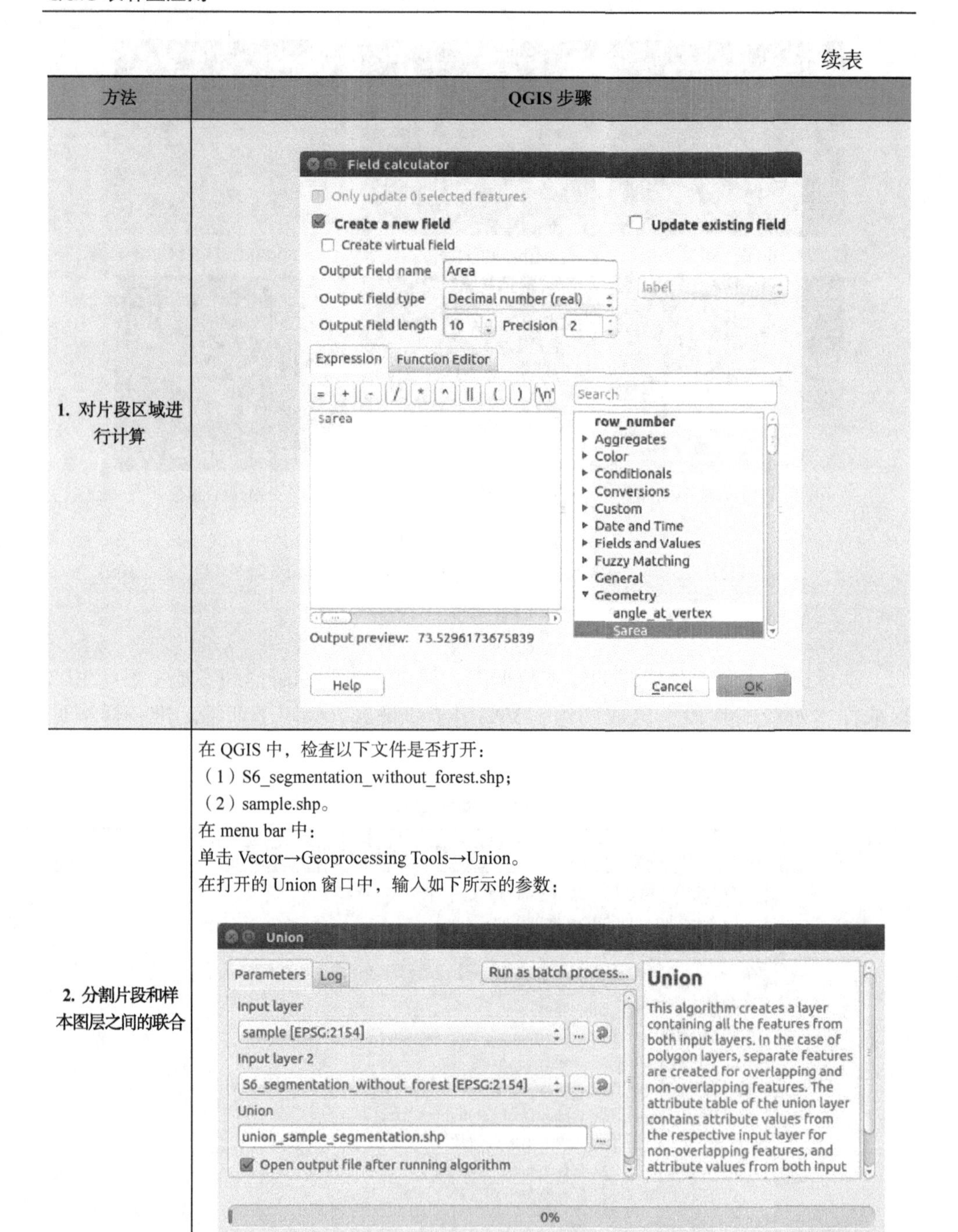

| 方法 | QGIS 步骤 |
| --- | --- |
| **1. 对片段区域进行计算** | |
| **2. 分割片段和样本图层之间的联合** | 在 QGIS 中，检查以下文件是否打开：<br>（1）S6_segmentation_without_forest.shp；<br>（2）sample.shp。<br>在 menu bar 中：<br>单击 Vector→Geoprocessing Tools→Union。<br>在打开的 Union 窗口中，输入如下所示的参数： |

续表

<table>
<tr><th>方法</th><th>QGIS 步骤</th></tr>
<tr><td>3. 计算样本图层多边形所覆盖的片段面积比例</td><td>在 QGIS 中，检查以下文件是否打开：<br>Union_sample_segmentation.shp。<br>打开以下图层的属性表：<br>Union_sample_segmentation.shp（右键单击图层）。<br>在属性表中：<br>（1）sample.shp 和 segmentation_without_forest.shp 两个图层的属性表中都有字段；<br>（2）有如下三种不同的实体类型。<br>a. 只在 sample.shp 图层的字段有对应值的实体。这些实体对应的是 sample.shp 图层中与 segmentation_without_forest.shp 图层中的片段不相交的多边形。在本节中，这种情况不存在，因为所有样本实体都包含在影像范围内。因此，这些是几何上不存在的实体。<br>b. 只在 segmentation_without_forest.shp 图层的字段有对应值的实体。这些实体对应 segmentation_ without_forest.shp 图层中与 sample.shp 图层中多边形不相交的片段。<br>c. 在 sample.shp 图层和 segmentation_without_forest.shp 图层的字段均有对应值的实体。这些实体对应两个图层中多边形相交的部分。通过计算这种类型实体的面积与原始分段的面积的比值，可以确定出每个分段中被样本所覆盖的面积比例。<br>（3）单击 打开 Field calculator。<br>在 Field calculator 中操作如下。<br>（1）勾选 Create a new field；<br>（2）键入 Output field name：prop_samp；<br>（3）定义 Output field type：Decimal number（real）；<br>（4）在 Precision 中键入 2（小数点位数）；<br>（5）在 Expression 面板中，输入以下公式：<br><code>CASE WHEN "id" THEN $area/"Area"</code><br><code>ELSE 0 END</code><br>注意，这个表达式的字面意思是，如果在字段“id”中可以找到一个值，就计算实体区域与“Area”字段值的比值，否则输入 0。<br>（6）单击 OK。<br><br>Field calculator<br>Only update 0 selected features<br>Create a new field　Update existing field<br>Create virtual field<br>Output field name　prop_samp<br>Output field type　Decimal number (real)　OBJECTID<br>Output field length　10　Precision　2<br>Expression　Function Editor<br>= + - / * ^ || ( ) '\n'　Search<br><code>CASE WHEN "id" THEN $area / "Area"</code><br><code>ELSE 0 END</code><br>row_number<br>Aggregates<br>Color<br>Conditionals<br>Conversions<br>Output preview: 0.19292359297296<br>You are editing information on this layer but the layer is currently not in edit mode. If you click Ok, edit mode will automatically be turned on.<br>Help　Cancel　OK</td></tr>
</table>

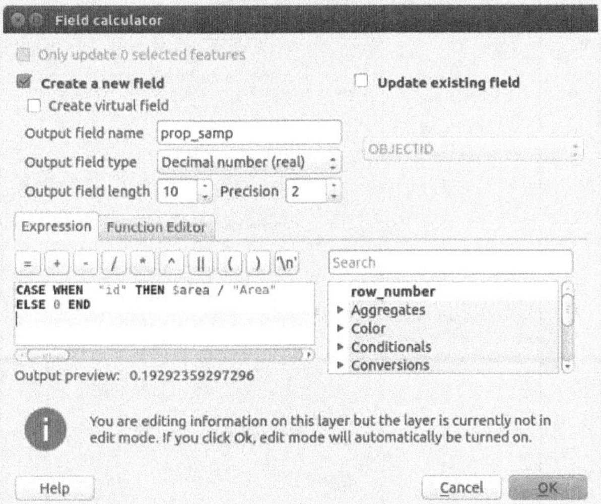

续表

<table>
<tr><th>方法</th><th>QGIS 步骤</th></tr>
<tr><td>**4.** 将属性表中后者的值赋给与样本重叠超过 **70%** 的片段</td><td>
打开 Union_sample_segmentation.shp 图层的属性表（右键单击图层）。<br>
选择“prop_samp”比率大于 0.7 的实体。<br>
在 Attribute table 中：<br>
（1）单击图标（使用表达式选择要素），显示界面如下。<br>
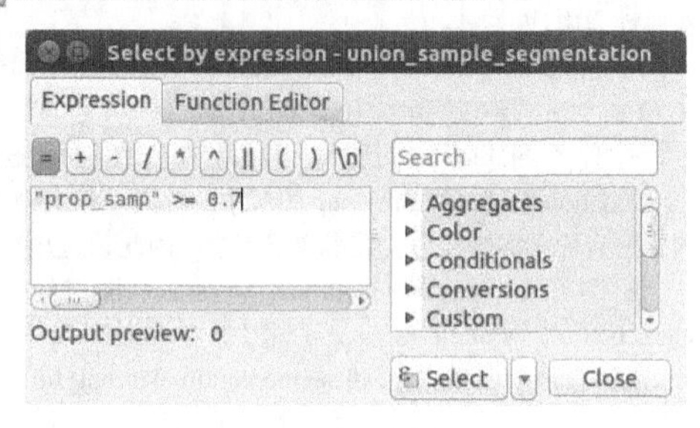
<br>
（2）输入以下表达式。<br>
<code>"prop_samp"> = 0.7</code><br>
（3）单击 Select。<br>
现在实体被选中，在 Menu bar 中：<br>
单击 Vector→Data Management Tools→Join attributes by location。<br>
在打开的 Join attributes by location 窗口中，输入如下所示的参数：<br>
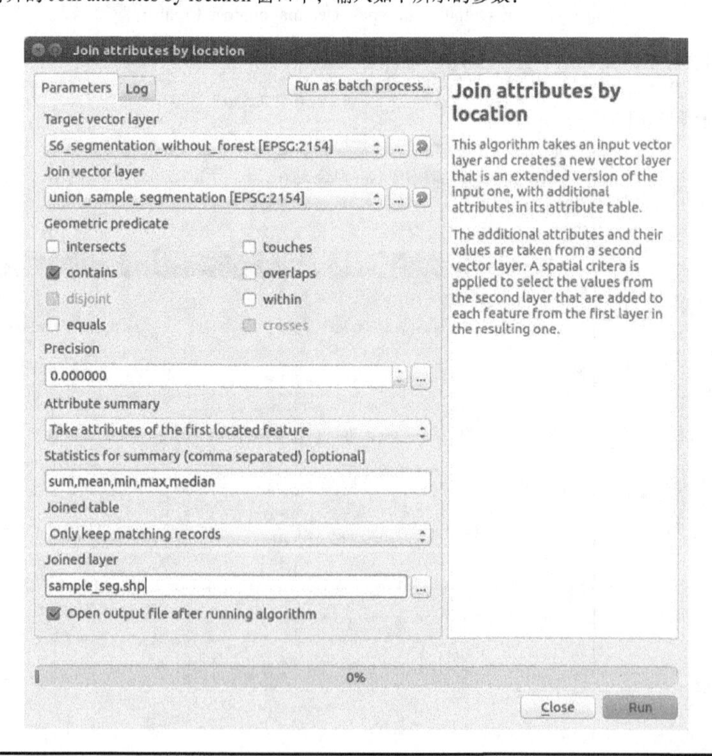

</td></tr>
</table>

续表

| 方法 | QGIS 步骤 |
| --- | --- |
| 5. 随机选取样本 | 现在需要将样本数据分成两组：一组用于训练分类模型，另一组用于验证。<br>在 Processing Toolbox 中：<br>单击 QGIS Geoalgorithms→Vector selection tool→Random selection within subsets。<br>在打开的 Random selection within subsets 窗口中，输入如下参数： 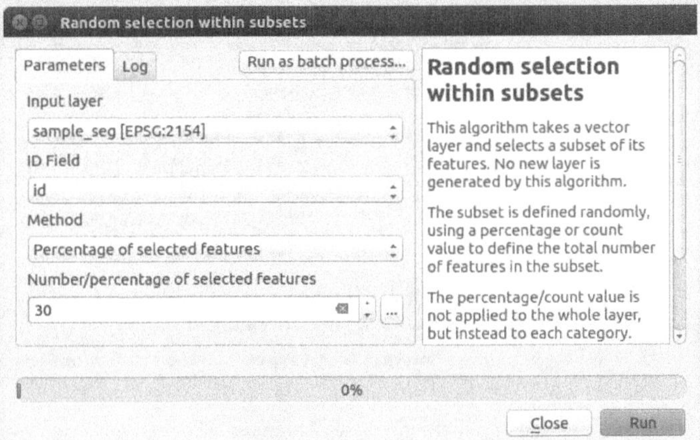<br>现在已经为每个类别选择了 30%的样本，可以保存为一个新的样本文件用来验证分类。<br>在 Layer Panel 中：<br>（1）右键单击 sample_seg 图层；<br>（2）单击 Save as…。<br>在打开的 Save vector layer as…窗口中，进行如下操作。<br>（1）键入 sample_seg_vali.shp 作为输出文件的 File name；<br>（2）在 CRS 中输入 RGF93；<br>（3）勾选 Save only selected features；<br>（4）选择以下字段导出：label，nbPixels，meanb0，meanb1，meanb2，meanb3，varb0，varb1，varb2，varb3，Area，num，class，id。<br>注意，这里是可选的，可以用来从属性表中删除在前面操作中，特别是在分段和样本图层之间的联合过程中所创建的不必要字段。<br>（5）单击 OK。<br>现在需要用剩下的 70%的样本创建样本训练文件。<br>在 sample_seg 图层的属性表中（右键单击该图层）：<br>单击 Invert the selection 图标 。<br>在 Layer Panel 中：<br>（1）右键单击 sample_seg 图层；<br>（2）单击 Save as…。<br>在打开的 Save vector layer as…窗口中，操作如下。<br>（1）键入 sample_seg_train.shp 作为输出 File name；<br>（2）在 CRS 中输入 RGF93；<br>（3）勾选 Save only selected features； |

续表

| 方法 | QGIS 步骤 |
| --- | --- |
| 5. 随机选取样本 | （4）选择以下字段输出：label，nbPixels，meanb0，meanb1，meanb2，meanb3，varb0，varb1，varb2，varb3，Area，num，class，id，prop_samp。<br>注意，这里是可选的，可以用来从属性表中删除在前面操作中，特别是在分段和样本图层之间的联合过程中所创建的不必要字段。<br>（5）单击 OK。 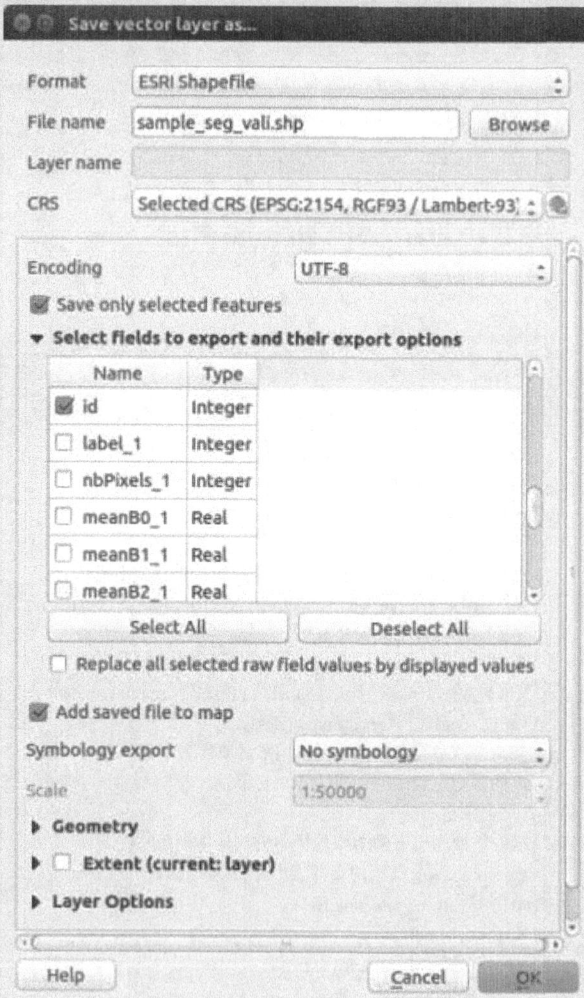<br>Save vector layer as...<br>Format ESRI Shapefile<br>File name sample_seg_vali.shp Browse<br>Layer name<br>CRS Selected CRS (EPSG:2154, RGF93 / Lambert-93)<br>Encoding UTF-8<br>Save only selected features<br>Select fields to export and their export options<br>Name Type<br>id Integer<br>label_1 Integer<br>nbPixels_1 Integer<br>meanB0_1 Real<br>meanB1_1 Real<br>meanB2_1 Real<br>Select All Deselect All<br>Replace all selected raw field values by displayed values<br>Add saved file to map<br>Symbology export No symbology<br>Scale 1:50000<br>Geometry<br>Extent (current: layer)<br>Layer Options<br>Help Cancel OK |

9.3.3.2 计算统计数据

准备好训练样本和验证样本文件后，可以计算每个图元的统计信息（表 9.11）。

例如，对于“meanb0”特征（绿光波段中每个分段或样本像素的均值），统计计算包括计算所有分段（或样本）“meanb0”值的均值和标准差。这些统计数据文件对于分类是必需的。

**表 9.11 计算用于分类的分段特征统计信息**

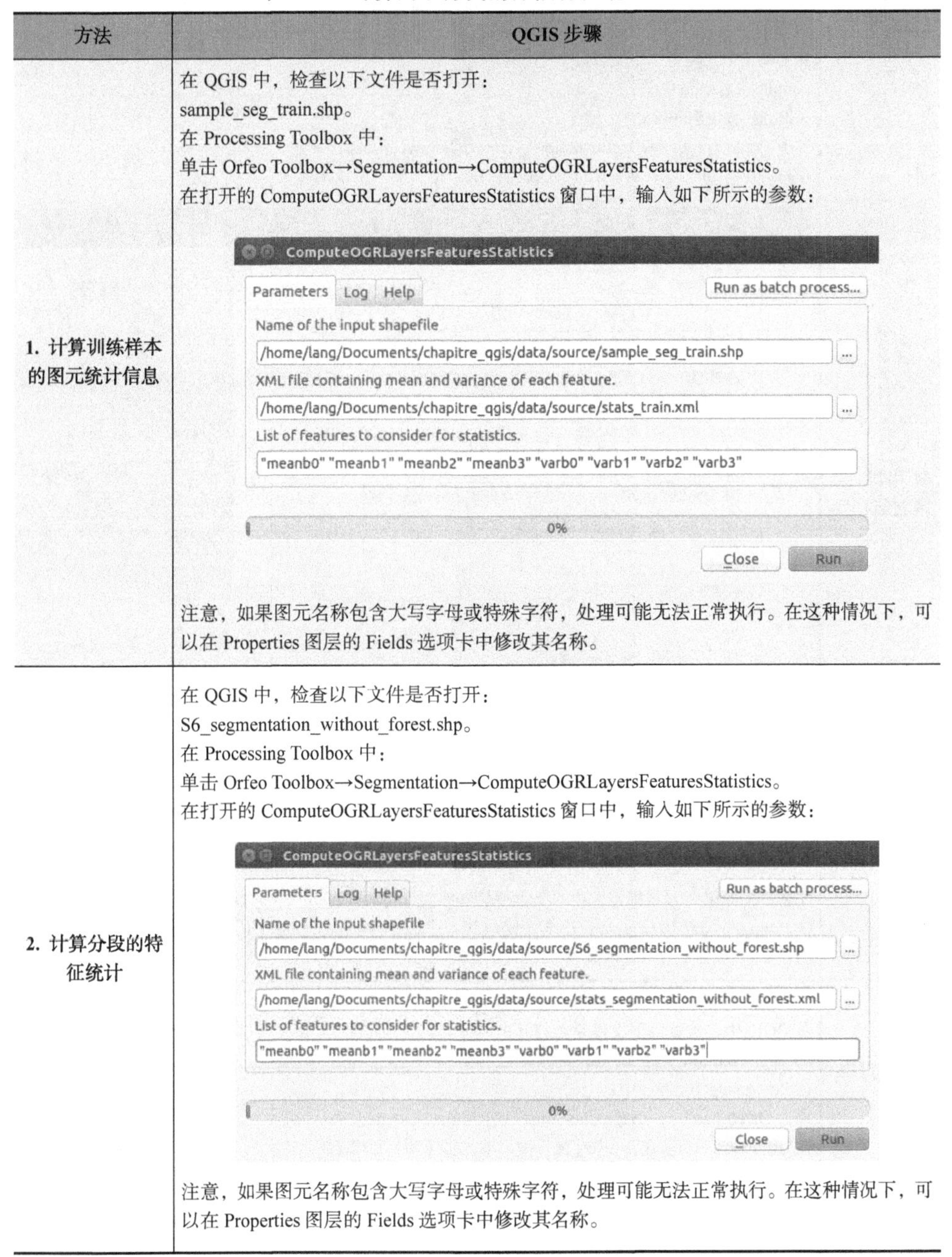

| 方法 | QGIS 步骤 |
|---|---|
| **1. 计算训练样本的图元统计信息** | 在 QGIS 中，检查以下文件是否打开：<br>sample_seg_train.shp。<br>在 Processing Toolbox 中：<br>单击 Orfeo Toolbox→Segmentation→ComputeOGRLayersFeaturesStatistics。<br>在打开的 ComputeOGRLayersFeaturesStatistics 窗口中，输入如下所示的参数：<br>ComputeOGRLayersFeaturesStatistics<br>Parameters Log Help Run as batch process...<br>Name of the input shapefile<br>/home/lang/Documents/chapitre_qgis/data/source/sample_seg_train.shp<br>XML file containing mean and variance of each feature.<br>/home/lang/Documents/chapitre_qgis/data/source/stats_train.xml<br>List of features to consider for statistics.<br>"meanb0" "meanb1" "meanb2" "meanb3" "varb0" "varb1" "varb2" "varb3"<br>0%<br>Close Run<br>注意，如果图元名称包含大写字母或特殊字符，处理可能无法正常执行。在这种情况下，可以在 Properties 图层的 Fields 选项卡中修改其名称。 |
| **2. 计算分段的特征统计** | 在 QGIS 中，检查以下文件是否打开：<br>S6_segmentation_without_forest.shp。<br>在 Processing Toolbox 中：<br>单击 Orfeo Toolbox→Segmentation→ComputeOGRLayersFeaturesStatistics。<br>在打开的 ComputeOGRLayersFeaturesStatistics 窗口中，输入如下所示的参数：<br>ComputeOGRLayersFeaturesStatistics<br>Parameters Log Help Run as batch process...<br>Name of the input shapefile<br>/home/lang/Documents/chapitre_qgis/data/source/S6_segmentation_without_forest.shp<br>XML file containing mean and variance of each feature.<br>/home/lang/Documents/chapitre_qgis/data/source/stats_segmentation_without_forest.xml<br>List of features to consider for statistics.<br>"meanb0" "meanb1" "meanb2" "meanb3" "varb0" "varb1" "varb2" "varb3"<br>0%<br>Close Run<br>注意，如果图元名称包含大写字母或特殊字符，处理可能无法正常执行。在这种情况下，可以在 Properties 图层的 Fields 选项卡中修改其名称。 |

### 9.3.3.3 分类

分类方法见表 9.12。

**表 9.12 分类**

| 方法 | QGIS 步骤 |
|---|---|
| **1.** 用训练样本进行模型训练 | 在 QGIS 中，检查以下文件是否打开：<br>sample_seg_train.shp。<br>在 Processing Toolbox 中：<br>单击 Orfeo Toolbox→Segmentation→TrainOGRLayersClassifier。<br>在打开的 TrainOGRLayersClassifier 窗口中，输入如下所示的参数： 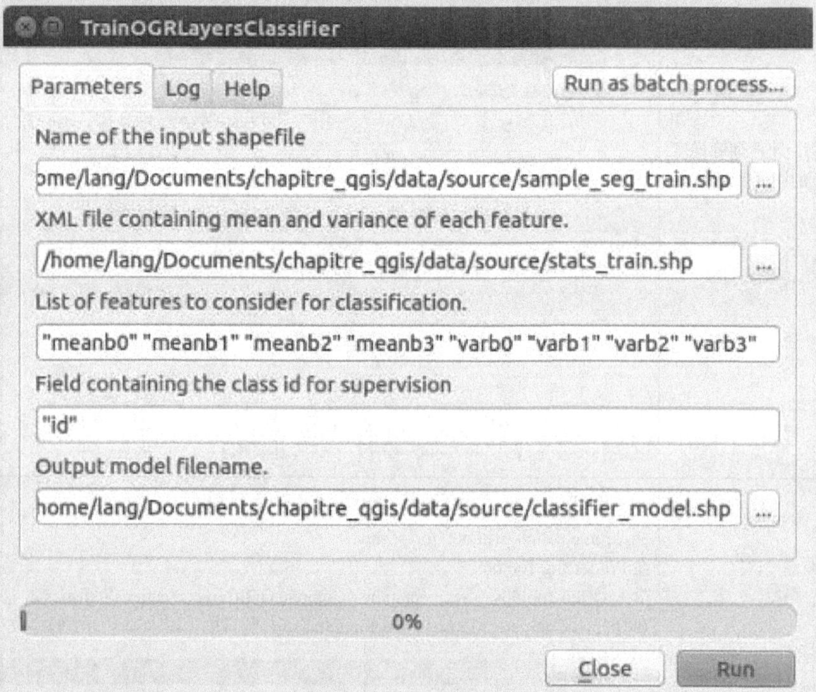<br>TrainOGRLayersClassifier<br>Parameters Log Help Run as batch process...<br>Name of the input shapefile<br>ome/lang/Documents/chapitre_qgis/data/source/sample_seg_train.shp ...<br>XML file containing mean and variance of each feature.<br>/home/lang/Documents/chapitre_qgis/data/source/stats_train.shp ...<br>List of features to consider for classification.<br>"meanb0" "meanb1" "meanb2" "meanb3" "varb0" "varb1" "varb2" "varb3"<br>Field containing the class id for supervision<br>"id"<br>Output model filename.<br>home/lang/Documents/chapitre_qgis/data/source/classifier_model.shp ...<br>0%<br>Close Run<br>注意，①如果图元名称包含大写字母或特殊字符，处理可能无法正常执行。在这种情况下，可以在 Properties 图层的 Fields 选项卡中修改其名称。②如果训练 OGR 图层分类器不能工作，可以使用在 OTB 安装目录下 bin 文件夹中的 otbgui_TrainVectorClassifier 工具。 |
| **2.** 分段分类 | 之前训练的模型现在可以用于分段分类（图 9.12）。<br>在 QGIS 中，检查以下文件是否打开：<br>S6_segmentation_without_forest.shp。<br>在 Processing Toolbox 中：<br>单击 Orfeo Toolbox→Segmentation→OGRLayerClassifier。<br>在打开的 OGRLayerClassifier 窗口中，输入如下所示的参数： |

续表

<table>
<tr><th>方法</th><th>QGIS 步骤</th></tr>
<tr><td>2. 分段分类</td><td>
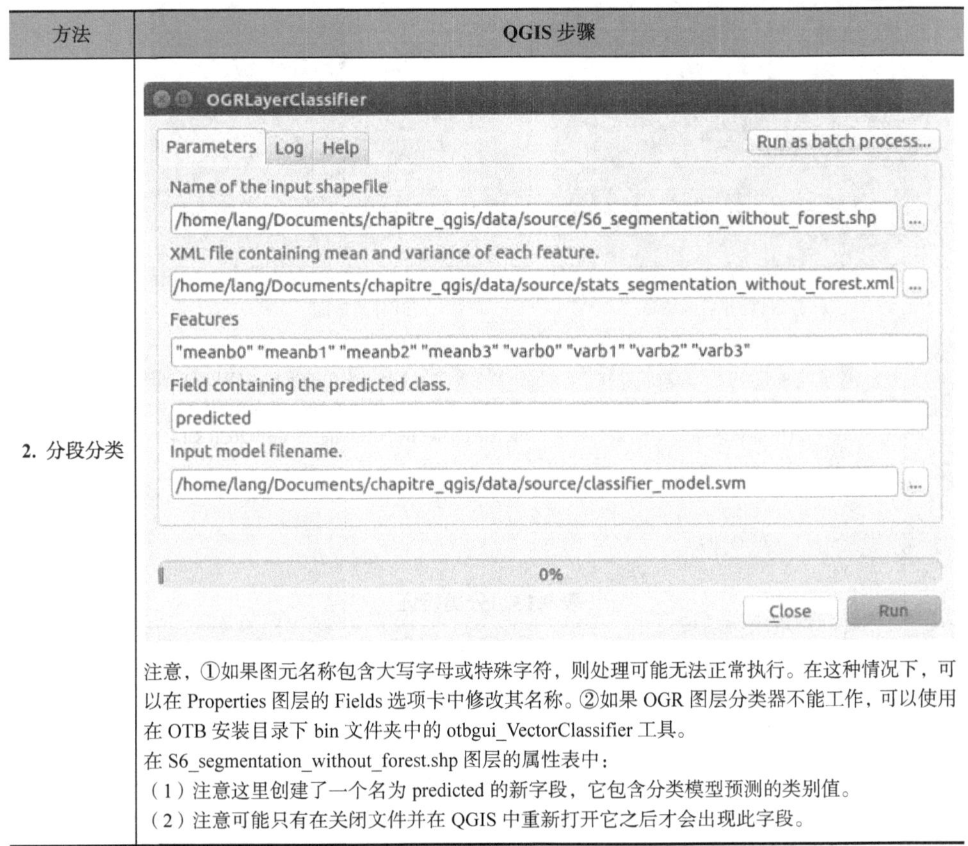

<br>注意，①如果图元名称包含大写字母或特殊字符，则处理可能无法正常执行。在这种情况下，可以在 Properties 图层的 Fields 选项卡中修改其名称。②如果 OGR 图层分类器不能工作，可以使用在 OTB 安装目录下 bin 文件夹中的 otbgui_VectorClassifier 工具。<br>在 S6_segmentation_without_forest.shp 图层的属性表中：<br>（1）注意这里创建了一个名为 predicted 的新字段，它包含分类模型预测的类别值。<br>（2）注意可能只有在关闭文件并在 QGIS 中重新打开它之后才会出现此字段。
</td></tr>
</table>

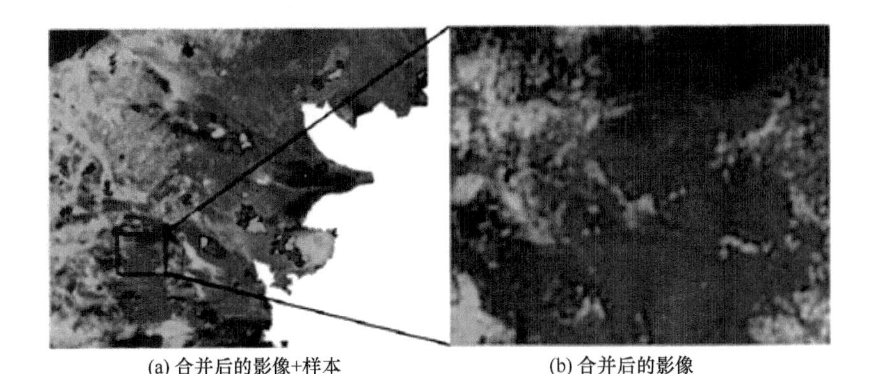

(a) 合并后的影像+样本　　(b) 合并后的影像

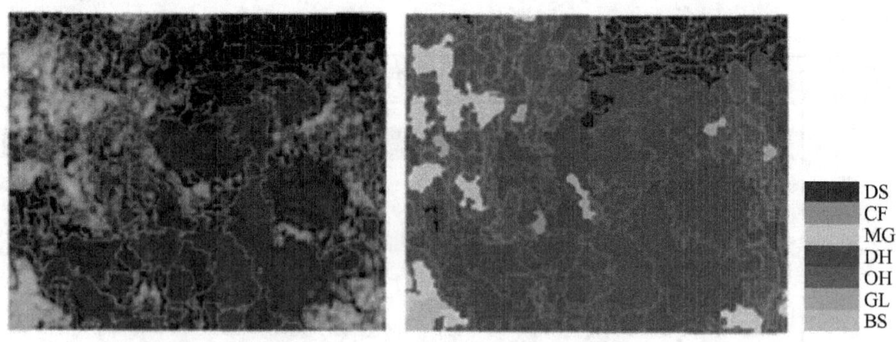


(c) 分割+合并后的影像　　　　(d) 分类地图

图 9.12　分段分类使用的数据

DS：茂密的灌木；CF：宽阔的针叶林；MG：矿物草原；DH：茂密的荒地；OH：宽阔的荒地；GL：草原；BS：裸露的土壤。（a）彩图中蓝色为训练样本和绿色为验证样本。

该图的彩色版本（英文）参见 www.iste.co.uk/ baghdadi/qgis2.zip，2020.8.14

### 9.3.3.4　分类验证

分类验证见表 9.13。

**表 9.13　分类验证**

| 方法 | QGIS 步骤 |
| --- | --- |
| **1. 包含预测值的分段栅格化** | 在 QGIS 中，检查以下文件是否打开：<br>sample_seg_train.shp。<br>在 Processing Toolbox 中：<br>单击 Orfeo Toolbox→Vector Data Manipulation→Rasterization（image）。<br>在打开的 Rasterization（image）窗口中，输入如下所示的参数：<br>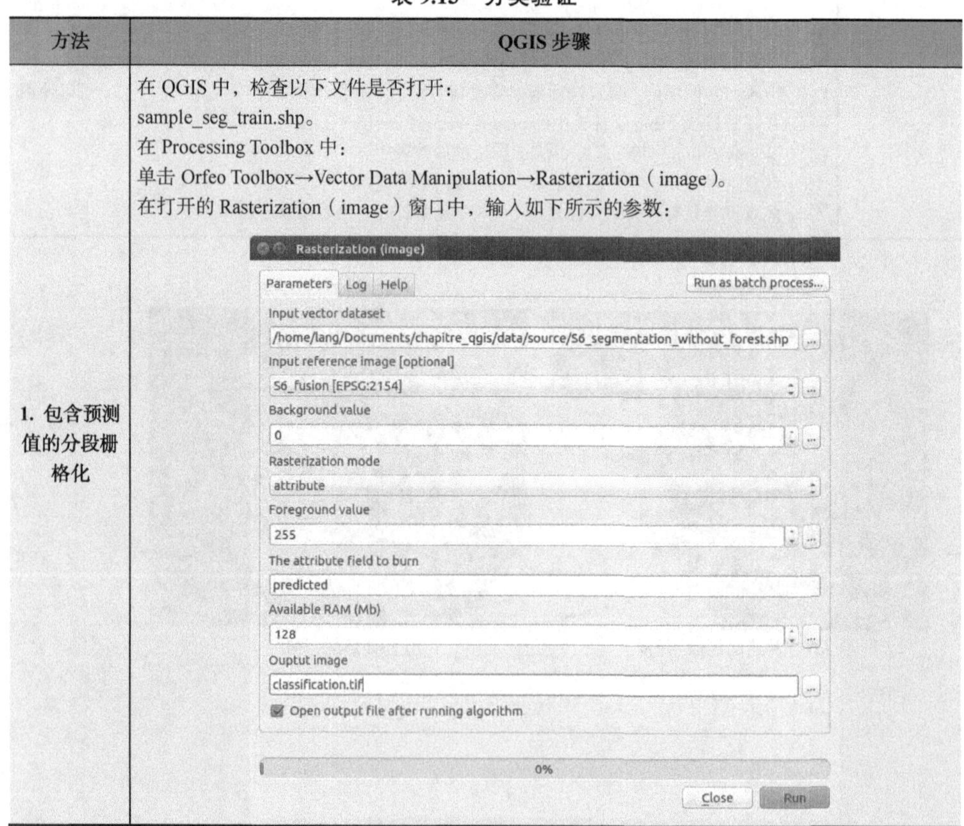 |

续表

| 方法 | QGIS 步骤 |
| --- | --- |
| 1. 包含预测值的分段栅格化 | 注意，属性模式可以将在 The attribute field to burn 参数中指定的字段值赋给像素，这里字段名是 predicted。与任何分段都不对应的像素将被赋值为与 Background value 参数值相同的值。Foreground value 参数值只在 Binary 模式下才考虑，因此在这种情况下将被忽略。 |
| 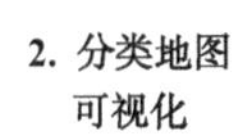 2. 分类地图可视化 | 在 Layer panel 中双击分类图层。<br>在打开的 Layer properties 图层窗口中：<br>（1）选择 Style 选项卡；<br>（2）在 Render type 中选择 Singleband pseudocolor；<br>（3）键入 1 和 7 作为 Min 和 Max；<br>（4）Mode 选择 equal interval；<br>（5）键入 7 作为类别的个数；<br>（6）单击 Classify，将出现 7 个类，依次为从 1～7；<br>（7）双击颜色，为每个类别选择一个颜色，一个调色板颜色示例如下。<br>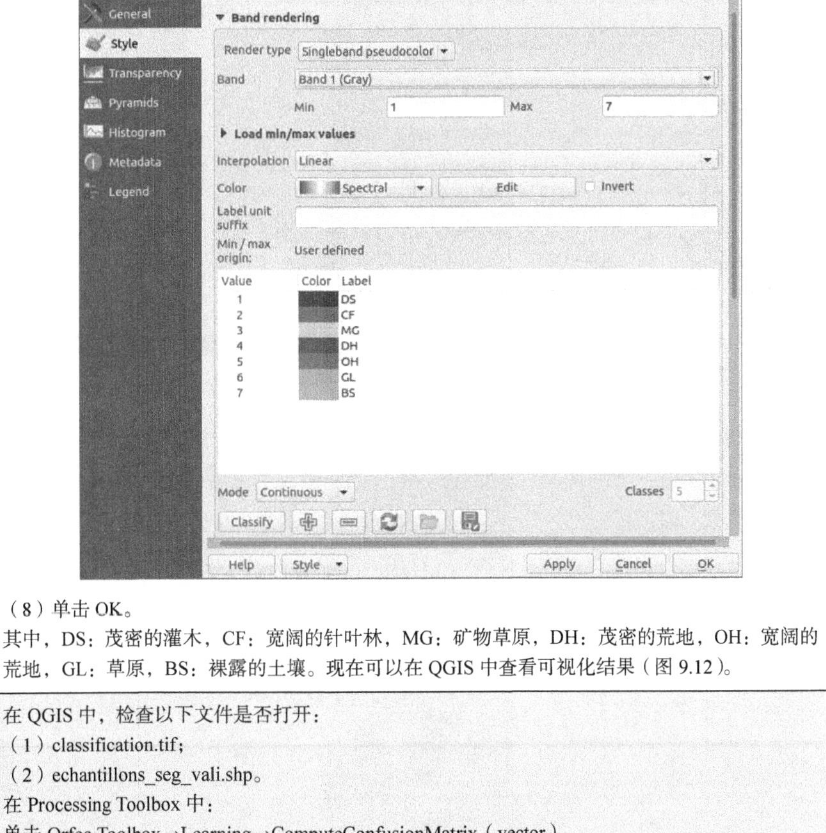<br>（8）单击 OK。<br>其中，DS：茂密的灌木，CF：宽阔的针叶林，MG：矿物草原，DH：茂密的荒地，OH：宽阔的荒地，GL：草原，BS：裸露的土壤。现在可以在 QGIS 中查看可视化结果（图 9.12）。 |
| 3. 用验证样本计算分类结果的混淆矩阵 | 在 QGIS 中，检查以下文件是否打开：<br>（1）classification.tif；<br>（2）echantillons_seg_vali.shp。<br>在 Processing Toolbox 中：<br>单击 Orfeo Toolbox→Learning→ComputeConfusionMatrix（vector）。<br>在打开的 ComputeConfusionMatrix（vector）窗口中，输入如下所示的参数： |

续表

| 方法 | QGIS 步骤 |
| --- | --- |
| 3. 用验证样本计算分类结果的混淆矩阵 | 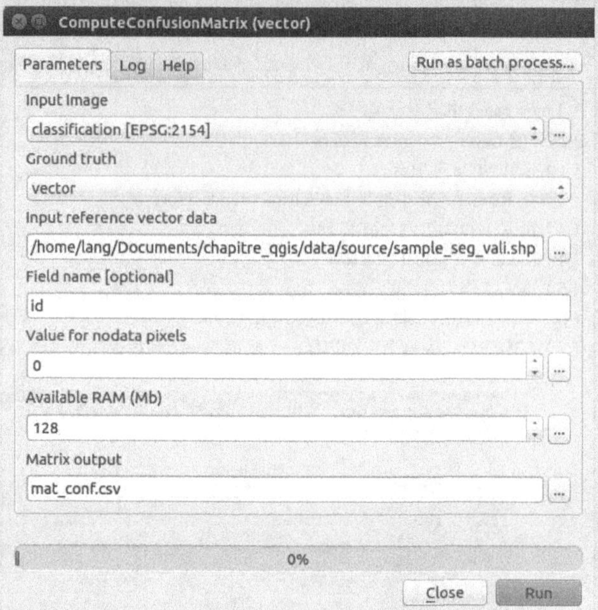 ComputeConfusionMatrix (vector)<br>Parameters Log Help Run as batch process...<br>Input Image<br>classification [EPSG:2154]<br>Ground truth<br>vector<br>Input reference vector data<br>/home/lang/Documents/chapitre_qgis/data/source/sample_seg_vali.shp<br>Field name [optional]<br>id<br>Value for nodata pixels<br>0<br>Available RAM (Mb)<br>128<br>Matrix output<br>mat_conf.csv<br>0%<br>Close Run<br><br>混淆矩阵的原始结果存储在 csv 文件中。精度指标，如 kappa 系数、总体精度、生产者精度（或召回率）和用户精度（或精度），不会导出到 csv 文件中，但是可以在混淆矩阵处理工具的 Log 选项卡中查看。 <br><br>ComputeConfusionMatrix (vector)<br>Parameters Log Help Run as batch process...<br>2017 Aug 22 10:12:27 : Application.logger (INFO) Precision of the different classes: [1, 0.602606, 0.776712, 1, 1, 0.980715, 0.899165]<br>2017 Aug 22 10:12:27 : Application.logger (INFO) Recall of the different classes: [1, 1, 0.77038, 0.781558, 0.806494, 1, 1]<br>2017 Aug 22 10:12:27 : Application.logger (INFO) F-score of the different classes: [1, 0.752033, 0.773533, 0.877387, 0.892883, 0.990263, 0.946905]<br>2017 Aug 22 10:12:27 : Application.logger (INFO) Kappa index: 0.89566<br>2017 Aug 22 10:12:27 : Application.logger (INFO) Overall accuracy index: 0.922229<br>Converting outputs<br>Loading resulting layers<br>Algorithm ComputeConfusionMatrix (vector) finished<br>0%<br>Close Run<br><br>它们也可以从混淆矩阵中计算出来。 |

续表

<table>
<tr><th>方法</th><th>QGIS 步骤</th></tr>
<tr><td>4. 计算精度指标：kappa 系数、召回率、精度和 F-score</td><td>

从 LibreOffice Calc 中：

打开文件 mat_conf.csv。

现在打开了导入模块。不要修改默认选项并检查 Separator Options 是否勾选为 Comma。矩阵的行和列必须用每个单元格的值明确分隔开。

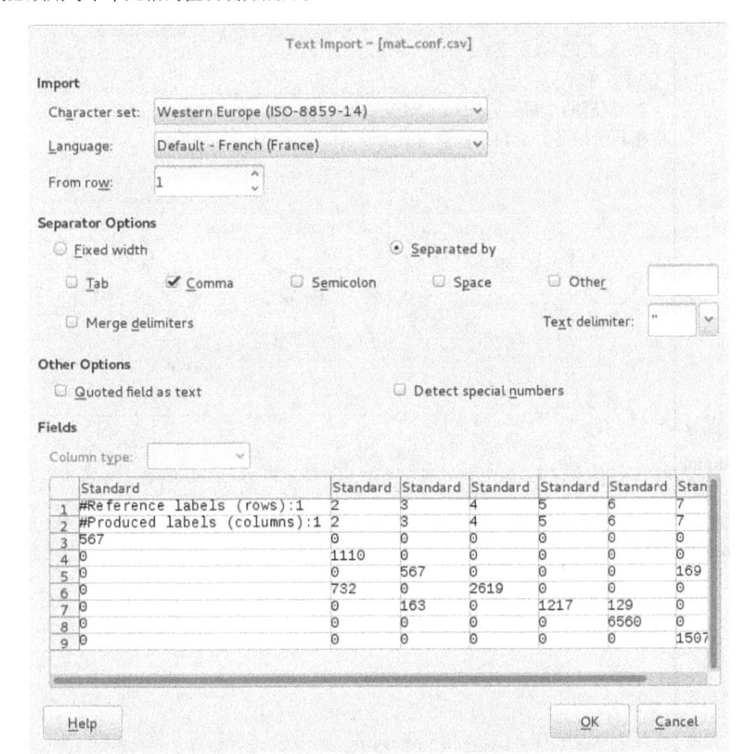


导入后修改原始矩阵，通过删除行和列以获得下图所示的相同矩阵。然后保存文件(如.xlsx 格式)：

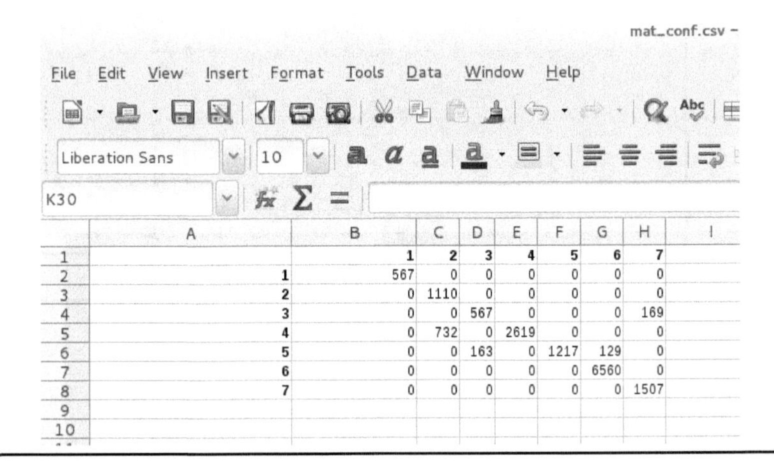


</td></tr>
</table>

续表

| 方法 | QGIS 步骤 |
|---|---|

**4. 计算精度指标：kappa系数、召回率、精度和F-score**

如前所述，命名规则如下。
（1）宽阔的针叶林（人造林）：1；
（2）茂密的灌木：2；
（3）草原：3；
（4）茂密的沼泽/荒地：4；
（5）宽阔的沼泽/荒地：5；
（6）矿物草原：6；
（7）裸露的土壤：7。
混淆矩阵准备好后可以计算总数：

confusion.xlsx - LibreOffice Calc

| | | Classification | | | | | | | |
|---|---|---|---|---|---|---|---|---|---|
| | | 1 | 2 | 3 | 4 | 5 | 6 | 7 | Total |
| Reference | 1 | 567 | 0 | 0 | 0 | 0 | 0 | 0 | 567 |
| | 2 | 0 | 1110 | 0 | 0 | 0 | 0 | 0 | 1110 |
| | 3 | 0 | 0 | 567 | 0 | 0 | 0 | 169 | 736 |
| | 4 | 0 | 732 | 0 | 2619 | 0 | 0 | 0 | 3351 |
| | 5 | 0 | 0 | 163 | 0 | 1217 | 129 | 0 | 1509 |
| | 6 | 0 | 0 | 0 | 0 | 0 | 6560 | 0 | 6560 |
| | 7 | 0 | 0 | 0 | 0 | 0 | 0 | 1507 | 1507 |
| | Total | 567 | 1842 | 730 | 2619 | 1217 | 6689 | 1676 | 15340 |

注意，从这一步开始，可以计算行或/和列的准确率，它们分别基于参考对象或分类结果。现在可以计算生产者精度和用户精度：

confusion.xlsx - LibreOffice Calc

| | | Classification | | | | | | | |
|---|---|---|---|---|---|---|---|---|---|
| | | 1 | 2 | 3 | 4 | 5 | 6 | 7 | Total |
| Reference | 1 | 567 | 0 | 0 | 0 | 0 | 0 | 0 | 567 |
| | 2 | 0 | 1110 | 0 | 0 | 0 | 0 | 0 | 1110 |
| | 3 | 0 | 0 | 567 | 0 | 0 | 0 | 169 | 736 |
| | 4 | 0 | 732 | 0 | 2619 | 0 | 0 | 0 | 3351 |
| | 5 | 0 | 0 | 163 | 0 | 1217 | 129 | 0 | 1509 |
| | 6 | 0 | 0 | 0 | 0 | 0 | 6560 | 0 | 6560 |
| | 7 | 0 | 0 | 0 | 0 | 0 | 0 | 1507 | 1507 |
| | Total | 567 | 1842 | 730 | 2619 | 1217 | 6689 | 1676 | 15340 |
| | User's accuracy (commission) | 1 | 0,60 | 0,78 | 1,00 | 1,00 | 0,98 | 0,90 | |

续表

| 方法 | QGIS 步骤 |
|---|---|
| 4. 计算精度指标：kappa 系数、召回率、精度和 F-score | （见下） |

confusion.xlsx - LibreOffice Calc

File Edit View Insert Format Tools Data Window Help

L18

| | A | B | C | D | E | F | G | H | I | J | K |
|---|---|---|---|---|---|---|---|---|---|---|---|
| 1 | | | | | | Classification | | | | | |
| 2 | | | 1 | 2 | 3 | 4 | 5 | 6 | 7 | Total | Producer's accuracy (omission) |
| 3 | Reference | 1 | 567 | 0 | 0 | 0 | 0 | 0 | 0 | 567 | 1,00 |
| 4 | | 2 | 0 | 1110 | 0 | 0 | 0 | 0 | 0 | 1110 | 1,00 |
| 5 | | 3 | 0 | 0 | 567 | 0 | 0 | 0 | 169 | 736 | 0,77 |
| 6 | | 4 | 0 | 732 | 0 | 2619 | 0 | 0 | 0 | 3351 | 0,78 |
| 7 | | 5 | 0 | 0 | 163 | 0 | 1217 | 129 | 0 | 1509 | 0,81 |
| 8 | | 6 | 0 | 0 | 0 | 0 | 0 | 6560 | 0 | 6560 | 1,00 |
| 9 | | 7 | 0 | 0 | 0 | 0 | 0 | 0 | 1507 | 1507 | 1,00 |
| 10 | | Total | 567 | 1842 | 730 | 2619 | 1217 | 6689 | 1676 | 15340 | |
| 11 | | User's accuracy (commission) | 1,00 | 0,60 | 0,78 | 1,00 | 1,00 | 0,98 | 0,90 | | |
| 12 | | | | | | | | | | | |

如 9.2 节所述，考虑到委托误差和遗漏误差，最好的精度指标是调和平均数或 F-score（或 F-measure）。在另外的单元格区域，复制用户精度（精度）和生产者精度（召回率）并计算 F-score 指数：

$$\text{F-score} = 2 \times \frac{精度 \times 召回率}{精度 + 召回率}$$

confusion.xlsx - LibreOffice Calc

File Edit View Insert Format Tools Data Window Help

M34

| | A | B | C | D | E | F | G | H | I | J | K |
|---|---|---|---|---|---|---|---|---|---|---|---|
| 1 | | | | | | Classification | | | | | |
| 2 | | | 1 | 2 | 3 | 4 | 5 | 6 | 7 | Total | Producer's accuracy (omission) |
| 3 | Reference | 1 | 567 | 0 | 0 | 0 | 0 | 0 | 0 | 567 | 1,00 |
| 4 | | 2 | 0 | 1110 | 0 | 0 | 0 | 0 | 0 | 1110 | 1,00 |
| 5 | | 3 | 0 | 0 | 567 | 0 | 0 | 0 | 169 | 736 | 0,77 |
| 6 | | 4 | 0 | 732 | 0 | 2619 | 0 | 0 | 0 | 3351 | 0,78 |
| 7 | | 5 | 0 | 0 | 163 | 0 | 1217 | 129 | 0 | 1509 | 0,81 |
| 8 | | 6 | 0 | 0 | 0 | 0 | 0 | 6560 | 0 | 6560 | 1,00 |
| 9 | | 7 | 0 | 0 | 0 | 0 | 0 | 0 | 1507 | 1507 | 1,00 |
| 10 | | Total | 567 | 1842 | 730 | 2619 | 1217 | 6689 | 1676 | 15340 | |
| 11 | | User's accuracy (commission) | 1,00 | 0,60 | 0,78 | 1,00 | 1,00 | 0,98 | 0,90 | | |
| 12 | | | | | | | | | | | |
| 13 | | | | | | | | | | | |
| 14 | | | Precision | Recall | F-score | | | | | | |
| 15 | | 1 | 1,00 | 1,00 | 1,00 | | | | | | |
| 16 | | 2 | 0,60 | 1,00 | 0,75 | | | | | | |
| 17 | | 3 | 0,78 | 0,77 | 0,77 | | | | | | |
| 18 | | 4 | 1,00 | 0,78 | 0,88 | | | | | | |
| 19 | | 5 | 1,00 | 0,81 | 0,89 | | | | | | |
| 20 | | 6 | 0,98 | 1,00 | 0,99 | | | | | | |
| 21 | | 7 | 0,90 | 1,00 | 0,95 | | | | | | |
| 22 | | | | | | | | | | | |

例如，可以注意到具有最佳效果的分类是“宽阔的针叶林”。相反，“茂密的灌木”分类准确性较低。

注意，这些统计结果只能用于参考，实际分类效果应该以实际的目视检查为准，因为只有 30%的原始样本用于此验证过程。

计算全局精度指标，如总体精度和 kappa 系数。

（1）关于总体精度，可以将对角线的值相加的和除以行/列总数，即分类良好的像素数除以整个验证样本像素数。在这种情况下，总体准确率为 0.92，即 92%。

续表

| 方法 | QGIS 步骤 |
|---|---|
| **4.** 计算精度指标：**kappa** 系数、召回率、精度和 **F-score** | （见下） |

confusion.xlsx – LibreOffice Calc

File Edit View Insert Format Tools Data Window Help

Arial 10

L35

| | A | B | C | D | E | F | G | H | I | J | K |
|---|---|---|---|---|---|---|---|---|---|---|---|
| 1 | | | | | | Classification | | | | | |
| 2 | | | 1 | 2 | 3 | 4 | 5 | 6 | 7 | Total | Producer's accuracy (omission) |
| 3 | Reference | 1 | 567 | 0 | 0 | 0 | 0 | 0 | 0 | 567 | 1,00 |
| 4 | | 2 | 0 | 1110 | 0 | 0 | 0 | 0 | 0 | 1110 | 1,00 |
| 5 | | 3 | 0 | 0 | 567 | 0 | 0 | 0 | 169 | 736 | 0,77 |
| 6 | | 4 | 0 | 732 | 0 | 2619 | 0 | 0 | 0 | 3351 | 0,78 |
| 7 | | 5 | 0 | 0 | 163 | 0 | 1217 | 129 | 0 | 1509 | 0,81 |
| 8 | | 6 | 0 | 0 | 0 | 0 | 0 | 6560 | 0 | 6560 | 1,00 |
| 9 | | 7 | 0 | 0 | 0 | 0 | 0 | 0 | 1507 | 1507 | 1,00 |
| 10 | | Total | 567 | 1842 | 730 | 2619 | 1217 | 6689 | 1676 | 15340 | |
| 11 | | User's accuracy (commission) | 1,00 | 0,60 | 0,78 | 1,00 | 1,00 | 0,98 | 0,90 | | |
| 12 | | | | | | | | | | | |
| 13 | | | | | | | | | | | |
| 14 | | | Precision | Recall | F-score | | | | | | |
| 15 | | 1 | 1,00 | 1,00 | 1,00 | | | | | | |
| 16 | | 2 | 0,60 | 1,00 | 0,75 | | | | | | |
| 17 | | 3 | 0,78 | 0,77 | 0,77 | | | | | | |
| 18 | | 4 | 1,00 | 0,78 | 0,88 | | | | | | |
| 19 | | 5 | 1,00 | 0,81 | 0,89 | | | | | | |
| 20 | | 6 | 0,98 | 1,00 | 0,99 | | | | | | |
| 21 | | 7 | 0,90 | 1,00 | 0,95 | | | | | | |
| 22 | | | | | | | | | | | |
| 23 | | | | | | | | | | | |
| 24 | Overall Accuracy | | | 0,92 | | | | | | | |
| 25 | Rate of agreement | | | | | | | | | | |
| 26 | Kappa | | | | | | | | | | |

（2）使用行和列的总数计算一致率的估计值：

confusion.xlsx – LibreOffice Calc

File Edit View Insert Format Tools Data Window Help

Arial 10

L33

| | A | B | C | D | E | F | G | H | I | J | K |
|---|---|---|---|---|---|---|---|---|---|---|---|
| 1 | | | | | | Classification | | | | | |
| 2 | | | 1 | 2 | 3 | 4 | 5 | 6 | 7 | Total | Producer's accuracy (omission) |
| 3 | Reference | 1 | 567 | 0 | 0 | 0 | 0 | 0 | 0 | 567 | 1,00 |
| 4 | | 2 | 0 | 1110 | 0 | 0 | 0 | 0 | 0 | 1110 | 1,00 |
| 5 | | 3 | 0 | 0 | 567 | 0 | 0 | 0 | 169 | 736 | 0,77 |
| 6 | | 4 | 0 | 732 | 0 | 2619 | 0 | 0 | 0 | 3351 | 0,78 |
| 7 | | 5 | 0 | 0 | 163 | 0 | 1217 | 129 | 0 | 1509 | 0,81 |
| 8 | | 6 | 0 | 0 | 0 | 0 | 0 | 6560 | 0 | 6560 | 1,00 |
| 9 | | 7 | 0 | 0 | 0 | 0 | 0 | 0 | 1507 | 1507 | 1,00 |
| 10 | | Total | 567 | 1842 | 730 | 2619 | 1217 | 6689 | 1676 | 15340 | |
| 11 | | User's accuracy (commission) | 1,00 | 0,60 | 0,78 | 1,00 | 1,00 | 0,98 | 0,90 | | |
| 12 | | | | | | | | | | | |
| 13 | | | | | | | | | | | |
| 14 | | | Precision | Recall | F-score | | | | | | |
| 15 | | 1 | 1,00 | 1,00 | 1,00 | | | | | | |
| 16 | | 2 | 0,60 | 1,00 | 0,75 | | | | | | |
| 17 | | 3 | 0,78 | 0,77 | 0,77 | | | | | | |
| 18 | | 4 | 1,00 | 0,78 | 0,88 | | | | | | |
| 19 | | 5 | 1,00 | 0,81 | 0,89 | | | | | | |
| 20 | | 6 | 0,98 | 1,00 | 0,99 | | | | | | |
| 21 | | 7 | 0,90 | 1,00 | 0,95 | | | | | | |
| 22 | | | | | | | | | | | |
| 23 | | | | | | | | | | | |
| 24 | Overall Accuracy | | | 0,92 | | | | | | | |
| 25 | Rate of agreement | | | 0,25 | | | | | | | |
| 26 | Kappa | | | | | | | | | | |
| 27 | | | | | | | | | | | |

（3）利用以下公式计算 kappa 系数：

$$\text{kappa} = \frac{P_0 - P_e}{1 - P_e} = \frac{0.92 - 0.25}{1 - 0.25} = 0.90$$

续表

| 方法 | QGIS 步骤 |
|---|---|
| **4. 计算精度指标：kappa系数、召回率、精度和F-score** | （见下方 confusion.xlsx 截图）总体精度和kappa系数非常相近并且值都非常大，因而分类结果有比较高水平的语义和几何质量。使用参数化方法验证分类效果显著，与此同时视觉检验的方法也是有用的。 |

confusion.xlsx - LibreOffice Calc

File Edit View Insert Format Tools Data Window Help

D31

| | A | B | C | D | E | F | G | H | I | J | K |
|---|---|---|---|---|---|---|---|---|---|---|---|
| 1 | | | | | | Classification | | | | | |
| 2 | | | 1 | 2 | 3 | 4 | 5 | 6 | 7 | Total | Producer's accuracy (omission) |
| 3 | Reference | 1 | 567 | 0 | 0 | 0 | 0 | 0 | 0 | 567 | 1,00 |
| 4 | | 2 | 0 | 1110 | 0 | 0 | 0 | 0 | 0 | 1110 | 1,00 |
| 5 | | 3 | 0 | 0 | 567 | 0 | 0 | 0 | 169 | 736 | 0,77 |
| 6 | | 4 | 0 | 732 | 0 | 2619 | 0 | 0 | 0 | 3351 | 0,78 |
| 7 | | 5 | 0 | 0 | 163 | 0 | 1217 | 129 | 0 | 1509 | 0,81 |
| 8 | | 6 | 0 | 0 | 0 | 0 | 0 | 6560 | 0 | 6560 | 1,00 |
| 9 | | 7 | 0 | 0 | 0 | 0 | 0 | 0 | 1507 | 1507 | 1,00 |
| 10 | | Total | 567 | 1842 | 730 | 2619 | 1217 | 6689 | 1676 | 15340 | |
| 11 | | User's accuracy (commission) | 1,00 | 0,60 | 0,78 | 1,00 | 1,00 | 0,98 | 0,90 | | |
| 12 | | | | | | | | | | | |
| 13 | | | | | | | | | | | |
| 14 | | | Precision | Recall | F-score | | | | | | |
| 15 | | 1 | 1,00 | 1,00 | 1,00 | | | | | | |
| 16 | | 2 | 0,60 | 1,00 | 0,75 | | | | | | |
| 17 | | 3 | 0,78 | 0,77 | 0,77 | | | | | | |
| 18 | | 4 | 1,00 | 0,78 | 0,88 | | | | | | |
| 19 | | 5 | 1,00 | 0,81 | 0,89 | | | | | | |
| 20 | | 6 | 0,98 | 1,00 | 0,99 | | | | | | |
| 21 | | 7 | 0,90 | 1,00 | 0,95 | | | | | | |
| 22 | | | | | | | | | | | |
| 23 | | | | | | | | | | | |
| 24 | Overall Accuracy | | | 0,92 | | | | | | | |
| 25 | Rate of agreement | | | 0,25 | | | | | | | |
| 26 | Kappa | | | 0,90 | | | | | | | |
| 27 | | | | | | | | | | | |

## 9.4 参考文献


[BAR 04] BARDAT J., BIORET F., BOTINEAU M. et al.,"Prodrome des végétations de France", Publications scientifiques du MNHN, Paris, 2004.

[BEN 04] BENZ, U. C., HOFMANN P., WILLHAUCK G, et al.,"Multi-resolution, object-oriented fuzzy analysis of remote sensing data for GIS-ready information", ISPRS Journal of Photogrammetry and Remote Sensing, vol. 58, no. 3, pp. 239-258, 2004.

[BLA 10] BLASCHKE T.,"Object based image analysis for remote sensing", ISPRS Journal of Photogrammetry and Remote Sensing, vol. 65, no. 1, pp. 2-16, 2010.

[BOC 03] BOCK M."Remote sensing and GIS-based techniques for the classification and monitoring of biotopes: case examples for a wet grass-and moor land area in Northern Germany", Journal for Nature Conservation, vol. 11, no. 3, pp. 145-155, 2003.

[CAN 14] CANTELAUBE P., CARLES M.,"Le registre parcellaire graphique: des données géographiques pour décrire la couverture du sol agricole", Le Cahier des Techniques de lINRA (N Spécial GéoExpé), pp. 58-64, 2014.

[COM 02] COMANICIU D., MEER P.,"Mean shift: a robust approach toward feature space analysis", IEEE Transactions on Pattern Analysis and Machine Intelligence, vol. 24, no. 5, pp. 603-619, May 2002.

[COR 04] CORBANE C., BAGHDADI N., HOSFORD S. et al.,"Application d'une méthode de classification orientée objet pour la cartographie de l'occupation du sol: résultats sur ASTER et Landsat ETM", Revue Française de Photogrammétrie et de Télédétection, vol. 175, pp. 13-26, 2004.

[EEA 07] EEA,"CLC 2006 technical guidelines", EEA Technical Report, 2007.

[GUO 07] GUO Q., KELLY M., GONG P, et al.,"An object-based classification approach in mapping tree mortality using high spatial resolution imagery", GIScience & Remote Sensing, vol. 44, no. 1, pp. 24-47, 2007.

[HOO 96] HOOVER A., JEAN-BAPTISTE G., JIANG X. et al.,"An experimental comparison of range image segmentation algorithms", IEEE Transactions on Pattern Analysis and Machine Intelligence, vol. 18, no. 7, pp. 673-689, 1996.

[HUA 02] HUANG C., DAVIS L.S., TOWNSHEND J. R. G.,"An assessment of support vector machines for land cover classification", International Journal of Remote Sensing, vol. 23, no. 4, pp. 725-749, 2002.

[IFN 16] IFN, "La cartographie forestière version 2", Technical report, p. 51, 2016.

[ING 09] INGLADA J., CHRISTOPHE E.,"The Orfeo Toolbox remote sensing image processing software", Geoscience and Remote Sensing Symposium, 2009 IEEE International (IGARSS 2009), IEEE, vol. 4, pp. IV-733, 2009.

[KPA 14] KPALMA K., EL-MEZOUAR M.C., TALEB N.,"Recent trends in satellite image pan-sharpening techniques", 1st International Conference on Electrical, Electronic and Computing Engineering, 2014.

[LAL 04] LALIBERTE A. S., RANGO A., HAVSTAD K. M, et al.,"Object-oriented image analysis for mapping shrub encroachment from 1937 to 2003 in southern new mexico", Remote Sensing of Environment, vol. 93, nos. 1-2, pp. 198-210, 2004.

[LAN 09] LANG S., SCHÖPFER E., LANGANKE T.,"Combined object-based classification and manual interpretation-synergies for a quantitative assessment of parcels and biotopes", Geocarto International, vol. 24, no. 2, pp. 99-114, 2009.

[LEE 03] LEEMANS R., DE GROOT R. S.,"Millenium ecosystem assessment: ecosystems and human well-being: a framework for assessment", Island Press, Washington, DC, 2003.

[LUC 07] LUCAS R., ROWLANDS A., BROWN A. et al.,"Rule-based classification of multi-temporal satellite imagery for habitat and agricultural land cover mapping", ISPRS Journal of Photogrammetry and Remote Sensing, vol. 62, no. 3, pp. 165-185, 2007.

[MIK 15] MIKEŠ S., HAINDL M., SCARPA G. et al.,"Benchmarking of remote sensing segmentation methods", IEEE Journal of Selected Topics in Applied Earth Observations and Remote Sensing, vol. 8, no. 5, pp. 2240-2248, 2015.

[PAL 05] PAL M.,"Random forest classifier for remote sensing classification", International Journal of Remote Sensing, vol. 26, no. 1, pp. 217-222, 2005.

[TRI 17] TRIMBLE,"eCognition Software", available at http://www.ecognition.com, 2017.

[WEI 08] WEINKE E., LANG S., PREINER M.,"Strategies for semi-automated habitat delineation and spatial change assessment in an alpine environment", in BLASCHKE T., LANG S., HAY G. (eds), Object-Based Image Analysis-Spatial Concepts for Knowledge-Driven Remote Sensing Applications, Springer, Berlin, 2008.

[YU 06] YU Q., GONG P., CLINTON N. et al.,"Object-based detailed vegetation classification with airborne high spatial resolution remote sensing imagery", Photogrammetric Engineering and Remote Sensing, vol. 72, no. 7, p. 799, 2006.